网络工程师备考一本通

夏杰　编著

中国水利水电出版社
www.waterpub.com.cn
·北京·

内容提要

本书作为计算机技术与软件专业技术资格（水平）考试（简称“软考”）的辅导参考书，内容紧扣最新考试大纲。作者结合历年真题总结出考试重点及规律，以帮助读者在较短的时间内，比较深刻地把握核心知识点。

在考点总结的梳理与讲解部分，每一小节都配备精选真题，让读者可以快速检验对本节知识点的掌握程度，同时可以及时了解所学知识点的考法、深浅度等；补充知识中包含普通教材上没有但每年考试中又会经常考到的知识点；专题突破主要是针对考试中分数占比高的专题知识进行专项训练；华为设备配置的分解实验及综合实验，更属于普通教材中涉及太少、分数占比较高的内容，属于典型的“会者不难，难者不会”的考点；冲刺密卷中的模拟试题，都是精选的历年真题，以帮助大家巩固核心知识点，使准备过程有的放矢。全书知识点清晰，通俗易懂，可助读者轻松通过考试。

本书可作为网络工程师备考考生、相关培训机构“一本通”式的教材，也可作为相关讲师的参考资料。

图书在版编目（CIP）数据

网络工程师备考一本通 / 夏杰编著. -- 北京 : 中国水利水电出版社, 2022.6（2023.2 重印）
ISBN 978-7-5226-0672-9

Ⅰ. ①网… Ⅱ. ①夏… Ⅲ. ①计算机网络－资格考试－自学参考资料 Ⅳ. ①TP393

中国版本图书馆CIP数据核字(2022)第071823号

策划编辑：周春元　　责任编辑：杨元泓　　封面设计：李　佳

书　　名	网络工程师备考一本通 WANGLUO GONGCHENGSHI BEIKAO YIBENTONG
作　　者	夏杰　编著
出版发行	中国水利水电出版社 （北京市海淀区玉渊潭南路 1 号 D 座　100038） 网址：www.waterpub.com.cn E-mail：mchannel@263.net（答疑） sales@mwr.gov.cn 电话：（010）68545888（营销中心）、82562819（组稿）
经　　售	北京科水图书销售有限公司 电话：（010）68545874、63202643 全国各地新华书店和相关出版物销售网点
排　　版	北京万水电子信息有限公司
印　　刷	三河市德贤弘印务有限公司
规　　格	184mm×240mm　16 开本　23.25 印张　575 千字
版　　次	2022 年 6 月第 1 版　2023 年 2 月第 2 次印刷
印　　数	3001—7000 册
定　　价	88.00 元

前　言

计算机技术与软件专业技术资格（水平）考试是在人力资源和社会保障部、工业和信息化部领导下的国家级考试，目的是科学、公正地对计算机专业技术人员进行水平与能力测试。软考证书可用于职称评定、专家库申请、积分落户、项目加分、申报退税等众多领域，得到了社会的广泛认可。

本书紧扣最新考试大纲，结合历年考题，先梳理高频考点帮助读者速读教材，接着对每年必考重点内容进行专题总结，最后附考前冲刺密卷，对知识点进行查漏补缺。本书覆盖考试准备各个阶段，深入浅出，可助考生轻松备考。

1. 内容丰富，针对性强

本书一共分为五个模块：考点总结、补充知识、专题突破、华为设备配置的分解实验及综合实验、冲刺密卷。

- 考点总结。深入分析历年真题，剖析重点知识，让大家轻松备考，有的放矢。同时，每个考点后都附有历年真题和解析，即学即练。
- 补充知识。补充讲解每年必考（综合知识第1～10题），但官方教材缺少的四块内容：计算机组成原理、操作系统基础、软件开发、知识产权。
- 专题突破。对每年必考知识点进行强化突破，快速提分。
- 冲刺密卷。方便大家考前查漏补缺。

2. 名师辅导，快速拿证

本书作者持有CCNA/CCNP/CCIE、PMP、一级建造师、网络工程师、信息安全工程师、网络规划设计师、信息系统项目管理师、通信工程师等众多证书。在网络设备领域工作多年，拥有丰富的项目实战经验，发布了50余门视频课程，软考辅导经验丰富，授课风格深受欢迎，通过总结完善知识点和配套资料，帮助上万名学员成功通过考试。

3. 互动讨论，专家答疑

为了方便大家讨论和交流备考经验，我们建立了软考网络工程师QQ群：443278281，提供技术答疑，也会在群里共享备考资料，不定期进行备考指南、专题总结、职业规划等直播服务。由于篇幅限制，本书未能对所有技术展开详细讲解，考虑到部分读者零基础入门，缺乏实操经验，我们提供了配套华为技术讲解和配置视频，并保持动态更新，欢迎 QQ 扫码入群获取。

4. 配套视频，体系化学习

本书免费提供配套专题视频讲解（交流群内可下载），帮助考生通过图书+视频的方式体系化学习，提升学习效率。完整版配套视频课程（教材精讲+真题解析）参考如下二维码。

非常感谢在本书编写和出版过程中，济南慧天云海信息技术有限公司产品总监朱洪江和中国水利水电出版社万水分社周春元副总经理提供的建议和帮助。

夏　杰

2022 年 2 月

目 录

网络工程师考试分析与备考指南

上午试题分析

网络工程师考试一年两次，分别在5月和11月。上午试题为选择题，下午试题为案例分析题，满分都是75分，必须双科均达到45分才算通过。上午试题共75道题，可以分为三部分：第一部分为计算机基础；第二部分为专业英语；第三部分考查计算机网络相关技术内容。各章节考试分值分布见表0-1。

表0-1　各章节考试分值分布

模块	考查内容	分值	重点与备考建议
第一部分	计算机硬件基础，操作系统，软件开发，知识产权	10分	涉及内容非常多，建议专题总结，做历年真题，不要想着拿10分，拿5～8分可以接受
第二部分	英文选择填空（第71～75题）	5分	平时看到英文缩写多总结，比如典型协议VLAN、ARP是哪几个单词的缩写
第三部分	第2章：数据通信基础	3～5分	PCM、E1、海明码（海明不等式）
	第3章：广域网通信	1～2分	帧中继、HDLC
	第4章：局域网和城域网	4～5分	CSMA/CD、VLAN、STP、802.1Q
	第5章：无线通信网	2～3分	802.11，无线网络安全
	第6章：网络互联与互联网	13～16分	重点协议：ARP/RIP/OSPF/BGP/ICMP/TCP/UDP
	第7章：下一代互联网IPv6	1～2分	IPv6地址格式、过渡技术
	第8章：网络安全	5～6分	SSL/PGP、加解密算法、数字签名、数字证书
	第9章：操作系统与应用服务器	8分	高频考点：DNS/DHCP/IIS
	第10章：组网技术	3～5分	交换机、路由器、防火墙等组网
	第11章：网络管理	3～5分	SNMP、网络管理常用命令
	第12章：网络规划设计	3～4分	综合布线、网络设计阶段与过程，网络架构

上午试题知识点特别多，想考70分以上非常难，但只要好好学，拿45分及格还是比较容易的，毕竟第6章、第8章和第9章这三个重点章节考题会占25分以上。

上午试题复习建议

（1）了解网络工程师考试内容的整体架构。

（2）结合本书，把精讲视频看一遍，进行重点和难点标注（精讲视频重点章节，建议看 2～3 遍）。

（3）历年真题，特别是 2018 年下半年以后的几套真题，至少做两遍。

（4）结合专题、真题和学习笔记（一定要自己做笔记！）进行查漏补缺。

下午试题分析

下午案例分析一共四道题，共 75 分，前三道题每题 20 分，最后一道题 15 分。前两道题一般结合网络拓扑考查常见设备和技术：

- 组网设备：交换机、路由器、防火墙、WAF、IDS/IPS、无线等。
- 传输介质：以太网、光纤、铜缆。
- 主流技术：VLAN、ACL、DHCP、DNS、RAID、网络安全/网络管理等。

2020 年以前，第三题固定考查 Windows Server 2008 R2 操作系统题目（第 9 章内容），2020 年以后第三题重点考查路由技术，如静态路由、默认路由、动态路由（RIP、OSPF、BGP）、策略路由和路由策略等，可能结合华为设备配置进行考查。

第四题为华为交换机路由器配置，15 分（高频考点：ACL、DHCP、VLAN、IP 规划、NAT）。

下午试题历年考查知识点统计见表 0-2（7 年 13 套真题，2020 年上半年因为疫情停考了 1 次）。

表 0-2　下午试题历年考查知识点

年份	题目 1（20 分）	题目 2（20 分）	题目 3（20 分）	题目 4（15 分）
2015 年 5 月	网络拓扑/设备/路由协议	FTP/DHCP	IP 地址/DHCP	设备配置 DHCP/VLAN/端口聚合
2015 年 11 月	组网 EPON/传输介质	WEB、FTP、邮件	设备配置 ACL	IP 规划、DHCP、RIP
2016 年 5 月	网络设备+简单配置	DHC、DNS 和 WEB	设备配置 ACL	设备配置 NAT
2016 年 11 月	拓扑题/设备	WEB/DNS	RAID/设备管理	设备配置 VLAN/DHCP
2017 年 5 月	拓扑题/设备	AD/WEB	防火墙/ACL	设备配置 VLAN/DHCP/ACL
2017 年 11 月	无线组网/防火墙/AC	设备组网/网络安全/FC-SAN	路由/RIP/ACL	设备配置 NAT/ACL
2018 年 5 月	组网规划，ACL 路由/出口冗余	设备组网/无线网络安全/RAID	WEB/DNS	设备配置 基础配置/DHCP/NAT
2018 年 11 月	基础配置 VLAN/接口/路由	设备组网与网络安全	DHCP 原理	策略路由/NAT
2019 年 5 月	3G 组网与配置 DHCP 配置	RAID 与网络安全	IPSec 配置	IPv6 配置

续表

年份	题目 1（20 分）	题目 2（20 分）	题目 3（20 分）	题目 4（15 分）
2019 年 11 月	网络拓扑/ACL 路由规划	设备组网与功能 RAID 技术	WEB/DNS	设备配置 基础/VLAN/策略
2020 年 11 月	WLAN 无线组网与配置/分布式无线部署	网络安全/存储	组网规划/策略路由	设备配置 基础/DHCP
2021 年 5 月	防火墙、VRRP/堆叠	网络安全/网络管理、测试仪表	OSPF、ACL、路由策略	基础配置、PoE
2021 年 11 月	网络架构/Wi-Fi/PoE	防火墙/DHCP/NAT	浮动路由/VRRP/BFD/ACL	设备配置/VLAN、DHCP
2022 年 5 月	网络架构/VRRP/VPN IP 规划/路由引入	网络安全/RAID	ACL/策略路由/浮动路由	可靠性/链路冗余技术 设备配置/接口备份

下午试题考查趋势

（1）越来越接近实战，比如可能考查无线面板 AP、上网行为管理等。

（2）无线和网络安全考查比重增加，近 5 次考试基本都有涉及。

（3）设备配置如果考得简单就是常规技术，比如：DHCP、NAT、VLAN、ACL；如果考得难，最难也只是策略路由、路由策略；当然如果考得偏，会考 IPv6、IPSec 和 WLAN 等技术配置。

下午试题复习建议

（1）了解网络工程师考试的整体架构。

（2）多花时间总结专题，特别是网络架构和华为配置，考试分值接近 30 分。

（3）一定不能限于“听懂”“看懂”，要多写，多理解，近三年真题至少做两遍。

第1章 计算机网络概论

1.1 考点分析

本章为总体概述，为后续章节作铺垫，有总体认识即可，考试中所有考查的知识点在后续章节均能找到，简单看一下，熟悉以下几个概念。

1.2 计算机网络分类

1.2.1 按照节点类型分类

按照网络节点类型，可以把计算机网络分为通信子网和资源子网，如图 1-1 所示。

- **通信子网：**包括通信节点（集线器、交换机、路由器等）和通信链路（电话线、同轴电缆、无线电线路、卫星线路、微波中继线路和光纤缆线）。
- **资源子网：**PC、服务器等，简单理解就是有大容量硬盘，可以存取用户数据的设备。

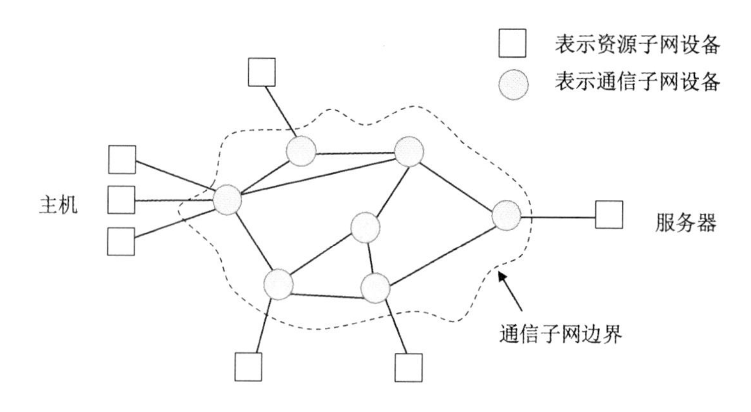

图 1-1 通信子网和资源子网

1.2.2 按照网络拓扑类型分类

按照网络拓扑类型，可以把计算机网络分为星型、总线型、环型、树型、全网状型、不规则型和混合型。在广域网中常见的互联拓扑是树型和不规则型，而在局域网中则常用**星型、环型、总线型**等规则型拓扑结构。各类网络拓扑如图 1-2 所示。

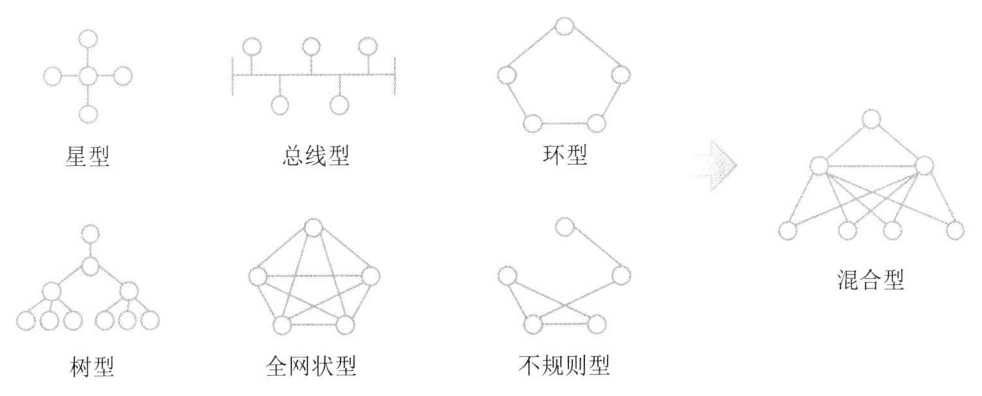

图 1-2 网络拓扑类型

1.2.3 按照覆盖范围分类

按照覆盖范围可以把网络分为个域网、局域网（LAN）、城域网（MAN）和广域网（WAN)，见表 1-1。

表 1-1 网络分类

分类	个域网	局域网	城域网	广域网
覆盖范围	一般 20m 以内	大楼内，园区内部	建筑物之间，城市内	国内或国际长途
运营者	个人	局域网拥有单位	城域网主管部门	运营商
典型案例	蓝牙、家庭 Wi-Fi	校园网、企业内部网络	教育城域网、运营商城域网	运营商骨干网

1.3 OSI 和 TCP/IP 模型

大部分计算机网络相关的书籍，开篇都会讲 OSI 和 TCP/IP 模型，原因很简单，这是计算机网络的基础。后续学到的所有技术，都跟这两个模型息息相关。要弄懂这两个模型，就必须先清楚两个问题：第一，为什么会有这两个模型，它们解决了什么问题？第二，这两个模型具体定义了什么？

首先来看第一个问题，为什么会有 OSI 和 TCP/IP 这两个模型，它们解决了什么问题？其实计算机诞生很早，1946 年人类发明了世界上第一台计算机，但之后一直不温不火，因为早期计算机都是封闭系统，所有部件由同一厂商研发制作，比如典型的 IBM 小型机，采用自研 Power 系列 CPU，采用自家的 AIX 系统，运行的数据库也是 IBM DB2，基本所有系统都由 IBM 一家公司完成，如图 1-3 所示。这样实现的优点是安全性高、性能强，缺点是兼容性差、更新周期慢。

为了加快技术和产品迭代速度，人们提出了 OSI 和 TCP/IP 参考模型。模型的主要思想是将网络的通信系统拆分为小一些、简单一些的部件，通过网络组件的标准化，允许多个供应商进行开发，允许各种类型的网络硬件和软件互相通信，同时有助于各个部件的设计和故障排除。正是由于基于 OSI 和 TCP/IP 模型的标准化，现在的计算机可以使用英特尔的 CPU、英伟达的显卡、三星的硬盘、微软的操作系统，大家各司其职，协同工作，如图 1-4 所示。

图 1-3　IBM 小型机

图 1-4　PC 兼容机

OSI 模型将网络分为七层，分别是物理层、数据链路层、网络层、传输层、会话层、表示层、应用层。各层大体功能如图 1-5 所示，了解即可。

应用层	各种应用程序、协议
表示层	数据和信息的语法转换内码，数据压缩解压、加密解密
会话层	为通信双方指定通信方式，并创建、注销会话
传输层	提供可靠或者不可靠的端到端传输
网络层	逻辑寻址；路由选择
数据链路层	将分组封装成帧；提供节点到节点的传输；差错控制
物理层	在媒介上传输比特流；提供机械和电气规约

图 1-5　OSI 模型及各层功能

为了简化 OSI 模型，美国国防部创建了 TCP/IP 模型，它是由一组不同功能的协议组合在一起构成的协议簇，TCP/IP 是当今数据网络的基础。TCP/IP 模型各层功能如图 1-6 所示。

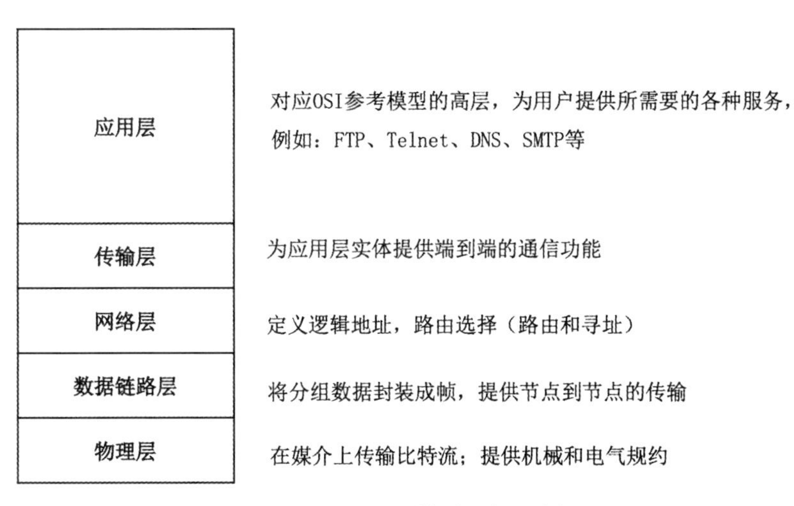

图 1-6 TCP/IP 模型及各层功能

图 1-7 为 TCP/IP 模型与最早 OSI 七层模型的对应关系，在 TCP/IP 模型中把会话层、表示层和应用层融合为应用层，把物理层和数据链路层融合为网络接口层，有些地方也叫网际接入层或网络访问层。当然，也可能在有些地方看到下两层不做合并的情况，在日常项目中也经常说 TCP/IP 的物理层和数据链路层。

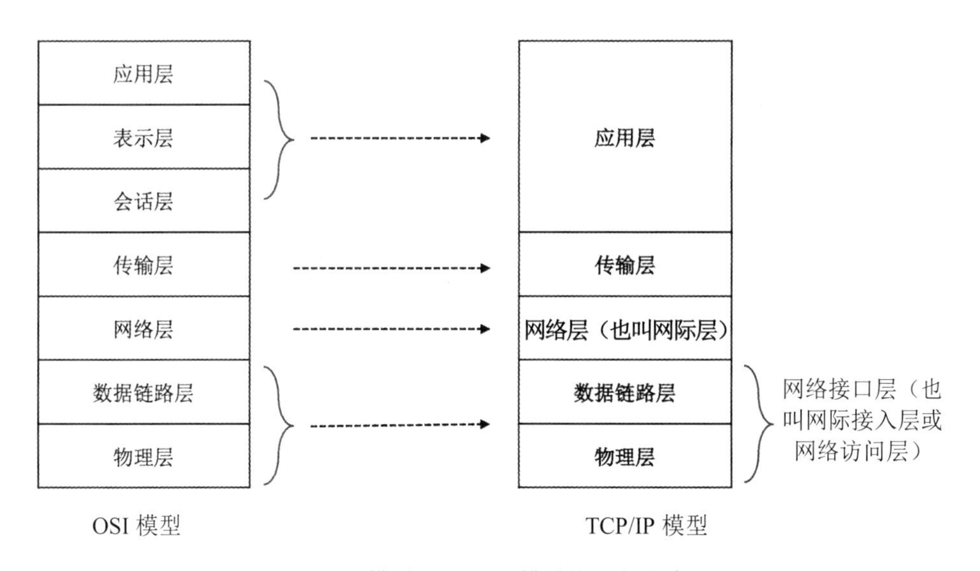

图 1-7 OSI 模型和 TCP/IP 模型的对应关系

另外，读者需要掌握各层对应的网络协议，见表 1-2。

表 1-2　模型中各层对应的协议

<table>
<tr><th>OSI 七层模型</th><th>TCP/IP 四层模型</th><th>对应网络协议</th></tr>
<tr><td>应用层（Application）</td><td rowspan="3">应用层</td><td rowspan="3">HTTP、FTP、TFTP、DHCP、NTP、POP3、IMAP4、Telnet、SNMP、SMTP、DNS、LDAP、SSH</td></tr>
<tr><td>表示层（Presentation）</td></tr>
<tr><td>会话层（Session）</td></tr>
<tr><td>传输层（Transport）</td><td>传输层</td><td>TCP、UDP</td></tr>
<tr><td>网络层（Network）</td><td>网络层</td><td>IP、ICMP、ARP、RARP、OSPF、VRRP、IGMP、IS-IS、IPSec、BGP</td></tr>
<tr><td>数据链路层（Data Link）</td><td rowspan="2">网络接口层</td><td>PPP、PPTP、L2TP、以太网</td></tr>
<tr><td>物理层（Physical）</td><td></td></tr>
</table>

数据传输过程中，在不同的网络层次使用不同的地址，数据链路层使用 MAC 地址，网络层使用 IP 地址，传输层利用端口号。MAC 地址设备出厂就已经确定，不可修改（虽然也有修改的办法，正常情况是不能修改的），IP 地址后期可以按用户规划进行配置，传输层基于不同的应用会有不同的端口号，需要掌握和记忆的主要有表 1-3 所示的端口，这是高频考点。

表 1-3　传输层主要应用（协议）与端口号的对应关系

端口号	协议
20	文件传输协议（数据）FTP-DATA
21	文件传输协议（控制）FTP-CTL
22	SSH 远程登录协议（加密传输）
23	Telnet 远程登录协议（明文传输）
25	SMTP 简单邮件传输协议
53	DNS 域名解析服务
80	WWW 超文本传输协议
110	POP3 邮件服务
161	SNMP-snmp 简单网络管理（客户端）
162	SNMP-trap 简单网络管理（服务端）

1.4　数据封装、解封过程

1.4.1　数据封装过程

假设 PC 上某个应用如浏览器产生了一个访问数据，则这个数据的封装过程为：首先进行传输层封装，添加 TCP 或 UDP 报头；接着进行网络层封装，添加 IP 报头；然后进行数据链路层封装，添加以太网报头；最后转换为 01 编码，在物理层进行传送，具体如图 1-8 所示。需要注意各层数据封装的名称，物理层叫比特流，数据链路层叫数据帧，网络层叫数据包，传输层叫数据段或数据报，应用层叫应用层协议数据单元（Application Protocol Data Unit，APDU）。

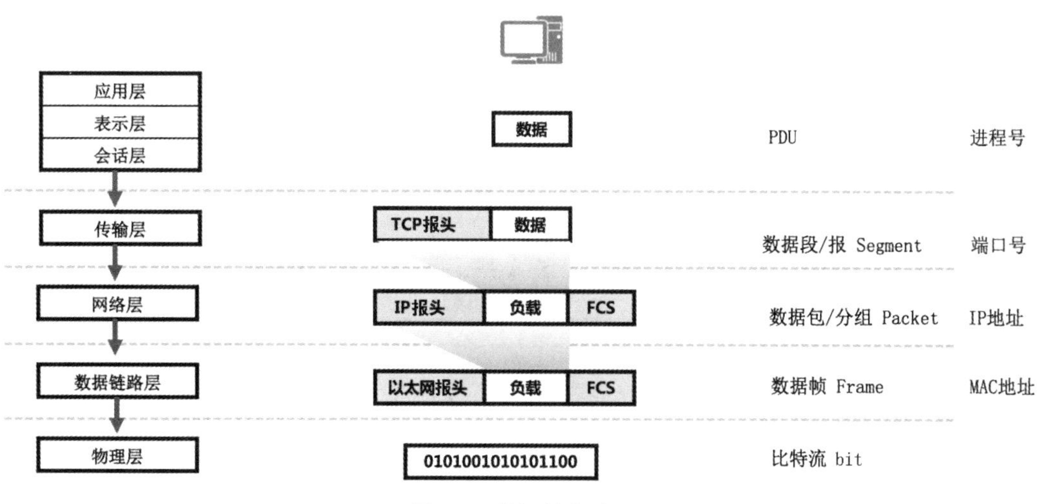

图 1-8 数据封装过程

如果这里看不懂也没关系，关于 IP、TCP 和 UDP 在第 6 章还会深入讲解。

1.4.2 数据解封过程

当接收端收到物理层比特流后，转换为二层数据帧，之后一层层拆掉以太网报头、IP 报头、TCP 报头，解封出用户传送的原始数据，递交给上层应用软件，具体过程如图 1-9 所示。

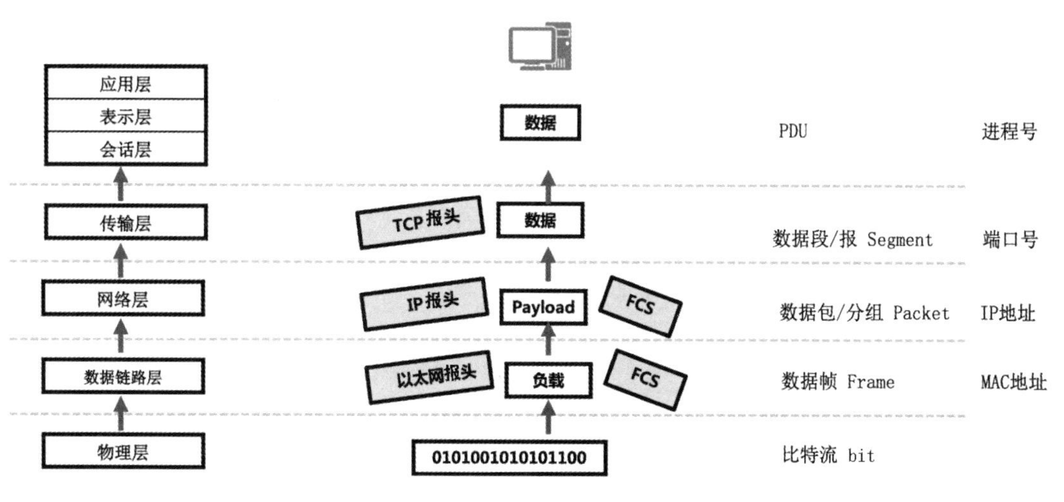

图 1-9 数据解封过程

为了让大家更加形象地理解封装和解封装的过程，我们来看一个类比。假设你网购了一个鼠标，其实这个鼠标出厂时就已经被简单做了一层包装，网店给你发货时，为了防止损坏，会再加上快递盒，接着快递员给你送货，会把鼠标放到快递小车里，相当于再做了一次封装。最终你收到鼠标后，需要层层拆开包裹，才能取出里面的鼠标，如图 1-10 所示。

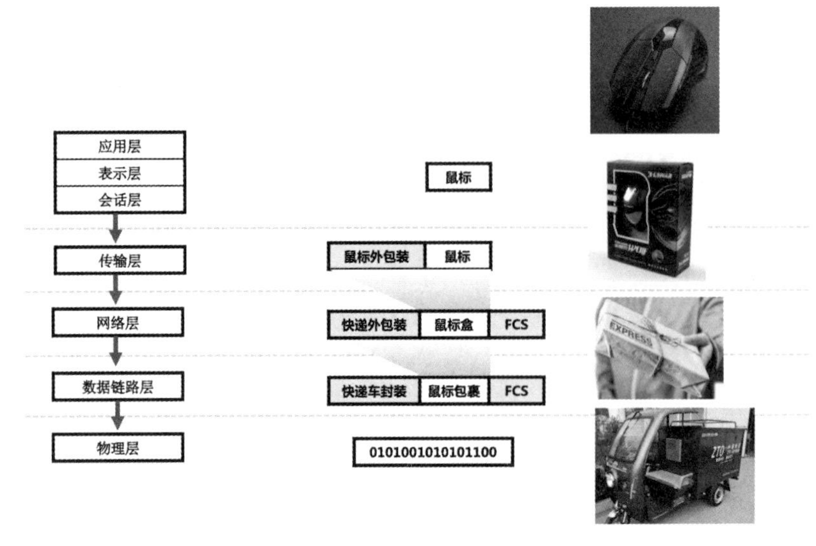

图 1-10　鼠标的层层封装与解封装

1.4.3　即学即练·精选真题

● 在 OSI 参考模型中，传输层上传输的数据单位是＿（1）＿。（2021 年 11 月第 13 题）

（1）A. 比特　　B. 帧　　C. 分组　　D. 报文

【答案】（1）D

【解析】需掌握几种数据封装的命名，传输层的数据单位叫数据段或数据报（简称报文）。

● 在 OSI 参考模型中，实现端到端的应答、分组排序和流量控制功能的协议层是＿（2）＿。（2016 年 11 月第 22 题）

（2）A. 数据链路层　　B. 网络层　　C. 传输层　　D. 会话层

【答案】（2）C

【解析】需掌握每个层次的功能，传输层实现端到端的应答、分组排序和流量控制功能。

● 在 ISO OSI/RM 中，＿（3）＿实现数据压缩功能。在 OSI 参考模型中，数据链路层处理的数据单位是＿（4）＿。（2005 年 11 月第 18 题）

（3）A. 应用层　　B. 表示层　　C. 会话层　　D. 网络层

（4）A. 比特　　B. 帧　　C. 分组　　D. 报文

【答案】（3）B　（4）B

【解析】需掌握每个层次的功能和各层数据单位的名称。

第2章 数据通信基础

2.1 考点分析

本章所涉及的考点分布情况见表 2-1。

表 2-1　本章所涉考点分布情况

年份	试题分布	分值	考核知识点
2015 年 5 月	15，16	2	PCM 编码、QAM 调制
2015 年 11 月	15～19	5	奈奎斯特定理、E1/E3/ADSL
2016 年 5 月	14～17	4	调制方式和码元速率、海明码、T1
2016 年 11 月	4，14～17，28	6	海明码、异步通信、E1、CRC 循环冗余码
2017 年 5 月	3，6，11～14	6	海明码、PCM 编码、光纤、香农定理、4B/5B
2017 年 11 月	11，12，13，16～18	6	调制方式和载波速率、E1、异步通信、交换技术
2018 年 5 月	6，7，11，14，15，17，22	6	海明码、曼彻斯特编码、SONET、传输速率、光纤、E1
2018 年 11 月	2，11～17	8	奇偶校验，调制方式和载波速率，AMI 编码，DPSK，曼彻斯特编码，PCM
2019 年 5 月	3，11，12，18，19	5	CRC 循环冗余码、QPSK、PCM、E1
2019 年 11 月	11，12，16	3	QPSK、曼彻斯特、CRC 校验
2020 年 11 月	11，12，19	3	PCM、发送延时
2021 年 5 月	13，15，18，64	4	曼彻斯特编码、编码效率、PCM、发送时间
2021 年 11 月	11，14～16	4	奈奎斯特定理，ADSL、光纤
2022 年 5 月	14，15，64	3	PCM、量化、二进制指数退避算法

本章考点一般考查 3～6 分，对大部分人而言，这是最难的章节，知识点多，部分知识点难理

解，且容易遗忘。建议前期好好学，如果冲刺阶段还不能掌握，可以战略性选择放弃。

重点考点：奈奎斯特定理、PCM、E1、海明码（海明不等式）。

难点：海明码编码、CRC。

2.2 信道特性

2.2.1 考点精讲

1. 信道带宽 W

- 模拟信道带宽：$\mathbf{W=f_2-f_1}$［f_2 和 f_1 分别为信道能通过的最高和最低频率，单位为赫兹（Hz）］。例如，模拟传输信道频率范围为 10～16MHz，那么此信道带宽为：$W=f_2-f_1=16-10=6$MHz。
- 数字信道带宽：数字信道是离散信道，带宽为信道能够达到的最大数据传输速率，单位是 b/s。例如，数字信道最大传输速率为 100Mb/s，那么带宽即为 100Mb/s。

2. 码元与码元速率

- **码元**：一个数字脉冲称为一个码元，可以理解为时钟周期的信号。
- **码元速率**：单位时间内信号波形变化的次数，也是单位时间内传输码元的个数。
- 如果码元宽度（脉冲周期）为 T，则码元速率（波特率）为 **B=1/T**，单位是**波特（Baud）**。一个码元携带的信息量 n（位）与码元的种类数（N）的关系为 $\mathbf{n=\log_2 N}$，也可写成 $\mathbf{N=2^n}$。

3. 奈奎斯特定理和香农定理

奈奎斯特定理和香农定理非常重要，基本每年必考，大多以计算型选择题出现。

- **奈奎斯特定理**：在一个理想的（没有噪声环境）信道中，若信道带宽为 W，最大码元速率为：**B=2W**（Baud），极限数据速率为 $\mathbf{R=B\log_2 N=2W\log_2 N}$。首先需要记住奈奎斯特定理公式，其次要掌握公式中每个字母的含义，比如 R 代表极限数据速率，B 代表码元速率（也叫波特率），W 代表信道带宽，N 代表码元种类数量。最后还要能结合题目，灵活代入公式进行计算。
- **香农定理**：表示在一个有噪声的信道中，极限数据速率和带宽之间的关系。极限速率公式为：$\mathbf{C=W\log_2(1+S/N)}$，其中 C 为极限数据速率，W 为信道带宽，S 为信号平均功率，N 为噪声平均功率，S/N 表示信噪比（信息和噪声的比值，题目可能会直接告诉信噪比的值）。例如，已知信道带宽为 10MHz，信噪比为 3，那么该信道的极限速率是：$C=W\log_2(1+S/N)=10\times\log_2(1+3)=20$Mb/s。

当然，考试一般不会直接告诉简单的信噪比值，而用分贝表示信噪比，比如：已知信道带宽为 10MHz，信噪比为 30dB，要求信道极限速率。第一步需要把 30dB 转换成 S/N，接着再代入香农公式求解。

dB 与 S/N 的对应关系如下：

$$dB=10\times\log_{10}(S/N)$$

把 30dB 代入公式即得到：

$$30=10\times\log_{10}(S/N)$$
$$3=\log_{10}(S/N)$$
$$S/N=10^3=1000$$

以上换算过程必须掌握，或者直接记住当信噪比等于 30dB 时，S/N 是 1000。

接着代入香农公式：**$C=W\log_2(1+S/N)=10\times\log_2(1+1000)=10\times\log_2 1001\approx10\times\log_2 1024=10\times10=$ 100Mb/s**。

大家可以尝试计算一下信噪比为 10dB 时 S/N 的值是多少。答案是 10，这里就不展开计算了，大家根据上面的例子，照葫芦画瓢即可。介绍完奈奎斯特定理和香农定理，我们梳理一下两大定理的区别和联系。同时要注意真正理解带宽（W）、码元速率/波特率（B）、数据速率（C 或 R）、信噪比（S/N）、码元种类数（N）几大参数的含义。这两大定理涉及的参数及对应的数据通信速率公式如图 2-1 所示。

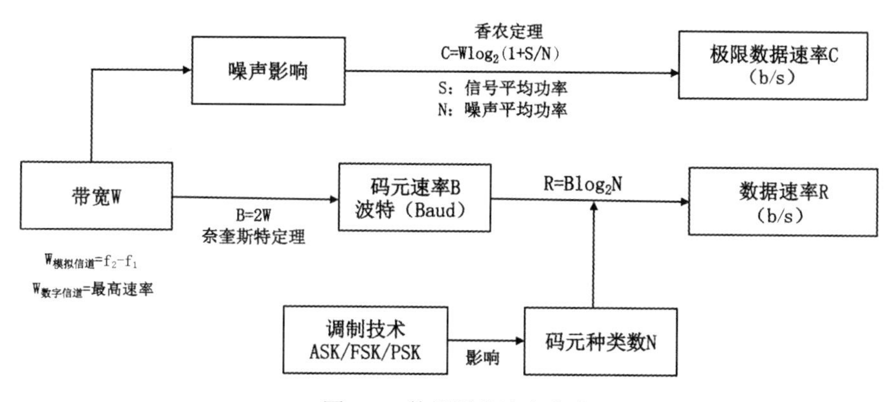

图 2-1　数据通信速率公式

2.2.2　即学即练・精选真题

- 某信道带宽为 1MHz，采用 4 幅度 8 相位调制最大可以组成__（1）__种码元。若此信道信号的码元宽度为 10 微秒，则数据速率为__（2）__kb/s。（2021 年 11 月第 14～15 题）

  （1）A．5　　B．10　　C．16　　D．32

  （2）A．50　　B．100　　C．500　　D．1000

  【答案】（1）D　（2）C

  【解析】4 幅度 8 相位调制最大可以组成 32 种码元。码元速率=1/码元宽带=1/10μs=$1/(10\times10^{-6})$s=10^5Baud，数据速率是 $R=B\log_2N=10^5\times\log_2 32=10^5\times5$(b/s)=500kb/s。

- 传输信道频率范围为 10～16MHz，采用 QPSK 调制，支持的最大速率为__（3）__Mbps。（2019 年 11 月第 11 题）

  （3）A．2　　B．16　　C．24　　D．32

  【答案】（3）C

【解析】 QPSK是一种四进制相位调制技术，N=4（记忆即可，DPSK中N=2，QPSK中N=4，如果调制前面是数字，比如8PSK，则N=8）。根据奈奎斯特定理$R=B\log_2N=2W\log_2N=2\times(16-10)\log_24=$ 24Mb/s。

- 设信号的波特率为1000Baud，信道支持的最大数据速率为2000b/s。则信道用的调制技术为____（4）____。（2019年5月第11题）

（4）A. BPSK　　B. QPSK　　C. BFSK　　D. 4B5B

【答案】（4）B

【解析】 根据奈奎斯特定理，求出N=4，BPSK是二进制相移键控（N=2），QPSK是四进制相移键控（N=4）。

- 设信道带宽为1000Hz，信噪比为30dB，则信道的最大数据速率约为____（5）____b/s。（2018年11月第16题）

（5）A. 10000　　B. 20000　　C. 30000　　D. 40000

【答案】（5）A

【解析】 信噪比是30dB，那么S/N=1000，前面例题已经讲过计算过程，建议直接记住。$C=W\times\log_2(1+S/N)=1000\times\log_2(1+1000)\approx1000\times10=10000$b/s。

- 电话信道频率为0～4kHz，若信噪比为30dB，则信道容量为____（6）____kb/s，要达到此容量，至少需要____（7）____个信号状态。（2017年5月第12～13题）

（6）A. 4　　B. 20　　C. 40　　D. 80

（7）A. 4　　B. 8　　C. 16　　D. 32

【答案】（6）C　（7）D

【解析】 已知信噪比为30dB，即$10\log_{10}(S/N)=30$，那么$S/N=10^3=1000$。从题目可知电话信道（默认为模拟信道）频率为0～4kHz，则带宽W=4-0=4k。根据香农定理求信道容量$C=W\log_2(1+S/N)=4k\log_2(1+1000)\approx4k\times10=40k$。题目要求达到此容量，可以假设香农定理和奈奎斯特定理算出来的速率相等（不必较真，按着出题老师的思路即可，不然没法算出信号状态）。根据奈奎斯特定理$R=B\log_2N=2W\log_2N=2\times4k\log_2N=40k$，即$8k\log_2N=40k$，$\log_2N=5$，则$N=2^5=32$。

- 通过正交幅度调制技术把ASK和PSK两种调制模式结合起来组成16种不同的码元，这时数据速率是码元速率的____（8）____倍。（2016年5月第14题）

（8）A. 2　　B. 4　　C. 8　　D. 16

【答案】（8）B

【解析】 根据奈奎斯特定理，直接代入即可。数据速率$R=B\log_2N=B\log_216=4B$。码元速率是B，那么数据速率是码元速率的4倍。

- 设信号的波特率为500Baud，采用幅度相位符合调制技术，由4种幅度和8种相位组成16种码元，则信道的数据速率为____（9）____。（2015年11月第15题）

（9）A. 500b/s　　B. 1000b/s　　C. 2000b/s　　D. 4800b/s

【答案】（9）C

【解析】 没提到噪声，使用奈奎斯特定理：$R=B\times\log_2N=500\times\log_216=2000$b/s。

2.3 信道延迟

2.3.1 考点精讲

信道延迟是指信息从源端到达目的端需要的时间，一般包含数据发送时间和传输时间两个部分，其中数据发送时间与数据量和信道速率有关，传输时间与源端和目的端距离有关。光速为300000km/s，光纤中信号速率约等于光速，同样为300000km/s（即300m/μs），电缆中信号传播速度为光速的67%，即约为200000km/s（200m/μs）。卫星信道的单向延时大约270ms，故用户发送数据到卫星，再到卫星返回应答，延时约为540ms。

例如，在1000米100Base-T线路上，发送1000字节数据，延时计算过程如下：

（1）换算单位：100Base-T线路带宽是100M，即100Mbit/s=100×10^6bit/s，1000字节=1000×8bit。

（2）发送时间：1000×8bit/(100×10^6bit/s)=8×10^{-5}s=80μs。

（3）传输时间：1000m/(200000km/s)=5×10^{-6}s=5μs。

（4）数据延迟=发送时间+传输时间=80μs+5μs=85μs。

2.3.2 即学即练·精选真题

● 以太网的最大帧长为1518字节，每个数据帧前面有8个字节的前导字段，帧间隔为9.6μs，在100BASE-T网络中发送1帧需要的时间为__（1）__。（2021年5月第64题）

（1）A．123μs　　B．132μs

C．12.3ms　　D．13.2ms

【答案】（1）B

【解析】发送延时：(1518+8)×8/(100×10^6)=122.08μs，由于没有告诉距离，忽略传输延时，题目中有帧间间隔，需要加上，合计131.68μs，约等于132μs。

● 以太网的最大帧长1518字节，每个数据帧前面有8个字节的前导字段，帧间隔为9.6μs，传输240000bit的IP数据报，采用100BASE-TX网络，需要的最短时间为__（2）__。（2019年5月第59题）

（2）A．1.23ms　　B．12.3ms

C．2.63ms　　D．26.3ms

【答案】（2）C

【解析】一个以太帧可以包含的最大有效负载为1500字节，所以240000bit=30000字节，可以分拆为30000/1500=20帧。

- 传输的总位数为：(1518+8)×8×20=244160 bit。
- 100BASE-TX网络传输速率为100Mb/s=100×10^6=10^8b/s。
- 传送时间=传输的比特长度/传输速率+帧间隔时间=244160bit/10^8b/s+9.6μs×10^{-6}×20=0.0024416s+0.000192s=0.0026336s=2.63ms。

● 在相隔 20km 的两地通过电缆以 100Mb/s 的速率传送 1518 字节长的以太帧，从开始发送到接收完成数据需要的时间约是___（3）___。（2018 年 5 月第 17 题）

（3）A．131μs　　B．221μs　　C．1310μs　　D．2210μs

【答案】（3）B

【解析】本题考查计算公式、单位换算。

- 发送时间=1518×8bit/(100Mb/s)=121.44μs
- 传输时间=20km/(200000km/s)=100μs
- 总延时=发送时间+传输时间=221.44μs≈221μs

2.4 传输介质

2.4.1 考点精讲

双绞线将 8 根铜导线每 2 根扭在一起，百兆线路可以使用 4 根，千兆线路必须使用 8 根。当线路不足时，可以把 1 根双绞线分拆给 2 个用户使用，但每个用户速率最大只能达到百兆。光纤是利用光在玻璃或塑料纤维中的全反射原理而达成的光传导工具。光传导损耗比电缆传导的损耗低得多，光纤适合用于长距离的信息传递。光纤的特点有：重量轻、体积小、传输远（衰减小）、容量大、抗电磁干扰。光纤可以分为单模光纤和多模光纤，其对比见表 2-2。

表 2-2　单模、多模光纤对比

对比项	单模光纤	多模光纤
纤芯和包层直径	纤芯直径 8μm 或 10μm，包层直径为 125μm	纤芯直径 50μm 或 62.5μm，包层直径为 125μm
带宽	模态色散小于多模光纤，具有更高的带宽	具有更大的纤芯尺寸，支持多个传输模式，模态色散大于单模光纤，带宽低于单模光纤
护套颜色	黄色	橙色或水绿色
价格	高	低
传输距离	远	近
工作波长	1310nm 或 1550nm	850nm 或 1300mm

2.4.2 即学即练·精选真题

● 光纤传输测试指标中，回波损耗是指___（1）___。（2020 年 11 月第 18 题）

（1）A．信号反射引起的衰减

B．传输距离引起的发射端的能量与接收端的能量差

C．光信号通过活动连接器之后功率的减少

D．传输数据时线对间信号的相互泄露

【答案】（1）A

【解析】回波损耗，也叫回程损耗或反射波损耗，是信号反射引起的衰减。回波损耗=10×log（入射功率/反射功率），用+dB表示，越大越好。其他几种衰减（损耗）如下：

- 光缆衰减（dB）=最大光纤衰减系数（dB/km）×长度（km）
- 连接器衰减（dB）=连接器对数×连接器损耗（dB）
- 熔接衰减（dB）=熔接个数×熔接损耗（dB）
- 总链路损耗（LL）=光缆衰减+连接器衰减+熔接衰减

B项描述的是光缆衰减，C项描述的是连接器衰减，D项错误，网线才有线对间的干扰和信号泄露，光纤不存在这个问题。

- 下列指标中，仅用于双绞线测试的是＿（2）＿。（2019年5月第15题）

（2）A．最大衰减限值　　　B．波长窗口参数

　　C．回波损耗限值　　　D．近端串扰

【答案】（2）D

【解析】双绞线和光纤都存在最大衰减限值和回波损耗限值，波长窗口参数只用于光纤，近端串扰仅用于双绞线。另外了解以下测试工具：

- 欧姆表、数字万用表及电缆测试器：利用这些参数可以检测电缆的物理连通性。测试并报告电缆状况，其中包括近端串音、信号衰减及噪声。
- 时域反射计（TDR）与光时域反射计（OTDR）：前者能够快速定位金属线缆中的短路、断路、阻抗等问题，后者可以精确测量光纤的长度、断裂位置、信号衰减等。

- 关于单模光纤，下面描述中错误的是＿（3）＿。（2018年5月第15题）

（3）A．芯线由玻璃或塑料制成

　　B．比多模光纤纤芯小

　　C．光波在芯线中以多种反射路径传播

　　D．比多模光纤传输距离远

【答案】（3）C

【解析】单模光纤中只有一种模式的光，不会以多种反射路径传播。

2.5 数据编码

2.5.1 考点精讲

1．曼彻斯特编码

曼彻斯特编码常用于以太网中，是一种双相码，在每个比特中间均有一次跳变，编码和波形可由用户定义。如图2-2所示，由低电平向高电平跳变的波形代表“1”，由高电平向低电平跳变的波形代表“0”。

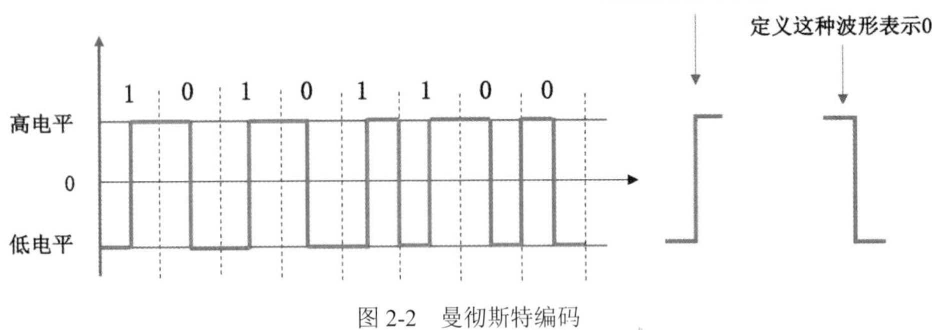

图 2-2 曼彻斯特编码

2. *差分曼彻斯特编码*

差分曼彻斯特编码主要应用在令牌环网中，编码不关注波形形状，而是比较始末电平，下一个编码的起始电平与上一个编码的结束电平如果相同（没变化），表示 1，有变化表示 0，简称“有 0 无 1”，如图 2-3 所示。

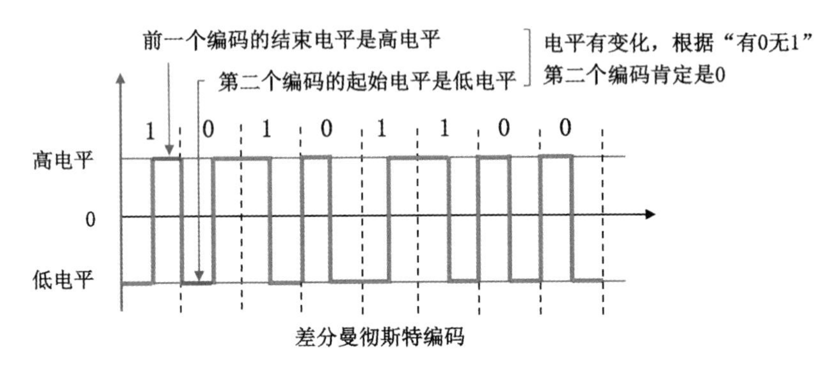

图 2-3 差分曼彻斯特编码推导过程

如图 2-3 所示，第一个编码的结束电平是高电平，第二个编码的起始电平是低电平，很明显有变化，那么根据“有 0 无 1”的编码规则，第二个编码就是 0。按照同样的规则可以推断出第 3、4、5、…、N 位的编码，但不能通过差分曼彻斯特编码推出第一位的编码。

两种曼彻斯特编码的优点是将时钟包含在信号数据流中，也称自同步码。缺点是编码效率较低，编码效率都只有 50%。由于每位数据需要高低两个电平来表示，所以码元速率是数据速率的两倍，如果数据传输速率为 100Mb/s，那么码元速率是 200Baud（波特）。

典型应用场景下的编码效率见表 2-3。

表 2-3 编码效率统计

编码类型	编码效率/%	应用场景
曼彻斯特	50	以太网
差分曼彻斯特	50	令牌环网

续表

编码类型	编码效率/%	应用场景
4B/5B	80	百兆以太网(100BASE-TX 先 4B/5B 编码，再 MLT-3 编码)
8B/10B	80	千兆以太网
64B/66B	97	万兆以太网

曼彻斯特编码和差分曼彻斯特编码效率为 50%，分别用于以太网和令牌环网，4B/5B 效率为 80%，用于百兆以太网，8B/10B 效率为 80%，用于千兆以太网，64B/66B 效率为 97%，用于万兆以太网。

2.5.2 即学即练·精选真题

● 在曼彻斯特编码中，若波特率为 10Mbps，其数据速率为___（1）___Mbps。(2021 年 5 月第 13 题)

（1）A. 5　　B. 10　　C. 16　　D. 20

【答案】（1）A

【解析】曼彻斯特/差分曼彻斯特编码，两个电平对应一个数据位，即数据速率是码元速率的一半。

● 在异步传输中，1 位起始位，7 位数据位，2 位停止位，1 位校验位，每秒传输 200 字符，采用曼彻斯特编码，有效数据速率是___（2）___kb/s，最大波特率为___（3）___Baud。(2020 年 11 月第 13～14 题)

（2）A. 1.2　　B. 1.4　　C. 2.2　　D. 2.4

（3）A. 700　　B. 2200　　C. 1400　　D. 4400

【答案】（2）B　（3）D

【解析】每秒传输 200 字符，而每个字符有 1+7+2+1=11 位，那么每秒传输 200×11bit=2200bit，即 2.2kb/s，有效数据位占 7/11，故有效速率为 7/11×2.2kb/s=1.4kb/s；或者直接用字符数量×每个字符的有效数据位：200×7=1400bit/s=1.4kb/s。

曼彻斯特编码中，码元速率（波特率）等于数据速率的 2 倍：2×2.2k=4400 Baud。

● 下面关于 Manchester 编码的叙述中，错误的是___（4）___。(2018 年 11 月第 14 题)

（4）A. Manchester 编码是一种双相码　　B. Manchester 编码是一种归零码

C. Manchester 编码提供了比特同步信息　　D. Manchester 编码应用在以太网中

【答案】（4）B

【解析】双相码存在电平翻转，是曼彻斯特编码的基础。由于存在电平跳变，所以可以提供同步信息。如果不存在电平跳变，那么发送连续的 0 或 1 就是一条直线。曼彻斯特编码应用在以太网中。

● 以下关于曼彻斯特编码的描述中，正确的是___（5）___。(2018 年 5 月第 11 题)

（5）A. 每个比特都由一个码元组成　　B. 检测比特前沿的跳变来区分 0 和 1

C. 用电平的高低来区分 0 和 1　　D. 不需要额外传输同步信号

【答案】(5) D

【解析】曼彻斯特编码与差分曼彻斯特编码均属于双相码，即每一比特都有电平跳变，包含一个低电平码元和一个高电平码元，这一电平跳变信息被用于提供自同步信息。

- 曼彻斯特编码用高电平到低电平的跳变表示数据“0”，用低电平到高电平的跳变表示数据“1”。
- 差分曼彻斯特编码规则是：每比特的中间有一个电平跳变，但利用每个码元的开始是否有跳变来表示“0”或“1”，如有跳变则表示“0”，无跳变则表示“1”。

- 下图画出了曼彻斯特编码和差分曼彻斯特编码的波形图，实际传送的比特串为 (6) 。(2011 年 11 月第 15 题)

(6) A．10101100　　B．01110010　　C．01010011　　D．10001101

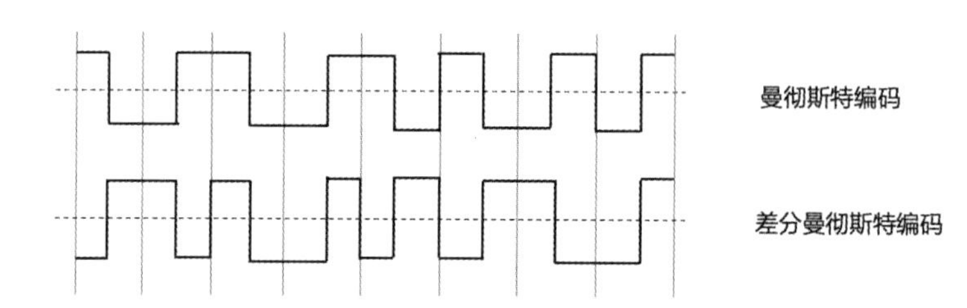

【答案】(6) C

【解析】掌握曼彻斯特编码和差分曼彻斯特编码的推导过程，先从差分曼彻斯特编码的第二个编码开始推。

2.6 调制技术

2.6.1 考点精讲

将数字信号转换成模拟信号的过程称为调制，将模拟信号转换为数字信号的过程称为解调。常见的调制方式有幅度键控（ASK）、频移键控（FSK）、相移键控（PSK）和正交幅度调制（QAM）。

- 幅度键控（ASK）：用载波的两个不同振幅表示 0 和 1。
- 频移键控（FSK）：用载波的两个不同频率表示 0 和 1。
- 相移键控（PSK）：用载波的起始相位的变化表示 0 和 1。
- 正交幅度调制（QAM）：把两个幅度相同但相位差 90° 的模拟信号合成一个模拟信号。

2 相调制码元只取 2 个相位，即码元种类数 N=2，4 相调制码元取 4 个相位，即码元种类数 N=4。DPSK 是典型的 2 相调制技术，码元种类数 N=2，QPSK 是典型的 4 相调制，码元种类数 N=4，这是高频考点，需要掌握。几种调整技术的波形对比如图 2-4 所示。

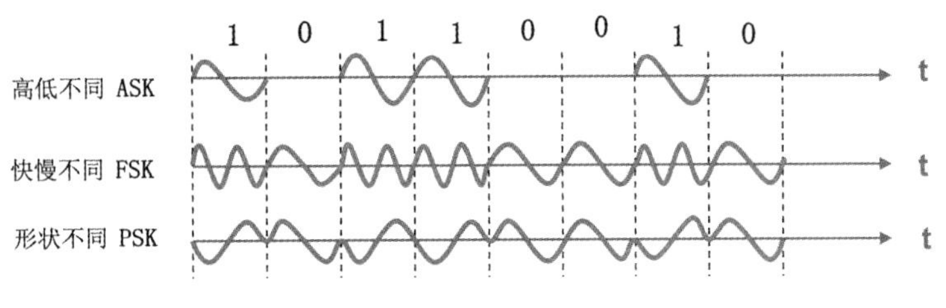

图 2-4 几种调整技术波形对比

2.6.2 即学即练·精选真题

- 设信号的波特率为1000Baud，信道支持的最大数据速率为2000b/s，则信道采用的调制技术为 （1） 。（2019年5月第11题）

（1）A．BPSK　　B．QPSK　　D．BFSK　　D．4B5B

【答案】（1）B

【解析】根据奈奎斯特定理 $R=B\log_2N$，$2000=1000\log_2N$，$N=4$，只有QPSK是4相调制。

- 设信号的波特率为800Baud，采用幅度一相位复合调制技术，由4种幅度和8种相位组成16种码元，则信道的数据速率为 （2） 。（2018年11月第11题）

（2）A．1600b/s　　B．2400b/s　　C．3200b/s　　D．4800b/s

【答案】（2）C

【解析】根据奈奎斯特定理：$R=B\log_2N=800\times\log_2 16=800\times4=3200$b/s。

- 以下关于DPSK调制技术的描述中，正确的是 （3） 。（2018年11月第13题）

（3）A．采用2种相位，一种固定表示数据“0”，一种固定表示数据“1”

B．采用2种相位，通过前沿有无相位的改变来表示数据“0”和“1”

C．采用4种振幅，每个码元表示2比特

D．采用4种频率，每个码元表示2比特

【答案】（3）B

【解析】DPSK称为差分相移键控，信息是通过连续信号之间的载波信号的相位差别被传输的。

- 下图所示的调制方式是 （4） ，若数据速率为1kb/s，则载波速率为 （5） Hz。（2017年11月第11～12题）

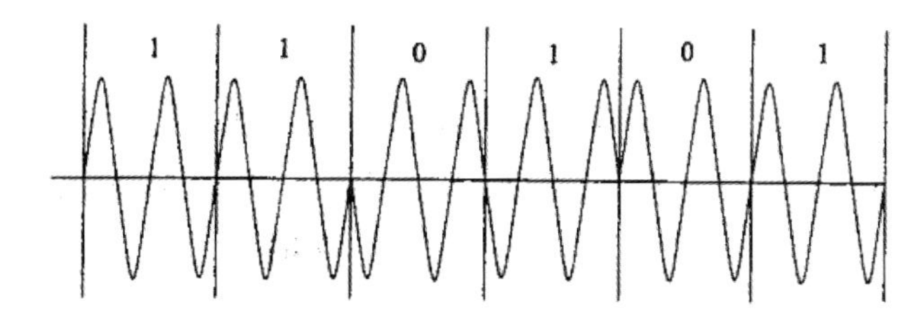

（4）A．DPSK　　B．BPSK　　C．QPSK　　D．MPSK

（5）A．1000　　B．2000　　C．4000　　D．8000

【答案】（4）A （5）B

【解析】根据图形可知是以载波的相对初始相位变化来实现数据的传送，并且初始相位与前一码元之间发生 180° 变化为二进制 0，无变化为 1。因此可知采用的调制技术为 DPSK（差分相移键控）。根据 $R=B\log_2N$，采用 DPSK 调制，N=2，故 B=R=1000，根据图形得知，2 个载波信号表示 1 个码元，即载波速率是码元速率的 2 倍，故载波速率是 2000 Hz。

- 在异步通信中，每个字符包含 1 位起始位、8 位数据位、1 位奇偶位和 2 位终止位，若有效数据速率为 800b/s ，采用 QPSK 调制，则码元速率为___（6）___波特。（2017 年 11 月第 16 题）

  （6）A．600　　B．800　　C．1200　　D．1600

  【答案】（6）A

  【解析】由有效数据速率为 800b/s 可知传输速率为 1200b/s，由采用 QPSK 调制得知 N=4。根据奈奎斯特定理，$R=B\log_2N$，即 $1200=B\log_2 4$，所以码元速率 B 等于 600 波特。

2.7 PCM 脉码调制

2.7.1 考点精讲

把模拟信号转换为数字信号常用的数字化技术就是脉冲编码调制技术（Pulse Code Modulation，PCM），简称脉码调制。PCM 数字化过程包括采样、量化和编码 3 个步骤。

- 采样：按照一定的时间间隔对模拟信号进行取样，把模拟信号的当前值作为样本。奈奎斯特采样定理：如果模拟信号的最高频率为 f_{max}，若以大于 $2f_{max}$ 的采样频率对其进行采样，则采样得到的离散信号序列就能完整地恢复出原始信号。如果音频信号频率为 9～12kHz，那么采样频率至少为 2×12=24kHz。

$$f=\frac{1}{T}\geqslant 2f_{max}$$

- 量化：把取样后得到的样本由连续值转换为离散值，离散值的个数决定了量化的精度。
- 编码：把量化后的样本值变成相应的二进制代码。

例如：对声音信号数字化时，由于语音最高频率是 4kHz，所以取样频率是 8kHz。对语音样本用 128 个等级量化，因而每个样本用 7bit 表示（$2^7=128$，即 7 位正好能够表示 128 种状态，也就是量化等级）。每个样本携带信息为 7bit，频率为 8kHz，即每秒传输 8000 次，那么在数字信道上传输这种数字化后的语音信号速率是 7bit×8000=56kb/s。（非常重要，历年考查多次）

2.7.2 即学即练·精选真题

- 在 PCM 中，若对模拟信号的采样值使用 64 级量化，则至少需使用___（1）___位二进制。（2021 年 5 月第 15 题）

  （1）A．4　　B．5　　C．6　　D．7

  【答案】（1）C

【解析】2^6=64，故需要 6 位二进制表示 64 个量化等级。

- 设信道带宽为 5000Hz，采用 PCM 编码，采样周期为 125μs，每个样本量化为 256 个等级，则信道的数据速率为___（2）___。（2018 年 11 月第 17 题）

（2）A．10kb/s　　B．40kb/s

C．56kb/s　　D．64kb/s

【答案】（2）D

【解析】数据速率=$(1/125\times10^{-6})\times\log_2 256=8000\times8=64000$b/s=64kb/s。

- 4B/5B 编码先将数据按 4 位分组，将每个分组映射到 5 位的代码，然后采用___（3）___进行编码。（2017 年 5 月第 14 题）

（3）A．PCM　　B．Manchester

C．QAM　　D．NRZ-I

【答案】（3）D

【解析】4B/5B 编码实际上是一种两级编码，先将 4 位分成一组，然后按照 4B/5B 编码规则转换成相应的 5 位代码，然后发送到传输介质之前，变化为遇 1 不变、遇 0 翻转的非归零反转码（NRZ-I）。

2.8 通信方式和交换方式

2.8.1 考点精讲

1．通信方式

按照传输方向，通信方式可以分为单工通信、半双工通信和全双工通信。

- **单工通信：**信息只能在一个方向传送，发送方不能接收，接收方不能发送，典型代表是电视和广播。
- **半双工通信：**通信的双方可以交替发送和接收信息，但不能同时接收或发送，典型代表有对讲机、集线器和 Wi-Fi 通信。
- **全双工通信：**通信双方可同时进行双向的信息传送，代表有电话和交换机。

2．交换方式

按照数据交换方式，通信可以分为电路交换、报文交换、分组交换。

- **电路交换：**将数据传输分为电路建立、数据传输和电路拆除 3 个过程。数据传送之前需建立一条物理通路，在线路被释放之前，该通路将一直被用户完全占有，不能再被其他用户使用，典型应用是传统电话。
- **报文交换：**报文从发送方传送到接收方采用存储转发方式，报文中含有每一个下一跳节点，完整的报文在每个节点间传送。类似快递转运，比如 1000kg 的货物，要从北京运到上海，中间需要经过徐州、南京两个中转站，由于是存储转发，那就需要每个中转站都有足够的空间，必须能存储下 1000kg 的货物，然后再转发出去。

- **分组交换**：本质是把原始数据拆分成多个分组进行传输，中间网络节点不再需要接收完整数据，降低其缓存空间的要求。分组交换可以按分组纠错，发现错误只需重发出错的分组，提高通信效率。分组交换又可以分为数据报方式和虚电路方式。

数据报方式中，每个分组被独立地处理，每个节点根据一种路由选择算法，为每个分组选择一条路径，使它们的目的地相同。如图 2-5 所示，如果采用数据报方式，从 A 到 B 的数据分组，可以有多条路径，比如一部分数据走 ACDB，另外一部分数据走 AEFB，分组可能出现乱序，到目的地 B 进行组装，代表协议是 IP。

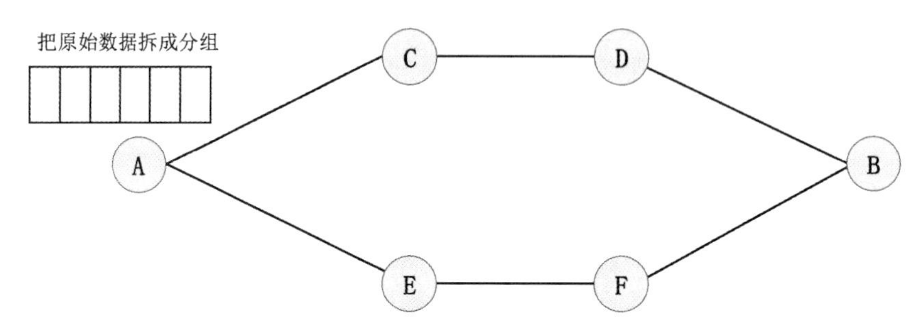

图 2-5　分组交换示意图

虚电路方式中，在数据传送之前，先建立起一条逻辑上的连接，每个分组都沿着一条路径传输。如果采用虚电路方式，首先建立确定的虚电路，比如是 ACDB，那么数据分组只能沿着这条路径传送，且分组不会乱序，代表协议是 X.25、FR、ATM。

2.8.2　即学即练·精选真题

- 100BASE-TX 交换机，一个端口通信的数据速率（全双工）最大可以达到＿（1）＿。（2018 年 5 月第 12 题）

  （1）A．25Mb/s　　B．50Mb/s　　C．100Mb/s　　D．200Mb/s

  【答案】（1）D

  【解析】全双工通信，即通信的双方可以同时发送和接收信息，所以带宽是 200Mb/s。

- 下列分组交换网络中，采用的交换技术与其他 3 个不同的是＿（2）＿网。（2017 年 11 月第 18 题）

  （2）A．IP　　B．X.25　　C．帧中继　　D．ATM

  【答案】（2）A

  【解析】只有 A 项是数据报方式，其他三个都是虚电路方式。

- IEEE 802.3ae 10Gb/s 以太网标准支持的工作模式是＿（3）＿。（2016 年 5 月第 62 题）

  （3）A．单工　　B．半双工　　C．全双工　　D．全双工和半双工

  【答案】（3）C

  【解析】10G 以太网只支持全双工工作模式。

2.9 数字传输系统 E1/T1

2.9.1 考点精讲

美国和日本使用 T1 标准，每路语音信道带宽为 64kb/s，把 24 路语音信号按照时分复用的方式整合到 1.544Mb/s（即 T1=1.544Mb/s）。

ITU-T 采用 E1 标准（欧洲标准），信道数据速率是 2.048Mb/s，把 32 个 8 位一组的数据样本组装成 125μs 的基本帧，E1 每路语音是 64kb/s。E1 一共 32 个子信道，如图 2-6 所示，其中 30 个子信道（CH1～CH15 和 CH17～CH31）用于语音传送，2 个子信道（CH0 和 CH16）用于控制信令。

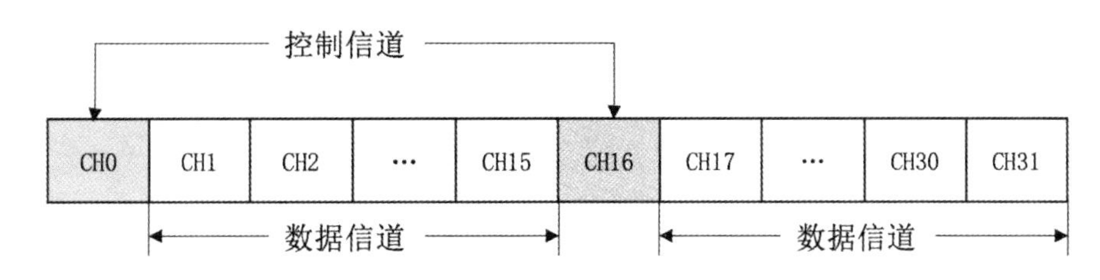

图 2-6　E1 控制信道与数据信道

光纤线路多路复用技术是把多个低速率接口复用成为一个高速率接口，比如 4 个 STM-1 可以复用为 1 个 STM-4，需要大家掌握几个重要的接口速率：OC-1 为 51.84Mb/s，OC-3 和 STM-1 为 155Mb/s，OC-12 和 STM-4 为 622Mb/s。

2.9.2 即学即练·精选真题

- E1 载波的控制开销占__（1）__，E1 基本帧的传送时间为__（2）__。（2019 年 5 月第 18～19 题）

  （1）A．0.518%　　B．6.25%　　C．1.25%　　D．25%

  （2）A．100ms　　B．200μs　　C．125μs　　D．150μs

  【答案】（1）B　（2）C

  【解析】 E1 载波提供 2.048Mb/s 的数据传输速率，它把 32 个 8 位一组的数据样本组装成 125μs 的基本帧，其中 30 个子信道用于传送数据，2 个子信道用于传送控制信令。我国使用 E1 作为数字载波的传输标准。在 E1 载波中，每个子信道的数据速率是 64kb/s。E1 载波控制开销为 2/32=6.25%。

- 按照同步光纤网传输标准（SONET），OC-1 的数据速率为__（3）__Mb/s。（2018 年 5 月第 14 题）

  （3）A．51.84　　B．155.52　　C．466.96　　D．622.08

  【答案】（3）A

  【解析】 需掌握 OC-1、OC-3/STM-1、OC-12/STM-4 的数据速率。

- E1 载波的基本帧由 32 个子信道组成，其中子信道___(4)___用于传送控制信令。（2018 年 5 月第 22 题）

  （4）A．CH0 和 CH2　　B．CH1 和 CH15
  　　C．CH15 和 CH16　　D．CH0 和 CH16

  【答案】（4）D

  【解析】E1 的一个时分复用帧（其长度 T=125μs）共划分为 32 个相等的时隙，时隙的编号为 CH0～CH31。其中时隙 CH0 用作帧同步，时隙 CH16 用来传送信令，剩下 CH1～CH15 和 CH17～CH31 共 30 个时隙用作 30 个话路。

- E1 载波的子信道速率为___(5)___kb/s。（2017 年 11 月第 13 题）

  （5）A．8　　B．16　　C．32　　D．64

  【答案】（5）D

  【解析】E1 子信道速率是 64kb/s。

- E1 载波的数据速率是___(6)___Mb/s，E3 载波的数据速率是___(7)___Mb/s。（2016 年 11 月第 16～17 题）

  （6）A．1.544　　B．2.048　　C．8.448　　D．34.368
  （7）A．1.544　　B．2.048　　C．8.448　　D．34.368

  【答案】（6）B　（7）D

  【解析】E1 的一个时分复用帧（其长度 T=125μs）共划分为 32 个相等的时隙，时隙的编号为 CH0～CH31。其中时隙 CH0 用作帧同步，时隙 CH16 用来传送信令，剩下 CH1～CH15 和 CH17～CH31 共 30 个时隙用作 30 个话路。E1 的数据速率是 2.048Mb/s，E3 是 16 个 E1 复用，为 34.368Mb/s。

- T1 载波的数据速率是___(8)___。（2016 年 5 月第 17 题）

  （8）A．1.544Mb/s　　B．6.312Mb/s
  　　C．2.048Mb/s　　D．44.736Mb/s

  【答案】（8）A

  【解析】举一反三，熟知 T1/E1 的速率以及每路语音信号的速率。

- E1 信道速率是___(9)___，其中每个语音信道的数据速率是___(10)___。（2011 年 11 月第 16～17 题）

  （9）A．1.544Mb/s　　B．2.048Mb/s
  　　C．6.312Mb/s　　D．44.736Mb/s
  （10）A．56kb/s　　B．64kb/s
  　　C．128kb/s　　D．2048kb/s

  【答案】（9）B　（10）B

  【解析】一个帧传送时间划分成 32 个相等的子信道，信道编号为 CH0～CH31。其中信道 CH0 用作帧同步，CH16 用作传送信令，剩下 CH1～CH15 和 CH17～CH31 共 30 个信道用于用户数据传输，E1 的一个时分复用帧传送时间为 125μs，即每秒 8000 次。每个子信道含 8 位数据，其速率为 8×800=64kb/s。

2.10 差错控制技术

2.10.1 考点精讲

在数据传输中产生错误不可避免，因此需要采用差错控制方法，常用的差错控制方法是检错和纠错。差错控制的核心原理是传输 k 位，加入 r 位冗余（某种算法定义），接收方收到后进行计算比较，如果接收方知道有差错发生，但不知道是怎样的差错，向发送方请求重传，称为检错；如果接收方知道有差错发生，而且知道是怎样的差错，这种方法称为纠错。常见的检错码有奇偶校验码、CRC 循环冗余校验码，最典型的纠错码是海明码。

1. 奇偶校验

奇偶校验是最常用的检错方法，能检出一位错误。奇偶校验原理是在 7 位 ASCII 码后增加 1 位，使码字中“1”的个数成奇数（奇校验）或偶数（偶校验）。

- **奇校验：**整个校验码（有效信息位和校验位）中“1”的个数为奇数，比如信息位 1011010 中 1 的个数是 4 个，是偶数，如果采用奇校验，需要保证“1”的个数是奇数，那么校验位就是 1，整个校验码是 1011010（**1**）。
- **偶校验：**整个校验码（有效信息位和校验位）中“1”的个数为偶数，如果 1011010 采用偶校验，那么校验位是 0，最终生成的校验数据是：1011010（**0**）。

2. CRC 循环冗余校验码

CRC 循环冗余校验码（Cyclic Redundancy Check）在传输数据的末尾加入校验码，能检错不能纠错，广泛用于网络通信和磁盘存储。

3. 海明码

海明码是通过冗余数据位来检测和纠正差错的编码。主要在数据中间加入几个校验码，当某一位出错，会引起几个校验位的值发生变化。海明码具体编码比较复杂，且最多考 1 分，所以在备考后期，如果还不懂编码原理，可自动跳过，从性价比的角度，建议大家掌握海明不等式。如果校验码个数为 k，可以表示 2^k 个信息，其中 1 个信息用来表示“没有错误”，其余 2^k-1 个信息表示数据中存在的错误，如果满足海明不等式：$2^k-1 \geq m+k$（m+k 为编码后的数总长度），则在理论上 k 个校验码就可以判断是哪一位出现错误。

2.10.2 即学即练·精选真题

- 在____（1）____校验方法中，采用模 2 运算来构造校验位。（2019 年 5 月第 3 题）

  （1）A. 水平奇偶　　B. 垂直奇偶　　C. 海明码　　D. 循环冗余

  【答案】（1）D

  【解析】需熟悉 CRC 循环冗余校验码的计算过程，此知识点经常考。

- 以下关于采用一位奇校验方法的叙述中，正确的是___(2)___。（2018 年 11 月第 2 题）

  （2）A．若所有奇数位出错，则可以检测出该错误但无法纠正错误

  B．若所有偶数位出错，则可以检测出该错误并加以纠正

  C．若有奇数个数据位出错，则可以检测出该错误但无法纠正错误

  D．若有偶数个数据位出错，则可以检测出该错误并加以纠正

  【答案】（2）C

  【解析】奇偶校验位是一个表示给定位数的二进制数中 1 的个数是奇数或者偶数的二进制数，奇偶校验位是最简单的错误检测码。如果传输过程中包括校验位在内的奇数个数据位发生改变，那么奇偶校验位将出错，表示传输过程有错误发生。因此，奇偶校验位是一种错误检测码，没有办法确定哪一位出错，不能进行错误纠正。

- 采用 CRC 进行差错校验，生成多项式为 $G(X)=X^4+X+1$，信息码字为 10111，则计算出 CRC 校验码是___(3)___。

  （3）A．0000　　B．0100　　C．0010　　D．1100

  【答案】（3）D

  【解析】第一步：判断校验位数。生成多项式的最高次方是几，校验位就是几位。由题目已知生成多项式是 $G(X)=X^4+X+1$，最高是 X 的 4 次方，由此可得校验位是 4 位。

  第二步：数据位后补充与校验位相等个数的 0，即补充 4 个 0，生成 10111 0000。

  第三步：提取生成多项式的系数，$G(X)=X^4+X+1=1\times X^4+0\times X^3+0\times X^2+1\times X^1+1\times X^0$，提取系数 10011。

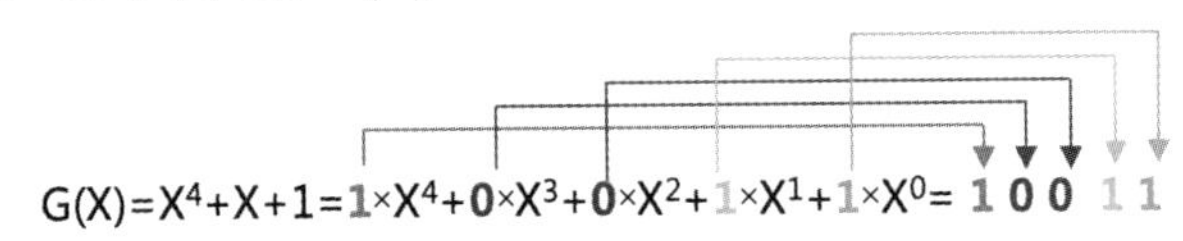

  第四步：用第二步的结果除以第三步的结果（注意过程中采用异或运算，而不是直接加减），余数就是 CRC 校验码，余数不够位，前面补 0。运算过程如下：

```
              1 0100
       ┌──────────────
 10011 │10111 0000
        10011
       ───────────
          100 00
          100 11
         ─────────
            1100
```

- CRC 是链路层常用的检错码，若生成多项式为 X^5+X^3+1，传输数据 10101110，得到的 CRC 校验码是___(4)___。（2019 年 5 月第 16 题）

  （4）A．01000　　B．0100　　C．10011　　D．1000

  【答案】（4）A

  【解析】要计算 CRC 校验码，需根据 CRC 生成多项式进行。例如：原始报文为 10101110，其生成多项式为：X^5+X^3+1。在计算时，是在原始报文的后面添加若干个 0（个数为生成多项式的最高次幂数，它也是最终校验位的位数。生成多项式最高次是 X^5，校验位数应该为 5）作为被除

数，除以生成多项式所对应的二进制数（由生成多项式的幂次决定，此题中除数应该为 101001），最后使用模 2 除法，得到的余数为校验码 01000。

- 在采用 CRC 校验时，若生成多项式为 $G(X)=X^5+X^2+X+1$，传输数据为 1011110010101 时，生成的帧检验序列为___(5)___。（2016 年 5 月第 28 题）

（5）A. 10101　　B. 01101　　C. 00000　　D. 11100

【答案】（5）C

【解析】第一步：判断校验位数。生成多项式最高是 X 的 5 次方，故校验位是 5 位。

第二步：数据位后补充与校验位相等个数的 0，即补充 5 个 0，生成 1011110010101 00000。

第三步：提取生成多项式的系数。生成多项式为 $G(X)=X^5+X^2+X+1=1\times X^5+0\times X^4+0\times X^3+1\times X^2+1\times X^1+1\times X^0$，那么生成多项式系数是 100111。

第四步：用第二步的结果除以第三步的结果（注意过程中采用异或运算，而不是直接加减），余数就是 CRC 校验码，余数不够位，前面补 0。运算过程如下，得到校验码 00000。

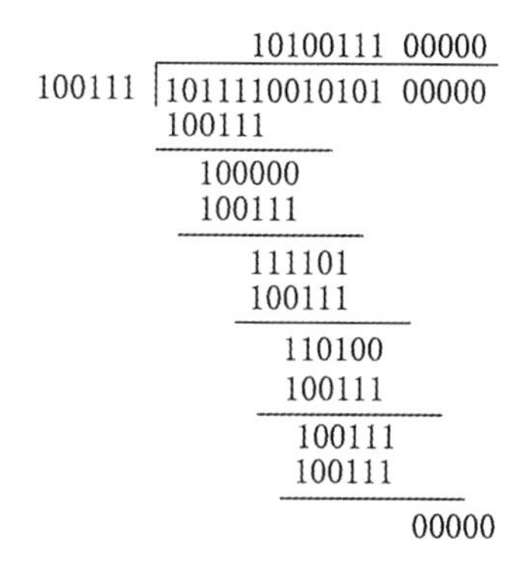

- 循环冗余校验码 CRC-16 的生成多项式为 $G(X)=X^{16}+X^{15}+X^2+1$，它产生的校验码是___(6)___位，接收端发现错误采取的措施是___(7)___。（2013 年 11 月第 13～14 题）

（6）A. 2　　B. 4　　C. 16　　D. 32

（7）A. 自动纠错　　B. 报告上层协议　　C. 重新生成数据　　D. 自动请求重发

【答案】（6）C　（7）D

【解析】CRC 只能检错，不能纠错，自动请求重发。

- 海明码是一种纠错码，其方法是为需要校验的数据位增加若干校验位，使得校验位的值决定了某些被校位的数据，当被校数据出错时，可根据校验位的值的变化找到出错位，从而纠正错误。对于 32 位的数据，至少需要增加___(8)___个校验位才能构成海明码。以 10 位数据为例，其海明码表示为 D9D8D7D6D5D4P4D3D2D1P3D0P2P1，其中 Di（$0\leqslant i\leqslant 9$）表示数据位，Pj（$1\leqslant j\leqslant 4$）表示校验位，数据位 D9 由 P4、P3 和 P2 进行校验（从右至左 D9 的位序为 14，即等于 8+4+2，因此用第 8 位的 P4，第 4 位的 P3 和第 2 位的 P2 校验），数据位 D5 由___(9)___进行校验。（2018 年 5 月第 6～7 题）

（8）A. 3　　B. 4　　C. 5　　D. 6

（9）A. P4P1　　B. P4P2　　C. P4P3P1　　D. P3P2P1

【答案】（8）D　（9）B

【解析】海明不等式：校验码个数为 k，包含 2 的 k 次方个校验信息，1 个校验信息用来指出"没有错误"，满足 $m+k+1 \leqslant 2^k$。所以 32 位的数据位，需要 6 位校验码。

第二问考查的是海明编码的规则，构造监督关系式，和校验码的位置相关：数据位 D9 用 P4、P3、P2 校验（14=8+4+2），那么 D5（10=8+2）用第 8 位的 P4 和第二位的 P2 校验。

- 已知数据信息为 16 位，最少应附加＿（10）＿位校验位，才能实现海明码纠错。（2017 年 5 月第 3 题）

（10）A．3　　B．4　　C．5　　D．6

【答案】（10）C

【解析】根据海明不等式 $m+k \leqslant 2^k-1$（其中 m 表示数据位，k 表示校验位），题目已知数据位 m=16，则 $16+k \leqslant 2^k-1$，依次把 k=1,2,3,4,5…代入不等式，满足该不等式的 k 最小为 5，即最少应附加 5 位校验位。

- 海明码是一种纠错码，一对有效码字之间的海明距离是＿（11）＿，如果信息位 6 位，要求纠正 1 位错，按照海明编码规则，需要增加的校验位至少＿（12）＿位。（2014 年 5 月/2016 年 5 月）

（11）A．两个码字的比特数之和　　B．两个码字的比特数之差

C．两个码字之间相同的比特数　　D．两个码字之间不同的比特数

（12）A．3　　B．4　　C．5　　D．6

【答案】（11）D　（12）B

【解析】海明距离：一个码字要变成另一个码字时必须改变的最小位数。海明不等式：$2^k-1 \geqslant m+k$（m 为数据位，k 为校验位）。

第3章 广域网通信

3.1 考点分析

本章所涉及的考点分布情况见表 3-1。

表 3-1 本章所涉考点分布情况

年份	试题分布	分值	考核知识点
2015 年 5 月	13，26	2	HDLC、双绞线
2015 年 11 月	无	0	
2016 年 5 月	无	0	
2016 年 11 月	无	0	
2017 年 5 月	17，18	2	Console 口、连接广域网接口（SFP）
2017 年 11 月	无	0	
2018 年 5 月	无	0	HDLC、RJ-45
2019 年 5 月	16，17	2	HDLC（REJ、SREJ）
2019 年 11 月	19，20	2	HDLC（帧功能）
2020 年 11 月	15，23	2	ARQ、HDLC
2021 年 5 月	19	1	HDLC
2021 年 11 月	18	1	HDLC 帧格式
2022 年 5 月	无	0	无

本章内容考查较少，一般考 1～2 分，冲刺阶段可直接跳过。

高频考点：HDLC。

3.2 通信特性

1. 机械特性

机械特性主要描述和规定连接机器的几何形状、尺寸大小、引线数、引线排列方式等指标。下面以 RS-232-C 接口为例进行说明，RS-232-C 没有正式规定连接器的标准，只有建议使用 25 针的 D 形连接器，也有很多使用其他连接器，特别是在微型机 RS-232-C 串行接口上，大多使用 9 针连接器，如图 3-1 所示。

老式打印机
25针D形连接口

设备Console接口
9针串行接口

图 3-1 接口的机械特性

2. 电气特性

RS-232-C 采用的 V.28 标准电路，速率为 20kb/s，最长传输距离 15m；使用 3～15V 表示 0，-15～-3V 表示 1。

3. 功能特性

对接口连线的功能给出明确定义，RS-232-C 采用的标准是 V.24，了解即可。

3.3 流量控制与差错控制

3.3.1 考点精讲

1. 流量控制

流量控制是为了协调发送站和接收站工作步调，避免发送速度过快，接收站处理不过来，造成数据丢包。常见的流量控制方案有：停等协议和滑动窗口协议。

（1）停等协议。

- 停等协议工作原理：发送站发一帧，收到应答信号后再发送下一帧，接收站每收到一帧后都回送一个应答信号（ACK），表示愿意接收下一帧，如果接收站不应答，发送站必须等待。
- 如果采用停等协议，数据总传输时间为 $T=T_{a发}+T_{a传}+T_{b发}+T_{b传}$。

如图 3-2 所示，$T_{a发}$表示 A 端数据发送时间，$T_{a传}$表示从 A 到 B 数据传输时间，$T_{b发}$表示 B 端回送确认帧的发送时间，$T_{b传}$表示从 B 到 A 确认帧传输时间。AB 距离不变，故在路上传播的时间相等，即 $T_{a传}=T_{b传}$，B 端回送的确认帧一般是 64 字节的小包，发送时间非常短，官方教材直接忽略了发送时间。那么总传送时间可以缩写为：$T=T_{a发}+T_{a传}+T_{b传}=T_{a发}+2T_{传}$。

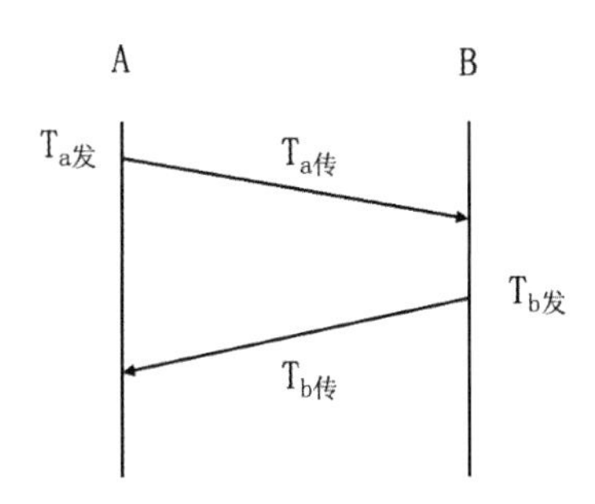

图 3-2　数据发送与传输时间

（2）滑动窗口协议。

滑动窗口协议主要思想是：允许发送方连续发送多个帧而无须等待应答。如图 3-3 所示，假设站 A 和站 B 通过全双工链路连接，站 B 维持能容纳 8 帧的缓冲区（$W_{收}$=8），这样站 A 就可以连续发送 8 个帧而不必等待应答信号（$W_{发}$=8）。A 连续发送编号为 0 和 1 的两个帧，B 收到后发送 ACK2 对前两帧进行确认，表示接下来想收到编号为 2 的帧，同时将接收窗口右移 2 个位置。滑动窗口协议可以一次确认多个数据帧，而不必像停等协议，发送一个数据帧，就需要接收端回送一个确认帧，从而提高了传输效率。

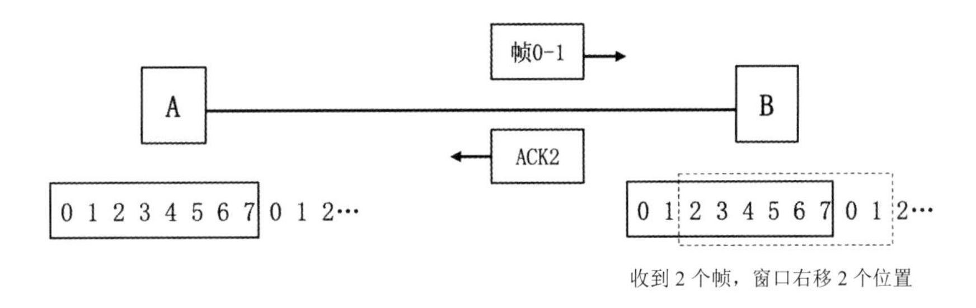

图 3-3　滑动窗口协议

2. 差错控制

差错控制包含检错和纠错机制，第 2 章介绍的奇偶校验和 CRC 循环冗余校验都是检错码，而海明码是纠错码。接收方应对传输差错的方法主要有三种：

- 肯定回答。接收端收到帧校验无误后，向发送方回送肯定的确认 ACK，发送方收到确认帧后，继续发送后续数据。
- 否定回答重发。接收端收到帧校验发现错误，向发送方回送否定确认 NAK，发送方收到否定确认后，则必须重新发送该错误帧。

- 超时重传。发送方发送一个帧时设定倒计时钟，如果倒计时到 0，还没收到该帧的应答信号，则认为该帧丢失，重传该帧。这种技术也叫作自动重传请求（Automatic Repeat-reQuest，ARQ），主要有如下三类 ARQ。

（1）停等 ARQ 协议。与前面介绍的流量控制停等协议类似，必须收到确认后。再发送下一帧，如果设定时间内没有收到确认，则进行数据重发。如图 3-4 所示，如果帧 0 发送后，没有收到确认，A 站会重发帧 0。

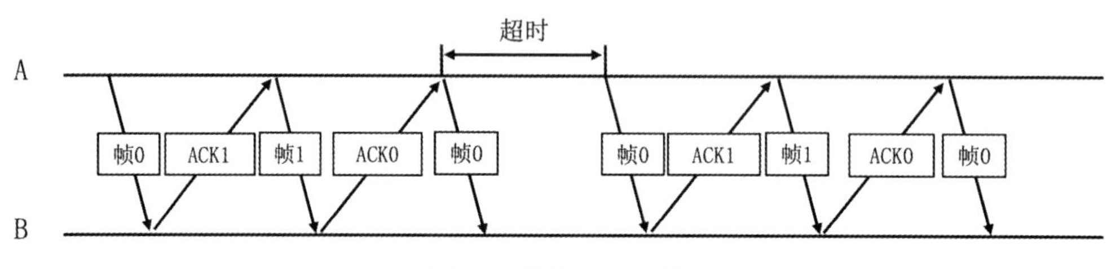

图 3-4　停等 ARQ 协议

（2）选择重发 ARQ 协议。顾名思义，有选择性地重发出现差错的数据帧。如图 3-5 所示，帧编号为 0～7。如果 A 发送了编号为 0～5 的帧，其中编号为 2 的帧出现错误，那么 B 站回送 NAK2（表示编号为 2 的帧有问题），接着 A 站选择重发编号为 2 的帧，发完后，再继续发送编号为 6、7 的数据。

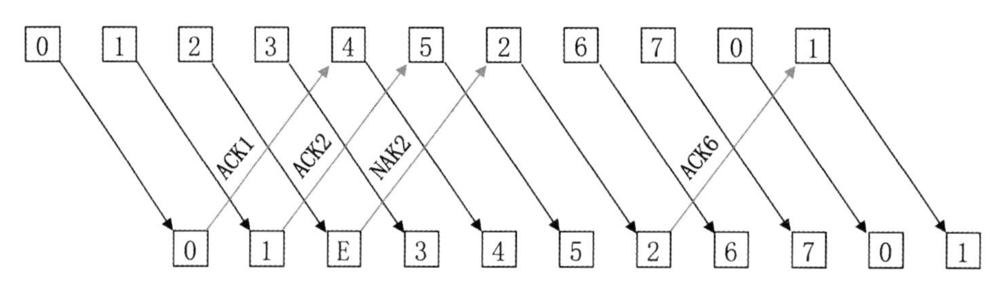

图 3-5　选择重发 ARQ 协议

（3）后退 N 帧 ARQ 协议。在出错处后发送的 N 帧都需要重发。如图 3-6 所示，帧编号为 0～7。如果 A 站连续发送了 1～5 帧，其中编号为 2 的帧出现错误，那么 B 站回送 NAK2（表示编号为 2 的帧有问题），接着 A 站选择重发编号为 2 的帧，发完后，再继续发送编号为 3、4、5 的数据。

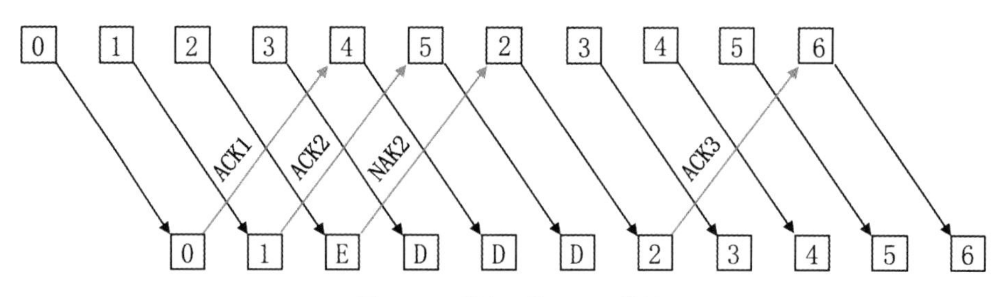

图 3-6　后退 N 帧 ARQ 协议

3.3.2 即学即练·精选真题

- 在卫星通信中，通常采用的差错控制机制为___(1)___。（2020 年 11 月第 15 题）

  （1）A．停等 ARQ　　B．后退 N 帧 ARQ
  C．选择重发 ARQ　　D．最大限额 ARQ

  【答案】（1）C

  【解析】卫星通信延时高达 270ms，选用效率更高的重发方式。

- 采用 HDLC 协议进行数据传输，帧 0～7 循环编号，当发送站发送了编号为 0、1、2、3、4 的 5 帧时，收到了对方应答帧 REJ3，此时发送站应发送的后续 3 帧为___(2)___；若收到的对方应答帧为 SREJ3，则发送站应发送的后续 3 帧为___(3)___。（2019 年 5 月第 16～17 题）

  （2）A．2、3、4　　B．3、4、5　　C．3、5、6　　D．5、6、7
  （3）A．2、3、4　　B．3、4、5　　C．3、5、6　　D．5、6、7

  【答案】（2）B　（3）C

  【解析】REJ 用于后退 N 帧 ARQ 流控方案，SREJ 帧用于选择重发 ARQ 流控方案。当发送站发送了编号为 0、1、2、3、4 的 5 帧时，收到了对方应答帧 REJ3，此时发送站应从编号为 3 的帧重新发送后续的帧：3、4、5；若收到对方应答为 SREJ3，则重新发送编号为 3 的帧，以及后续 5、6 帧，即 3、5、6。

3.4 HDLC

3.4.1 考点精讲

高级数据链路控制协议（High-level Data Link Control，HDLC）是一种面向位（比特）的数据链路层控制协议，通常使用 CRC-16、CRC-32 校验，帧边界“01111110”。HDLC 帧格式如图 3-7 所示，需要重点掌握控制字段（1 字节），一共 8 位。根据控制字段不同的编码，HDLC 分为信息帧、监控帧、无编号帧三种。

标志：1字节	1字节	1字节	≥0字节（可变）	2字节	标志：1字节
01111110	地址	控制字段	DATA	FCS	01111110

I帧：信息帧	0	N(S)			P/F	N(R)		
S帧：监控帧	1	0	S		P/F	N(R)		
U帧：无编号帧	1	1	M		P/F	M		
比特序号：	0	1	2	3	4	5	6	7

图 3-7　HDLC 帧格式

信息帧（I帧）：第一位为0，用于承载数据和控制。N(S)表示发送帧序号，N(R)表示下一个预期要接收帧的序号，N(R)=5，表示下一帧要接收5号帧。N(S)和N(R)均为3位二进制编码，可取值0～7。

监控帧（S帧）：前两位为10，监控帧用于差错控制和流量控制。S帧控制字段的第三、四位为S帧类型编码，共有四种不同的编码，含义见表3-2。

表3-2　S帧类型编码的含义

记忆符	名称	S字段		功能
RR	接收准备好	0	0	确认，且准备接受下一帧，已收妥N(R)以前的各帧
RNR	接收未准备好	1	0	确认，暂停接收下一帧，N(R)含义同上
REJ	拒绝接收	0	1	否认，否认N(R)起的各帧，但N(R)以前的帧已收妥
SREJ	选择拒绝接收	1	1	否认，只否认序号为N(R)的帧

无编号帧（U帧）：控制字段中不包含编号N(S)和N(R)，U帧用于提供对链路的建立、拆除以及多种控制功能。当要求提供不可靠的无连接服务时，它也可以承载数据。

3.4.2　即学即练·精选真题

- 以下关于HDLC协议的说法中，错误的是___(1)___。（2021年5月第19题）

  （1）A. HDLC是一种面向比特计数的同步链路控制协议

  B. 应答RNR5表明编号为4之前的帧均正确，接收站忙暂停接收下一帧

  C. 信息帧仅能承载用户数据，不得做他用

  D. 传输的过程中采用无编号帧进行链路的控制

  【答案】（1）C

  【解析】HDLC三种类型帧如下:

  > 信息帧（I帧）主要用于传送用户数据，也可以用于控制，包含N(S)和N(R)，其中N(S)用于存放发送帧序号，N(R)用于存放下一个预期要接收帧的序号，N(S)和N(R)的取值范围都是0～7。

  > 监控帧（S帧）用于差错控制和流量控制。

  > 无编号帧（U帧）用于提供对链路的建立、拆除以及多种控制功能，可以承载数据。

- 采用HDLC协议进行数据传输时，RNR5表明___(2)___。（2020年11月第23题）

  （2）A. 拒绝编号为5的帧

  B. 下一个接收的帧编号应为5，但接收器未准备好，暂停接收

  C. 后退N锁重传编号为5的帧

  D. 选择性拒绝编号为5的帧

  【答案】（2）B

  【解析】S帧类型编码含义见表3-2。

- HDLC 协议中，若监控帧采用 SREJ 进行应答，表明采用的差错控制机制为___（3）___。（2018 年 5 月第 51 题）

  （3）A．后退 N 帧 ARQ　　B．选择性拒绝 ARQ

  C．停等 ARQ　　D．慢启动

  【答案】（3）B

  【解析】在 HDLC 协议中，如果监控帧中采用 SREJ 应答，表明差错控制机制为选择重发。

- HDLC 协议是一种___（4）___，采用___（5）___标志作为帧定界符。（2009 年 5 月第 17～18 题）

  （4）A．面向比特的同步链路控制协议　　B．面向字节技术的同步链路控制协议

  C．面向字符的同步链路控制协议　　D．异步链路控制协议

  （5）A．10000001　　B．01111110

  C．10101010　　D．101101011

  【答案】（4）A　（5）B

  【解析】此题考查 HDLC 基础，这是高频考点，需要重点掌握。

3.5 X.25/帧中继/PPP

3.5.1 考点精讲

X.25 和帧中继技术目前已经被淘汰，偶尔出现选择题，了解基础特性即可，不是重点。

1. X.25

- X.25 分为三个协议层：物理层、链路层和分组层，对应 OSI 模型低三层。
- X.25 是一种分组交换技术，面向连接，建立虚链路。
- X.25 支持差错控制和流量控制，传输速率：64kb/s。

2. 帧中继（Frame Relay，FR）

- 帧中继在第二层建立虚链路，提供虚链路服务，本地标识 DLCI。
- 基于分组交换的透明传输，可提供面向连接的服务。
- 只做检错和拥塞控制，没有流控和重传机制，开销很少。
- 既可以按需要提供带宽，也可以应对突发的数据传输（CIR：承诺速率，EIR：扩展速率）。
- 帧长可变，长度可达 1600～4096 字节，可以承载各种局域网的数据帧。
- 可以达到很高的速率：2～45Mb/s。
- 不适合对延迟敏感的应用（语音、视频）。
- 数据的丢失依赖于运营商对虚电路的配置。
- 不保障可靠的提交。

3. PPP 协议

点对点协议（Point to Point Protocol，PPP）可以在点对点链路上传输多种上层协议的数据包，

有校验位；PPP 包含链路控制协议（Link Control Protocol，LCP）和网络控制协议（Network Control Protocol，NCP），能承载多种上层协议，报文格式如图 3-8 所示。

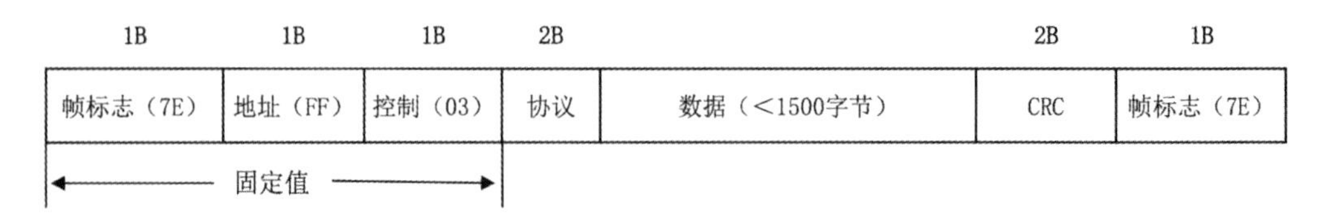

图 3-8　PPP 帧格式

PPP 协议包含两种认证方式：PAP 和 CHAP。

- PAP：两次握手验证协议，口令以明文传送，被验证方首先发起请求。
- CHAP：三次握手，认证过程不传送认证口令，传送 HMAC 散列值。

PAP 和 CHAP 的认证过程如图 3-9 所示。

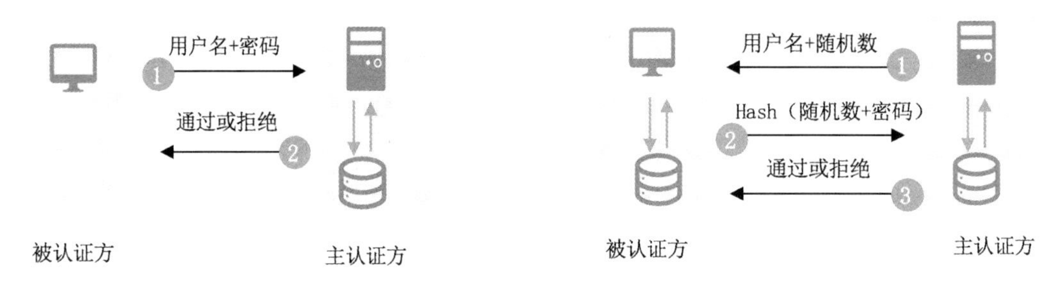

图 3-9　PAP 和 CHAP 的认证过程

3.5.2　即学即练·精选真题

- 使用 ADSL 接入 Internet，用户端需要安装___（1）___协议。（2018 年 11 月第 18 题）

　　（1）A．PPP　　B．SLIP　　C．PPTP　　D．PPPoE

　　【答案】（1）D

　　【解析】家用 ADSL、光纤到户 FTTH 认证方式都是 PPPoE，相当于把 PPP 封装在以太网中传输，底层利用 PPP 的认证机制 PAP 或 CHAP。

- PPP 是连接广域网的一种封装协议，下面关于 PPP 描述错误的是___（2）___。（2014 年 11 月第 19 题）

　　（2）A．能够控制数据链路的建立　　B．能够分配和管理广域网的 IP 地址

　　C．只能采用 IP 作为网络层协议　　D．能够有效进行错误检测

　　【答案】（2）C

【解析】HDLC与PPP协议的区别见下表。

PPP协议与HDLC协议对比

协议	上层协议	地址协商	错误检测
PPP	多协议	能	可以
HDLC	IP	不能	可以

- 帧中继网络的虚电路建立在__(3)__，这种虚电路的特点是__(4)__。（2013年11月第11～12题）

  （3）A．数据链路层 B．网络层 C．传输层 D．会话层

  （4）A．没有流量控制功能，也没有拥塞控制功能

  B．没有流量控制功能，但具有拥塞控制功能

  C．具有流量控制功能，但没有拥塞控制功能

  D．具有流量控制功能，也具有拥塞控制功能

  【答案】（3）A （4）B

  【解析】数据链路层协议有：以太网、帧中继、X.25、HDLC、PPP，其中帧中继和X.25采用虚电路方式。帧中继没有流量控制功能，但具有拥塞控制功能。

- CHAP协议是PPP链路上采用的一种身份认证协议，这种协议采用__(5)__握手方式周期性的验证通信对方的身份，当认证服务器发出一个挑战报文时，则终端就计算该报文的__(6)__，并把结果返回服务器。（2013年11月第19～20题）

  （5）A．两次 B．三次 C．四次 D．周期性

  （6）A．密码 B．补码 C．CHAP值 D．HASH值

  【答案】（5）B （6）D

  【解析】需掌握PPP的两种认证方式PAP和CHAP。

3.6 ISDN和ATM

3.6.1 考点精讲

综合数字业务网（Intergrated Services Digital Network，ISDN）是以数字系统代替模拟电话系统，把音频、视频、数据业务放在一个网络上统一传输的技术，分为窄带ISDN和宽带ISDN，窄带ISDN提供两种用户接口：基本速率接口（Basic Rate Interface，BRI）和基群速率接口（Primary Rate Interface，PRI）。其中，基本速率BRI=2B+D=144kb/s，基群速率PRI=30B+D=2.048Mb/s。宽带ISDN，即ATM。ATM是信元交换，信元为53字节固定长度，以虚链路方式提供面向连接的服务，典型速率为150Mb/s。这两个技术都已经被淘汰，作为了解知识点即可。

3.6.2 即学即练·精选真题

- 电信运营商提供的 ISDN 服务有两种不同接口，其中供小型企业和家庭使用的基本速率接口（BRI）速率是___(1)___，供大型企业使用的接口速率是___(2)___。(2014 年 11 月第 17 ~ 18 题)

  (1) A．128kb/s　　B．144kb/s　　C．1024kb/s　　D．2048kb/s

  (2) A．128kb/s　　B．144kb/s　　C．1024kb/s　　D．2048kb/s

  【答案】(1) B　(2) D

  【解析】需掌握 ISDN 中 BRI 和 PRI 速率。

第4章 局域网和城域网

4.1 考点分析

本章所涉及的考点分布情况见表4-1。

表4-1 本章所涉考点分布情况

年份	试题分布	分值	考核知识点
2015年5月	14，62	2	交换机和网桥、物理地址
2015年11月	12，13，62，63	4	STP、CSMA/CD、MAC 地址表
2016年5月	11，12，59，62，63	5	网桥、MAC 地址表、802.1q、IEEE 802.3ae、STP
2016年11月	60～64	5	VLAN、CSMA/CD、MAC 地址表、STP
2017年5月	15，16，19，34，62～64	7	帧发送时间、千兆以太网、退避算法、VLAN、冲突检测机制
2017年11月	14，15，26，57，62	5	100BASE-T4、VLAN、最小帧长
2018年5月	12，13，18，58～61	7	全双工、100BASE-FX、VLAN、802.3 帧、802.1q、退避算法
2019年5月	13，59～61	4	千兆以太网、帧发送时间、4B5B 编码、退避算法
2019年11月	15，17，18	3	1000BASE-LX、帧传输时间、最小帧长
2020年11月	16，22，61，63，64	5	千兆以太网、百兆以太网、广播域、VLAN 中继、CSMA/CD
2021年5月	14，16，59，62，63	5	100BASE-FX，万兆以太网，千兆以太网、VLAN
2021年11月	12，58～63	7	万兆以太网、VLAN、CSMA/CD
2022年5月	59～63	5	STP、VLAN、SDN

本章内容一般考查4～5分，其中 VLAN、802.1q、STP 在下午案例分析中也会考到。

高频考点：百兆/千兆/万兆以太网、CSMA/CD、VLAN、STP。

4.2 局域网介质访问

4.2.1 考点精讲

1. 局域网拓扑类型

局域网常见的网络拓扑有总线型、环型、星型、树型，如图 4-1 所示。

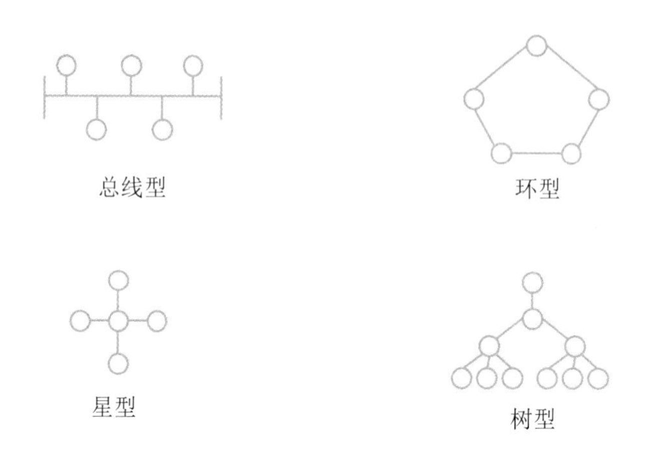

图 4-1 局域网拓扑结构

2. CSMA/CD 原理

早期的总线型和集线器组成的星型网络都是半双工模式，只能一个用户收或发，有点类似“独木桥”，访问控制协议可以避免大家同时上桥造成拥塞，早期的有线网络里普遍使用载波侦听多路访问/冲突检测（Carrier Sense Multiple Access/Collision Detection，CSMA/CD）。CSMA/CD 的基本原理：发送数据之前，先监听信道上是否有人在发送。若有，说明信道正忙，否则说明信道是空闲的，然后根据预定的策略决定：

（1）若信道空闲，是否立即发送。

（2）若信道忙，是否继续监听。

如果连续发生 16 次碰撞，则认为网络有问题，不再尝试发送。

发现信道正忙后，CSMA/CD 有三种监听算法：

（1）非坚持型监听算法：后退随机时间。由于随机时间后退，所以减少了冲突的概率。问题是后退会使信道闲置一段时间，从而使信道的利用率降低，而且增加了发送时延。

（2）1－坚持型监听算法：继续监听，不等待。有利于抢占信道，减少信道空闲时间。但是，多个站同时都在监听信道时必然会发生冲突，导致冲突概率和利用率都高（双高）。

（3）P－坚持型监听算法。若信道空闲，以概率 P 发送，以概率（1-P）延迟一个时间单位，P 的大小可调整。

3. 冲突检测原理

CSMA/CD 技术只能减小冲突的概率，不能完全避免冲突。当两个帧发生冲突后，若继续发送，会造成网络带宽浪费。为了提升网络带宽利用率，发送站采取边发边听的冲突检测方法，即：

（1）发送期间同时接收，并把接收的数据与站中存储的数据进行比较。

（2）若比较结果一致，说明没有冲突，重复（1）。

（3）若比较结果不一致，则说明发生了冲突，立即停止发送，并发送一个简短的干扰信号（Jamming），使所有站都停止发送。

（4）发送 Jamming 信号后，等待一段随机时间，重新监听，再试着发送。

4.2.2 即学即练·精选真题

- 采用 CSMA/CD 进行介质访问，两个站点连续冲突 3 次后再次冲突的概率为___（1）___。（2021 年 11 月第 63 题）

（1）A. 1/2　　B. 1/4　　C. 1/8　　D. 1/16

【答案】（1）C

【解析】本题考查二进制指数退避算法，原理如下：

1）检测到冲突后，马上停止发送数据，并等待随机时间再发送数据。

2）等待的随机时间=$2\tau\times$Random[0,1,…,2^k-1]，其中 Random 表示随机函数。

注：τ是基本退避时间，看作固定值，k=min[重传次数，10]，如果重传 16 次后，还不能正常发送数据，认为网络拥塞，不再尝试。

冲突 1 次后，k=min[1,10]=1，那么等待时间 $2\tau\times$Random[0,1]，有 2 个可选数字。

冲突 2 次后，k=min[2,10]=2，那么等待时间 $2\tau\times$Random[0,1,2,3]，有 4 个可选数字。

冲突 3 次后，k=min[3,10]=3，那么等待时间 $2\tau\times$Random[0,1,2,3,4,5,6,7]，有 8 个可选数字。

即两个站点连续冲突 3 次后再次冲突的概率是 1/8。

也可以得出简化公式：冲突概率为 $1/2^n$（n 表示已经发生冲突的次数，$n\leqslant 10$）。

- CSMA/CD 采用的介质访问技术属于资源的___（2）___。（2020 年 11 月第 64 题）

（2）A. 轮流使用　　B. 固定分配　　C. 竞争使用　　D. 按需分配

【答案】（2）C

【解析】CSMA/CD 是共享式以太网防冲突技术，资源竞争使用。

- 某局域网采用 CSMA/CD 协议实现介质访问控制，数据传输速率为 10Mb/s，主机甲和主机乙之间的距离为 2km，信号传播速度是 200m/μs。若主机甲和主机乙发送数据时发生冲突，从开始发送数据起，到两台主机均检测到冲突时刻为止，最短需经过的时间是___（3）___μs。（2019 年 11 月第 17 题）

（3）A. 10　　B. 20　　C. 30　　D. 40

【答案】（3）A

【解析】在以太网中为了确保发送数据站点在传输时能检测到可能存在的冲突，数据帧的传输时延要不小于两倍的传播时延。由此可以算出传输时延≥2×2000/200=20μs。当冲突刚好发生在链路中间的时候时间最短，所以需要经过的时间是20μs/2=10μs。

- CSMA/CD协议是___(4)___协议。（2018年11月第59题）

  (4) A. 物理层　　B. 介质访问子层
  C. 逻辑链路子层　　D. 网络层

  【答案】(4) B

  【解析】CSMA/CD协议是介质访问子层协议。

- 以太网介质访问控制策略可以采用不同的监听算法，其中一种是："一旦介质空闲就发送数据，假如介质忙，继续监听，直到介质空闲后立即发送数据"这种算法称为___(5)___监听算法，该算法的主要特点是___(6)___。（2011年11月第62~63题）

  (5) A. 1—坚持型　　B. 非坚持型　　C. P—坚持型　　D. 0—坚持型

  (6) A. 介质利用率和冲突概率都低　　B. 介质利用率和冲突概率都高
  C. 介质利用率低且无法避免冲突　　D. 介质利用率高且可以有效避免冲突

  【答案】(5) A　(6) B

  【解析】此题考查几种监听算法的概念和特点，需要掌握。

4.3 最小帧长计算

4.3.1 考点精讲

最小帧长计算公式：$L_{min}=2R\times d/v$，其中R为网络数据速率，d为最大距离，v为传播速度。如果A、B间距离是d，网络带宽是R，信号传播速率为v，A向B发送一个帧，长度为L。数据帧不发生冲突的条件是：发送时间>数据传送时间+确认返回时间（确认帧长度为64B，发送时间很短，可以忽略），即$L/R\geqslant 2\times d/v$，则推出最小帧长公式$L_{min}=2R\times d/v$。这个公式偶尔会考，需要掌握。

4.3.2 即学即练·精选真题

- 在CSMA/CD以太网中，数据速率为100Mb/s，网段长2km，信号速率为200m/μs，则此网络的最小帧长是___(1)___比特。（2018年5月第60题）

  (1) A. 1000　　B. 2000　　C. 10000　　D. 200000

  【答案】(1) B

  【解析】$L_{min}=2R\times d/v=2\times 100\times 10^6 b/s\times(2km/200000km/s)=2000$ bit。

- 采用CSMA/CD协议的基带总线，段长为1000m，数据速率为10Mb/s，信号传播速度为200m/μs，则该网络上的最小帧长应为___(2)___比特。（2017年11月第57题）

  (2) A. 50　　B. 100　　C. 150　　D. 200

  【答案】(2) B

  【解析】冲突碰撞期为2倍的传播时延，因此发送数据帧的时延要大于等于冲突碰撞期。$X/10Mb/s\geqslant 2\times(1000/200m/\mu s)$，可得最短帧长为100bit。

4.4 以太网帧结构与封装

4.4.1 考点精讲

1. 以太网帧结构

以太网帧结构有两种标准：以太网 II 和 IEEE 802.3，整体大同小异。以 IEEE 802.3 为例，其帧格式如图 4-2 所示。

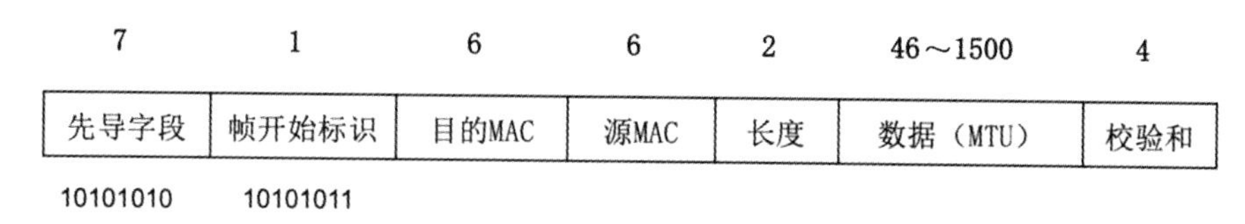

图 4-2 IEEE 802.3 帧格式

（1）前面 7+1 字段用于时钟同步，不算入帧长。

（2）数据 46～1500 字节，如果数据不够 46 字节，需要填充到 46 字节。

（3）校验位 4 字节，CRC 循环冗余校验 32 位。

（4）最小帧长 64 字节：6+6+2+46+4=64（常用于确认帧）。

（5）最大帧长 1518 字节：6+6+2+1500+4=1518。

2. 以太网封装

以太网报文封装过程如图 4-3 所示。应用数据依次封装 TCP、IP、以太网头，三个头部默认长度分别为 20 字节、20 字节、14 字节。以太网 MTU 46～1500 字节，包含 IP 报头和 TCP 报头。

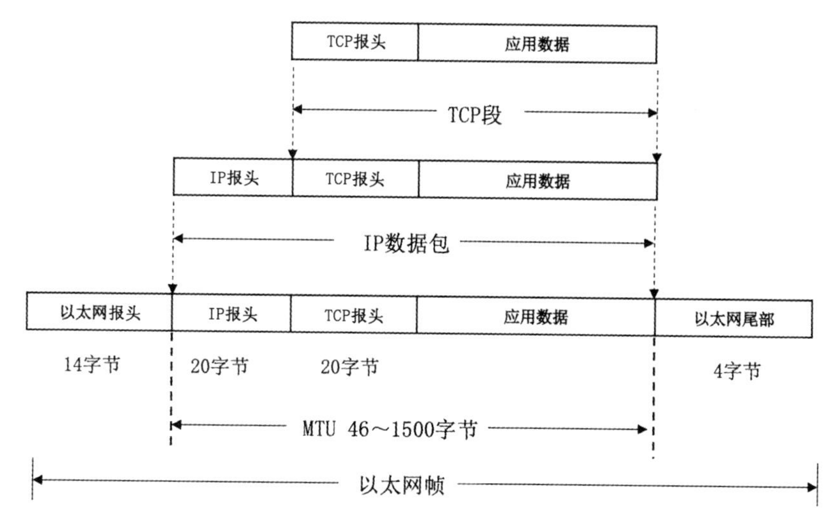

图 4-3 以太网报文封装

4.4.2 即学即练·精选真题

- 若主机采用以太网接入 Internet，TCP 段格式中，数据字段最大长度为___(1)___字节。（2020 年 5 月第 24 题）

  （1）A．20　　B．1460　　C．1500　　D．65535

  【答案】（1）B

  【解析】以太网 MTU 最大为 1500，除去 20 字节 TCP 头和 20 字节 IP 头，数据部分最大是 1460 字节。

- 以太网的数据帧封装如下图所示，包含在 IP 数据报中的数据部分最长应该是___(2)___字节。（2018 年 11 月第 23 题）

目标 MAC 地址	源 MAC 地址	协议类型	IP 头	数据	CRC

  （2）A．1434　　B．1460　　C．1480　　D．1500

  【答案】（2）C

  【解析】以太网规定数据字段的长度最小值为 46 字节，当长度小于此值时，应该加以填充，填充就是在数据字段后面加入一个整数字节的填充字段，最大 1500 字节，除去 IP 头 20 字节后，就是 1480 字节。

- 以太网可以传送最大的 TCP 段为___(3)___字节。（2017 年 11 月第 21 题）

  （3）A．1480　　B．1500　　C．1518　　D．2000

  【答案】（3）A

  【解析】以太网帧数据部分长度最大为 1500 字节，上层 IP 头部至少为 20 字节，因此传输层最大为 1480 字节。

4.5 以太网物理层规范

4.5.1 考点精讲

1．以太网物理层规范

以太网是目前应用最广的局域网技术，经历了传统以太网（10M）、快速以太网（100M）、千兆以太网（1000M）、万兆以太网（10G）几个阶段，官方教材只介绍了前面这四种，但目前以太网技术已经商用的有 25G、40G、100G 和 400G。网络工程师考试重点考查百兆和千兆以太网，偶尔考万兆以太网。以太网介质命名规范如下：<传输速率 Mb/s><信号方式><最大传输距离（百米）或介质类型>。具体如图 4-4 所示。

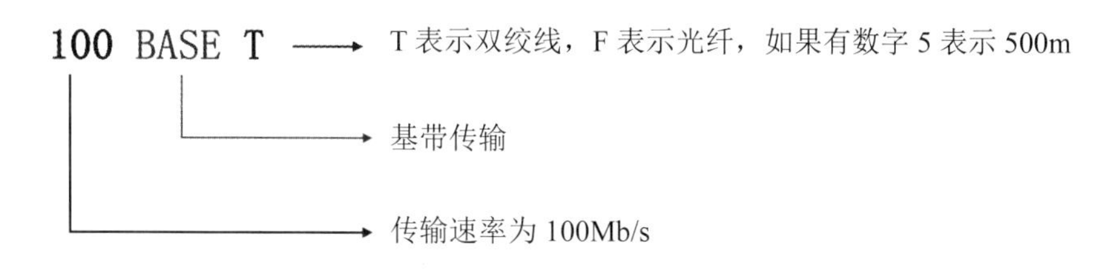

图4-4 以太网物理层命名规则

2. 802.3以太网物理层规范（10M以太网）

以太网标准较多，了解即可，考查相对较少，具体见表4-2。

表4-2 以太网物理层规范

属性	Ethernet	10Base5	10Base2	1Base5	10Base-T	10Broad36	10Base-F
拓扑结构	总线型	总线型	总线型	星型	星型	总线型	星型
数据速率/（Mb/s）	10	10	10	1	10	10	10
信号类型	基带曼码	基带曼码	基带曼码	基带曼码	基带曼码	宽带DPSK	基带曼码
最大长度/m	500	500	185	250	100	3600	500或2000
传输介质	粗同轴电缆	粗同轴电缆	细同轴电缆	UTP	UTP	CATV电缆	光纤

3. 快速以太网802.3u（100M）

快速以太网是历年考试重点，需要大家掌握常见的几种标准的传输介质（使用2对还是4对，采用屏蔽线还是非屏蔽线。UTP为非屏蔽双绞线，STP为屏蔽双绞线），各类标准的传输距离具体见表4-3。其中，100Base-TX采用4B/5B编码。

表4-3 快速以太网标准

属性	传输介质	特性阻抗	传输距离
100Base-TX（4B/5B）	两对5类UTP	100Ω	100m
	两对STP	150Ω	
100Base-FX	一对多模光纤MMF	62.5/125μm	2km
	一对单模光纤SMF	8/125μm	40km
100Base-T4	四对3类UTP	100Ω	100m
100Base-T2	两对3类UTP	100Ω	100m

4. 千兆以太网

千兆以太网有两个标准：IEEE 802.3z和IEEE 802.3ab（1000BASE-T），具体见表4-4。

表 4-4　千兆以太网标准

标准	名称	传输介质	传输距离	特点
IEEE 802.3z	1000Base-SX	光纤（短波 770～860nm）	550m	多模光纤（50，62.5μm）
	1000Base-LX	光纤（长波 1270～1355nm）	5000m	单模（10μm）或多模光纤（50，62.5μm）
	1000Base-CX	两对 STP	25m	屏蔽双绞线，同一房间内的设备之间
IEEE 802.3ab	1000Base-T	四对 UTP	100m	5 类非屏蔽双绞线，8B/10B 编码

5. 万兆以太网

万兆以太网标准是 IEEE 802.3ae，支持 10G 速率，可用光纤或者双绞线传输。万兆以太网应用于点到点线路，不再共享带宽，没有冲突检测，载波监听和多路访问技术也不再重要。千兆以太网和万兆以太网采用与传统以太网同样的帧结构。万兆以太网物理层标准具体见表 4-5。

表 4-5　万兆以太网物理层标准

名称	电缆	传输距离	特点
10GBase-S（Short）	50μm 多模光纤	300m	850nm 串行
	62.5μm 多模光纤	65m	
10GBase-L（Long）	单模光纤	10km	1310nm 串行
10GBase-E（Extend Long）	单模光纤	40km	1550nm 串行
10GBase-LX4	单模光纤	10km	1310nm 4×2.5Gb/s 波分多路复用（WDM）
	50μm 多模光纤	300m	
	62.5μm 多模光纤	300m	

4.5.2　即学即练·精选真题

- 在 10GBase-ER 标准中，使用单模光纤最大传输距离是＿（1）＿。（2021 年 11 月第 12 题）

  （1）A．300 米　　B．5 公里　　C．10 公里　　D．40 公里

  【答案】（1）D

  【解析】需掌握万兆以太网标准。

- 万兆以太网标准中，传输距离最远的是＿（2）＿。（2021 年 5 月第 16 题）

  （2）A．10GBASE-S　　B．10GBASE-L

  C．10GBASE-LX4　　D．10GBASE-E

  【答案】（2）D

  【解析】需要了解万兆以太网的几种标准。

- 在千兆以太网标准中，采用屏蔽双绞线作为传输介质的是＿（3）＿，使用长波 1330nm 光纤的是＿（4）＿。（2021 年 5 月第 62 ~ 63 题）

  （3）A. 1000BASE-SX　　B. 1000BASE-LX
  　　C. 1000BASE-CX　　D. 1000BASE-T

  （4）A. 1000BASE-SX　　B. 1000BASE-LX
  　　C. 1000BASE-CX　　D. 1000BASE-T

  【答案】（3）C　（4）B

  【解析】必须掌握千兆以太网物理层标准。

- 快速以太网 100BASE-T4 采用的传输介质为＿（5）＿。（2020 年 11 月第 63 题）

  （5）A. 3 类 UTP　　B. 5 类 UTP　　C. 光纤　　D. 同轴电缆

  【答案】（5）A

  【解析】需掌握快速以太网物理层标准。

- 下列千兆以太网标准中，传输距离最长的是＿（6）＿。（2019 年 11 月第 13 题）

  （6）A. 1000BASE-T　　B. 1000BASE-CX
  　　C. 1000BASE-SX　　D. 1000BASE-LX

  【答案】（6）D

  【解析】几种技术标准的传送距离由远到近依次为：L>S>T>C。

- 下列快速以太网物理层标准中，使用 5 类无屏蔽双绞线作为传输介质的是＿（7）＿。（2018 年 5 月第 61 题）

  （7）A. 100BASE-FX　　B. 100BASE-T4
  　　C. 100BASE-TX　　D. 100BASE-T2

  【答案】（7）C

  【解析】需掌握快速以太网（百兆）物理层标准。

4.6 虚拟局域网

4.6.1 考点精讲

1. VLAN 基础

根据位置、管理功能、组织机构或应用类型对交换局域网进行分段而形成的逻辑网络，即虚拟局域网（Virtual Local Area Network，VLAN）。虚拟局域网工作站可以不属于同一物理网段，任何交换端口都可以分配给某个 VLAN，属于同一 VLAN 的所有端口构成一个广播域。交换机最多支持 4094 个 VLAN，其中默认管理 VLAN 是 VLAN 1。不同 VLAN 间通信必须经过三层设备，常见的三层设备有路由器、三层交换机、防火墙等。一个中继线和集线器是一个冲突域，交换机的一个接口为一个冲突域，一个 VLAN 为一个广播域。

2. 交换机 VLAN 划分方式

交换机 VLAN 可以分为静态划分和动态划分。

静态划分 VLAN 是基于交换机端口手动进行 VLAN 划分，应用最为广泛。

动态划分 VLAN 是基于 MAC 地址、基于策略、基于网络层协议、基于子网等参数进行 VLAN 划分。

3. VLAN 的作用

（1）控制网络流量。一个 VLAN 内部的通信不会转发到其他 VLAN 中去，从而有助于控制广播风暴，减小冲突域，提高网络带宽的利用率。

（2）提高网络的安全性。可以通过配置 VLAN 之间的路由来提供广播过滤、安全和流量控制等功能。不同 VLAN 之间的通信受到限制，提高了企业网络的安全性。

（3）灵活的网络管理。VLAN 机制使得工作组可以突破地理位置的限制而根据管理功能来划分。如果根据 MAC 地址划分 VLAN，用户可以在任何地方接入交换网络，实现移动办公。

4. 交换机端口类型

- Access 接口：只能传送单个 VLAN 数据，一般用于连接 PC/摄像头等终端。
- Trunk 接口：能传送多个 VLAN 数据，一般用于交换机之间互联。
- Hybrid 接口：混合接口，包含 Access 和 Trunk 属性。
- QinQ：双层标签，一般用于运营商城域网。

5. 802.1Q 标签

一般在标准以太网帧中插入 802.1Q 标签，用以标记不同的 VLAN。含有 802.1Q 标签的帧格式如图 4-5 所示。

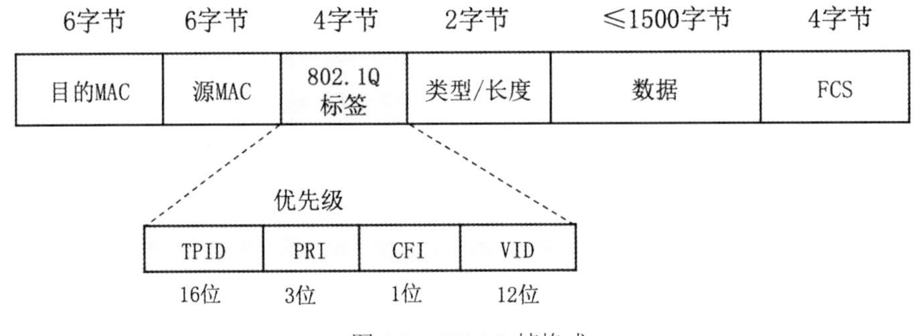

图 4-5　802.1Q 帧格式

802.1Q 标签字段，重点掌握 PRI 和 VID。

- PRI（3 位）：Priority 表示优先级，提供 0～7 共 8 个优先级，当有多个帧等待发送时，按优先级顺序发送数据包。
- VID（12 位）：即 VLAN 标识符，最多可以表示 2^{12}=4096 个 VLAN，其中 VID 0 用于识别优先级，VID 4095 保留未用，所以最多可配置 4094 个 VLAN。交换机添加和删除 VLAN 标签的过程由专用硬件自动实现，处理速度很快，不会引入太大的延迟。

4.6.2 即学即练·精选真题

- GVRP 是跨交换机进行 VLAN 动态注册和删除的协议，关于 GVRP 的描述不准确的是 （1） 。（2021 年 11 月第 58 题）

（1）A．GVRP 是 GARP 的一种应用，由 IEEE 制定

B．交换机之间的协议报文交互必须在 VLAN Trunk 链路上进行

C．GVRP 协议所支持的 VLAN ID 范围为 1～1001

D．GVRP 配置时需要在每一台交换机上建立 VLAN

【答案】（1）C

【解析】GVRP 协议支持的 VLAN ID 范围是 1 ~ 4094。

- 使用命令 vlan batch 10 15 to 19 25 28 to 30 创建了 （2） 个 VLAN。（2021 年 11 月第 59 题）

（2）A．6　　B．10　　C．5　　D．9

【答案】（2）B

【解析】批量创建的 VLAN 是 10、15、16、17、18、19、25、28、29、30。

- VLAN 帧的最小帧长是 （3） 字节，其中表示帧优先级的字段是 （4） 。（2021 年 11 月第 60 ~ 61 题）

（3）A．60　　B．64　　C．1518　　D．1522

（4）A．Type　　B．PRI　　C．CFI　　D．VID

【答案】（3）B　（4）B

【解析】以太网帧格式如图 4-5 所示，当封装 802.1Q 标签后，数据部分变为 42 ~ 1500 字节，故最小帧长依旧是 64 字节，最大 1518 字节。

- 当网络中充斥着大量广播包时，可以采取 （5） 措施解决问题。（2021 年 5 月第 59 题）

（5）A．客户端通过 DHCP 获取 IP 地址

B．增加接入层交换机

C．创建 VLAN 来划分更小的广播域

D．网络结构修改为仅有核心层和接入层

【答案】（5）C

【解析】VLAN 核心功能：隔离广播域。

- 下列命令片段的含义是 （6） 。（2021 年 5 月第 60 题）

```
<Huawei> system-view
[Huawei] interface vlanif 2
[Huawei-Vlanif2] undo shutdown
```

（6）A．关闭 vlanif2 接口　　B．恢复接口上 vlanif 缺省配置

C．开启 vlanif2 接口　　D．关闭所有 vlanif 接口

【答案】（6）C

【解析】undo 相当于 no，开启虚拟接口。

- 要实现 PC 机切换 IP 地址后，可以访问不同的 VLAN，需采用基于___（7）___技术划分 VLAN。（2021 年 5 月第 61 题）

  （7）A．接口　　B．子网　　C．协议　　D．策略

  【答案】（7）B

  【解析】切换 IP 地址后，可以访问不同的 VLAN，即切换 IP 后 VLAN 相应变化，属于基于子网进行 VLAN 划分。

- 某 IP 网络连接如下图所示，下列说法中正确的是___（8）___。（2020 年 11 月第 22 题）

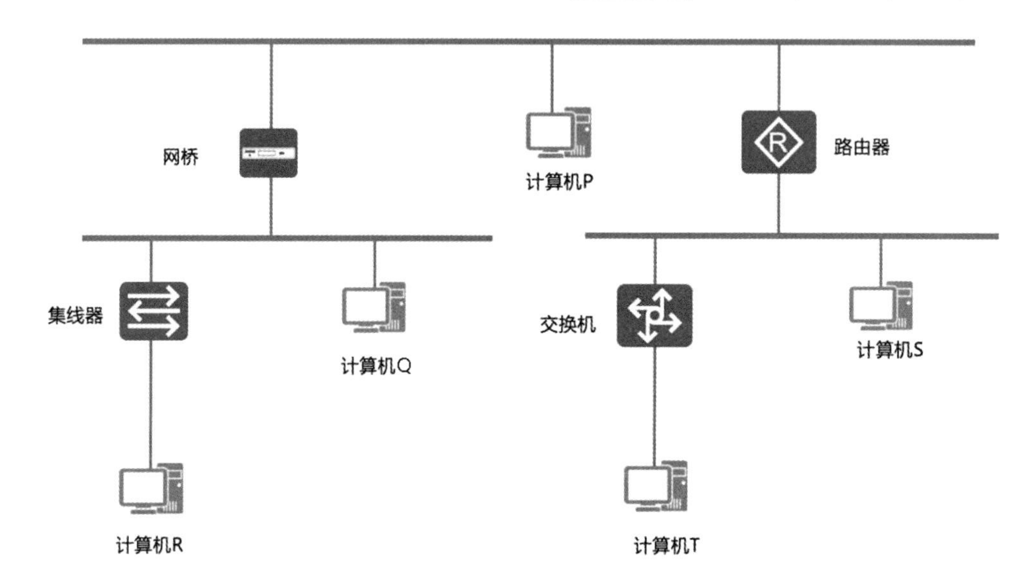

  （8）A．共有 2 个冲突域

  B．共有 2 个广播域

  C．计算机 S 和计算机 T 构成冲突域

  D．计算机 Q 查找计算机 R 的 MAC 地址时，ARP 报文会传播到计算机 S

  【答案】（8）B

  【解析】一个集线器是一个冲突域，一个交换机接口是一个冲突域，路由器可以隔离广播。

- VLAN 之间的通信通过___（9）___实现。（2018 年 5 月第 18 题）

  （9）A．二层交换机　　B．网桥

  C．路由器　　D．中继器

  【答案】（9）C

  【解析】想让两台属于不同 VLAN 的主机之间能够通信，就必须使用路由器或者三层交换机为 VLAN 之间做路由。

- 用于生成 VLAN 标记的协议是___（10）___。（2018 年 5 月第 58 题）

  （10）A．IEEE 802.1q　　B．IEEE 802.3

  C．IEEE 802.5　　D．IEEE 802.1d

【答案】（10）A

【解析】IEEE 802.1q 协议是虚拟局域网协议，用来给普通的以太帧打上 VLAN 标记。

- 以下关于 VLAN 标记的说法中，错误的是___（11）___。（2017 年 11 月第 26 题）

（11）A．交换机根据目的地址和 VLAN 标记进行转发决策

B．进入目的网段时，交换机删除 VLAN 标记，恢复原来的帧结构

C．添加和删除 VLAN 标记的过程处理速度较慢，会引入太大的延迟

D．VLAN 标记对用户是透明的

【答案】（11）C

【解析】添加和删除 VLAN 标记的工作通过专用芯片完成，处理速度快，不会引入太大的延迟。

4.7 生成树协议

4.7.1 考点精讲

1．生成树功能

生成树（Spanning-tree）技术，能在网络中出现二层环路时，通过逻辑阻塞（Block）某些端口打破环路，并且当网络出现拓扑变化时，重新进行生成树计算，恢复以前被逻辑阻塞的端口，从而保障网络冗余性。如图 4-6 所示，SW1、SW2、SW3 三台交换机构成二层环路，STP 通过计算，阻塞 SW3 的右侧上行端口（当然也可能阻塞其他端口，具体阻塞哪个端口，由 STP 计算决定），从而打破环路，PC 通过 SW3-SW1 的路径访问互联网；当 SW1 与 SW3 的链路发生故障时，STP 重新计算，恢复 SW3 的阻塞端口，PC 依旧可以通过 SW3-SW2 的路径访问互联网。

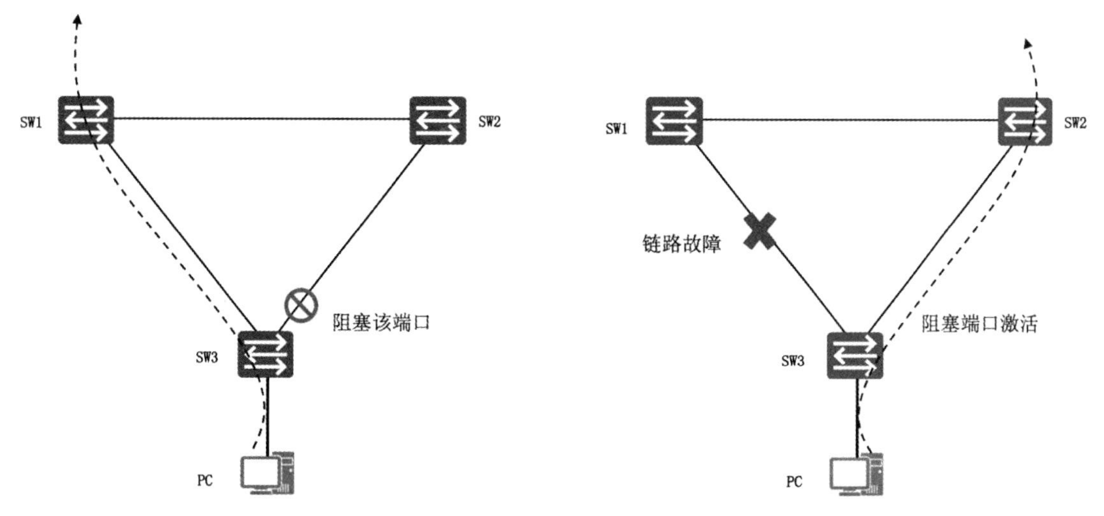

图 4-6　STP 生成树效果

2. 网桥 ID（Bridge ID）

生成树计算过程中会使用网桥 ID，网桥 ID 共 8 个字节，由 2 个字节的优先级和 6 个字节的 MAC 地址构成，如图 4-7 所示。其优先级默认为是 32768，可以手工修改，MAC 地址为交换机背板 MAC。优先级和 MAC 地址都是越小越优先。

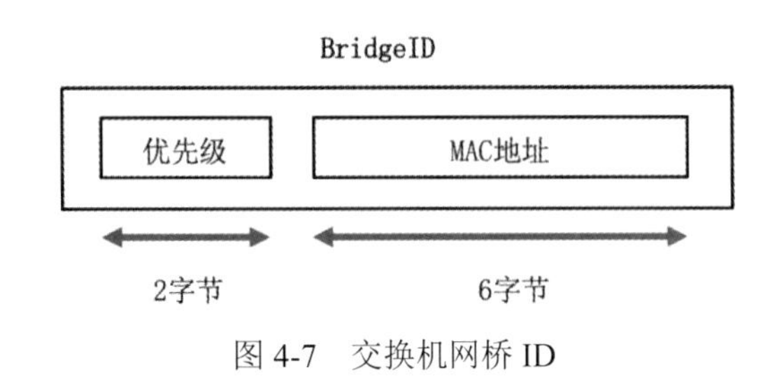

图 4-7 交换机网桥 ID

3. STP 生成树计算

STP 计算过程较为复杂，了解基本思路即可，这不是考试重点，分为如下几步：

- 第一步：确定一个根桥（Root Bridge）（选优先级和 MAC 地址最小的桥）。
- 第二步：确定根端口（Root Port）（非根桥的端口到根桥最近的端口）。
- 第三步：每个段选择一个指定端口（Designated Port）（先选指定桥，指定桥上的端口为指定端口）。
- 第四步：选出非指定端口（Non-designated Port），非指定端口被阻塞掉。

经过如上四步，如图 4-8 所示，生成树进入收敛状态，逻辑阻塞非指定端口，从而消除网络环路。

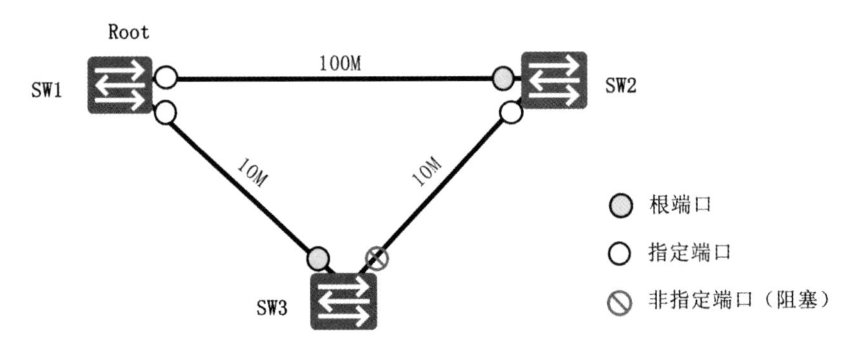

图 4-8 生成树收敛状态

4.7.2 即学即练·精选真题

- 交换设备上配置 STP 的基本功能包括___（1）___。（2020 年 11 月第 56 题）

  ①将设备的生成树工作模式配置成 STP

  ②配置根桥和备份根桥设备

③配置端口的路径开销值，实现将该端口阻塞

④使能 STP，实现环路消除

（1）A. ①③④　　B. ①②③　　C. ①②③④　　D. ①②

【答案】（1）C

【解析】首先使能 STP，开启生成树协议，接着设置为 STP 模式，最后设置其他选项，比如优先级，端口开销等。

- 在两台交换机间启用 STP 协议，其中 SWA 配置了 STP root primary，SWB 配置了 STP root secondary，则下图中___（2）___端口将被堵塞。（2019 年 11 月第 61 题）

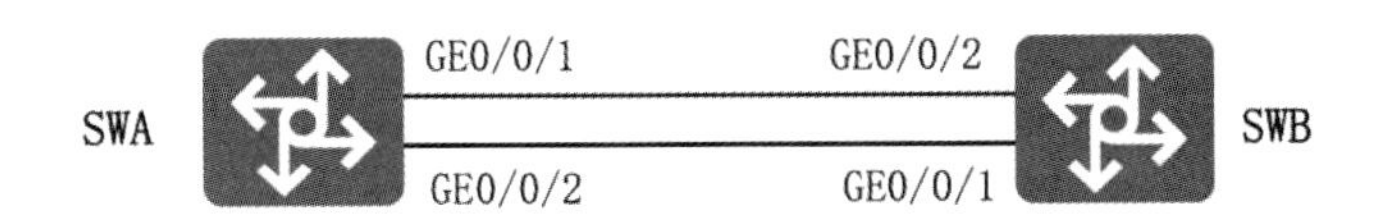

（2）A. SWA 的 GE0/0/1　　B. SWB 的 GE0/0/2

C. SWB 的 GE0/0/1　　D. SWA 的 GE0/0/2

【答案】（2）C

【解析】选择根桥：很明显 SWA 为根桥（primary 更优先）。

选择根端口：非根交换机 SWB 到根交换机 SWA 最近的端口，两个端口根路径和接口开销都一样，但 GE0/0/2 收到的 BPDU 对端接口编号更小，则 SWB GE0/0/2 是根端口。

选择指定端口：SWA 为根桥，上面的接口都为指定端口，而 SWB GE0/0/2 为根端口，处于转发状态，那么肯定阻塞 SWB GE0/0/1。

- STP 协议的作用是___（3）___。（2016 年 11 月第 60 题）

（3）A. 防止二层环路　　B. 以太网流量控制

C. 划分逻辑网络　　D. 基于端口的认证

【答案】（3）A

【解析】STP 主要防止二层环路。二层环路可能造成的问题：广播风暴；MAC 地址表震荡；设备死机或假死，不能登录和配置。

4.8 城域网基础

4.8.1 考点精讲

城域网顾名思义，指在一个城市范围内的网络，一般不超过 80km。城域网有两种标准：

- IEEE 802.1ad 标准，也叫 QinQ 或 E-LAN，核心原理是为以太网帧打上双层 VLAN 标签，把用户 VLAN 嵌套在运营商 VLAN 中进行传送，如图 4-9 所示。
- IEEE 802.1ah 标准，也叫 PBB 或 MAC-IN-MAC，核心原理是进行两次以太网封装。

6字节	6字节	4字节	2字节	≤1500字节	4字节
目的MAC	源MAC	用户标签	类型/长度	数据	FCS

6字节	6字节	4字节	4字节	2字节	≤1500字节	4字节
目的MAC	源MAC	运营商标签	用户标签	类型/长度	数据	FCS

图 4-9 传统 802.1Q 和 QinQ 帧格式对比

4.8.2 即学即练·精选真题

- 城域以太网在各个用户以太网之间建立多点第二层连接，IEEE 802.1ad 定义运营商网桥协议提供的基本技术是在以太网帧中插入___(1)___字段，这种技术被称为___(2)___技术。（2014 年 5 月第 26～27 题）

  （1）A．运营商 VLAN 标记　　B．运营商虚电路标识
  　　 C．用户 VLAN 标记　　D．用户帧类型标记

  （2）A．Q-in-Q　　B．IP-in-IP
  　　 C．NAT-in-NAT　　D．MAC-in-MAC

  【答案】（1）A　（2）A

  【解析】需掌握两种城域网技术 IEEE 802.1ad（Q-in-Q）、IEEE 802.1ah（MAC-in-MAC）。

第5章 无线通信网

5.1 考点分析

本章所涉及的考点分布情况见表 5-1。

表 5-1 本章所涉考点分布情况

年份	试题分布	分值	考核知识点
2015 年 5 月	51，52，64，65	4	802.1x、WEP/WPA、LTE、MANET
2015 年 11 月	64，65	2	4G 速率、OFDM
2016 年 5 月	65，66	2	CSMA/CA、隐蔽终端
2016 年 11 月	65，67	3	2.4G/5G 频段、CSMA/CA、802.11n
2017 年 5 月	65，66	2	2.4G 信道数量、802.11g
2017 年 11 月	44	1	WPA2
2018 年 5 月	62	1	802.11 帧优先级
2018 年 11 月	42，43	2	802.11i/WPA2
2019 年 5 月	64～66	3	跳频扩频、蓝牙/Zigbee、超级帧
2019 年 11 月	50	1	802.11 帧优先级
2020 年 11 月	65，66	2	WLAN 安全机制、802.11n
2021 年 5 月	17	1	2.4G 频段中心频率间隔
2021 年 11 月	64～66	3	802.11 信道频段、Wi-Fi6（802.11ax）、漫游
2022 年 5 月	19，65，66	3	802.11 信道频段、802.11ac 频率、无线配置

本章内容一般在上午试题中会考 1～3 分，高频考点为 802.11 信道与频段、CSMA/CA、无线安全、帧优先级。

下午试题不考或偶尔出现填空题，需重点掌握 AP 类型与应用场景、AC 功能、了解无线网络配置。

5.2 WLAN 基础

5.2.1 考点精讲

1. WLAN 网络分类

WLAN 网络架构如图 5-1 所示，分为三类：基础无线网络（Infrastructure Networking）、无线自组网络（Ad Hoc Networking）和分布式无线系统。

- 基础无线网络。用户通过无线接入点 AP 接入。
- 无线自组网络。用于军用自组网或寝室局域网联机打游戏。
- 分布式无线系统。通过 AC 控制大量 AP 组成的无线网络。

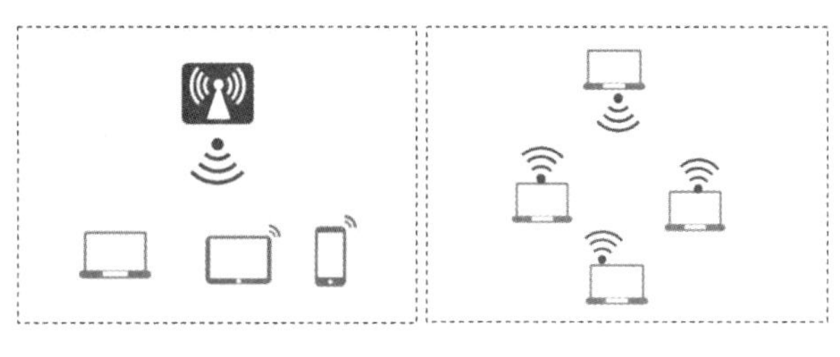

（a）基础无线网络　（b）无线自组网络　（c）分布式无线系统

图 5-1　无线网络架构

2. 无线网通信技术

无线网主要使用三种通信技术：红外线、扩展频谱和窄带微波技术。其中红外线通信穿透能力弱，一般用于电视遥控器。窄带微波是指使用微波进行数据传输，在偏远地区可用于传输视频和数据，实际部署较少。实际应用最为广泛的是扩展频谱通信，主要作用是将信号散布到更宽的带宽上以减小发生阻塞和干扰的机会。

扩展频谱通信又可分为频率跳动扩展频谱（Frequency-Hopping Spread Spectrum，FHSS）和直接序列扩展频谱（Direct Sequence Spread Spectrum，DSSS），这两种技术在 Wi-Fi 中都有应用。

频率跳动扩展频谱（简称跳频）：通信频率不固定，不容易被窃听，安全性高，被应用于军事领域，同时具有抗干扰和抗信号衰落的优点。

直接序列扩展频谱（简称直接扩频）：如果输入数据是 1，加上伪随机数 1001，经过异或运算可以将输入数据转换为 0110，增加了传输数据量，但可以有效防止数据因干扰而产生错误。

3. WLAN 频率与信道

ISM 频段（Industrial Scientific Medical Band）是各国特意预留开放给工业、科学和医学机构使用的特殊频谱。这些频段无需许可证或费用，只需要遵守一定的发射功率，并且不要对其他频段造成干扰即可（一般要求 AP 发射功率控制在 100mW 以内，室外 AP 发射功率控制在 500mW 以内）。ISM 定义的频谱如图 5-2 所示。

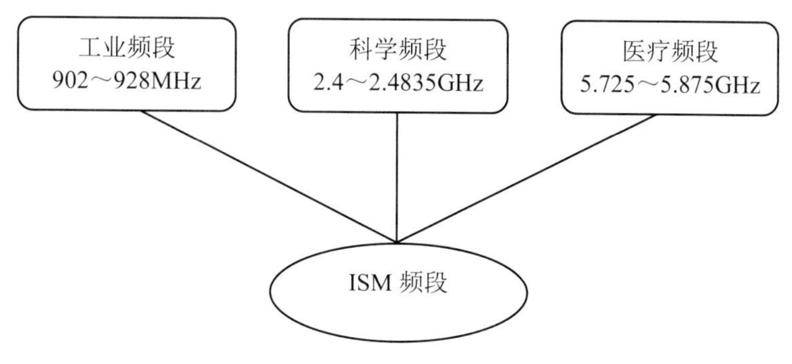

图 5-2　ISM 频段频谱

目前，应用最广泛的 Wi-Fi 技术本质上是基于 802.11 标准的 WLAN 技术，经历了多个标准演进，各种标准对比见表 5-2。

表 5-2　802.11 系列标准参数对比

标准名称	802.11	802.11b	802.11a	802.11g	802.11n	802.11ac	802.11ax
标准发布时间	1997	1999	1999	2003	2009	2012	2018
频率范围	2.4GHz	2.4GHz	5.8GHz	2.4GHz	2.4GHz 5.8GHz	5.8GHz	2.4GHz 5.8GHz
非重叠信道	3	3	5	3	3+5	5	3+5
调制技术	FHSS/DSSS	CCK/DSSS	OFDM	CCK/OFDM	OFDM	OFDM	OFDMA
最高速率	2Mb/s	11Mb/s	54Mb/s	54Mb/s	600Mb/s	6900Mb/s	9600Mb/s
实际吞吐	200K	5M	22M	22M	100+M	900M	1G 以上
兼容性	N/A	与 11g 产品可互通	与 11b/g 不能互通	与 11b 产品可互通	向下兼容 802.11a/b/g	向下兼容 802.11a/n	向下兼容 802.11a/n

需重点掌握如下几点：

（1）各种 802.11 标准的工作频段。

（2）非重叠信道数量［2.4G 频段：共 13 个信道，3 个不重叠信道，常用 1、6 和 11 信道；5.8G 频段（也可以叫 5G 频段）：共 12 个信道，5 个不重叠信道，则 Wi-Fi 不重叠信道总共有 3+5=8 个］。

（3）哪些标准使用 2.4GHz 频段，哪些标准使用 5.8GHz 频段。

（4）不同 802.11 标准的最大速率。

需要注意的是，Wi-Fi 里面的 5G 是指使用 5.725～5.875GHz 这个频段进行无线通信，而运营商的 5G 是指第五代移动通信技术。

4. 信道重用与 AP 部署

为了降低干扰，WLAN 建议采用蜂窝部署，以保障相邻区域的信道不同，主要的信道部署示意如图 5-3 所示。

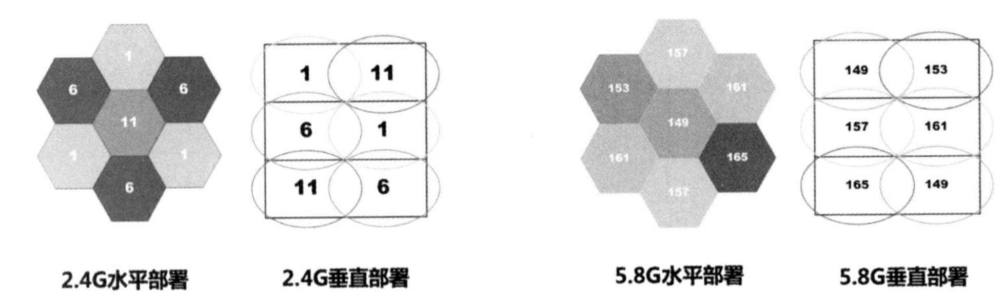

图 5-3　无线部署示意图

5.2.2　即学即练·精选真题

- 以下关于跳频扩频技术的描述中，正确的是___(1)___。（2019 年 5 月第 64 题）

  （1）A．扩频通信减少了干扰并有利于通信保密

  B．用不同频率传播信号扩大了通信的范围

  C．每一个信号比特编码成 N 个码片比特来传输

  D．信号散布到更宽的频带上增加了信道阻塞的概率

  【答案】（1）A

  【解析】跳频技术是在传输过程中反复转换频率，利于保密，可用于军事领域。B 项中通信范围跟功率相关，跟不同频率无关；C 项描述的是直接扩频，而不是跳频；D 项描述有误，跳频技术减小信道阻塞的概率。

- 在 IEEE 802.11 标准中使用了扩频通信技术，下面选项中有关扩频通信的说法正确的是___(2)___。（2011 年 5 月第 65 题）

  （2）A．扩频技术是一种带宽很宽的红外线通信技术

  B．扩频技术就是用伪随机序列对代表数据的模拟信号进行调制

  C．扩频通信系统的带宽随着数据速率的提高而不断扩大

  D．扩频技术扩大了频率许可证的使用范围

  【答案】（2）B

  【解析】无线通信技术有三类：红外、窄带微波和扩展频谱（简称“扩频”）。其中，扩频技术包含跳频（FSSS）和直接扩频（DSSS）。C 项中，扩频通信带宽不会随着数据速率的提高而不断扩大，D 项中频率许可是国家规定的，不可变化。

- 下列 IEEE 802.11 系列标准中，WLAN 的传输速率达到 300Mb/s 的是___(3)___。（2020 年 11 月第 66 题）

  （3）A．802.11a　　B．802.11b　　C．802.11g　　D．802.11n

  【答案】（3）D

  【解析】需掌握 Wi-Fi 不同标准的速率。

- 在中国区域内，2.4GHz 无线频段分为___（4）___个信道。（2017 年 5 月第 65 题）

  （4）A. 11　　B. 12　　C. 13　　D. 14

  【答案】（4）C

  【解析】2.4GHz 频段在我国是 13 个信道，实际项目一般使用不重叠的 1、6 和 11 信道。

- 802.11g 的最高数据传输速率为___（5）___Mb/s。（2017 年 5 月第 66 题）

  （5）A. 11　　B. 28　　C. 54　　D. 108

  【答案】（5）C

  【解析】需掌握几种常见的 Wi-Fi 标准。

- IEEE 802.11 标准采用的工作频段是___（6）___。（2016 年 11 月第 65 题）

  （6）A. 900MHz 和 800MHz　　B. 900MHz 和 2.4GHz

  C. 5GHz 和 800MHz　　D. 2.4GHz 和 5GHz

  【答案】（6）D

  【解析】IEEE 802.11 标准采用的工作频段是 2.4GHz 和 5GHz（5GHz 有些材料也说 5.8GHz）。

- 无线局域网的新标准 IEEE 802.11n 提供的最高数据速率可达到___（7）___Mb/s。（2016 年 11 月第 67 题）

  （7）A. 54　　B. 100　　C. 200　　D. 300

  【答案】（7）D

  【解析】无线局域网的新标准 IEEE 802.11n 提供的最高数据速率可达到 300Mb/s。

5.3 802.11MAC 层

5.3.1 考点精讲

1. 802.11 访问控制机制

前面讲到在有线网络中，采用 CSMA/CD 解决访问控制问题，在 802.11 无线网络中，MAC 子层同样提供访问控制机制，它定义了两种访问控制机制：分布式协调功能（Distributed Coordination Function，DCF）（争用服务）和点协调功能（Point Coordination Function，PCF）（无争用服务），其中 DCF 底层主要依赖 CSMA/CA 技术。CSMA/CA 类似 802.3 的 CSMA/CD，全称为载波监听多路访问/冲突避免协议。核心原理是：发送数据前先检测信道是否使用，若信道空闲，则等待一段随机时间后，发送数据。所有终端均如此，故这个算法对参与竞争的终端是公平的，基本上按先来先服务的顺序获得发送机会。PCF 由 AP 集中轮询所有终端，将发送权限轮流交给各个终端，类似令牌，拿到令牌的终端可以发送数据，没有令牌的终端则等待。PCF 比 DCF 优先级更高，802.11 定义了超级帧的时间间隔，用来防止 AP 连续轮询锁定异步帧。

其他访问控制机制还有 RTS/CTS。RTS/CTS 信道预约：访问前发生先打报告，其他终端记录信道占用时间。

为什么无线网络不沿用有线网络的 CSMA/CD，而偏偏提出一个 CSMA/CA 来解决冲突问题？

其实原因很简单，有线网络中所有终端直接连接起来，可以非常容易地检测到其他终端有没有发送数据（收发数据有线链路上会有光电脉冲变化）。而无线网络终端没有线缆连接，很可能检测不到冲突，最典型的就是隐藏节点（也叫隐蔽终端）问题。如图 5-4 所示，A 和 C 互为隐藏节点。

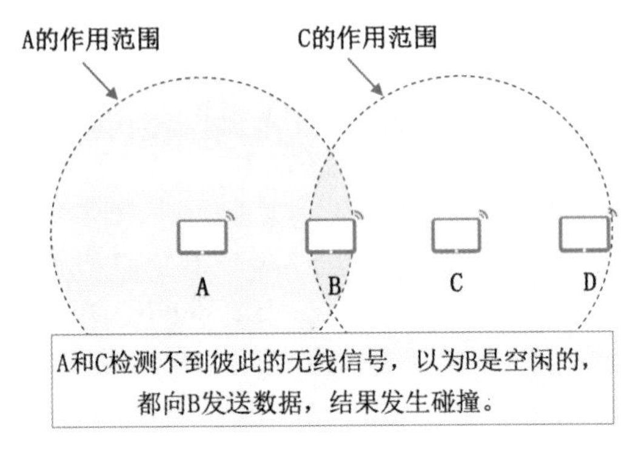

图 5-4 隐藏节点问题

2. 802.11 三种帧间间隔

802.11 定义了三种帧间间隔，提供不同优先级的访问控制，适当记忆即可。

- DIFS（分布式协调 IFS）：最长的 IFS，优先级最低，用于异步帧竞争访问。
- PIFS（点协调 IFS）：中等长度的 IFS，优先级中等，在 PCF 操作中使用。
- SIFS（短 IFS）：最短的 IFS，优先级最高，用于确认操作。

5.3.2 即学即练·精选真题

- IEEE 802.11 MAC 子层定义的竞争性访问控制协议是___（1）___。之所以不采用与 IEEE 802.3 相同协议的原因是___（2）___。（2016 年 5 月第 65～66 题）

  （1）A. CSMA/CA　　B. CSMA/CB　　C. CSMA/CD　　D. CSMA/CG

  （2）A. IEEE 802.11 协议的效率更高　　B. 为了解决隐蔽终端问题

  C. IEEE 802.3 协议的开销更大　　D. 为了引进多种非竞争业务

  【答案】（1）A　（2）B

  【解析】需掌握 802.11 的访问控制机制，特别是隐蔽终端的原理。

- 无线局域网中 AP 的轮询会锁定异步帧，在 IEEE 802.11 网络中定义了___（3）___机制来解决这一问题。（2019 年 5 月第 66 题）

  （3）A. RTS/CTS 机制　　B. 二进制指数退避

  C. 超级帧　　D. 无争用服务

  【答案】（3）C

  【解析】802.11 定义了超级帧的时间间隔，用来防止 AP 连续轮询锁定异步帧。

- 在 802.11 中采用优先级来进行不同业务的区分，优先级最低的是___（4）___。（2018 年 5 月第 62 题）

（4）A．服务访问点轮询　　　　　　　　B．服务访问点轮询的应答
　　C．分布式协调功能竞争访问　　　　D．分布式协调功能竞争访问帧的应答

【答案】（4）C

【解析】在 IEEE 802.11 标准中，为了使各种 MAC 操作互相配合，IEEE 802.11 推荐使用三种帧间隔（IFS），以便提供基于优先级的访问控制。

- DIFS（分布式协调 IFS）：最长的 IFS，优先级最低，用于异步帧竞争访问。
- PIFS（点协调 IFS）：中等长度的 IFS，优先级中等，在 PCF 操作中使用。
- SIFS（短 IFS）：最短的 IFS，优先级最高，用于确认操作。

DIFS 用在 CSMA/CA 协议中，只要 MAC 层有数据要发送，就监听信道是否空闲。如果信道空闲，等待 DIFS 时段后开始发送；如果信道忙，就继续监听，直到可以发送为止。

- IEEE 802.11 MAC 子层定义的竞争性访问控制协议是＿（5）＿。（2016 年 11 月第 66 题）

（5）A．CSMA/CA　　B．CSMA/CB　　C．CSMA/CD　　D．CSMA/CG

【答案】（5）A

【解析】CSMA/CD 应用于有线局域网，但在无线局域网环境下，不能简单搬用 CSMA/CD 协议，因为存在隐蔽终端问题，所以无线局域网使用的访问控制协议是 CSMA/CA。

5.4 移动 Ad Hoc 网络

5.4.1 考点精讲

Ad Hoc 网络是由无线移动节点组成的对等网，不需要 AP/基站等网络基础设施，每个节点既是主机，又是路由节点，是一种 MANET（Mobile Ad Hoc Network）网络。Ad Hoc 来自拉丁语，具有“即兴、临时”的意思。MANET 网络架构如图 5-5 所示。

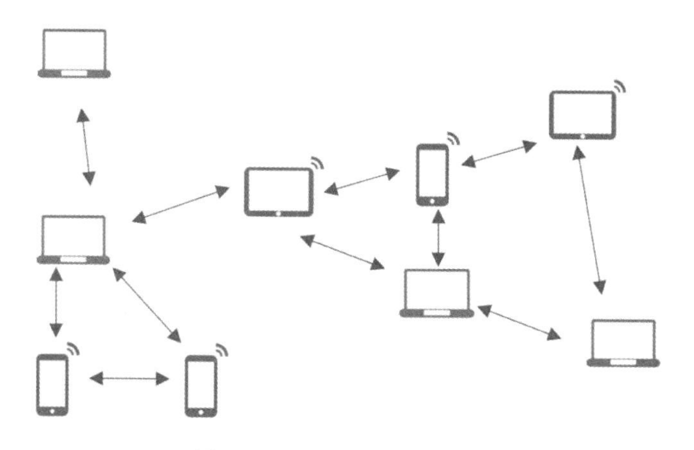

图 5-5　MANET 网络架构

MANET 网络的特点如下（偶尔会考选择题）：

（1）网络拓扑结构是动态变化的，不能使用传统路由协议。

（2）无线信道提供的带宽较小，信号衰落和噪声干扰的影响却很大。

（3）无线终端携带的电源能量有限。

（4）容易招致网络窃听、欺骗、拒绝服务等恶意攻击的威胁。

5.4.2 即学即练·精选真题

- 关于移动 Ad Hoc 网络 MANET，__(1)__不是 MANET 的特点。（2015 年 5 月第 65 题）

（1）A．网络拓扑结构是动态变化的

B．电源能量限制了无线终端必须以最节能的方式工作

C．可以直接应用传统的路由协议支持最佳路由选择

D．每个节点既是主机又是路由器

【答案】（1）C

【解析】Ad Hoc 网络拓扑结构是动态变化的，不能使用传统路由协议。

- IEEE 802.11 定义的 Ad Hoc 网络是由无线移动节点组成的对等网，这种网络的特点是__(2)__，在这种网络中使用的 DSDV（Destination-sequenced Distance Vector）路由协议是一种__(3)__。（2014 年 5 月第 62 ~ 63 题）

（2）A．每个节点既是主机，又是交换机

B．每个节点既是主机，又是路由器

C．每个节点都必须通过中心节点才能互相通信

D．每个节点都发送 IP 广播包来与其他节点通信

（3）A．洪泛式路由协议　　B．随机式路由协议

C．链路状态路由协议　　D．距离矢量路由协议

【答案】（2）B　（3）D

【解析】掌握 Ad Hoc 基本概念即可。

5.5 无线 WLAN 安全

5.5.1 考点精讲

无线网络安全是高频考点，大家务必掌握。常见的无线网络安全控制机制有如下几种：

（1）SSID 访问控制：隐藏 SSID，让不知道的人搜索不到无线网络。

（2）物理 MAC 地址过滤：在无线路由器中设置 MAC 地址黑、白名单。

（3）WEP 认证和加密：采用 PSK 预共享密钥进行接入认证，并用 RC4 算法进行数据加密。

（4）WPA（802.11i 草案）：采用 802.1x 或预共享密钥进行接入认证，利用增强的 RC4 和 TKIP 进行数据加密，其中 TKIP 全称为临时密钥完整协议，可以动态改变密钥，有助于完整性认证和防重

放攻击。

（5）WPA2（802.11i）：是针对 WPA 的优化，加密协议做了升级，采用基于 AES 的 CCMP 进行数据加密，历年多次考查 WPA2 的加密算法。

5.5.2 即学即练·精选真题

- WLAN 接入安全控制中，采用的安全措施不包括＿（1）＿。（2020 年 11 月第 65 题）

  （1）A．SSID 访问控制　　B．CA 认证

  C．物理地址过滤　　D．WPA2 安全认证

  【答案】（1）B

  【解析】 WLAN 安全控制机制，包含如下方法与技术：①SSID 访问控制——隐藏 SSID，让不知道的人搜索不到；②物理 MAC 地址过滤——在无线路由器中设置 MAC 地址黑、白名单；③WEP 认证和加密——采用 PSK 预共享密钥认证，用 RC4 加密；④WPA（802.11i 草案）认证和 802.1x 加密——RC4（增强）+TKIP（临时密钥完整协议，动态改变密钥）完整性认证和防重放攻击；⑤WPA2（802.11i）——针对 WPA 的优化，加密协议基于 AES 的 CCMP。

- IEEE 802.11i 标准制定的无线网络加密协议＿（2）＿是一个基于＿（3）＿算法的加密方案。（2018 年 5 月第 42～43 题）

  （2）A．RC4　　B．CCMP　　C．WEP　　D．WPA

  （3）A．RSA　　B．DES　　C．TKIP　　D．AES

  【答案】（2）B　（3）D

  【解析】 WPA2（802.11i）加密协议为 CCMP，基于 AES 进行加密。

- 无线局域网通常采用的加密方式是 WPA2，其安全加密算法是＿（4）＿。（2017 年 11 月第 44 题）

  （4）A．AES 和 TKIP　　B．DES 和 TKIP

  C．AES 和 RSA　　D．DES 和 RSA

  【答案】（4）A

  【解析】 WPA2 使用 AES，并沿用 WPA 的 TKIP。

第6章 网络互联与互联网

6.1 考点分析

本章内容比较重要，是考试中的重点，建议多花时间学习本章内容。

本章所涉及的考点分布情况见表 6-1。

表 6-1 本章所涉考点分布情况

年份	试题分布	分值	考核知识点
2015 年 5 月	17，19～23，53～57，63，69	13	数据封装、链路状态/距离矢量路由协议、OSPF、RIP、IP 子网划分、ARP
2015 年 11 月	11，14，21～29，51～54，67	16	集线器/网桥、ICMP、TCP 三次握手/流量控制、BGP、OSPF、POP3、IP 子网划分、MPLS
2016 年 5 月	19～26，39，40，51～55	15	MPLS、组播、RSVP、RIP、OSPF、POP3、IP 子网划分
2016 年 11 月	11，13，20～27，35～37，51～55	18	PPP、TCP/IP 模型、ARP、TFTP、路由优先级、OSPF、RIPv1/RIPv2、TCP、POP3、IP 子网划分
2017 年 5 月	20～27，51～55，57～59	16	IP 报头、TCP 三次握手、RIPv1/RIPv2、OSPF、IP 子网划分
2017 年 11 月	19～25，27，28，38，39，51～55，60	17	OSPF、TCP/UDP、IP 报头/分片、以太网、三次握手、RSVP、BGP、RIP、邮件、IP 子网划分、ICMP
2018 年 5 月	20，21，24～30，50，52～56	15	URG 指针、ARP/RARP、RIP、OSPF、TCP 窗口、IP 子网划分
2018 年 11 月	19～27，52～56，65	15	OSPF、TCP 三次握手、ARP、BGP、RIP、IP 子网划分、IP 报头

续表

年份	试题分布	分值	考核知识点
2019 年 5 月	20～26，30，36，51～56	15	TCP/UDP、TCP 三次握手、ARP/ICMP/RIP 封装、OSPF、BGP、POP3、IP 子网划分、IP 报头
2019 年 11 月	21～28，48，51～55	13	TCP 拥塞控制、三次握手、IP 分片、OSPF、Telnet、FTP 端口号、IP 子网划分
2020 年 11 月	24～30，49，51～59	17	TCP 封装/拥塞控制、UDP 报头、TTL、邮件、ARP、IP 子网划分、OSPF、RIP、STP
2021 年 5 月	20～28，51～58	17	ICMP、TCP 流量控制、伪首部、IP 分片、BGP、OSPF、Telnet、SMTP、IP 子网划分、ACL
2021 年 11 月	19～28，30，37～39，51～55	19	OSPF、ARP、ICMP、RIP、ISIS、BGP、Telnet、邮件、FTP、IP 子网划分
2022 年 5 月	17，20～27，48，51～55，57，58	17	ICMP、四次挥手、拥塞控制、OSI 参考模型、RIP、OSPF、ISIS、BGP、路由表、Telnet、IP 子网划分

本章考查知识点主要分为两部分：

（1）重点协议：IP、ICMP、TCP/UDP、ARP、RIP/OSPF/BGP 等（12 分左右）。

（2）IP 地址规划与子网划分（5 分，必考）。

6.2 网络互联设备

6.2.1 考点精讲

常用的网络互联设备有集线器、交换机、路由器、网关，它们的工作层次见表 6-2。

表 6-2 常见的网络互联设备的工作层次

网络层次	设备名称	工作原理
物理层	中继器、集线器	放大信号，延长传输距离
数据链路层	网桥、交换机	基于目的 MAC 地址转发数据帧
网络层	路由器、三层交换机	基于目的 IP 地址转发数据包
四层以上设备	网关	基于传输层、应用层进行控制

中继器（Repeater）/集线器（Hub）（又叫多端口中继器）：传输比特 0 和 1，单纯放大信号，延长传输距离。

网桥（Bridge）/交换机（Switch）（又叫多端口网桥）：传输数据帧，基于 MAC 地址转发。

路由器（Router）/三层交换机：基于目的 IP 地址进行数据转发，可以连接不同的网络，实现跨 VLAN 通信和网络路径选择，如图 6-1 所示，可以通过路由器连接 VLAN10 和 VLAN20，实现 PC1 和 PC2 两个终端跨 VLAN 通信。

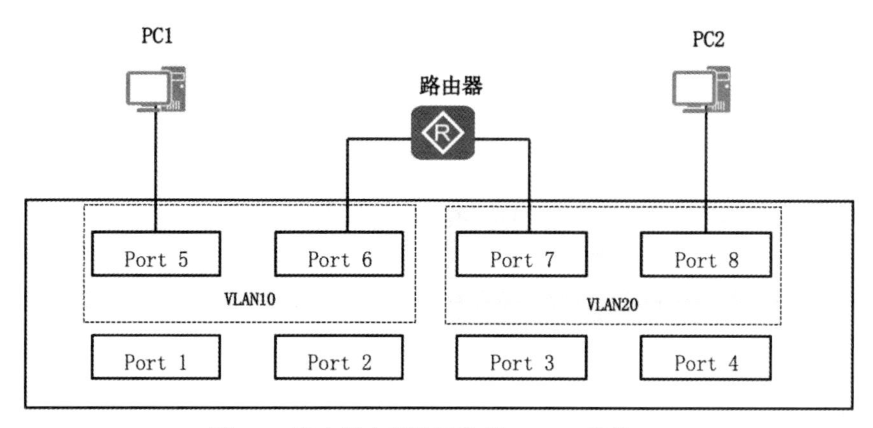

图 6-1　路由器实现跨网段/跨 VLAN 通信

网关有多种类型，典型的安全网关是防火墙（Firewall），用于边界隔离，实现不同区域网络访问控制。

6.2.2　即学即练·精选真题

- 交换机的二层转发表空间被占满，清空后短时间内仍然被占满，造成这种现象的原因可能是___(1)___。（2021 年 11 月第 47 题）

  （1）A．交换机内存故障　　B．存在环路造成广播风暴
  C．接入设备过多　　D．利用假的 MAC 进行攻击

  【答案】（1）D

  【解析】 MAC 地址表被占满，最可能存在 MAC 地址攻击，如果有广播风暴，会出现 MAC 地址表震荡。

- VLAN 之间的通信通过___(2)___实现。（2018 年 5 月第 18 题）

  （2）A．二层交换机　　B．网桥　　C．路由器　　D．中继器

  【答案】（2）C

  【解析】 不同 VLAN 主机通信，必须使用路由器或者三层交换机在 VLAN 之间作路由。

- 能隔离局域网中广播风暴、提高带宽利用率的设备是___(3)___。（2016 年 11 月第 11 题）

  （3）A．网桥　　B．集线器　　C．路由器　　D．交换机

  【答案】（3）C

  【解析】 广播域被认为是 OSI 中的第二层概念，所以像 Hub、交换机等这些物理层、数据链路层设备连接的节点被认为都是在同一个广播域，交换机所有端口默认都在 VLAN 1。而路由器、三层交换机则可以划分广播域，即可以连接不同的广播域。交换机如果没有特别说明都是二层交换机，其中网桥和交换机原理相同，如果选 D，那么 A 选项肯定正确，所以可排除 A 和 D 选项。

6.3 IP协议

6.3.1 考点精讲

1. IP报头格式

IP 报头格式每年必考，到目前为止，所有字段基本都已经考过，大家务必掌握各个字段的含义。没有特别的技巧，理解性记忆即可。IP 报头格式如图 6-2 所示。

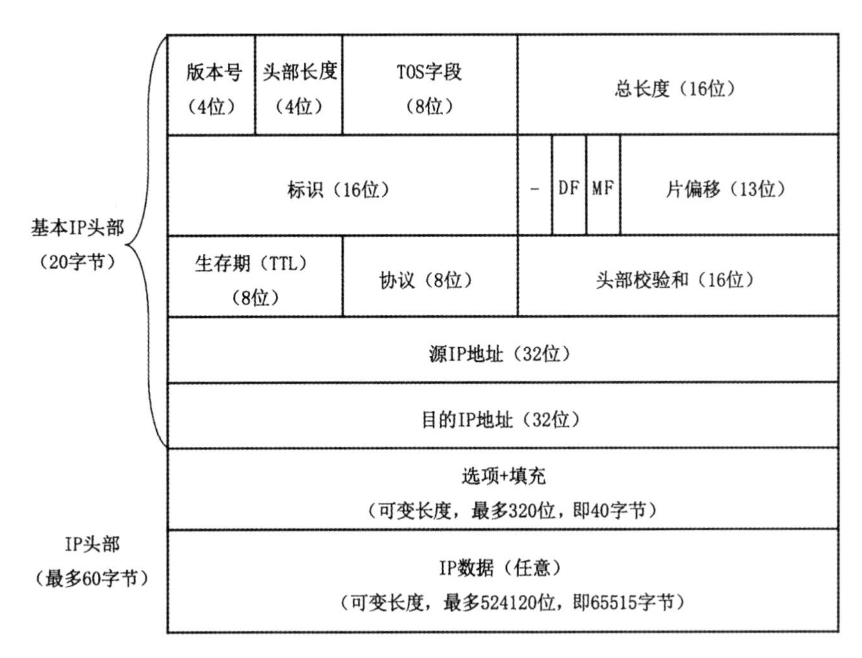

图 6-2　IP 报头格式

- 版本号（4 位）：代表 IP 报文的版本，如果是 IPv4，该字段为 0100，如果是 IPv6，该字段为 0110。
- 头部长度（IHL）（4 位）：最小值为 5，最大值为 15，单位是 4 字节，用来计算出 IPv4 报头的长度，所以 IPv4 最小报头为 5×4=20 字节，最大报头为 15×4=60 字节。没有特别说明，IPv4 报头默认是 20 字节。
- TOS（8 位）：区分服务字段，用以区分服务类型和优先等级，即 QoS 字段。
- 总长度字段（16 位）：IPv4 报头和数据的总长度，取值范围为 0～65535，即 IP 报文最大长度 65535 字节。IP 总长度要与 IP 头部长度区分开，不能混淆。
- 标识（16 位）：用于记录主机发送的 IP 报文，每发送一个 IP 报文，标识计数器加 1。
- 标志（3 位）：实际用到 2 位，分别是 DF 和 MF。DF（Don’t Fragment）置 1 表示“不能分片”，MF（More Fragment）置 1 表示后面还有“未发完的分片”数据。

- 片偏移（13 位）：单位是 8 字节，表示数据分片偏离的位置。
- 生存期（TTL）（8 位）：用于设置一个数据包可经过的路由器数量的上限，最大 255，每经过一台路由器（或其他三层设备）TTL 值减 1，当 TTL 为 0 时，丢弃该报文。
- 协议（8 位）：标识 IP 中封装的是什么协议，常用值有 1（ICMP）、6（TCP）和 17（UDP）。
- 头部校验和（16 位）：进行 IPv4 头部校验，意味着 IPv4 协议不检查有效载荷部分的正确性。由于每经过一个三层设备 TTL 会减 1，头部校验和必须重新计算。

注：提到 IP，在没特别说明的情况下一般指 IPv4。

2. IP 分片与计算

局域网中 IP 报文经常封装到以太网中，以太网中的 IP 报文封装格式如图 6-3 所示。数据封装过程中，需要把 IP 数据封装到以太网帧中进行传输。IP 报文最大 65535 字节，而以太网 MTU 为 1500 字节，即以太网最大运载数据是 1500 字节。相当于货轮大型集装箱是 65535kg，而小货车只能运载小集装箱 1500kg，很明显，需要对货物进行分装，把大集装箱的货物分到多个小集装箱中，这在网络中就是 IP 分片。

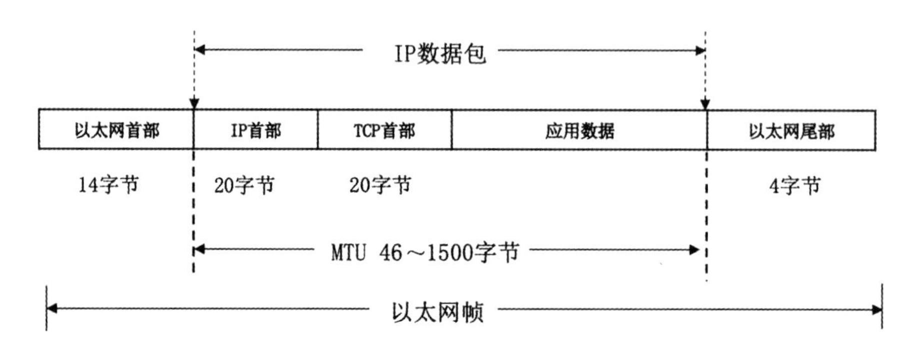

图 6-3　以太网中的 IP 报文封装格式

为了让大家更好地理解 IP 分片计算，我们来看一个案例：一个 IP 数据报文长度为 3000 字节（包括首部长度），经过一个 MTU 为 1500 字节的网络传输。此时需将原始数据报切分为 3 片进行传输，请计算每个数据报分片的总长度、数据长度、MF 标志和片偏移。

我们进行一个类比：一个大型集装箱，货物+集装箱是 3000kg，现在要用小型集装箱进行分装，每个小型集装箱自身重量+货物重量是 1500kg，已知大型集装箱和小型集装箱重量都是 20kg，问可以用几个小型集装箱进行分装？每个小集装箱的货物分别是多少 kg？计算出来的分装方式见表 6-3。

表 6-3　集装箱的分装方案

类型	总重量/kg	货物重量/kg
大型集装箱	3000	2980
小型集装箱 1	1500	1480
小型集装箱 2	1500	1480
小型集装箱 3	40	20

表6-3中，大型集装箱的3000kg货物，最终被分到3个小型集装箱中。同理，转换到IP报文，3000kg货物对应IP报文3000字节，箱子重量20kg对应IP报头开销20字节，所以IP报文可以进行如表6-4所示的分片。

表6-4 IP报文的分片

	总长度	除去报头长度	偏移量	MF
原始报文	3000	2980	0	0
分片1	1500	1480	0	1
分片2	1500	1480	1480/8=185	1
分片3	40	20	(1480+1480)/8=370	0

其中，标志位MF=0，表示后面没有未完的分片，MF=1表示后续还有未完的分片。片偏移设置主要是为了接收端收到分片报文后能进行组合恢复，如图6-4所示，分片1没有偏移，分片2偏移量正好是分片1的数据长度1480字节，由于偏移量是以8个字节为单位（规定如此），那么分片2的偏移量是1480/8=185，同理可以计算出分片3的偏移量是(1480+1480)/8=370。

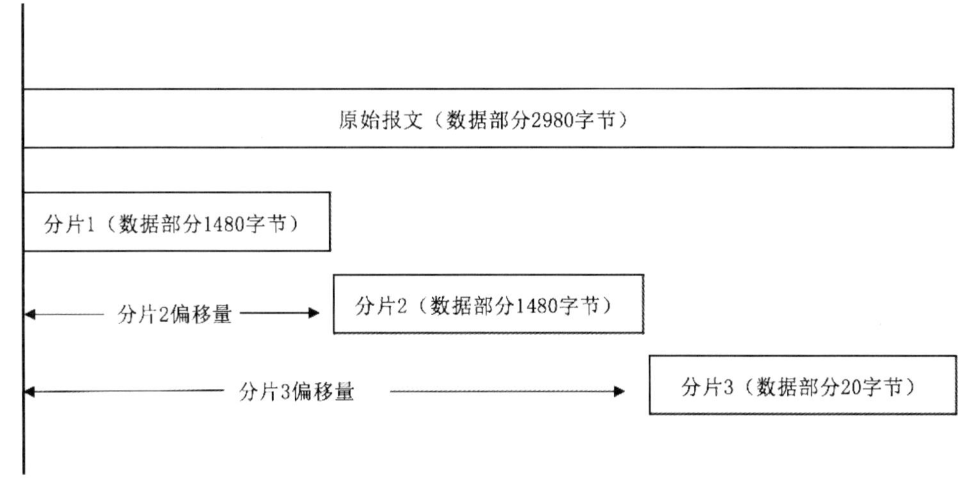

图6-4 片偏移

3. IP地址分类

IPv4地址分为5个类别，在点对点通信（unicast）中主要使用A、B类和C类地址，这些地址表示某个网络中的一个主机。D类地址是组播地址，常用于IPTV等视频分发业务，也可以用于协议报文，比如OSPF使用224.0.0.5，RIPv2使用224.0.0.9，E类地址保留作为研究之用。IPv4中各类地址的范围如图6-5所示。

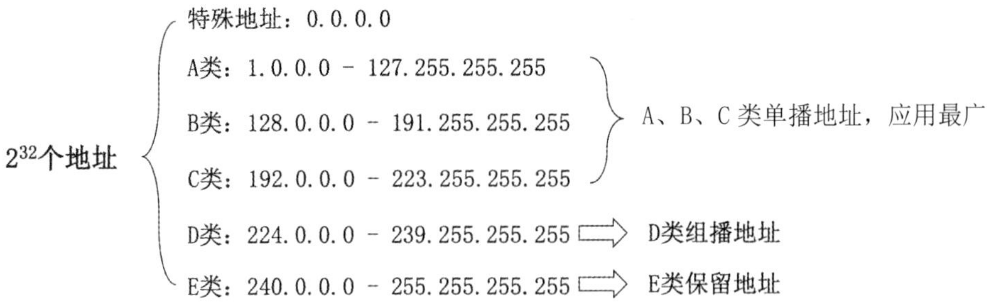

2^{32}个地址

- 特殊地址：0.0.0.0
- A类：1.0.0.0 - 127.255.255.255
- B类：128.0.0.0 - 191.255.255.255
- C类：192.0.0.0 - 223.255.255.255
- D类：224.0.0.0 - 239.255.255.255 ⇨ D类组播地址
- E类：240.0.0.0 - 255.255.255.255 ⇨ E类保留地址

（A类、B类、C类：A、B、C 类单播地址，应用最广）

图 6-5　IPv4 地址范围

4. 特殊 IP 地址总结

（1）0.0.0.0。这个地址在 IP 数据报中只能用于源地址，不能用于目的地址。一共有三种用途：

- 主机端：当设备启动时不知道自己 IP 地址的情况下。比如 DHCP 过程中，客户端会发送 DHCP Discover 广播报文：0.0.0.0:68→255.255.255.255:67，其中 0.0.0.0 表示客户端还没有 IP 地址，使用 0.0.0.0 作为源 IP 地址。
- 服务器端：0.0.0.0 指的是本机上的所有 IPv4 地址，如果一个主机有两个 IP 地址，192.168.1.1 和 10.1.2.1，并且该主机一个服务监听的地址是 0.0.0.0，那么通过两个 IP 地址都能够访问该服务。
- 路由中：0.0.0.0 表示默认路由，即当路由表中没有找到完全匹配路由的时候所对应的路由。

（2）255.255.255.255。受限广播地址，表示 3 层广播的目的地址，同一个广播域范围内所有主机都会接收以此地址为目的 IP 的数据包。受限广播地址用于主机配置过程中指出 IP 数据包的目的地址，此时，主机可能还不知道它所在网络的网络掩码。路由器不转发目的地址为受限的广播地址的数据包，这样的数据包仅出现在本地网络中。

（3）169.254.0.0/16。使用 DHCP 自动获取 IP 地址时，当 DHCP 服务器发生故障或响应时间超时或其他任何原因导致 DHCP 失败，系统会分配这样一个地址用于临时局域网通信，不能访问互联网。

（4）127.0.0.0/8（127.0.0.1～127.255.255.255）。本地环回地址，主要用于测试、网络管理或路由更新，比物理接口更稳定。

（5）RFC1918 私有 IP 地址。IPv4 地址空间中有一部分特殊地址，称为私有 IP 地址。私有 IP 地址不能直接访问互联网，只能在本地使用。如下三段地址为官方定义的私有 IP：

A 类：10.0.0.0/8（10.0.0.1～10.255.255.255）　1 个 A 类地址

B 类：172.16.0.0/12（172.16.0.1～172.31.255.255）　16 个 B 类地址

C 类：192.168.0.0/16（192.168.0.1～192.168.255.255）　256 个 C 类地址

（6）常见组播地址总结。

224.0.0.1：所有主机。

224.0.0.2：所有路由器。

224.0.0.5：所有运行 OSPF 的路由器。

224.0.0.6：DR和BDR的组播接收地址。

224.0.0.9：RIPv2组播地址。

224.0.0.18：VRRP组播地址。

5. ARP/RARP协议

地址解析协议（Address Resolution Protocol，ARP）主要是根据IP地址查询MAC地址。ARP表如图6-6所示，可以通过arp -a命令查看ARP缓存表，删除ARP缓存命令是arp -d，静态绑定命令是arp -s。

```
C:\Users\admin>arp -a
接口: 192.168.2.149 --- 0x4
  Internet 地址        物理地址              类型
  192.168.2.1          cc-81-da-76-b4-b1     动态
  192.168.2.204        a0-2c-36-b3-c1-76     动态
  192.168.2.255        ff-ff-ff-ff-ff-ff     静态
  255.255.255.255      ff-ff-ff-ff-ff-ff     静态
```

图6-6 ARP表

反向地址转换协议（Reverse Address Resolution Protocol，RARP）的作用是根据MAC地址查找IP地址，常用于无盘工作站。由于设备没有硬盘，无法记录IP，刚启动时发送一个广播，通过MAC去获取IP。

6.3.2 即学即练·精选真题

● 为了控制IP数据报在网络中无限转发，在IPv4数据报首部中设置了___(1)___字段。(2020年11月第27题)

(1) A. 标识符　B. 首部长度　C. 生存期　D. 总长度

【答案】(1) C

【解析】IPv4中有TTL值，防止三层数据包无限转发，IPv6也有类似的字段，叫跳数限制。

● IPv4首部中填充字段的作用是___(2)___。(2017年11月第23题)

(2) A. 维持最小帧长　B. 保持IP报文的长度为字节的倍数

C. 确保首部为32比特的倍数　D. 受MTU的限制

【答案】(2) C

【解析】要熟悉IPv4报文格式与各个字段的作用。IP首部IHL单位是4字节(32bit)，故必须确保首部是32bit(4字节)的倍数。

● IPv4首部中首部长度字段(IHL)的值最小为___(3)___，为了防止IP数据报在网络中无限制转发，IPv4首部中通过___(4)___字段加以控制。(2017年5月第20~21题)

(3) A. 2　B. 5　C. 10　D. 15

(4) A. URG　B. Offset　C. More　D. TTL

【答案】(3) B　(4) D

【解析】首部长度占 4 位，可表示的最大十进制数值为 15。因此首部长度的最大值是 15 个 4 字节（32 位）长的字，即 60 字节。当 IP 分组的首部长度不是 4 字节的整数倍的时候，必须利用填充字段加以填充。生存时间（TTL）表示数据包在网络中的寿命，由发送端设置这个字段，不同操作系统默认的 TTL 值不同。TTL 可以防止三层环路，数据包在网络中无限转发，消耗网络资源。

● 假设一个 IP 数据报总长度为 3000B，要经过一段 MTU 为 1500B 的链路，该 IP 数据报必须经过分片才能通过该链路。该原始 IP 数据报需被分成＿(5)＿个片，若 IP 首部没有可选字段，则最后一个片首部中 Offset 字段为＿(6)＿。(2021 年 5 月第 24～25 题)

(5) A. 2　B. 3　C. 4　D. 5

(6) A. 370　B. 740　C. 1480　D. 2960

【答案】(5) B　(6) A

【解析】需掌握 IP 分片计算过程，参考前面提到的案例。

● IP 数据报的分段和重装配要用到报文头部的报文 ID、数据长度、段偏置值和 M 标志 4 个字段，其中＿(7)＿的作用是指示每一分段在原报文中的位置，若某个段是原报文的最后一个分段，其＿(8)＿值为“0”。(2019 年 11 月第 23～24 题)

(7) A. 段偏置值　B. M 标志　C. 报文 ID　D. 数据长度

(8) A. 段偏置值　B. M 标志　C. 报文 ID　D. 数据长度

【答案】(7) A　(8) B

【解析】片偏移（也叫分片偏移量）占 13 位，表示较长的分组在分片后，某分片在原分组中的相对位置。片偏移以 8 个字节为偏移单位，所以每个分片的长度一定是 8 字节的整数倍。IP 报头标志字段中的最低位为 MF，MF=1 表示后面“还有未完的分片”数据，MF=0 表示这是最后一个分片。

● Windows 系统中，DHCP 客户端通过发送＿(9)＿报文请求 IP 地址配置信息，当指定的时间内未接收到地址配置信息时，客户端可能使用的 IP 地址是＿(10)＿。(2021 年 5 月第 36～37 题)

(9) A. Dhcp discover　B. Dhcp request

C. Dhcp renew　D. Dhcp ack

(10) A. 0.0.0.0　B. 255.255.255.255

C. 169.254.0.1　D. 192.168.1.1

【答案】(9) A　(10) C

【解析】需掌握 DHCP 报文和 DHCP 失败后的特殊地址。

● 某网络上 MAC 地址为 00-FF-78-ED-20-DE 的主机，可首次向网络上的 DHCP 服务器发送＿(11)＿报文以请求 IP 地址配置信息，报文的源 MAC 地址和源 IP 地址分别是＿(12)＿。(2020 年 11 月第 36～37 题)

(11) A. Dhcp discover　B. Dhcp request

C. Dhcp offer　D. Dhcp ack

（12）A．0:0:0:0:0:0:0:0　0.0.0.0　B．0:0:0:0:0:0:0:0　255.255.255.255
C．00-FF-78-ED-20-DE　0.0.0.0　D．00-FF-78-ED-20-DE　255.255.255.255

【答案】（11）A　（12）C

【解析】掌握 DHCP 四个报文，刚开始源 IP 为 0.0.0.0。需要注意的是：2018 年以前考思科，思科 DHCP 四个包均是广播报文，华为 DHCP 服务器回包是单播，现在以华为为准。

● OSPF 报文采用＿（13）＿协议进行封装，以目的地址＿（14）＿发送到所有的 OSPF 路由器。（2019 年 11 月第 26～27 题）

（13）A．IP　B．ARP　C．UDP　D．TCP
（14）A．224.0.0.1　B．224.0.0.2　C．224.0.0.5　D．224.0.0.8

【答案】（13）A　（14）C

【解析】OSPF 报文直接调用 IP 协议进行封装，几个特殊的组播地址需要记住：
224.0.0.1 表示所有主机。
224.0.0.2 表示所有路由器。
224.0.0.5 表示所有运行 OSPF 协议的路由器。
224.0.0.6 表示 OSPF 的 DR/BDR（指定路由器/备用指定路由器）。
224.0.0.9 表示所有运行 RIPv2 的路由器。
224.0.0.18 表示所有运行 VRRP（虚拟路由器冗余协议）的路由器。

● DHCP 服务器设置了 C 类私有地址作为地址池，某 Windows 客户端获得的地址是 169.254.107.100，出现该现象可能的原因是＿（15）＿。（2019 年 5 月第 38 题）

（15）A．该网段存在多台 DHCP 服务器
B．DHCP 服务器为客户端分配了该地址
C．DHCP 服务器停止工作
D．客户端 TCP/IP 协议配置错误

【答案】（15）C

【解析】DHCP 过程失败会分配特殊地址 169.254.0.0/16。

● 下列关于私有地址个数和地址的描述中，都正确的是＿（16）＿。（2018 年 11 月第 52 题）

（16）A．A 类有 10 个：10.0.0.0～10.10.0.0
B．B 类有 16 个：172.0.0.0～172.15.0.0
C．B 类有 16 个：169.0.0.0～169.15.0.0
D．C 类有 256 个：192.168.0.0～192.168.255.0

【答案】（16）D

【解析】IP 地址中的私有地址有以下三个段，分别是 10.0.0.0/8、172.16.0.0～172.31.0.0/16、192.168.0.0～192.168.255.0/24。

● 在设置家用无线路由器时，下面＿（17）＿可以作为 DHCP 服务器地址池。（2017 年 11 月第 52 题）

（17）A．169.254.30.1～169.254.30.254　B．224.15.2.1～224.15.2.100
C．192.168.1.1～192.168. 1.10　D．255.15.248.128～255.15.248.255

【答案】（17）C

【解析】169.254 是 DHCP 失败后分配的特殊地址，组播等特殊地址不能作为地址池， C 选项是私有单播地址。

- 采用 DHCP 动态分配 IP 地址，如果某主机开机后没有得到 DHCP 服务器的响应，则该主机获取的 IP 地址属于网络___（18）___。（2016 年 5 月第 27 题）

（18）A．192.168.1.0/24　　B．172.16.0.0/24

C．202.117.00/16　　D．169.254.0.0/16

【答案】（18）D

【解析】软考多次考查过特殊地址 169.254.0.0/16。

- ARP 报文分为 ARP Request 和 ARP Response，其中 ARP Request 采用___（19）___进行传送，ARP Response 采用___（20）___进行传送。（2021 年 11 月第 20～21 题）

（19）A．广播　　B．组播　　C．多播　　D．单播

（20）A．广播　　B．组播　　C．多播　　D．单播

【答案】（19）A　（20）D

【解析】ARP 请求是广播，ARP 回应是单播。

- RARP 协议的作用是___（21）___。（2018 年 11 月第 21 题）

（21）A．根据 MAC 查 IP　　B．根据 IP 查 MAC

C．根据域名查 IP　　D．查找域内授权域名服务器

【答案】（21）A

【解析】反向地址解析协议（RARP）是把 MAC 转换为 IP。

- ARP 协议数据单元封装在___（22）___中传送。（2018 年 11 月第 23 题）

（22）A．IP 分组　　B．以太帧　　C．TCP 段　　D．ICMP 报文

【答案】（22）B

【解析】需要掌握常见报文封装格式：ARP 封装在以太网中，ICMP 封装在 IP 中，OSPF 封装在 IP 中，RIP 封装在 UDP 中，BGP 封装在 TCP 中。

- 下面哪个协议可通过主机的逻辑地址查找对应的物理地址？___（23）___。（2016 年 11 月第 20 题）

（23）A．DHCP　　B．SMTP　　C．SNMP　　D．ARP

【答案】（23）D

【解析】已经知道一个主机的 IP 地址，需要找出其对应的物理地址使用 ARP 协议。已经知道了物理地址，需要找出相应的 IP 地址使用 RARP 协议。

6.4 ICMP

6.4.1 考点精讲

Internet 控制报文协议（Internet Control Message Protocol，ICMP），协议号为 1，封装在 IP 报

文中，用来传递差错、控制、查询等信息，典型应用是 ping/tracert 底层依赖 ICMP 报文。ICMP 报文有多种类型和代码，常见的 ICMP 报文见表 6-5。

表 6-5　常见的 ICMP 报文类型

类型	代码	用途	查询类	差错类
0	0	Echo Reply——回显应答（Ping 应答）	√	
3	0	Network Unreachable——网络不可达		√
3	1	Host Unreachable——主机不可达		√
3	2	Protocol Unreachable——协议不可达		√
3	3	Port Unreachable——端口不可达		√
3	4	Fragmentation needed but no frag. bit set——需要进行分片但设置不分片比特		√
3	13	Communication administratively prohibited by filtering——由于过滤，通信被强制禁止		√
4	0	source quench——源抑制报文		√
5	1	Redirect for host——对主机重定向		
8	0	Echo request——回显请求（Ping 请求）	√	
11	0	TTL equals 0 during transit——传输期间生存时间为 0		√
11	1	TTL equals 0 during reassembly——在数据报组装期间生存时间为 0		√
12	0	IP header bad (catchall error)——坏的 IP 首部（包括各种差错）		√

6.4.2　即学即练·精选真题

- Ping 使用了＿（1）＿类型的 ICMP 查询报文。（2021 年 11 月第 22 题）

  （1）A．Echo Reply　　B．Host Unreachable

  C．Redirect for Host　　D．Source Quench

  【答案】（1）A

  【解析】Ping 使用 ICMP Echo Request（回声请求）和 Echo Reply（回声应答）报文。

- ICMP 是 TCP/IP 分层模型第三层协议，其报文封装在＿（2）＿中传送。（2021 年 5 月第 20 题）

  （2）A．以太帧　　B．IP 数据报

  C．UDP 报文　　D．TCP 报文

  【答案】（2）B

  【解析】ICMP、OSPF 都封装在 IP 中，RIP 封装于 UDP520，BGP 封装于 TCP179。

- ICMP 差错报告报文格式中，除了类型、代码和校验和外，还需加上＿（3）＿。（2019 年 11 月第 46 题）

（3）A．时间戳以表明发出的时间

B．出错报文的前 64 比特以便源主机定位出错报文

C．子网掩码以确定所在局域网

D．回声请求与响应以判定路径是否畅通

【答案】（3）B

【解析】 ICMP 主要分为差错报文和控制报文。我们使用 type 和 code 两个标志来确定一个具体的错误。因为需要指出具体是哪个主机上的哪个程序发出的信息没有到达。因此，每一个 ICMP 的错误消息应该包含：①具体的错误类型（type/code 决定）；②引发 ICMP 错误消息的数据包的完整 IP 包头（哪个主机的数据）；③数据报的前 8 个字节 UDP 报头或者 TCP 中的 port 部分（主机上的哪个程序）。

- 当站点收到“在数据包组装期间生存时间为 0”的 ICMP 报文，说明＿（4）＿。（2017 年 11 月第 60 题）

（4）A．回声请求没得到响应

B．IP 数据报目的网络不可达

C．因为拥塞丢弃报文

D．因 IP 数据报部分分片丢失，无法组装

【答案】（4）D

【解析】 数据包组装期间生存时间为 0，说明 IP 分片有丢失，无法正常组装。

6.5 TCP 和 UDP

6.5.1 考点精讲

1. TCP 和 UDP 报文格式

TCP 固定报头 20 字节，最大可扩展到 60 字节，其格式如图 6-7 所示，需要重点掌握标志位、窗口的功能。

（1）源端口和目的端口（16bit）：各占 2 个字节，分别表示源端口号和目的端口号，通过不同端口号，可以标识不同的上层应用。

（2）序列号（32bit）：占 4 个字节。序号范围[0,2^{32}-1]，总共 2^{32}（即 4294967296）个序号，序号从 0 增加到 2^{32}-1 后，下一个序号重新回到 0。

（3）确认号（32bit）：占 4 个字节，是期望收到对方下一个报文段的序号。

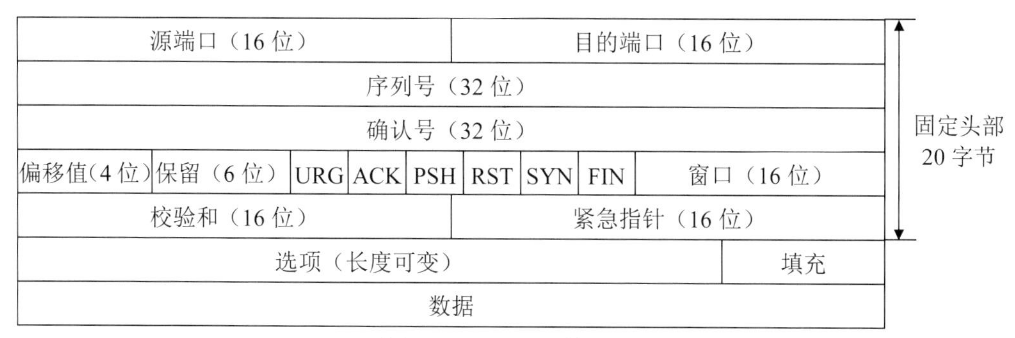

图6-7　TCP报文格式

（4）偏移值（4bit）：占4位，指出TCP报文段的数据起始处距离TCP报文段的起始位置有多远。这个字段实际是指出TCP报文段的首部长度。由于TCP首部可以扩展，因此偏移字段是必要的。“偏移值”的单位是32位（即以4字节为计算单位）。由于4位二进制数能够表达的最大十进制数为15，因此数据偏移的最大值是60字节，即TCP首部最小20字节，最大60字节，即选项最大是40字节。

（5）校验和（16bit）：占2个字节。校验和字段检验范围包括首部和数据两个部分。和UDP用户数据报一样，在计算校验和时，要在TCP报文段前面加上12字节的伪首部。TCP伪首部与UDP用户数据报的伪首部格式一样。

（6）紧急指针（16bit）：占2个字节。紧急指针仅在URG=1时才有意义，它指出本报文段中的紧急数据的字节数（紧急数据结束后就是普通数据）。当所有紧急数据都处理完时，TCP就告诉应用程序恢复到正常操作。

（7）窗口（16bit）：占2个字节。窗口值告诉对方，从本报文段首部中的确定号算起，接收方目前允许对方发送的数据量。之所以有这个限制，是因为接收方的缓存空间是有限的，过量发送会造成丢包。

（8）选项：长度可变，最长可达40字节。当没有选项时，TCP的首部长度是20字节。

（9）标志位。

- URG（紧急）：当URG=1时，表明紧急指针字段有效，告诉系统此报文段中有紧急数据，应尽快传送（相当于高优先级的数据），不需要按排队顺序来传送。
- ACK（确认）：当ACK=1时，确认号字段有效，ACK=0时，确认号无效。三次握手过程中，确认帧ACK=1。TCP规定，在连接建立后所有传送的报文段都必须把ACK置为1。
- PSH（推送）：当两个应用进程进行相互交互的通信时，有时在一端的应用进程希望在键入一个命令后立即就能够收到对方的响应。在这种情况下，TCP就可以使用推送PUSH操作。
- RST（复位）：表示TCP连接中出现较为严重的差错，必须释放连接，然后再重新建立连接。
- SYN（同步）：TCP三次握手建立时用来同步序号。
- FIN（终止）：TCP四次握手中用于释放连接。当FIN=1时，表明此报文段的发送方的数据已发送完毕，并要求释放连接。

2. TCP 伪首部

TCP 伪首部一共 12 字节，包含：源 IP 地址、目的 IP 地址、强制置空位 0、协议号和 TCP 报文长度（报头+数据）。TCP 伪首部主要用于校验和计算，格式如图 6-8 所示。

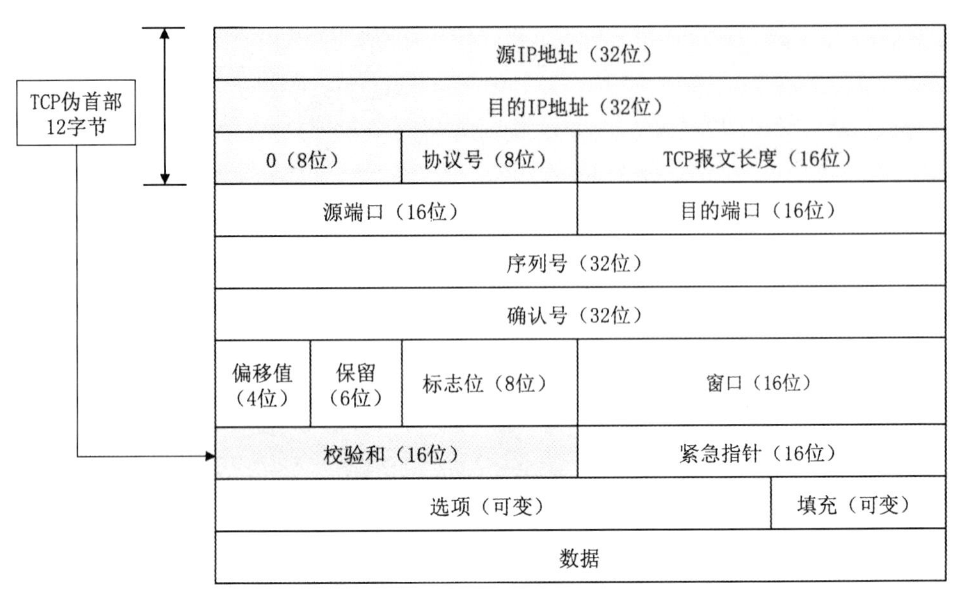

图 6-8　TCP 伪首部

3. UDP 报文格式

用户数据报协议（User Datagram Protocol，UDP）的报文格式如图 6-9 所示。UDP 的协议号为 17，是面向无连接的、不可靠的、不保证顺序的、没有差错控制和流量控制机制的传输层协议。TCP 头部默认 20 字节，相对于 TCP，UDP 报头做了极大精简，省略了诸多控制字段，UDP 头部只有 8 字节，开销更小，适合用于传输实时性要求高的语音、视频等流量。

源端口（16 位）	目的端口（16 位）	8字节
长度（16 位）	校验码（16 位）	
数据		

图 6-9　UDP 报文格式

4. TCP 三次握手

传输控制协议（Transmission Control Protocol，TCP）的协议号为 6，是面向连接的、可靠的传输层协议，支持全双工，通过可变大小的滑动窗口协议进行流量控制。TCP 通过三次握手建立连接，目的是防止产生错误的连接，三次握手过程如图 6-10 所示。三次握手过程务必掌握，历年考查多次。

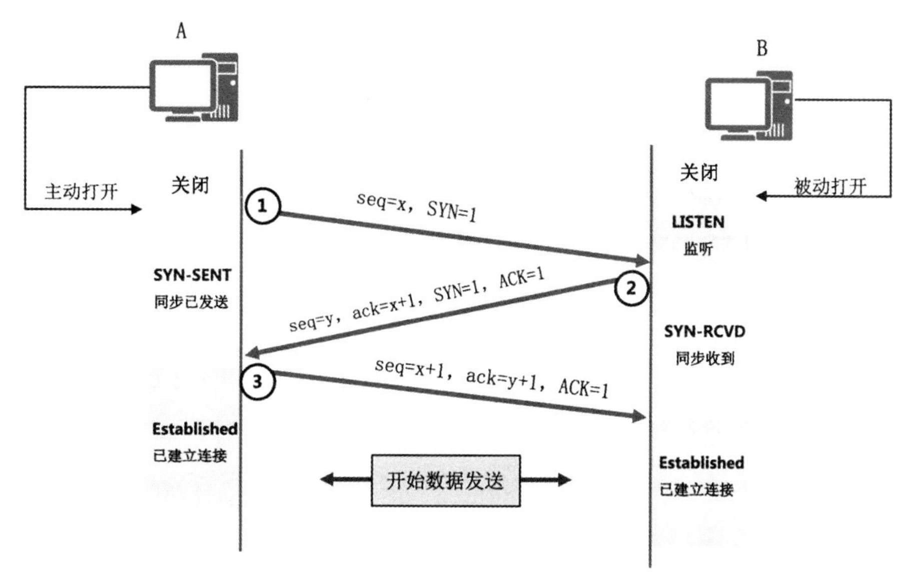

图 6-10　TCP 三次握手过程

针对三次握手需要掌握如下几点：

（1）每次发送的控制位：第一次 SYN，第二次 SYN+ACK，第三次 ACK。

（2）主机 A 和 B 端的发送序列号：第一次 seq=x，第二次 seq=y，ack=x+1，第三次 seq=x+1，ack=y+1。其中 seq 表示本端的发送序列号，ack 表示对上一个数据的确认，也是想收到下一个数据的编号。以第二次握手为例，seq=y，表示 B 发送给 A 的数据序列号为 y，ack=x+1 表示 B 已经收到 A 发送的序列号为 x 的数据，B 希望 A 下一次发送编号为 x+1 的数据。

（3）主机 A 和 B 端的状态变化要掌握，比如 CLOSED、SYN-SENT、LISTEN、SYN-RCVD、Established。

5. TCP 流量控制与拥塞控制

TCP 是面向连接可靠的传输层协议，通俗地说，面向连接就是发送数据前，先跟对方打个招呼，确认对方可以接收再发送，TCP 的三次握手过程就是打招呼的过程，而 UDP 协议没有这个过程。可靠传输是指 TCP 具有流量控制和拥塞控制机制，保障数据传输过程的可靠，而 UDP 同样没有这些保障，所以 UDP 是不可靠的。

流量控制主要是为了防止发送方过快发送，导致接收方处理不过来，造成丢包重传，浪费网络资源。TCP 采用可变大小的滑动窗口协议进行流量控制，具体操作如图 6-11 所示。

第一步：主机 A 和主机 B 通过 TCP 三次握手建立连接，同时告诉对方自己的窗口大小（窗口大小是在确认前对方最大可以发送的数据量），如图 6-11 所示，主机 A 和主机 B 都告诉对方 win=3，即窗口大小是 3，最多发送 3 个数据，超过这个值就接收不了。

第二步：主机 A 向主机 B 发送 seq=102、103、104 三个数据，这时主机 B 的窗口已经被占满，主机 A 不能继续发送。由于主机 A 和主机 B 都有自己的窗口，这里只是主机 A 向主机 B 单向发送数据，故主机 A 的窗口没有变化，还是 win=3。

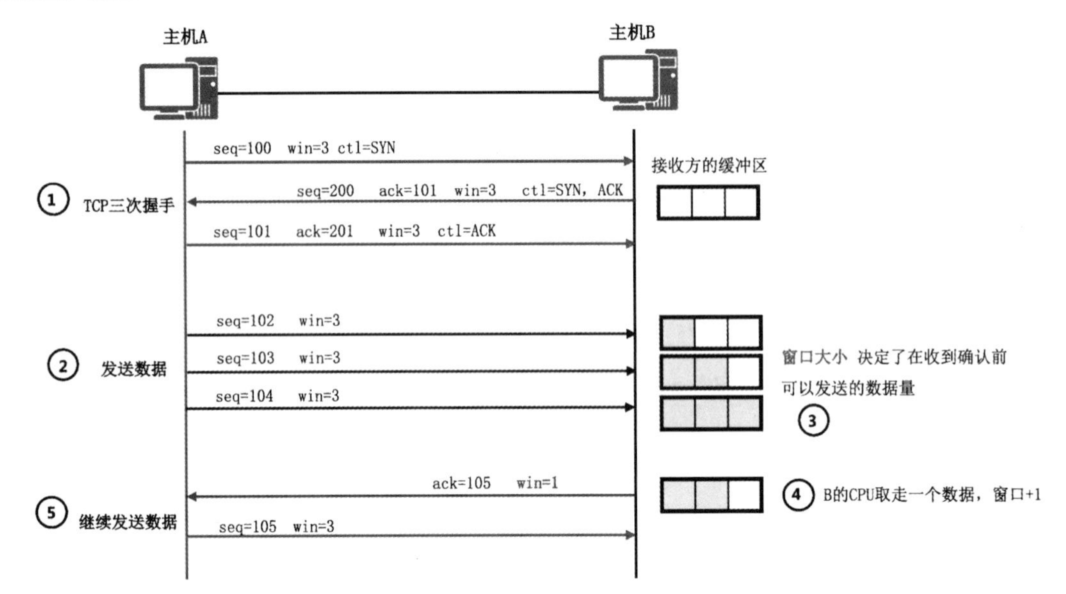

图 6-11　TCP 通过滑动窗口进行流量控制

第三步：主机 B 窗口充满后，等待上层取走数据。

第四步：主机 B 的 CPU 取走一个数据，窗口+1，那么通知主机 A，可以最多再发一个数据。实际应用中，主机 A 会不断发送报文探测主机 B 的窗口大小。

第五步：主机 A 探测到主机 B 窗口已经大于 0，继续发送数据。

通过如上五个步骤，保证发送端不至于发得太快，导致接收不过来，从而实现流量控制的效果。既然有了流量控制，可以调节发送端和接收端的节奏，为什么还要有拥塞控制呢？如图 6-12 所示，流量控制是在 A、B 两个端点进行，是局部控制，也就是说，即使发送端 A 和接收端 B 两端做好了流量控制，只能保障在端点没有丢包，如果中间网络节点出现拥塞，同样影响通信。拥塞控制可以在 A、B 以及所有中间网络节点中进行控制。TCP 拥塞控制方案很多，典型的有如下几种：①重传计时器；②慢启动（慢开始）；③拥塞避免；④快速重传；⑤可变滑动窗口（也可以进行流量控制）；⑥选择重发 ARQ。

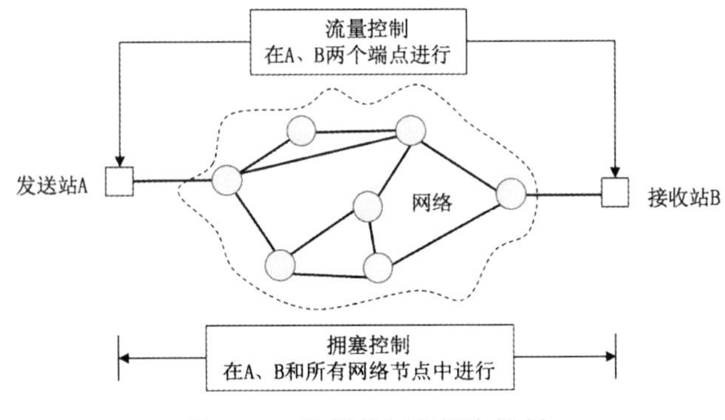

图 6-12　流量控制和拥塞控制

慢启动和拥塞避免是考试重点，其算法实现如图 6-13 所示。

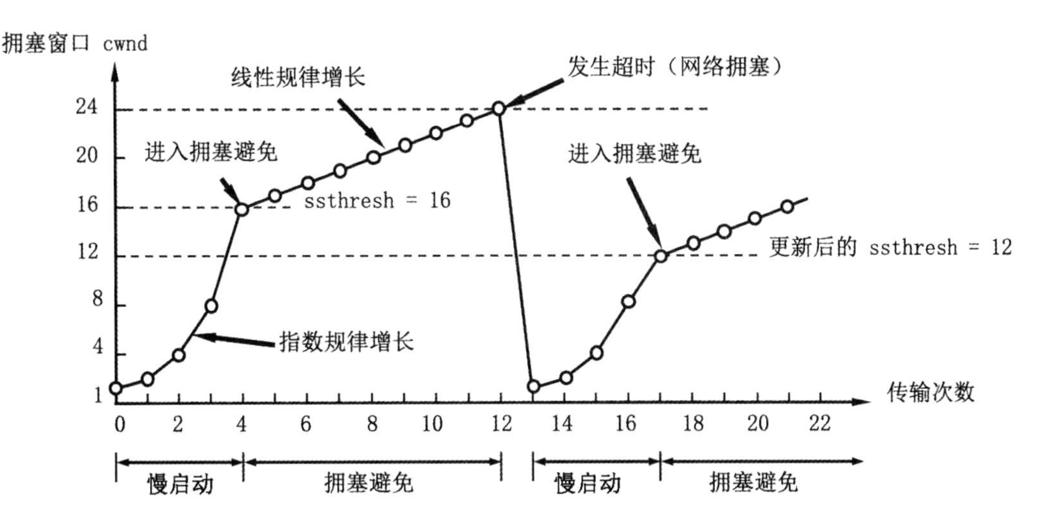

图 6-13　TCP 慢启动和拥塞避免算法的实现

在图 6-13 中，cwnd 代表拥塞窗口，即网络拥塞时的发送窗口大小；ssthresh 代表门限（拐点），即从慢启动到线性增长的临界点。如图 6-13 所示，TCP 刚开始发送数据的过程叫慢启动，指数级增长，可以简单理解成：第一次发 1 个，第二次发 2 个，第三次发 4 个，第四次发 8 个……达到 ssthresh 门限（拐点）后，转为线性增长，进入拥塞避免，每次增加 1 个，比如图中拐点是 16，那么后续分别发送 17 个、18 个、19 个、20 个……图 6-13 中如果发到 24 个出现了网络拥塞，会进行两步操作：①cwnd 拥塞窗口降到 1，重新开始指数增长；②更新 ssthresh 门限值，降为发生拥塞时 cwnd 的一半，图中 cwnd=24 发生拥塞，即更新后 ssthresh=24/2=12。

6. TCP 和 UDP 端口

TCP 和 UDP 报头包含端口号字段，都是 16bit，所以端口号取值范围为[0,65535]，用于标识主机上层应用。如图 6-14 所示，PC1 通过 Telnet 协议登录 PC2，目的端口是 Telnet 协议使用的 23 端口，源端口一般为系统中未使用且大于 1024 的随机端口。

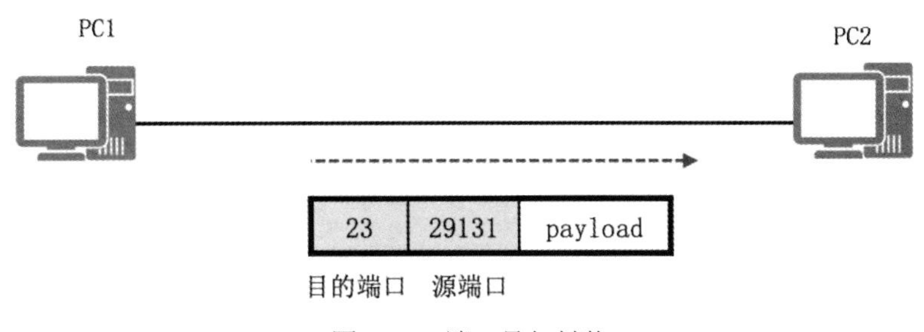

图 6-14　端口号与封装

图 6-15 总结了常见协议的端口号，这是核心考点，需要掌握。

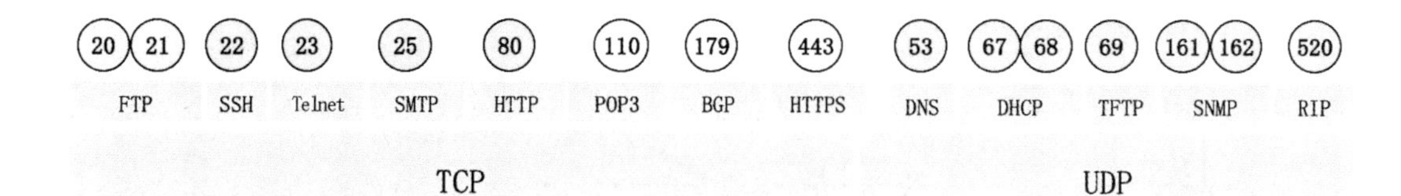

图 6-15　常见协议的端口号

表 6-6 和表 6-7 包含了层次、协议、端口号更为详细的对应关系。

表 6-6　基于 IP 的协议

层次	协议封装	协议号	协议名称	备注
网络层	基于 IP 协议	1	ICMP	Internet 控制报文协议，用于差错控制
		2	IGMP	Internet 组管理协议，用于组播
		6	TCP	传输控制协议
		17	UDP	用户数据报协议
		41	IPv6	互联网协议第 6 版
		47	GRE	通用路由封装协议
		50	ESP	封装安全载荷（用于 IPSec 数据加密）
		51	AH	身份验证标头（用于 IPSec 完整性和源认证）
		89	OSPF	224.0.0.1：在本地子网的所有主机 224.0.0.2：在本地子网的所有路由器 224.0.0.5：运行 OSPF 协议的路由器 224.0.0.6：OSPF 指定/备用指定路由器 DR/BDR
		112	VRRP	虚拟路由器冗余协议，实现网关冗余 组播地址：224.0.0.18

表 6-7　基于 TCP 和 UDP 的协议

层次	协议封装	协议号	协议名称	端口号	备注
传输层	基于 TCP 协议	6	FTP	20	文件传输协议（数据端口）
				21	文件传输协议（控制端口）
			SSH	22	安全登录（加密传输）
			Telnet	23	远程登录（明文传输）
			SMTP	25	电子邮件传输协议（邮件发送）

续表

层次	协议封装	协议号	协议名称	端口号	备注
传输层	基于 TCP 协议	6	HTTP	80	WWW 超文本传输协议
			POP3	110	邮局协议（邮件接收）
			IMAP	143	交互邮件访问协议，在客户端上的操作会反馈到服务器上，如：删除邮件、标记已读等，服务器上的邮件也会做相应的动作
			BGP	179	边界网关协议，用于 AS 之间路由选择
			HTTPS	443	基于 TLS/SSL 的安全网页浏览协议，加密传输
			RDP	3389	远程桌面
	基于 UDP 协议	17	DNS	53	域名服务
			DHCP	67	DHCP 服务器端口，DHCP Discover 报文封装协议 IP 地址和端口号为：UDP 0.0.0.0:68 -> 255.255.255.255:67
				68	DHCP 客户端口
			TFTP	69	简单文件传输协议
			SNMP	161	简单网络管理协议（客户端本地端口）
				162	简单网络管理协议（服务器本地端口）
			IKE	500	Internet 密钥交换协议，用于 IPSec 密钥协商
			RIP	520	RIPv1 使用广播更新 RIPv2 组播地址： 224.0.0.9 RIPng 组播地址： FF02::9

6.5.2 即学即练·精选真题

- TCP 伪首部不包含的字段为____（1）____。（2021 年 5 月第 23 题）

  （1）A．源地址　　B．目的地址

  C．标识符　　D．协议

  【答案】（1）C

  【解析】注意审题，题干说的是 TCP 伪首部，不是 TCP 首部，TCP 伪首部主要用于校验。

- 若主机采用以太网接入 Internet，TCP 段格式中，数据字段最大长度为____（2）____字节。（2020 年 11 月第 24 题）

  （2）A．20　　B．1460　　C．1500　　D．65535

  【答案】（2）B

  【解析】以太网 MTU 1500 字节，减去 IP 头 20 字节，TCP 头 20 字节，则数据字段长 1460 字节。

- UDP 头部的大小为___(3)___字节。(2020 年 11 月第 26 题)

  (3) A. 8 B. 16 C. 20 D. 32

  【答案】(3) A

  【解析】UDP 头部为 8 个字节，TCP 头部为 20 个字节，UDP 比 TCP 效率高。

- TCP 和 UDP 协议均提供了___(4)___能力。(2019 年 5 月第 20 题)

  (4) A. 连接管理 B. 差错校验和重传
  C. 流量控制 D. 端口寻址

  【答案】(4) D

  【解析】TCP 和 UDP 有各自的端口号相互独立，均使用 16 位端口号。

- 相比于 TCP，UDP 的优势为___(5)___。(2017 年 11 月第 20 题)

  (5) A. 可靠传输 B. 开销较小 C. 拥塞控制 D. 流量控制

  【答案】(5) B

  【解析】UDP 只提供 8 字节头部，开销小，但不确保传输可靠性。

- 建立 TCP 连接时，被动打开一端在收到对端 SYN 前所处的状态为___(6)___。(2019 年 11 月第 22 题)

  (6) A. LISTEN B. CLOSED
  C. SYN RESECEIVD D. LASTACK

  【答案】(6) A

  【解析】参考图 6-10 的三次握手过程与状态变化，被动端在收到 SYN 前处于 LISTEN 状态。

- 建立 TCP 连接时，一端主动打开后所处的状态为___(7)___。(2019 年 5 月第 21 题)

  (7) A. SYN-SENT B. ESTABLISHED
  C. CLOSE-WAIT D. LAST-ACK

  【答案】(7) A

  【解析】参考图 6-10 的三次握手过程与状态变化，主动端发送 SYN 后处于 SYN-SENT 状态。

- 主机甲向主机乙发送一个 TCP 报文段，SYN 字段为“1”，序列号字段的值为 2000，若主机乙同意建立连接，则发送给主机甲的报文段可能为___(8)___，若主机乙不同意建立连接，则___(9)___字段置“1”。(2017 年 5 月第 22～23 题)

  (8) A. SYN=1，ACK=1，seq=2001，ack=2001
  B. SYN=1，ACK=0，seq=2000，ack=2000
  C. SYN=1，ACK=0，seq=2001，ack=2001
  D. SYN=0，ACK=1，seq=2000，ack=2000

  (9) A. URG B. RST C. PSH D. FIN

  【答案】(8) A (9) D

【解析】如果主机乙同意建立连接，相当于第二次握手，回送 SYN=1,ACK=1。主机乙发送 ack=2001，表示主机甲发送的序号 2000 报文已经成功接收，下一个想接收序号 2001 的报文。主机乙的 seq 不确定，可能是 2001，也可能不是，故选 A。如果不同意建立连接，发送 FIN=1 报文。

- TCP 使用的流量控制协议是___(10)___，TCP 头中与之相关的字段是___(11)___。（2021 年 5 月第 21～22 题）

（10）A．停等应答　　B．可变大小的滑动窗口协议
　　C．固定大小的滑动窗口协议　　D．选择重发 ARQ 协议

（11）A．端口号　　B．偏移　　C．窗口　　D．紧急指针

【答案】（10）B　（11）C

【解析】类似的题目考过多次，大家务必掌握。

- TCP 采用拥塞窗口（cwnd）进行拥塞控制。以下关于 cwnd 的说法中正确的是___(12)___。（2020 年 11 月第 25 题）

（12）A．首部中的窗口段存放 cwnd 的值
　　B．每个段包含的数据只要不超过 cwnd 值就可以发送了
　　C．cwnd 值由对方指定
　　D．cwnd 值存放在本地

【答案】（12）D

【解析】A 项中 TCP 首部中的窗口存放的是滑动窗口，而不是 cwnd 拥塞窗口。B 项描述的也是滑动窗口；cwnd 拥塞窗口存放在本地，是根据整体网络状况计算的，不是由对方指定。

➢ 滑动窗口：TCP 流控措施，接收方向发送方通告自己的窗口大小，从而控制发送方的发送速度。

➢ 拥塞窗口（cwnd）：TCP 拥塞控制措施，发送方维持一个拥塞窗口变量，拥塞窗口大小取决于网络的拥塞程度，并且动态变化，发送方让自己的发送窗口等于拥塞窗口。

- TCP 采用慢启动进行拥塞控制，若 TCP 在某轮拥塞窗口为 8 时出现拥塞，经过 4 轮均成功收到应答，此时拥塞窗口为___(13)___。（2019 年 11 月第 21 题）

（13）A．5　　B．6　　C．7　　D．8

【答案】（13）B

【解析】拥塞窗口为 8 时发生拥塞，那么门限值（拐点）降为 8/2=4，即指数增长的拐点是 4，后面进入线性增长。前 4 轮的拥塞窗口分别是 1、2、4、5，完成 4 轮以后，拥塞窗口是 6。

- 在 TCP 协议中，用于进行流量控制的字段为___(14)___。（2018 年 5 月第 50 题）

（14）A．端口号　　B．序列号　　C．应答编号　　D．窗口

【答案】（14）D

【解析】TCP 协议使用可变大小的滑动窗口协议实现流量控制。

- 主机甲和主机乙建立一条 TCP 连接，采用慢启动进行拥塞控制，TCP 最大段长度为 1000 字节。主机甲向主机乙发送第 1 个段并收到主机乙的确认，确认段中接收窗口大小为 3000 字节，则此时主机甲可以向主机乙发送的最大字节数是___(15)___字节。（2017 年 5 月第 24 题）

（15）A．1000　　B．2000　　C．3000　　D．4000

【答案】（15）B

【解析】慢启动算法是前期指数级增长，即 1 倍、2 倍、4 倍、8 倍……第一次发 1000 字节，

第二次预测发送2000字节。实际发送量应该为min[预测发送,窗口大小]=min[2000,3000]=2000。

- 下列协议中，使用明文传输的是___（16）___。（2021年11月第28题）

  （16）A. SSH　　B. Telnet　　C. SFTP　　D. HTTPS

  【答案】（16）B

  【解析】Telnet使用明文传输，端口号是23。

- 下列端口号中，不属于常用电子邮件协议默认使用的端口的是___（17）___。（2021年11月第30题）

  （17）A. 23　　B. 25　　C. 110　　D. 143

  【答案】（17）A

  【解析】邮件相关协议主要有三个：SMTP（基于TCP 25端口）、POP3（基于TCP 110端口）和IMAP（基于TCP 143端口）。

- 用户使用ftp://zza.com访问某文件服务，默认通过目标端口为___（18）___的请求建立___（19）___链接。（2021年11月第37～38题）

  （18）A. 20　　B. 21　　C. 22　　D. 23

  （19）A. TCP　　B. UDP　　C. HTTP　　D. FTP

  【答案】（18）B　（19）A

  【解析】FTP是基于TCP的双端口协议，控制端口是21，数据端口是20。

- 与SNMP所采用的传输层协议相同的是___（20）___。（2021年11月第46题）

  （20）A. HTTP　　B. SMTP　　C. FTP　　D. DNS

  【答案】（20）D

  【解析】HTTP（TCP 80）、SMTP（TCP 25）、FTP（TCP 21）、DNS（UDP 53）。

- SMTP的默认服务端口号是___（21）___。（2021年5月第30题）

  （21）A. 25　　B. 80　　C. 110　　D. 143

  【答案】（21）A

  【解析】本题考查主流协议的端口号，SMTP协议基于TCP 25端口，HTTP协议基于TCP 80端口，POP3基于TCP 110端口，IMAP基于TCP 143端口。

- 邮件客户端需监听___（22）___端口及时接收邮件。（2021年5月第38题）

  （22）A. 25　　B. 50　　C. 100　　D. 110

  【答案】（22）D

  【解析】发邮件使用SMTP协议（TCP 25），收邮件采用POP3（TCP 110）或IMAP（TCP 143）协议。

- 用户在登录FTP服务器的过程中，建立TCP连接时使用的默认端口号是___（23）___。（2020年11月第38题）

  （23）A. 20　　B. 21　　C. 22　　D. 23

  【答案】（23）B

  【解析】FTP是基于TCP的双端口协议，控制端口是21，数据端口是20。建立TCP连接时使用控制端口。

● 端口号的作用是__（24）__。（2019年11月第25题）

（24）A．流量控制　　B．ACL 过滤
C．建立连接　　D．对应用层进程的寻址

【答案】（24）D

【解析】端口号传输层协议 TCP 或 UDP 加上端口可以标识一个应用层协议。端口号范围是0～65535。知名端口范围为0～1024，非知名端口可理解为随机分配端口。

● 配置 POP3 服务器时，邮件服务器中默认开放 TCP 的__（25）__端口。（2019年5月第30题）

（25）A．21　　B．25　　C．53　　D．110

【答案】（25）D

【解析】FTP 控制流量采用 TCP 21 端口，SMTP 协议采用 TCP 25 端口，POP3 协议采用 TCP 110 端口。

● 浏览器向 Web 服务器发送了一个报文，其 TCP 段不可能出现的端口组合是__（26）__。（2017年11月第25题）

（26）A．源端口号为2345，目的端口号为80
B．源端口号为80，目的端口号为2345
C．源端口号为3146，目的端口号为8080
D．源端口号为6553，目的端口号为5534

【答案】（26）B

【解析】源端口为随机端口（大于1024），直接选 B 项。网站目的端口通常设置为 80 或者8080，也可以自定义，任何端口都行。

6.6 路由协议

6.6.1 考点精讲

1．路由表

路由协议主要功能是生成路由表，用于数据转发。网络设备上的路由表如图 6-16 所示，大家需要掌握这些重要字段的功能。

● 目的网络：即要去往的目的地。
● 协议：表示该条路由是通过什么方式学到的。
● 优先级：不同协议的优先级值越小越优先，在华为设备中不同协议的优先级规定见表 6-8 这是高频考点，务必掌握。
● 开销：表示去往目的网络的距离。

```
[Huawei] display ip routing-table
Route Flags: R - relay, D - download to fib
------------------------------------------------------------------------------
Routing Tables: Public
      Destinations : 5        Routes : 5
```

Destination/Mask	Proto	Pre	Cost	Flags	NextHop	Interface
192.168.12.0/24	Direct	0	0	D	192.168.12.1	GigabitEthernet0/0/0
192.168.12.1/32	Direct	0	0	D	127.0.0.1	GigabitEthernet0/0/0
192.168.13.1/32	Direct	0	0	D	127.0.0.1	GigabitEthernet0/0/1
127.0.0.0/8	Direct	0	0	D	127.0.0.1	InLoopBack0
2.2.2.0/24	RIP	100	1	D	192.168.12.2	GigabitEthernet0/0/0
目的网络	协议	优先级	开销	标志位	下一跳	出接口

图 6-16　路由表示意图

表 6-8　华为设备路由协议优先级

路由协议或路由种类	相应路由的优先级
DIRECT	0
OSPF	10
IS-IS	15
STATIC	60
RIP	100
OSPF AS E	150
OSPF NSSA	150
IBGP	255
EBGP	255

- 标志位：了解即可，如果是 D 表示路由表已经下放到 FIB 转发表。
- 下一跳：表示去往目的网络，要先经过这个下一跳。
- 出接口：表示去往目的网络，要从本地哪儿出去。

2. 路由协议分类

路由协议主要有两种分类方式：按距离矢量和链路状态分类、按内部网关和外部网关协议分类，如图 6-17 所示。这是高频考点，也是送分题，请大家务必掌握。

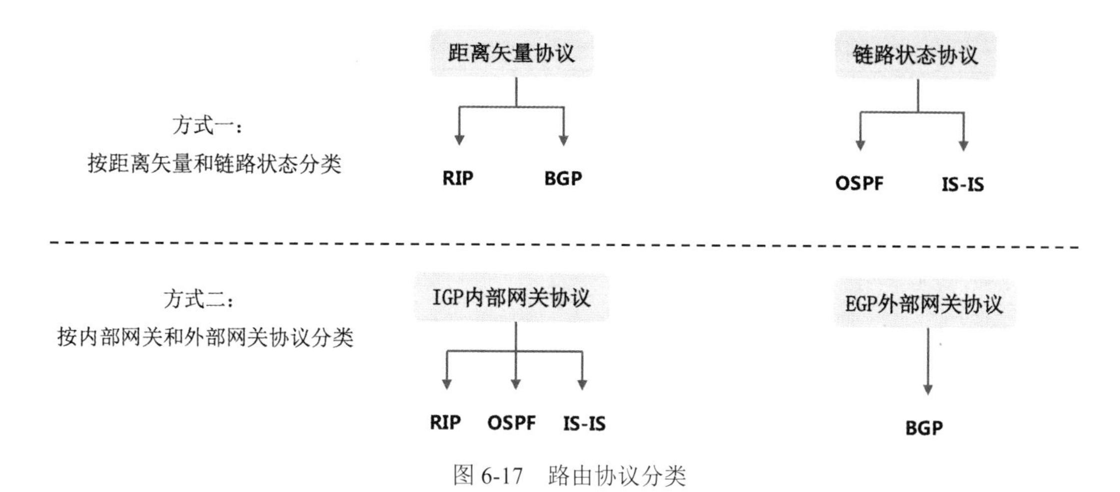

图 6-17 路由协议分类

3. 常见路由协议

（1）RIP 协议。路由信息协议（Routing Information Protocol，RIP），是一种距离矢量路由协议，支持等价负载均衡和链路冗余，使用 UDP 的 520 端口进行路由更新。通过跳数计算开销，最大为 15 跳，16 跳代表网络不可达，一般用于小型网络。RIP 每 30s 周期性更新路由表，如果 180s 没有收到路由的更新，认为该路由已经不可达，把 cost 设置为 16，但不会马上从路由表中删除，需要再等待 120s（这 120s 叫垃圾收集定时器），如果 120s 后还没有收到路由刷新，则从路由表中删除路由。也就是说，在华为设备上，一条 RIP 路由条目从不能收到更新到从路由表中清除需要 300s，RIP 的几个定时器如图 6-18 所示。

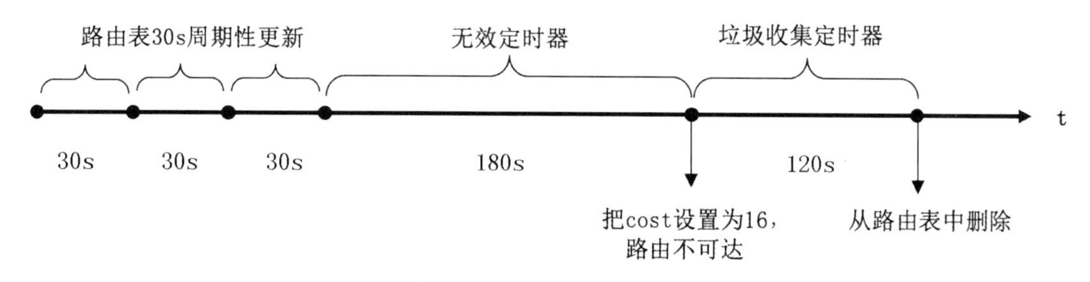

图 6-18 RIP 的几个定时器

（2）RIP 防护机制。RIP 防止网络环路的方法很多，需要重点掌握如下几种：①最大跳数：收到一条路由再转发出去，跳数会加 1，RIP 最大跳数限制是 15 跳，16 跳意味着网络不可达；②水平分割：一条路由不会发送给信息的来源，比如张三发出的，不会再发回张三，但可以发给李四；③反向毒化的水平分割：把从邻居学习到的路由信息设为 16 跳，再发送给那个邻居，相当于给对方回送了一条不可达路由（16 跳代表不可达）；④抑制定时器和触发更新也可以防止环路，了解概念即可。

（3）RIPv1 和 RIPv2。RIP 一共有两个版本 RIPv1 和 RIPv2，需要掌握这两个版本的区别，具体见表 6-9。

表 6-9　RIPv1 和 RIPv2 对比

RIPv1	RIPv2
有类，不携带子网掩码	无类，携带子网掩码
广播更新	组播更新（224.0.0.9）
周期性更新（30s）	触发更新
不支持 VLSM、CIDR	支持 VLSM、CIDR
不提供认证	提供明文和 MD5 认证

4. OSPF 协议

开放式最短路径优先协议（Open Shortest Path First，OSPF）是目前应用最广泛的路由协议。OSPF 是一种内部网关协议，也是链路状态路由协议，通过连通性、距离、时延、带宽等状态计算最佳路径，采用 Dijkstra 算法（也叫 SPF 最短路径算法）。具备如下特点：

（1）采用触发式更新、分层路由，支持大型网络。

（2）骨干区域采用 Area 0.0.0.0 或者 Area 0 来表示，区域 1 不是骨干区域。

（3）OSPF 通过 hello 报文发现邻居，维护邻居关系。在点对点网络中每 10s 发送一次 hello，在 NBMA 网络中每 30s 发送一次 hello，Deadtime 为 hello 时间的 4 倍，即 4 倍 hello 时间还没有收到 hello，就认为邻居失效了。

（4）OSPF 路由器间通过链路状态公告（Link State Advertisement，LSA）交换网络拓扑信息，每台运行 OSPF 协议的路由器通过收到的拓扑信息构建拓扑数据库，再以此为基础计算路由。

（5）OSPF 系统内几个特殊组播地址：

224.0.0.1：在本地子网的所有主机。

224.0.0.2：在本地子网的所有路由器。

224.0.0.5：运行 OSPF 协议的路由器。

224.0.0.6：OSPF 指定/备用指定路由器 DR/BDR。

（6）每个网段选取一个 DR 和 BDR，作为代表与其他 Dother 路由器建立邻居关系。

5. BGP 协议

边界网关协议（Border Gateway Protocol，BGP）是外部网关协议，用于不同自治系统（Autonomous System，AS）之间，寻找最佳路由。BGP 有如下特点：

（1）BGP 通过 TCP 179 端口建立连接，支持 VLSM 和 CIDR。

（2）支持增量更新、支持认证、支持无类、支持聚合。

（3）是一种路径矢量协议，可以检测路由环路。

（4）目前最新版本是 BGP4，而 BGP4+支持 IPv6。

BGP 的四种报文见表 6-10，需要大家重点掌握，这是高频考点。

表 6-10 BGP 的四种报文

报文类型	功能描述	备注（类比）
打开（Open）	建立邻居关系	建立外交
更新（Update）	发送新的路由信息	更新外交信息
保持活动状态（Keep alive）	对 Open 的应答/周期性确认邻居关系	保持外交活动
通告（Notification）	报告检测到的错误	发布外交通告

6. IS-IS

标准的中间系统到中间系统（Intermediate System to Intermediate System，IS-IS）协议是由国际标准化组织 ISO 制定的，但是其是为无连接网络服务（Connectionless Network Protocol，CLNP）设计的，并不适用于 IP 网络，因此互联网工程任务组 IETF 制定了可以适用于 IP 网络的集成化 IS-IS 协议，简称集成 IS-IS，它由 RFC 1195 等 RFC 文档定义和规范。由于 IP 网络应用普遍，一般所称的 IS-IS 协议，通常都是指集成 IS-IS 协议。

IS-IS 是一种内部网关协议，是电信运营商普遍采用的内部网关协议之一，也是一个分级的链路状态路由协议。与 OSPF 相似，它也使用 Hello 协议寻找毗邻节点。与大多数路由协议不同，IS-IS 直接运行于链路层之上。IS-IS 具有层次性，分为 Level-1 和 Level-2 两层。Level-1（L1）是普通区域（Area），Level-2（L2）是骨干区域（Backbone）。骨干区域是连续的 Level-2 路由器的集合，由所有的 L2（含 L1/L2）路由器组成，L1 和 L2 运行相同的 SPF 算法，一个路由器可能同时参与 L1 和 L2。IS-IS 的区域结构如图 6-19 所示。

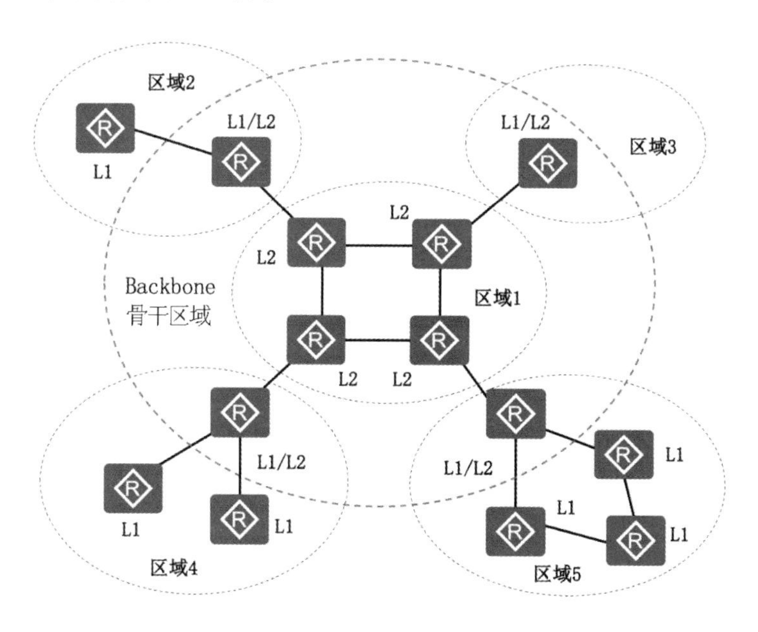

图 6-19 IS-IS 的区域结构

6.6.2 即学即练·精选真题

● 以下关于路由协议的叙述中，错误的是___（1）___。（2021 年 11 月第 23 题）

（1）A．路由协议是通过执行一个算法来完成路由选择的一种协议

B．动态路由协议可以分为距离向量路由协议和链路状态路由协议

C．路由协议是一种允许数据包在主机之间传送信息的协议

D．路由器之间可以通过路由协议学习网络的拓扑结构

【答案】（1）C

【解析】路由协议主要运行在路由器或其他三层设备之间，用来传递路由信息。只有 OSPF 这类链路状态路由协议可以学到网络拓扑，距离矢量路由协议不能学到网络拓扑结构。如果没有 C 项，可以选 D 项。

● 用于自治系统（AS）之间路由选择的路由协议是___（2）___。（2021 年 5 月第 26 题）

（2）A．RIP　　B．OSPF　　C．IS-IS　　D．BGP

【答案】（2）D

【解析】BGP 是目前唯一应用的外部网关协议（Exterior Gateway Protocol，EGP），用于不同自治系统之间。

● OSPF 协议是___（3）___。（2019 年 11 月第 65 题）

（3）A．路径矢量协议　　B．内部网关协议

C．距离矢量协议　　D．外部网关协议

【答案】（3）B

【解析】OSPF 是链路状态路由协议，属于内部网关路由协议。

● 下图 1 所示是图 2 所示网络发生链路故障时的部分路由信息，该信息来自设备___（4）___，发生故障的接口是___（5）___。（2019 年 5 月第 57～58 题）

（4）A．R1　　B．R2　　C．R3　　D．R4

（5）A．R2 GE0/0/1　　B．R2 GE0/0/2　　C．R4 GE0/0/1　　D．R4 GE0/0/2

```
Route Flags: R-relay, D-download to fib
------------------------------------------------------------------------------
Routing Tables: Public        Destinations: 9        Routes: 9
Destination/Mask    Proto   Pre   Cost   Flags   NextHop       Interface
172.16.1.0/24       RIP     100   2      D       192.168.2.1   GigabitEthernet0/0/2
192.168.2.0/24      Direct  0     0      D       192.168.2.2   GigabitEthernet0/0/2
192.168.2.2/32      Direct  0     0      D       127.0.0.1     GigabitEthernet0/0/2
192.168.2.255/32    Direct  0     0      D       127.0.0.1     GigabitEthernet0/0/2
192.168.3.0/24      RIP     100   1      D       192.168.2.1   GigabitEthernet0/0/2
255.255.255.255     Direct  0     0      D       127.0.0.1     LoopBack0
```

图 1

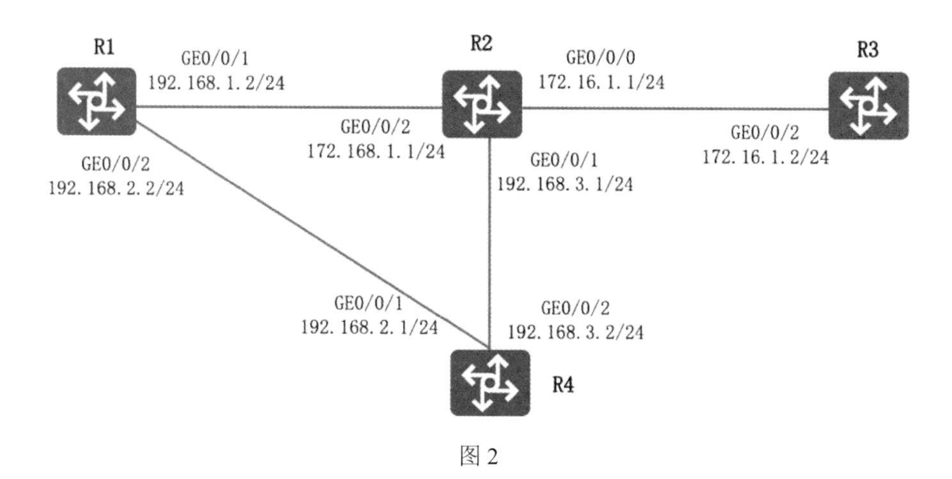

图2

【答案】(4) A (5) B

【解析】从图1路由表可以看出，该设备有4条直连路由(Direct)，其中一条是192.168.2.2/32，这是路由器R1 GE0/0/2接口的IP地址，故图1显示的路由表信息来自于路由器R1。如果拓扑图中所有设备运行正常，R1会通过R2到达网络172.16.1.0/24，开销是1跳，但图1路由表显示通过R1→R4→R2到达网络172.16.1.0/24，开销为2跳，肯定是R2接口出了问题。由于192.168.3.0/24网段路由正常，故R2的GE0/0/1接口不可能有故障，只能是R2的GE0/0/2接口故障。

- 以下关于RIPv2对于RIPv1改进的说法中，错误的是__(6)__。(2021年11月第24题)

(6) A. RIPv2是基于链路状态的路由协议

B. RIPv2可以支持VLSM

C. RIPv2可以支持认证，有明文和MD5两种方式

D. RIPv2采用的是组播更新

【答案】(6) A

【解析】RIPv1和RIPv2都是距离矢量路由协议，RIPv2支持VLSM和认证，采用组播更新，地址是224.0.0.9。

- 以下关于OSPF路由协议的说法中，错误的是__(7)__。(2021年11月第25题)

(7) A. OSPF是基于分布式的链路状态协议

B. OSPF是一种内部网关路由协议

C. OSPF可以用于自治系统之间的路由选择

D. OSPF为减少洪泛链路状态的信息量，可以将自治系统划分为更小的区域

【答案】(7) C

【解析】OSPF是内部网关协议，用于自治系统内部进行路由选择。

- 以下关于IS-IS路由协议的说法中，错误的是__(8)__。(2021年11月第26题)

(8) A. IS-IS是基于距离矢量的路由协议

B. IS-IS属于内部网关路由协议

C．IS-IS 路由协议将自治系统分为骨干区域和非骨干区域

D．IS-IS 路由协议中 Level-2 路由器可以和不同区域的 Level-2 或者 Level-1-2 路由器形成邻居关系

【答案】（8）A

【解析】IS-IS 是链路状态路由协议。

- 以下关于 BGP 路由议的说法中，错误的是＿（9）＿。（2021 年 11 月第 27 题）

（9）A．BGP 协议是一种外部网关协议

B．BGP 协议为保证可靠性使用 TCP 作为承载协议，使用端口号是 179

C．BGP 协议使用 keep-alive 报文周期性地证实邻居站的连通性

D．BGP 协议不支持路由汇聚功能

【答案】（9）D

【解析】BGP 支持路由汇聚功能。

- 以下关于 OSPF 协议的描述中，错误的是＿（10）＿。（2021 年 5 月第 27 题）

（10）A．OSPF 是一种链路状态协议

B．OSPF 路由器中可以配置多个路由进程

C．OSPF 网络中用区域 0 来表示主干网

D．OSPF 使用 LSA 报文维护邻居关系

【答案】（10）D

【解析】OSPF 使用 Hello 报文维护邻居关系。

- OSPF 协议相对于 RIP 的优势在于＿（11）＿。（2020 年 11 月第 57 题）

①没有跳数的限制 ②支持可变长子网掩码（VLSM） ③支持网络规模大 ④收效速度快

（11）A．①③④　　B．①②③　　C．①②③④　　D．①②

【答案】（11）A

【解析】RIPv2 支持变长子网掩码 VLSM。

- OSPF 协议中 DR 的作用范围是＿（12）＿。（2020 年 11 月第 58 题）

（12）A．一个 area　　B．一个网段

C．一台路由器　　D．运行 OSPF 协议的网络

【答案】（12）B

【解析】每个网段选取一个指定路由器和备用指定路由器，作为代表与其他路由器 Dother 建立邻居关系。

- 以下关于 BGP 的说法中，正确的是＿（13）＿。（2020 年 11 月第 62 题）

（13）A．BGP 是一种链路状态协议　　B．BGP 通过 UDP 发布路由信息

C．BGP 依据延迟来计算网络代价　　D．BGP 能够检测路由循环

【答案】（13）D

【解析】BGP 是路径矢量路由协议，基于 TCP，通过多种属性来计算网络开销，比如 AS 路径/权重等。

- OSPF 报文采用___(14)___协议进行封装，以目标地址___(15)___发送到所有的 OSPF 路由器。（2019 年 11 月第 26～27 题）

  （14）A．IP　　B．ARP　　C．UDP　　D．TCP

  （15）A．224.0.0.1　　B．224.0.0.2　　C．224.0.0.5　　D．224.0.0.8

  【答案】（14）A　（15）C

  【解析】OSPF 报文直接调用 IP 协议进行封装。特殊组播地址需要记住，224.0.0.1 表示所有主机，224.0.0.2 表示所有路由器，224.0.0.5 表示所有运行 OSPF 的路由器，224.0.0.6 表示 OSPF 的 DR/BDR（指定路由器/备用指定路由器），224.0.0.9 表示运行 RIPv2 的路由器，224.0.0.18 表示运行 VRRP 的路由器。

- 在点对点网络上，运行 OSPF 协议的路由器，每___(16)___秒钟向它的各个连接 hello 分组告知邻居它的存在。（2019 年 5 月第 25 题）

  （16）A．10　　B．20　　C．30　　D．40

  【答案】（16）A

  【解析】点对点网络上 OSPF 默认每 10s 发送一个 hello 报文，用于保持邻居路由器的连通，当某个路由器连续 40s 没有收到邻居路由器的 hello 数据包之后，就会认为邻居路由器已经不存在了。

- 下列关于 OSPF 协议的说法中，错误的是___(17)___。（2018 年 11 月第 19 题）

  （17）A．OSPF 的每个区域（Area）运行路由选择算法的一个实例

  B．OSPF 采用 Dijkstra 算法计算最佳路由

  C．OSPF 路由器向各个活动端口组播 Hello 分组来发现邻居路由器

  D．OSPF 协议默认的路由更新周期为 30s

  【答案】（17）D

  【解析】RIP 的默认路由更新周期是 30s，OSPF 在路由发生变化的时候才会发送更新信息，平时通过周期性 hello 报文维护邻居关系。

- 在 BGP4 协议中，路由器通过发送___(18)___报文将正常工作信息告知邻居，当出现路由信息的新增或删除时，采用___(19)___报文告知对方。（2018 年 11 月第 24～25 题）

  （18）A．hello　　B．update　　C．keepalive　　D．notification

  （19）A．hello　　B．update　　C．keepalive　　D．notification

  【答案】（18）C　（19）B

  【解析】①打开报文（Open）：用来与相邻的另一个 BGP 发言人建立关系；②更新报文（Update）：用来发送某一路由的信息，以及列出要撤销的多条路由；③保活报文（Keepalive）：用来确认打开报文和周期性地保持邻居关系；⑤通知报文（Notification）：用来发送检测到的差错。

- RIP 协议默认的路由更新周期是___(20)___秒。（2018 年 11 月第 26 题）

  （20）A．30　　B．60　　C．90　　D．100

  【答案】（20）A

  【解析】RIP 分组每隔 30s 以广播的形式发送一次路由更新，如果一个路由在 180s 内未被刷新，则开销被设定成 16 跳（16 跳表示无穷大）。

- 以下关于 OSPF 协议的叙述中，正确的是 (21) 。(2018 年 11 月第 27 题)

（21）A．OSPF 是一种路径矢量协议

B．OSPF 使用链路状态公告（LSA）扩散路由信息

C．OSPF 网络中用区域 1 来表示主干网段

D．OSPF 路由器向邻居发送路由更新信息

【答案】(21) B

【解析】OSPF 是链路状态路由协议，用区域 0 来表示主干区域，该路由协议可以获得整网拓扑信息，并根据拓扑信息，应用 SPF 算法计算到达每个目标的最优路径，对网络发生的变化能够快速响应，当网络发生变化的时候发送触发式更新。OSPF 不需要相互交换自己的整张路由表，而是发送周期性更新链路状态通告（LSA）。

第7章 下一代互联网 IPv6

7.1 考点分析

本章所涉及的考点分布情况见表 7-1。

表 7-1 本章所涉考点分布情况

年份	考题分布	分值	考核知识点
2015 年 5 月	59，60	2	IPv6 基础、过渡技术
2015 年 11 月	60，61	2	IPv6 基础
2016 年 5 月	—	—	—
2016 年 11 月	18	1	IPv6 基础
2017 年 5 月	60，61	2	IPv6 基础
2017 年 11 月	58	1	IPv6 基础（任意播）
2018 年 5 月	57	1	IPv6 基础
2018 年 11 月	57	1	IPv6 基础
2019 年 5 月	54，55	1	IPv6 基础
2019 年 11 月	48	1	IPv6 基础（扩展头）
2020 年 11 月	—	—	—
2021 年 5 月	31	1	6to4 地址
2021 年 11 月	—	—	—
2022 年 5 月	31	1	IPv6 报头

本章内容考查较少，一般考 1～2 分。

常考考点：IPv6 地址格式、过渡技术。

7.2 IPv6 报文格式

7.2.1 考点精讲

IPv4 报头长度 20 字节，IPv6 报头长度 40 字节，但 IPv6 通过精简 IPv4 报头字段，加快了处理速度，增加了扩展头和安全性。IPv6 报文格式如图 7-1 所示。

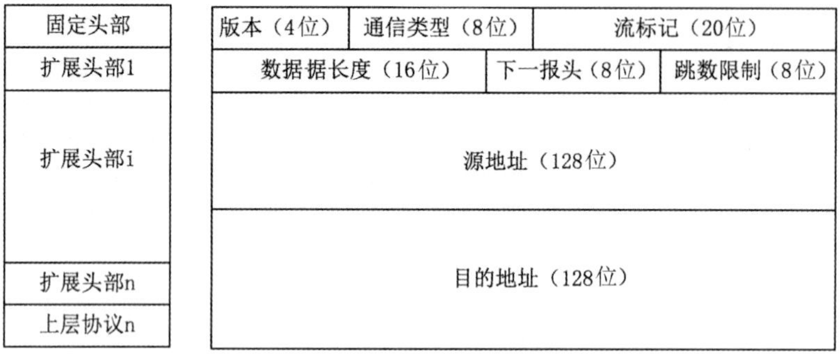

固定头部
扩展头部1
扩展头部i
扩展头部n
上层协议n

（a）通用格式

版本（4位）	通信类型（8位）	流标记（20位）
数据据长度（16位）	下一报头（8位）	跳数限制（8位）
源地址（128位）		
目的地址（128位）		

（b）IPv6 固定头部

图 7-1　IPv6 报文格式

- 版本（4 位）：用 0110 表示 IPv6。
- 通信类型（8 位）：用于区分不同的 IP 分组，相当于 IPv4 中服务类型字段（实际不用）。
- 流标记（20 位）：标识某些需要特别处理的分组（实际不用）。
- 数据长度（16 位）：表示除了 IPv6 固定头部 40 字节之外的负载长度，扩展头部算在负载长度之中。
- 下一头部（8 位）：指明下一个头部类型，可能是 IPv6 扩展头部或高层协议。
- 跳数限制（8 位）：用于防止路由循环，类似 IPv4 的 TTL。
- 源地址（128 位）：发送节点的地址。
- 目的地址（128 位）：接收节点的地址。

IPv6 协议数据单元由一个固定头部和若干个扩展头部以及上层协议提供的负载组成。如果有多个扩展头部，第一个扩展头部为逐跳头部。IPv6 常见的 6 种扩展头部见表 7-2。

表 7-2　IPv6 扩展头部

编号	头部名称	解释
0	逐跳选项（Hop-by-Hop Option）	这些信息由沿途各个路由器处理
60	目标选项（Destination Option）	选项中的信息由目标节点检查处理
43	路由选择（Routing）	给出一个路由器地址列表，类似于 IPv4 的松散源路由和路由记录

续表

编号	头部名称	解释
44	分段（Fragmentation）	处理数据报的分段问题
51	认证（Authentication）	由接收者进行身份认证
50	封装安全负荷（Encrypted Security Payload）	对分组内容进行加密的有关信息

7.2.2 即学即练·精选真题

- IPv6 协议数据单元由一个固定头部和若干个扩展头部以及上层协议提供的负载组成。如果有多个扩展头部，第一个扩展头部为___(1)___。（2019 年 11 月第 56 题）

  （1）A．逐跳头部　　B．路由选择头部　　C．分段头部　　D．认证头部

  【答案】（1）A

  【解析】 IPv6 扩展头部见表 7-2，此知识点考过多次。

- IPv6 基本首部的长度为___(2)___个字节，其中与 IPv4 中 TTL 字段对应的是___(3)___字段。（2019 年 5 月第 54～55 题）

  （2）A．20　　B．40　　C．64　　D．128

  （3）A．负载长度　　B．通信类型　　C．跳数限制　　D．下一首部

  【答案】（2）B　（3）C

  【解析】 IPv6 地址是 128 位，但 IPv6 数据报的首部长度为 40 字节；IPv4 地址 32 位，首部长度为 20 字节。IPv4 的报头包含至少 12 个字段，IPv6 报头只有 8 个字段，所以 IPv6 提高了处理效率。

- IPv6 协议数据单元由一个固定头部和若干个扩展头部以及上层协议提供的负载组成，其中用于表示松散源路由功能的扩展头部是___(4)___。如果有多个扩展头部，第一个扩展头部为___(5)___。（2009/2018 年 11 月第 54～55 题）

  （4）A．目标头部　　B．路由选择头部　　C．分段头部　　D．安全封装负荷头部

  （5）A．逐跳头部　　B．路由选择头部　　C．分段头部　　D．认证头部

  【答案】（4）B　（5）A

  【解析】 本题考查 IPv6 报文格式，需了解各个扩展头部。

7.3 IPv6 地址

7.3.1 考点精讲

1. IPv6 地址表示

IPv6 地址长度为 128 位，可以按每组 16 位分为 8 个组，然后采用冒号分隔的十六进制数进行

表示，IPv6 地址的缩写规则：①每个字段前面的 0 可以省去，例如 0130 可以简写为 130，但不能简写为 13；②一个或多个全 0 字段，可以用一对冒号“::”代替，但“::”只能出现一次，例如 IPv6 地址 8000:0000:0000:0000:0130:4567:89AB:CDEF，可简写为 8000::130:4567:89AB:CDEF；③IPv4 兼容地址是在低位加上 IPv4 地址，例如 0:0:0:0:0:0:192.168.1.1 可以写为 ::192.168.1.1。

IPv6 的合法写法和非法写法如下。

（1）合法 IPv6 写法。

- 正确完整写法：12AB:0000:0000:0D30:0000:0000:0000:0000/60。
- 正确缩写 1：12AB::D30:0:0:0:0/60。
- 正确缩写 2：12AB:0:0:D30::/60。

（2）非法 IPv6 写法。

- 错误缩写 1：12AB:0:0:D3/60（无法恢复完整写法，且 D3 后面的 0 不能省略）。
- 错误缩写 2：12AB::D30/60（展开为 12AB:0000:0000:0000:0000:0000:0000:CD30/60）。
- 错误缩写 3：12AB::D3/60（展开为 12AB:0000:0000:0000:0000:0000:0000:0CD3/60）。

2. IPv6 地址分类

IPv6 地址分类见表 7-3。

表 7-3　IPv6 地址分类

地址类型	掌握要点
单播地址	（1）可聚合全球单播地址：这种地址在全球范围内有效，相当于 IPv4 公用地址；前缀为 001，前缀最后两位从二进制转换为十进制是 0+1=1。 （2）链路本地地址：用于同一链路的相邻节点间的通信，是结合 MAC 地址自动生成的。前缀为 1111 1110 10，前缀最后两位从二进制转换为十进制是 2+0=2。 （3）站点本地地址：相当于 IPv4 中的私网地址。前缀为 1111 1110 11，前缀最后两位从二进制转换为十进制是 2+1=3。 助记：1 聚 2 链 3 站，最后两位是 1 表示可聚合全球单播，2 表示链路本地，3 表示站点本地地址
任意播地址	（1）表示一组接口的标识符，通常是路由距离最近的接口。 （2）任意播地址不能用作源地址，而只能作为目的地址。 （3）任意播地址不能指定给 IPv6 主机，只能指定给 IPv6 路由器
组播地址	（1）发往组播地址的分组被传送给该地址标识的所有接口。 （2）IPv6 中没有广播地址，它的功能被组播地址所代替。 （3）IPv6 组播地址的格式前缀为 1111 1111

3. IPv4 和 IPv6 地址对比记忆

IPv4 和 IPv6 地址的对比见表 7-4。

表 7-4　IPv4 和 IPv6 地址比较

IPv4 地址	IPv6 地址
点分十进制表示	带冒号的十六进制表示，0 可以压缩
分为 A、B、C、D、E 5 类	单播，任意播，组播
组播地址 224.0.0.0/4	组播地址 FF00::/8
广播地址（主机部分全为 1）	任意播（限于子网内部）
默认地址 0.0.0.0	不确定地址::
回环地址 127.0.0.1	回环地址::1
公共地址	可聚合全球单播地址 FP=001
私有地址 10.0.0.0/8 172.16.0.0/12；192.168.0.0/16	站点本地地址：FEC0::/48
自动专用 IP 地址 169.254.0.0/16	链路本地地址：FE80::/64
—	6to4 隧道地址：2002::/16

常见的 IPv6 路由协议有 RIPng、OSPFv3、BGP4+。IPv6 支持 DHCPv6 和 ICMPv6，其中 ICMPv6 新增加的邻居发现功能代替了 IPv4 中 ARP 协议的功能。

7.3.2　即学即练·精选真题

- 6to4 是一种支持 IPv6 站点通过 IPv4 网络进行通信的技术，下面 IP 地址中＿（1）＿属于 6to4 地址。（2021 年 5 月第 31 题）

  （1）A．FE90::5EFE:10.40.1.29　　B．FE80::5EFE:192.168.31.30
  　　C．2002:C000:022A::　　D．FF80:2ABC:0212

  【答案】（1）C

  【解析】 6to4 隧道地址是 2002::/16。

- IPv6 链路本地单播地址的前缀为＿（2）＿。（2018 年 11 月第 57 题）

  （2）A．001　　B．1111 1110 10
  　　C．1111 1110 11　　D．1111 1111

  【答案】（2）B

  【解析】 需掌握特殊 IPv6 地址。

- 以下关于在 IPv6 中任意播地址的叙述中，错误的是＿（3）＿。（2017 年 11 月第 58 题）

  （3）A．只能指定给 IPv6 路由器　　B．可以用作目的地址
  　　C．可以用作源地址　　D．代表一组接口的标识符

  【答案】（3）C

  【解析】 任意播地址只能作为目的地址。

- IPv6 链路本地单播地址的前缀为＿＿（4）＿＿，可聚合全球单播地址的前缀为＿＿（5）＿＿。（2017 年 5 月第 60～61 题）

  （4）A．001　　B．1111 1110 10　　C．1111 1110 11　　D．1111 1111

  （5）A．001　　B．1111 1110 10　　C．1111 1110 11　　D．1111 1111

  【答案】（4）B　（5）A

  【解析】链路本地单播地址的前缀为 1111 1110 10，即 FE80::/64，其后是 64 位的接口 ID。IPv6 的可聚合全球单播地址前缀是指可以在全球范围内进行路由转发的 IPv6 地址的前缀，分配给各个公司和机构，用于路由器的路由选择。它的前三位是 001，相当于 IPv4 地址中的网络号。

- IPv6 地址的格式前缀用于表达地址类型或子网地址，例如 60 位地址前缀 12AB00000000CD30 有多种合法的表示形式，下面的选项中，不合法的是＿＿（6）＿＿。（2014 年 5 月第 56 题）

  （6）A．12AB:0000:0000:CD30:0000:0000:0000:0000/60

  B．12AB::CD30:0:0:0:0/60

  C．12AB:0:0:CD3/60

  D．12AB:0:0:CD30::/60

  【答案】（6）C

  【解析】此题考查 IPv6 地址的简写方式。

7.4 IPv6 过渡技术

7.4.1 考点精讲

从 IPv4 升级到 IPv6 的过渡技术一共有三种：双栈技术、隧道技术、翻译技术。其中，双栈技术的应用最为广泛。对于这几种技术掌握关键字即可，一般出现在上午试题中。

- 双栈技术：同时运行 IPv4 和 IPv6。
- 隧道技术：解决 IPv6 节点之间通过 IPv4 网络进行通信。
- 翻译技术：解决纯 IPv6 节点与纯 IPv4 节点之间进行通信。

7.4.2 即学即练·精选真题

- 在 IPv4 和 IPv6 混合的网络中，协议翻译技术用于＿＿（1）＿＿。（2014 年 11 月第 66 题）

  （1）A．两个 IPv6 主机通过 IPv4 网络通信

  B．两个 IPv4 主机通过 IPv6 网络通信

  C．纯 IPv4 主机和纯 IPv6 主机之间的通信

  D．两个双协议栈主机之间的通信

  【答案】（1）C

  【解析】此题考查 IPv6 过渡技术，必须掌握三种过渡技术。

- 在 IPv4 向 IPv6 过渡期间，如果要使得两个 IPv6 节点可以通过现有的 IPv4 网络进行通信，则应该使用＿（2）＿；如果要使得纯 IPv6 节点可以与纯 IPv4 节点进行通信，则需要使用＿（3）＿。（2013 年 11 月第 58～59 题）

（2）A．堆栈技术　B．双协议栈技术　C．隧道技术　D．翻译技术

（3）A．堆栈技术　B．双协议栈技术　C．隧道技术　D．翻译技术

【答案】（2）C　（3）D

【解析】需掌握 IPv4 到 IPv6 的三种过渡技术：双协议栈技术、隧道技术和翻译技术。

- 双协议栈技术：同时运行 IPv4 和 IPv6。
- 隧道技术：解决 IPv6 节点之间通过 IPv4 网络进行通信的问题。
- 翻译技术：解决纯 IPv6 节点与纯 IPv4 节点之间通信的问题。

第8章 网络安全

8.1 考点分析

本章所涉及的考点分布情况见表8-1。

表8-1 本章所涉考点分布情况

年份	试题分布	分值	考核知识点
2012年5月	42～45，68	5	认证技术、钓鱼网站、MD5、HTTPS、PGP
2012年11月	41～45	5	加密算法、认证技术、SSL、IPSec
2013年5月	34，39，41～45	7	病毒、防火墙配置、3DES、报文摘要、PGP、L2TP、IDS
2013年11月	19～20，42～45	6	CHAP、DoS、PKI、SHA-1、公钥加密算法
2014年5月	41～45	5	AES、MD5、IPSec、防火墙、IDS
2014年11月	19，41～45	6	S-HTTP、PGP、CA证书链、PPP
2015年5月	41～45，66	6	PGP、IDS、病毒、Kerberos、3DES、DoS
2015年11月	41～45，47	6	被动攻击、认证算法与签名算法，应用层安全、防火墙、SSL
2016年5月	41～45	5	CA数字证书，3DES、认证算法
2016年11月	12，43～45	4	PPP、数字签名、认证算法、DES
2017年5月	37～39，41～45	8	PGP、IPSec、3DES、对称加密算法、证书链、SHA
2017年11月	40～43，45，65	6	HTTPS、被动攻击、IDS/IPS
2018年5月	40～42，44，45，68	5	数字签名、重放攻击、3DES、PGP
2018年11月	41，44，45	3	3DES、MD5
2019年5月	37，41～44，62	6	安全电子邮箱服务、非对称加密、数字证书、震网病毒
2019年11月	30，41～45	6	PGP/SSL、重放攻击、加解密、数字证书、数字签名
2020年11月	41～45	5	防火墙、证书与数字签名、SHA-256、3DES、HTTPS

续表

年份	试题分布	分值	考核知识点
2021 年 5 月	41～46	6	防火墙、数字签名、AES、网络攻击、DES
2021 年 11 月	41～45	5	Linux 防火墙、防火墙区域、数字证书、AES、HTTPS
2022 年 5 月	16，41～45，69	7	Kerberos、防火墙、iptables、证书链、国密算法、SQL 注入、数据安全法

本章内容考查较多，一般上午试题占 5～6 分；下午试题在案例二中占 10 分左右。

高频考点：加解密算法、HASH、数字签名、数字证书、SSL/PGP。

8.2 网络安全基础

8.2.1 考点精讲

1. 网络安全威胁类型

网络安全威胁类型有如下几种：

（1）窃听：例如搭线窃听、安装通信分析设备读取网络上的信息。

（2）假冒：一个实体假扮成另一个实体进行网络活动。

（3）重放：重复一份报文或报文的一部分，从而产生被授权效果。

（4）流量分析：对网上信息流进行统计和分析，推断出有价值的传输信息。

（5）数据完整性破坏：修改信息内容。需要注意计算机领域的完整性跟我们平时所说的完整性有区别，比如发送数据 1234，被修改成了 123，或者 12345，或 1243，都是完整性受到破坏。

（6）拒绝服务（DoS）：授权实体不能获得应有的对网络资源的访问，典型的 DoS 攻击有 SYN-Flooding、MAC 地址洪泛、ARP 攻击等。

（7）特洛伊木马：恶意的远程控制程序。

（8）病毒：可以破坏计算机系统的恶意程序。

上述几种安全威胁需重点掌握重放和拒绝服务（DoS）。重放攻击过程和解决思路很重要，曾经多次考查过。如图 8-1 所示，通过用户取款的例子理解重放攻击。

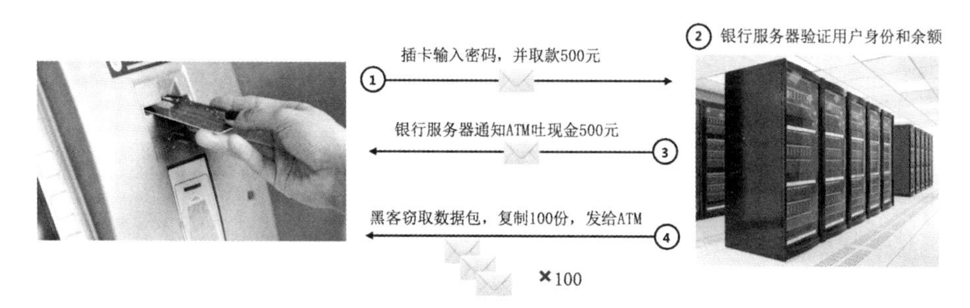

图 8-1　重放攻击示意图

第一步：用户输入银行卡密码，并取款 500 元。

第二步：银行服务器验证用户密码和余额。

第三步：密码正确且余额≥500 元，银行服务器则发送授权数据包通知 ATM 吐出 500 元。

第四步：黑客窃取银行服务器发送的授权数据包，并复制 100 份，发给 ATM，那么 ATM 就会吐出 500×100=50000 元。

通过如上过程，实现重放攻击。解决重放攻击的方案主要有：加上时间戳和随机数。

DoS 攻击主要思路是耗尽对方的资源，让其不能为正常用户提供服务。比如某台服务器最多可以支持 100 人同时访问，如果黑客模拟出 100 个虚假用户同时访问服务器，耗尽服务器资源，那么其他正常用户就不能访问这台服务器，从而实现 DoS 拒绝服务攻击。还有一种特殊的 DoS，即 DDoS（分布式拒绝服务攻击），比如某服务器最多可以为 10 万人提供服务，单靠黑客一台计算机并不能耗尽服务器资源，但黑客可以控制大量“肉鸡”（也叫僵尸主机，是被黑客通过木马控制的电脑）同时发起对服务器的攻击，从而耗尽对方的资源，这样就实现了分布式拒绝服务攻击。

2. 网络攻击分类

网络攻击有很多分类，需重点掌握主动攻击和被动攻击。

主动攻击包括假冒、重放、欺骗、消息篡改和拒绝服务，重点是检测而不是预防，主要手段有防火墙、IDS 等技术。

被动攻击包括网络窃听和通信分析，主要是窃取数据包并进行分析，从中窃取重要的敏感信息。被动攻击比较难被检测，重点是预防，主要手段是加密。

8.2.2 即学即练·精选真题

● Kerberos 系统中可通过在报文中加入___（1）___来防止重放攻击。（2019 年 11 月第 43 题）

（1）A. 会话密钥　　B. 时间戳　　C. 用户 ID　　D. 私有密钥

【答案】（1）B

【解析】防止重放攻击可通过加时间戳的方式实现。

● 攻击者通过发送一个目的主机已经接收过的报文来达到攻击目的，这种攻击方式属于___（2）___攻击。（2018 年 5 月第 42 题）

（2）A. 重放　　B. 拒绝服务　　C. 数据截获　　D. 数据流分析

【答案】（2）A

【解析】重放攻击：攻击者发送一个目的主机已接收过的包，来达到欺骗系统的目的，主要用于身份认证过程。

● 下列攻击行为中属于典型被动攻击的是___（3）___。（2017 年 11 月第 42 题）

（3）A. 拒绝服务攻击　　B. 会话拦截
　　C. 系统干涉　　D. 修改数据命令

【答案】（3）B

【解析】主动攻击会破坏原本的传输内容或过程，被动攻击是窃听和分析，其中 A 项和 D 项是典型的主动攻击。会话拦截指主机甲和主机乙在通信过程中，黑客通过某种手段对这个过程进行了捕获分析，从而获得会话内容。系统干涉是攻击者获取系统访问权，从而干涉系统的正常运行。其实B选项可能拦截下来并修改内容，所以也有可能是主动攻击，但C项肯定是主动攻击，对比之下，选择B项更合适。

- ___（4）___不属于主动攻击。（2015年11月第41题）

  （4）A．流量分析　B．重放　C．IP地址欺骗　D．拒绝服务

  【答案】（4）A

  【解析】被动攻击的典型是监听，最难被检测，重点应对手段是预防，主要手段是加密；主动攻击主要包括假冒、重放、欺骗、消息篡改和拒绝服务，重点应用手段是检测，如防火墙、IDS等技术。

8.3 现代加密技术

8.3.1 考点精讲

加密技术主要分为两类：对称加密（也叫共享密钥加密）和非对称加密（也叫公钥加密）。对称加密算法加密和解密采用的密钥相同，非对称加密算法加密和解密采用的密钥不同。

1. 对称加密算法（共享密钥加密算法）

典型的对称加密算法有DES、3DES、IDEA和AES，大家需要掌握这几种算法的分组和密文长度。

- 数据加密标准（Data Encryption Standard，DES）：一种分组密码，在加密前，先对整个明文进行分组。每一个分组为64位，之后进行16轮迭代，产生一组64位密文数据，使用的密钥是56位。
- 3DES：主要使用两个密钥，执行三次DES算法，密钥长度是112位，不是168位。
- 国际数据加密算法（International Data Encrypt Algorithm，IDEA）：使用128位密钥，把明文分成64位的块，进行8轮迭代。IDEA可以使用硬件或软件实现，比DES快。
- 高级加密标准（Advanced Encryption Standard，AES）：分组长度固定为128位，支持128、192和256位三种密钥长度，可通过硬件实现。
- 流加密算法RC4：加密速度快，可以达到DES的10倍，常用于Wi-Fi加密。

2. 非对称加密算法（公钥加密算法）

非对称加密算法的每个实体有两个密钥：公钥和私钥，公钥公开，私钥保密。公钥加密，私钥解密，可实现保密通信；私钥签名，公钥验证，可用于数字签名。非对称加密算法代表有RSA和DH，RSA考查较多。

8.3.2 即学即练·精选真题

- AES是一种___（1）___。（2021年11月第44题）

  （1）A．公钥加密算法　B．流密码算法
  　　C．分组加密算法　D．消息摘要算法

【答案】（1）C

【解析】AES 是一种分组加密算法，分组长度固定为 128 位，支持 128、192 位和 256 位三种密钥长度，可通过硬件实现。

● 以下关于 AES 加密算法的描述中，错误的是＿（2）＿。（2021 年 5 月第 44 题）

（2）A．AES 的分组长度可以是 256 比特　　B．AES 的密钥长度可以是 128 比特

C．AES 所用 S 盒的输入为 8 比特　　D．AES 是一种确定性的加密算法

【答案】（2）A

【解析】AES 分组长度固定为 128 位，但支持 128、192 位和 256 位三种密钥长度。

● 以下关于三重 DES 加密算法的描述中，正确的是＿（3）＿。（2020 年 11 月第 44 题）

（3）A．三重 DES 加密使用两个不同密钥进行三次加密

B．三重 DES 加密使用三个不同密钥进行三次加密

C．三重 DES 加密的密钥长度是 DES 密钥长度的三倍

D．三重 DES 加密使用一个密钥进行三次加密

【答案】（3）A

【解析】三重 DES 也称 3DES，使用两个密钥进行三次加密，每次密钥长度为 56 位，2018 年考过三重 DES 的密钥长度，记住密钥长度是 $56\times2=112$，不是 $3\times56=168$。

● 下列算法中，不属于公开密钥加密算法的是＿（4）＿。（2019 年 11 月第 41 题）

（4）A．ECC　　B．DSA　　C．RSA　　D．DES

【答案】（4）D

【解析】**公开密钥加密也称为非对称加密**，常见的非对称加密算法有 RSA、ECC、Diffie-Hellman、DSA。

● 非对称加密算法中，加密和解密使用不同的密钥，下面的加密算法中＿（5）＿属于非对称加密算法。若甲、乙采用非对称密钥体系进行保密通信，甲用乙的公钥加密数据文件，乙使用＿（6）＿来对数据文件进行解密。（2019 年 5 月第 41～42 题）

（5）A．AES　　B．RSA　　C．IDEA　　D．DES

（6）A．甲的公钥　　B．甲的私钥　　C．乙的公钥　　D．乙的私钥

【答案】（5）B　（6）D

【解析】共享密钥加密算法有：DES、3DES、AES、IDEA、RC4，非对称加密算法有：RSA、ECC、Diffie-Hellman、DSA。

● DES 是一种＿（7）＿加密算法，其密钥长度为 56 位，3DES 是基于 DES 的加密方式，对明文进行 3 次 DES 操作，以提高加密强度，其密钥长度是＿（8）＿位。（2018 年 11 月第 44～45 题）

（7）A．共享密钥　　B．公开密钥　　C．报文摘要　　D．访问控制

（8）A．56　　B．112　　C．128　　D．168

【答案】（7）A　（8）B

【解析】DES 是共享密钥加密算法，3DES 使用两个密钥进行三次 DES 加密操作，默认密钥长度为 $56\times2=112$ 位。

8.4 数字签名

8.4.1 考点精讲

现实生活中，我们经常签名，并且按手印，主要通过独一无二的笔迹和手印来防止抵赖。在计算机领域通过数字签名来实现同样的功能。签名方用自己的私钥进行签名，对方收到后，用签名方的公钥进行验证。数字签名是用于确认发送者身份和消息完整性的一个加密消息摘要，具有如下特点：

- 接收者能够核实发送者。
- 发送者事后不能抵赖对报文的签名。
- 接收者不能伪造对报文的签名。

8.4.2 即学即练·精选真题

- 为实现消息的不可否认性，A 发送给 B 的消息需使用___（1）___进行数字签名。（2021 年 5 月第 43 题）

（1）A．A 的公钥　　B．A 的私钥

C．B 的公钥　　D．B 的私钥

【答案】（1）B

【解析】数字签名使用发送用户的私钥进行签名。

- 在安全通信中，A 将所发送的信息使用___（2）___进行数字签名，B 收到该消息后可利用___（3）___验证该消息的真实性。（2018 年 5 月第 40～41 题）

（2）A．A 的公钥　　B．A 的私钥　　C．B 的公钥　　D．B 的私钥

（3）A．A 的公钥　　B．A 的私钥　　C．B 的公钥　　D．B 的私钥

【答案】（2）B　（3）A

【解析】数字签名使用发送方的私钥，接收方收到消息后用发送方的公钥进行验证。

- 下面不属于数字签名作用的是___（4）___。（2016 年 11 月第 43 题）

（4）A．接收者可验证消息来源的真实性

B．发送者无法否认发送过该消息

C．接收者无法伪造或篡改消息

D．可验证接收者的合法性

【答案】（4）D

【解析】数字签名可以实现三点功能：①接收者核实发送者对报文的签名，接收者确认该报文是发送者所发送的，也叫源认证；②接收者确信所收到的数据和发送者发送的完全一样，没有被篡改过，这叫报文的完整性；③发送者事后不能否认发送这样的报文，这是不可否认性。

8.5 数字证书和 CA

8.5.1 考点精讲

1. 数字证书与 CA 的概念

数字证书是网络通信中标识通信各方身份信息的一系列数据，其作用类似于现实生活中的身份证。它是由一个权威机构发行的，人们可以在互联网上用它来识别对方的身份。证书颁发机构/证书授权中心（Certificate Authority，CA）负责用户数字证书颁发，类似于为用户颁发身份证的公安机关。身份证与数字证书的实际对比如图 8-2 所示。

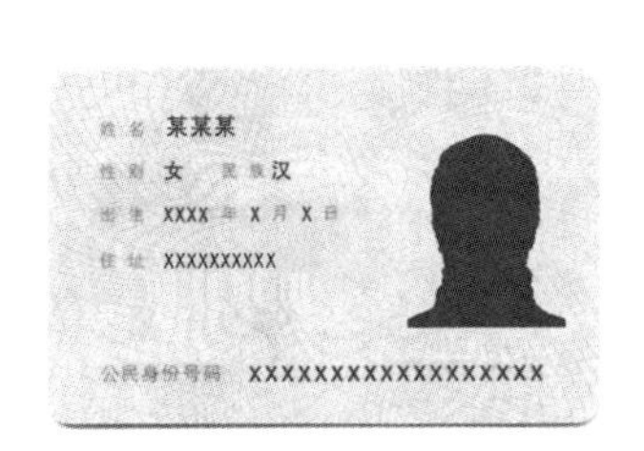

现实生活中的身份证

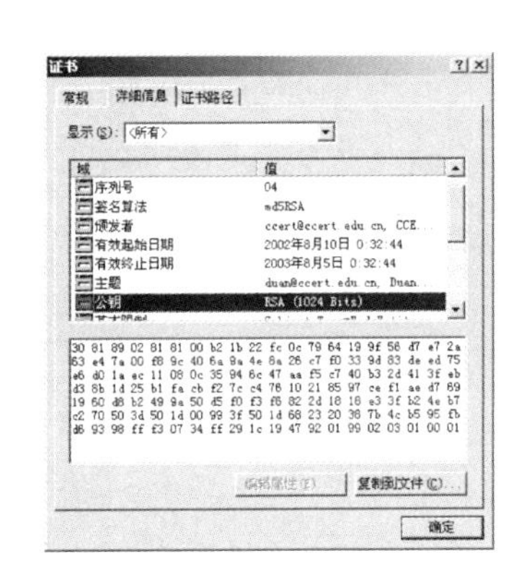

网络通信中的数字证书

图 8-2 身份证与数字证书

身份证与数字证书的特征对比见表 8-2。

表 8-2 身份证与数字证书的特征对比

对比项	颁发机构	主要内容	防伪	用途
身份证	公安机关	身份证号码、住址、出生日期等	公安防伪标记	现实生活标识用户身份
数字证书	CA	用户公钥，证书有效期等	CA 的签名	网络通信标识用户身份

数字证书格式遵循 ITU-T X.509 国际标准，包含以下一些内容：

- 证书的版本信息。
- 证书的序列号，每个证书都有一个唯一的证书序列号。
- 证书所使用的签名算法。
- 证书的发行机构名称，命名规则一般采用 X.500 格式。
- 证书的有效期，现在通用的证书一般采用 UTC 时间格式，它的计时范围为 1950～2049。
- 证书所有人的名称，命名规则一般采用 X.500 格式。

- 证书所有人的公开密钥。
- 证书发行者对证书的签名。

2. 数字证书的类型

（1）个人数字证书。用于标识自然人的身份，包含了个人的身份信息及公钥，如姓名、证件号码、身份类型等，可用于网上合同签订、定单、录入审核、操作权限、支付信息等活动，比如政府采购专家的Ukey就是个人数字证书，网上评标需要通过Ukey进行身份验证。

（2）机构数字证书。用于机构在电子政务和电子商务等方面的对外活动，如合同签订。证书中包含机构信息和机构的公钥，用于标识证书持有机构的真实身份。此证书相当于现实世界中机构的公章。

（3）设备数字证书。用于网络应用中标识网络设备的身份，主要包含设备相关信息及其公钥，如域名、网址等，可用于网页服务器、VPN服务器等各种网络设备在网络通信中标识和验证身份。

（4）代码签名数字证书。代码签名数字证书是颁发给软件提供者的数字证书，包含了软件提供者的身份信息及其公钥，主要用来证明软件发布者所提供的软件代码来源于真实的软件发布者，能有效防止软件代码被篡改。

通信过程中数字证书的应用如图8-3所示，比如Alice要向Bob发送数据，需要使用Bob的公钥进行加密，那么如何获取Bob的公钥？或者Alice怎么知道获取的公钥就是Bob的公钥，而不是黑客伪造的呢？Alice可以获取Bob的数字证书，里面包含Bob的公钥，同时有CA机构的签名（类似公安部门的防伪标记），从而确定Alice获得Bob的公钥正确无误。

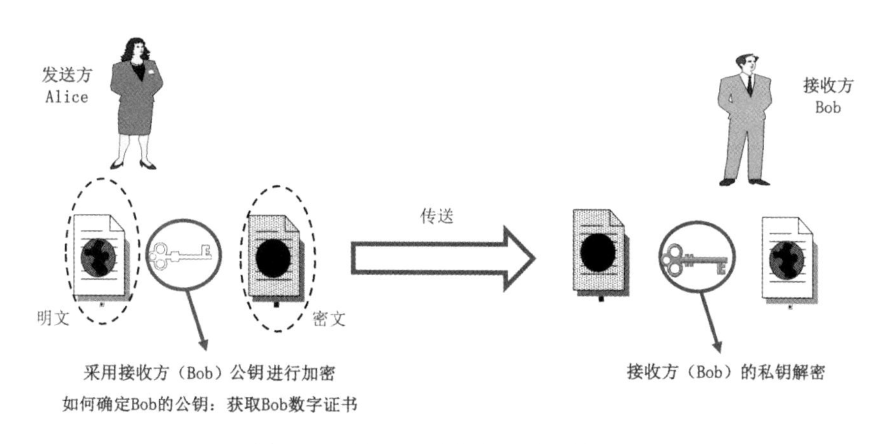

图8-3　通信过程中数字证书的应用

3. 证书链

如果用户数量很多，通常有多个CA，每个CA为一部分用户发行和签署证书。如果有两个CA分别是X1和X2，假设用户A从CA机构X1获得了证书，用户B从机构X2获得了证书，如果两个证书发放机构X1和X2彼此间安全交换了公钥，彼此信任，那么他们的证书可以形成证书链。

- A通过一个证书链来获取B的公钥，证书链表示为：X1《X2》X2《B》。
- B也能通过相反的证书链来获取A的公钥：X2《X1》X1《A》。

8.5.2 即学即练·精选真题

- PKI 中证书主要用于确保___(1)___的合法性。(2021 年 11 月第 43 题)

  (1) A. 主体私钥　　B. CA 私钥
  　　C. 主体公钥　　D. CA 公钥

  【答案】(1) C

  【解析】本题考查证书的作用，证书存放用户公钥，由 CA 私钥进行签名。

- 根据国际标准 TU-T X.509 规定，数字证书的一般格式中会包含认证机构的签名，该数据域的作用是___(2)___。(2020 年 11 月第 43 题)

  (2) A. 用于标识颁发证书的权威机构 CA
  　　B. 用于指示建立和签署证书的 CA 的 X509 名字
  　　C. 用于防止证书的伪造
  　　D. 用于传递 CA 的公钥

  【答案】(2) C

  【解析】数字证书包含 CA 的签名和用户的公钥信息，签名是为了防止伪造，类似身份证公安部门的防伪标记。

- 甲、乙两个用户均向同一 CA 申请了数字证书，数字证书中包含___(3)___。以下关于数字证书的说法中正确的是___(4)___。(2019 年 11 月第 44～45 题)

  (3) A. 用户的公钥　　B. 用户的私钥　　C. CA 的公钥　　D. CA 的私钥

  (4) A. 甲、乙用户需要得到 CA 的私钥，并据此得到 CA 为用户签署的证书
  　　B. 甲、乙用户如需互信，可以相互交换数字证书
  　　C. 用户可以自行修改数字证书的内容
  　　D. 用户需对数字证书加密保存

  【答案】(3) A　(4) B

  【解析】数字证书包含用户的公钥，包含证书颁发机构的签名。

- 用户 A 和 B 要进行安全通信，通信过程需确认双方身份和消息不可否认。A、B 通信时可使用___(5)___来对用户的身份进行认证；使用___(6)___确保消息不可否认。(2019 年 5 月第 43～44 题)

  (5) A. 数字证书　　B. 消息加密　　C. 用户私钥　　D. 数字签名

  (6) A. 数字证书　　B. 消息加密　　C. 用户私钥　　D. 数字签名

  【答案】(5) A　(6) D

  【解析】①**数字证书**是网络通信中标识通信各方身份信息的一串数字，是一种在 Internet 上验证通信实体身份的方式，类似身份证。它是由一个权威机构 CA（证书授权中心）发行的，人们可以在网上用它来识别对方的身份。数字证书经 CA 数字签名，包含公开密钥拥有者信息以及公开密钥的文件。②**数字签名**使用的是公钥算法（非对称密钥），可以解决否认、伪造、篡改和冒充的问题（数据的完整性和不可抵赖性）。

- 用户B收到经A数字签名后的消息M，为验证消息的真实性，首先需要从CA获取用户A的数字证书，该数字证书中包含__(7)__，可利用__(8)__验证该证书的真伪，然后利用__(9)__验证M的真实性。（2016年5月第42~44题）

  （7）A. A的公钥　B. A的私钥　C. B的公钥　D. B的私钥

  （8）A. CA的公钥　B. B的私钥　C. A的公钥　D. B的私钥

  （9）A. CA的公钥　B. B的私钥　C. A的公钥　D. B的公钥

  【答案】（7）A　（8）A　（9）C

  【解析】数字证书包含此证书持有者的公钥，通过CA的公钥验证证书合法性，通过发送者的公钥验证消息的真实性。

- 假定用户A、B分别在I1和I2两个CA处取得了各自的证书，下面__(10)__是A、B互信的必要条件。（2017年5月第44题）

  （10）A. A、B互换私钥　B. A、B互换公钥

  C. I1、I2互换私钥　D. I1、I2互换公钥

  【答案】（10）D

  【解析】两个用户分别从两个CA中取得各自证书后，两个CA要相互交换CA的公钥去验证对方身份。

- 假设有证书发放机构I1、I2，用户A在I1获取证书，用户B在I2获取证书，I1和I2已经交换了各自的公钥，如果I1《A》表示I1颁发给A的证书，A可以通过__(11)__证书链来表示获取B的公开密钥。（2014年11月第41题）

  （11）A. I1《I2》I2《B》　B. I2《B》I1《I2》

  C. I1《B》I2《I2》　D. I2《I1》I2《B》

  【答案】（11）A

  【解析】B的证书是I2颁发的，表示为I2《B》，要形成证书链，必须由I1为I2颁发证书或I1与I2交换公钥，即I1《I2》，或I1《I2》I2《B》。

8.6 哈希算法/散列函数/报文摘要

8.6.1 考点精讲

将一段任意长度数据（可以小到1byte，也可以大到1000TB，甚至更大）经过一道计算，转换为一段定长数据的算法叫哈希算法，或叫散列函数，也叫报文摘要。哈希算法具有如下特点：

- 不可逆性（单向）：几乎无法通过Hash结果推导出原文，即无法通过x的哈希值推导出x。
- 无碰撞性：几乎没有可能找到一个y，使得y的哈希值等于x的哈希值。
- 雪崩效应：只要输入有轻微变化，Hash输出值就会产生巨大变化。
- 使用场景：①完整性认证；②身份验证。

常用的两种报文摘要算法是 MD5 和 SHA。

- MD5：对任意长度报文进行运算，先把报文按 512 位分组，最后得到 128 位报文摘要。
- SHA：也是对 512 位长的数据块进行复杂运行，最终产生 160 位散列值，比 MD5 更安全，计算比 MD5 慢。

Hash 可用于完整性验证，比如验证文件的完整性。很多重要文件，比如金融领域的炒股软件，提供软件下载的同时会附一个 MD5 哈希值，用户下载软件后，可自己生成一个 MD5，然后与官网公布的 MD5 值进行对比，如果两个哈希值相同，则证明该软件数据是完整的，没有被修改过。因为哪怕是修改了 1bit，由于 Hash 函数的雪崩效应，生成的 Hash 值也会千差万别。具体的验证过程为：①用户获取的文件通过散列函数，生成散列值二（也可以叫哈希值）；②把散列值二与散列值一进行对比；③如果两个散列值相等，则证明用户获取的文件与重要文件相同，没有被修改过。Hash 验证文件完整性如图 8-4 所示。

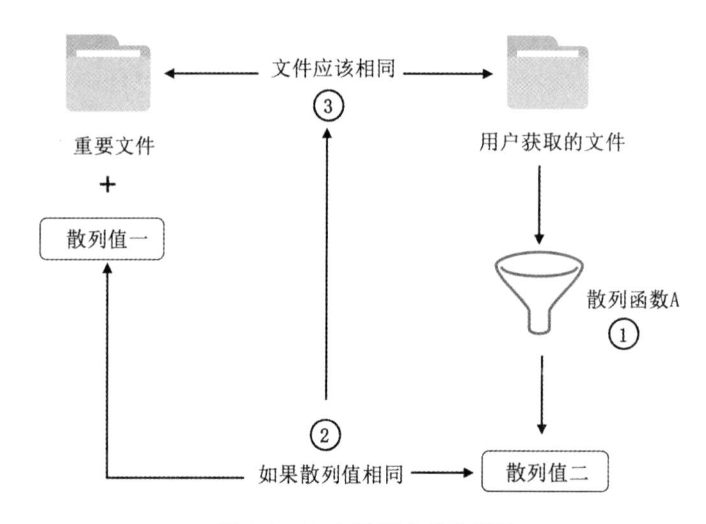

图 8-4　Hash 验证文件完整性

还有一种特殊的 Hash 叫散列式报文认证码（Hashed Message Authentication Code，HMAC），是利用对称密钥生成报文认证码的散列算法，可以提供数据完整性和数据源身份认证。主要过程如下：①增加一个 key 进行哈希运算，HMAC=Hash(原始内容+key)；②需要双方预先知道这个 key，正常情况下双方计算的 HMAC 应该相同；③HMAC 可以消除中间人攻击，实现源认证+完整性校验。

PPPoE 中挑战握手认证协议（Challenge Handshake Authentication Protocol，CHAP）就是 HMAC 的典型应用，认证过程如下：①用户张三发起认证；②PPPoE 服务端检查发现有用户张三，给客户端返回一个随机数 X；③客户端收到随机数，把用户张三的密码和随机数一起做哈希运算，即 HMAC(123+X)得到一个 Hash 值，发送给 PPPoE 服务端；④PPPoE 服务端从数据库中找到用户张三的密码 123，同时加上随机数 X，进行 HMAC 运算 HMAC(123+X)，也得到一个 Hash 值，并把这个 Hash 值与客户端发送过来的 Hash 值进行对比，如果相同则表示客户端知道密码。

通过如上步骤，既能验证客户端身份，也能避免密码在网络上传播，提升了安全性。图 8-5 为 HMAC 在 CHAP 中的应用。

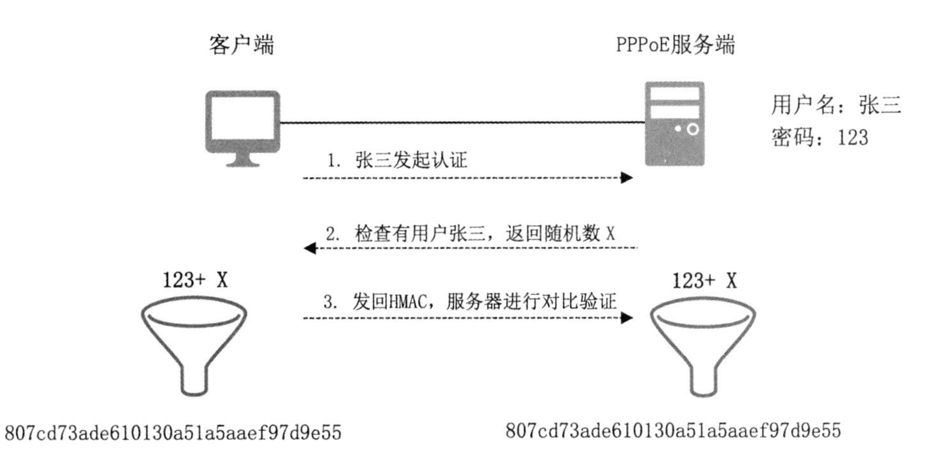

图 8-5 HMAC 在 CHAP 中的应用

8.6.2 即学即练·精选真题

- SHA-256 是___（1）___算法。（2020 年 11 月第 42 题）

  （1）A. 加密　　B. 数字签名　　C. 认证　　D. 报文摘要

  【答案】（1）D

  【解析】 SHA 和 MD5 都是 Hash 算法，也叫散列算法/报文摘要。

- MD5 是___（2）___算法，对任意长度的输入计算得到结果为___（3）___位。（2018 年 11 月第 44 ~ 45 题）

  （2）A. 路由选择　　B. 摘要　　C. 共享密钥　　D. 公开密钥

  （3）A. 56　　B. 128　　C. 140　　D. 160

  【答案】（2）B　（3）B

  【解析】 MD5 算法得到的摘要信息为 16 字节，128 位。

- PGP 是一种用于电子邮件加密的工具，可提供数据加密和数字签名服务，使用___（4）___进行数据加密，使用___（5）___进行数据完整性验证。（2017 年 5 月第 37 ~ 38 题）

  （4）A. RSA　　B. IDEA　　C. MD5　　D. SHA-1

  （5）A. RSA　　B. IDEA　　C. MD5　　D. SHA-1

  【答案】（4）B　（5）C

  【解析】 PGP 不是一种完全的非对称加密体系，它是个混合加密算法，由一个对称加密算法（IDEA）、一个非对称加密算法（RSA）、一个单向散列算法（MD5）组成，其中 MD5 用于验证报文完整性。

8.7 IPSec VPN

8.7.1 考点精讲

1. VPN 基础

虚拟专用网（Virtual Private Network，VPN）是在公网上建立由某一组织或某一群用户专用的通信网络。按照网络层次可以分为二层 VPN、三层 VPN、四层 VPN。

- 二层 VPN：PPTP 和 L2TP，都基于 PPP 协议，但 PPTP 只支持 TCP/IP 体系，网络层必须是 IP 协议，而 L2TP 可以运行在 IP 协议上，也可以在 X.25、帧中继或 ATM 网络上使用。PPTP 使用 UDP 端口 1723，L2TP 依赖的端口有 UDP 500、UDP 4500 和 UDP 1701。
- 三层 VPN：IPSec 和 GRE，其中 IPSec VPN 应用广泛，常用于总分机构互联。
- 四层 VPN：SSL 和 TLS，SSL 常用于移动用户远程接入访问。

2. IPSec VPN

IP Security（IPSec）是 IETF 定义的一组安全协议，用于增强 IP 网络的安全性。IPSec 通过加密与验证等方式，从以下几个方面保障了用户业务数据在 Internet 中的安全传输：

- 数据来源验证：接收方验证发送方身份是否合法。
- 数据加密：发送方对数据进行加密，以密文的形式在 Internet 上传送，接收方对接收的加密数据进行解密后处理或直接转发。
- 数据完整性：接收方对接收的数据进行验证，以判定报文是否被篡改。
- 抗重放：接收方拒绝旧的或重复的数据包，防止恶意用户通过重复发送捕获到的数据包所进行的攻击。

IPSec 功能分为三类：认证头（AH）、封装安全负荷（ESP）、Internet 密钥交换协议（IKE）。

- 认证头（AH）：提供数据完整性和数据源认证（MD5、SHA），但不提供数据加密服务。
- 封装安全负荷（ESP）：可以提供数据加密功能，加密算法有 DES、3DES、AES 等。
- Internet 密钥交换协议（IKE）：用于生成和分发在 ESP 和 AH 中使用的密钥。

IPSec 三类功能总结见表 8-3。

表 8-3 IPSec 的三类功能

IPSec 功能	作用	代表协议
AH	数据完整性和数据源认证	MD5、SHA
ESP	数据加密	DES、3DES、AES
IKE	密钥生成和分发	DH

AH 协议与 ESP 协议对比见表 8-4。

表 8-4 AH 协议与 ESP 协议对比

安全特性	AH	ESP
协议号	51	50
数据完整性校验	支持（验证整个 IP 报文）	支持（传输模式不验证 IP 头，隧道模式验证整个 IP 报文）
数据源验证	支持	支持
数据加密	不支持	支持
防报文重放攻击	支持	支持
IPSec NAT-T（NAT 穿越）	不支持	支持

从表 8-4 中可以看出两个协议各有优缺点，在安全性要求较高的场景中可以考虑联合使用 AH 协议和 ESP 协议。

IPSec 有两种封装模式：传输模式和隧道模式，如图 8-6 所示。其中隧道模式需要封装新的 IP 头。可以助记为：打隧道则需要强大的钻头，即封装新的 IP 头。

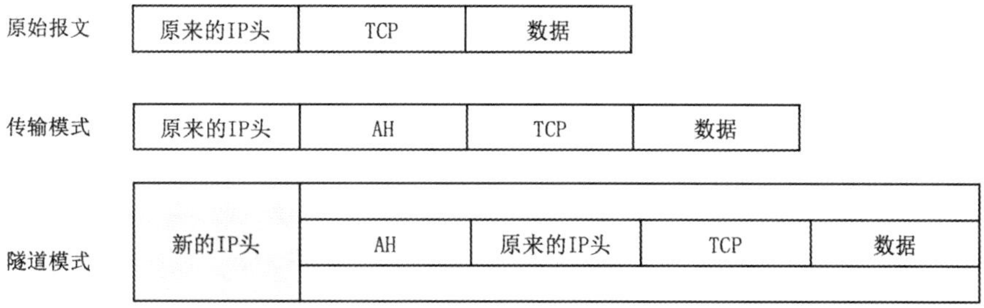

原始报文 | 原来的IP头 | TCP | 数据

传输模式 | 原来的IP头 | AH | TCP | 数据

隧道模式 | 新的IP头 | AH | 原来的IP头 | TCP | 数据

图 8-6 IPSec 两种封装模式

8.7.2 即学即练·精选真题

- 通常使用___(1)___为 IP 数据报文进行加密。(2021 年 5 月第 39 题)

  (1) A. IPSec　　B. PP2P　　C. HTTPS　　D. TLS

  【答案】(1) A

  【解析】IP 数据是三层，则选择三层 VPN，只能选 IPSec，IPSec 中 ESP 协议提供数据加密服务。

- 下面的安全协议中，___(2)___是替代 SSL 协议的一种安全协议。(2019 年 11 月第 42 题)

  (2) A. PGP　　B. TLS　　C. IPSec　　D. SET

  【答案】(2) B

  【解析】SSL（安全套接层协议）及其继任 TLS（传输层安全协议）是一种安全协议，为网络通信及数据完整性提供安全保障。SSL 和 TLS 是工作在传输层的安全协议，在传输层对网络连接进行加密。

- IPSec 用于增强 IP 网络的安全性，下面的说法中不正确的是 __（3）__。（2017 年 5 月第 39 题）

  （3）A．IPSec 可对数据进行完整性保护

  B．IPSec 提供用户身份认证服务

  C．IPSec 的认证头添加在 TCP 封装内部

  D．IPSec 对数据加密传输

  【答案】（3）C

  【解析】参考图 8-6，AH 没有封装在 TCP 内部。

- 以下关于 IPSec 协议的描述中，正确的是 __（4）__。（2014 年 5 月第 43 题）

  （4）A．IPSec 认证头（AH）不提供数据加密服务

  B．IPSec 封装安全负荷（ESP）用于数据完整性认证和数据源认证

  C．IPSec 的传输模式对原来的 IP 数据报进行了封装和加密，再加上新的 IP 头

  D．IPSec 通过应用层的 Web 服务器建立安全连接

  【答案】（4）A

  【解析】ESP 主要用于数据加密服务，AH 主要用于数据完整性和数据源认证。隧道模式需要封装新的 IP 头，IPSec 是网络层协议。ESP 也可以用于数据完整性和数据源认证，如果没有选项 A，这题可以选 B。

8.8 SSL 与 HTTPS

8.8.1 考点精讲

1．SSL 与 TLS

安全套接层（Secure Socket Layer，SSL）是 Netscape 公司于 1994 年开发的传输层安全协议，用于实现 Web 安全通信。1999 年，IETF 基于 SSL3.0 版本，制定了传输层安全标准 TLS（Transport Layer Security），所以 SSL 与 TLS 本质上是一个协议，只是制定标准的机构不同。SSL/TLS 在 Web 安全通信中被称为 HTTPS，端口为 443。SSL 协议报文封装格式如图 8-7 所示。

SSL 握手协议	SSL 改变密码协议	SSL 警告协议	HTTP
SSL 记录协议			
TCP			
IP			

图 8-7　SSL 协议报文封装格式

2．S-HTTP

S-HTTP 是安全的超文本传输协议（Security HTTP），S-HTTP 语法与 HTTP 一样，而报文头有所区别，进行了加密。S-HTTP 是由于 HTTP 不安全，单独开发的一套安全超文本协议，端口号依

旧是 80，HTTPS 是在传统 HTTP 基础上叠加 SSL 来保障安全的，端口号是 443。

3. PGP

优良保密协议（Pretty Good Privacy，PGP）是一个完整的电子邮件安全软件包，PGP 提供数据加密、数字签名和源认证几种服务。使用 IDEA 进行数据加密，采用 RSA 进行数字签名，通过 MD5 进行数据完整性验证。PGP 应用广泛的原因：

- 支持多平台（Windows、Linux、MacOS）上免费使用，得到许多厂商支持。
- 基于比较安全的算法（RSA、IDEA、MD5 等）。
- 既可以加密文件和电子邮件，也可以用于个人通信。

4. 其他安全协议

- S/MIME（Security/Multipurpose Internet Mail Extensions）提供电子邮件安全服务；注意不要与 MIME 混淆，后者不具备安全功能。
- SET（Secure Electronic Transaction）用于保障电子商务安全。
- Kerberos 是用于进行身份认证的安全协议，支持 AAA（认证、授权和审计），具体实现如图 8-8 所示。

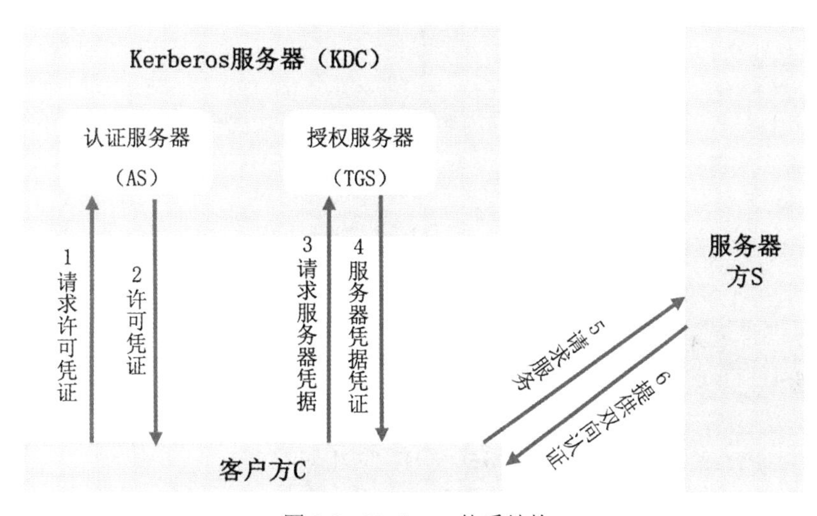

图 8-8 Kerberos 体系结构

Kerberos 中用户访问资源需要经过如下几个步骤：①用户到 KDC 中的认证服务器（AS）进行身份认证，如果通过则获得许可凭证；②接着向授权服务器（TGS）请求访问凭据，获取相应的访问权限凭据；③向服务器递交访问权限凭据，获取资源访问。

8.8.2 即学即练·精选真题

- 以下关于 HTTPS 的描述中，正确的是 __（1）__ 。（2020 年 11 月第 45 题）

（1）A. HTTPS 和 S-HTTP 是同一个协议的不同简称

B. HTTPS 服务器端使用的缺省 TCP 端口是 110

C．HTTPS 是传输层协议

D．HTTPS 是 HTTP 和 SSL/TLS 的组合

【答案】（1）D

【解析】HTTPS 和 S-HTTP 是不同协议，HTTPS 端口号是 443，属于应用层协议。

- 以下关于 HTTP 和 HTTPS 的描述中，不正确的是___（2）___。（2020 年 11 月第 45 题）

（2）A．部署 HTTPS 需要到 CA 申请证书

B．HTTP 信息采用明文传输，HTTPS 则采用 SSL 加密传输

C．HTTP 和 HTTPS 使用的默认端口都是 80

D．HTTPS 由 SSL-HTTP 构建，可进行加密传输、身份认证，比 HTTP 安全

【答案】（2）C

【解析】HTTP 端口为 80，HTTPS 端口为 443。

- 下面的安全协议中，___（3）___是替代 SSL 协议的一种安全协议。（2019 年 11 月第 42 题）

（3）A．PGP　　B．TLS　　C．IPSec　　D．SET

【答案】（3）B

【解析】IETF 基于 SSL3.0 版本，制定了传输层安全标准 TLS（Transport Layer Security），所以 SSL 与 TLS 本质上是一个协议，只是制定标准的机构不同。

- 与 HTTP 相比，HTTPS 协议将传输的内容进行加密，更加安全。HTTPS 基于___（4）___安全协议，其默认端口是___（5）___。（2017 年 11 月第 41 题）

（4）A．RSA　　B．DES　　C．SSL　　D．SSH

（5）B．1023　　B．443　　C．80　　D．8080

【答案】（4）C　（5）B

【解析】本题考查应用层安全协议 HTTPS 的基础知识。

- 以下关于 S-HTTP 的描述中，正确的是___（6）___。（2014 年 11 月第 45 题）

（6）A．S-HTTP 是一种面向报文的安全通信协议，使用 TCP 443 端口

B．S-HTTP 使用的语法和报文格式与 HTTP 相同

C．S-HTTP 可以写成 HTTPS

D．S-HTTP 的安全基础并非 SSL

【答案】（6）D

【解析】S-HTTP 与 HTTP 一样默认使用 80 端口，HTTPS 使用 443 端口，安全基础是 SSL/TLS。S-HTTP 和 HTTPS 是完全不同的两个协议。

- 下列协议中与电子邮件安全无关的是___（7）___。（2019 年 11 月第 30 题）

（7）A．SSL　　B．HTTPS　　C．MIME　　D．PGP

【答案】（7）C

【解析】MIME 即多用途互联网邮件扩展，是目前互联网电子邮件普遍遵循的邮件技术规范。不要与 S/MIME 混淆，S/MIME 提供电子邮件安全服务。

- PGP 的功能中不包括 （8） 。（2018 年 5 月第 68 题）

  （8）A．邮件压缩　　B．发送者身份认证
  C．邮件加密　　D．邮件完整性认证

  【答案】（8）A

  【解析】实际上 A 项也对，但选择题要在正确答案中选择最正确的，错误答案中选择最错的。B、C、D 项都与安全功能相关，只有 A 不是安全功能，而 PGP 最核心的当然是安全功能。

- PGP 是一种用于电子邮件加密的工具，可提供数据加密和数字签名服务，使用 （9） 进行数据加密，使用 （10） 进行数据完整性验证。（2017 年 5 月第 37～38 题）

  （9）A．RSA　　B．IDEA　　C．MD5　　D．SHA-1
  （10）A．RSA　　B．IDEA　　C．MD5　　D．SHA-1

  【答案】（9）B　（10）C

  【解析】PGP 不是一种完全的非对称加密体系，它是个混合加密算法，它是由一个对称加密算法（IDEA）、一个非对称加密算法（RSA）、一个单向散列算法（MD5）组成的。其中 MD5 用于验证报文完整性。

8.9 防火墙与入侵检测技术

8.9.1 考点精讲

1．防火墙技术

防火墙可以实现内部网络（信任网络）与外部网络（不可信任网络）之间的隔离与访问控制。防火墙按技术方面可以分为：包过滤防火墙、状态化防火墙、应用层网关、应用层检测 DPI。如图 8-9 所示，华为防火墙产品默认提供了 Trust（信任区域）、DMZ（非军事化区域）和 Untrust（非信任区域）三个安全区域和一个特殊的 Local 区域，代表防火墙本身。

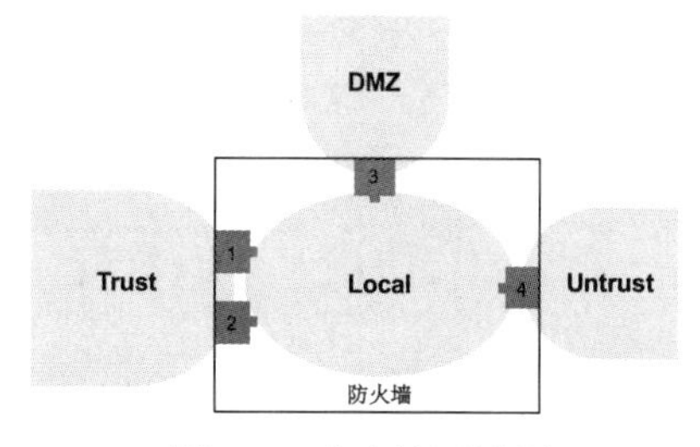

图 8-9　防火墙区域图

各区域默认安全级别见表 8-5，受信任程度：Local > Trust > DMZ > Untrust。

针对经过防火墙的流量，有 inbound 和 outbound 两个方向。从优先级低的区域访问优先级高的区域方向是 inbound，反之就是 outbound。比如 Untrust 区域（优先级 5）访问 Trust 区域（优先级是 85）就是 inbound。

表 8-5　防火墙区域优先级

安全区域	安全级别	说明
Local	100	设备本身，包括设备的各接口本身
Trust	85	通常用于定义内网终端用户所在区域
DMZ	50	通常用于定义内网服务器所在区域
Untrust	5	通常用于定义 Internet 等不安全的网络

2. 入侵检测系统

入侵检测系统（Intrusion Detection System，IDS）是防火墙之后的第二道安全屏障，按信息来源分为 HIDS 主机入侵检测系统、NIDS 网络入侵检测系统、DIDS 分布式入侵检测系统；按响应方式分为实时检测和非实时检测；按数据分析技术和处理方式分为异常检测、误用检测和混合检测。

- 异常检测：建立并不断更新和维护系统正常行为的轮廓，定义报警阈值，超过阈值则报警，能够检测从未出现的攻击，但误报率高。
- 误用检测：对已知的入侵行为特征进行提取，形成入侵模式库，匹配则进行报警，实现技术有专家系统和模式匹配。对已知入侵检测准确率高，对未知入侵检测准确率低，高度依赖特征库。常见的杀毒软件一般采用误用检测模式。

3. 入侵防御系统

入侵防御系统（Intrusion Prevention System，IPS）能检测出攻击并积极响应，具有效拦截攻击并阻断攻击的功能；IPS 不是 IDS 和防火墙功能的简单组合，IPS 在攻击响应上采取的是主动全面深层次的防御。入侵防御系统（IPS）与入侵检测系统（IDS）的区别主要有两点：第一，入侵响应能力不同；第二，部署位置不同。

- 入侵响应能力：IPS 能检测入侵，并能主动响应，IDS 只能检测记录日志，发出警报。
- 部署位置：IPS 一般串行部署，IDS 一般旁路部署，两者拓扑对比如图 8-10 所示。

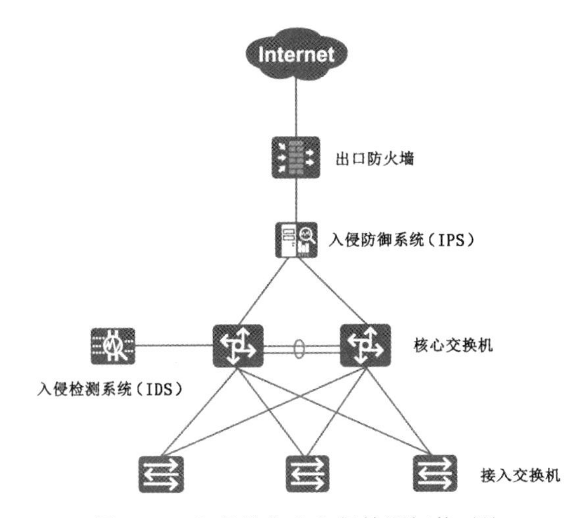

图 8-10　入侵防御和入侵检测拓扑对比

8.9.2 即学即练·精选真题

- 数据包通过防火墙时，不能依据___(1)___进行过滤。（2021年5月第42题）

  （1）A．源和目的IP地址　　B．源和目的端口
  C．IP协议号　　D．负载内容

  【答案】（1）D

  【解析】教材中和考试中提到防火墙，一般是讲包过滤防火墙，能基于IP头或TCP头中的字段进行过滤，不能基于负载内容过滤。当然，现在实际项目中99%的防火墙都支持应用层包检测（即负载内容检测），这也是考试跟实践的差异。

- 下列关于防火墙技术的描述中，正确的是___(2)___。（2020年11月第41题）

  （2）A．防火墙不能支持网络地址转换
  B．防火墙通常部署在企业内部网络和Internet之间
  C．防火墙可以查、杀各种病毒
  D．防火墙可以过滤垃圾邮件

  【答案】（2）B

  【解析】防火墙一般部署于网络出口，目前实际应用的防火墙支持NAT、防病毒、防垃圾邮件等功能，但官方教材仅考虑包过滤防火墙，暂不考虑应用层功能，否则B、C、D项都对。

- 以下关于入侵检测系统的描述中，正确的是___(3)___。（2017年11月第45题）

  （3）A．实现内外网隔离与访问控制
  B．对进出网络的信息进行实时的监测与比对，及时发现攻击行为
  C．隐藏内部网络拓扑
  D．预防、检测和消除网络病毒

  【答案】（3）B

  【解析】A项为防火墙功能。C项为NAT功能，入侵检测系统一般不支持。D项中消除网络病毒为入侵防御系统IPS的功能，入侵检测系统IDS不支持该功能。

- ___(4)___不属于入侵检测技术。（2017年11月第65题）

  （4）A．专家系统　　B．模型检测　　C．简单匹配　　D．漏洞扫描

  【答案】（4）D

  【解析】漏洞扫描是指基于漏洞数据库，通过扫描等手段对指定的远程或者本地计算机系统的安全脆弱性进行检测。

- 防火墙的工作层次是决定防火墙效率及安全的主要因素，下面叙述中正确的是___(5)___。（2014年5月第44题）

  （5）A．防火墙工作层次越低，工作效率越高，安全性越高
  B．防火墙工作层次越低，工作效率越低，安全性越低
  C．防火墙工作层次越高，工作效率越高，安全性越低
  D．防火墙工作层次越高，工作效率越低，安全性越高

【答案】（5）D

【解析】工作层次越高（相当于过安检，把行李箱打开检查），效率越低，安全性越高。

8.10 计算机病毒与防护

8.10.1 考点精讲

1. 病毒基础

病毒指一段可执行的程序代码，通过对其他程序进行修改，可以感染这些程序使其含有该病毒程序的一个拷贝。病毒生命周期一般有潜伏阶段、繁殖阶段、触发阶段、执行阶段四个阶段。

2. 病毒分类与命名规则

病毒名称一般格式为 <病毒前缀>.<病毒名>.<病毒后缀>，如图 8-11 所示。这个知识点常考，非常重要，需要大家理解性记忆。

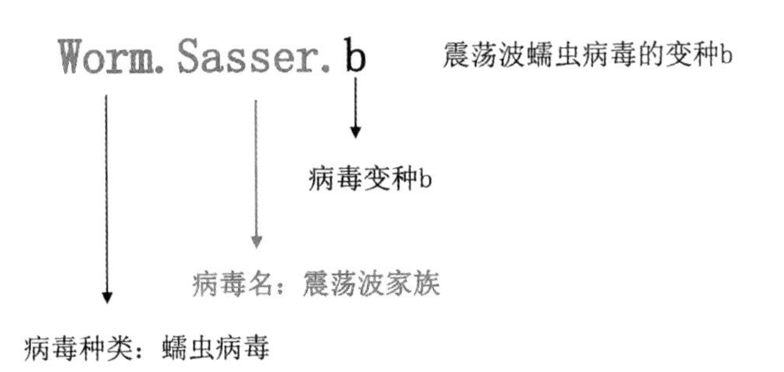

图 8-11　病毒名称一般格式

各种常见病毒的分类、特征等知识见表 8-6。

表 8-6　常见病毒的相关知识

病毒类型	关键字	特征	代表
系统病毒	前缀为 win32、win95、PE、W32、W95 等	感染 Windows 系统的 exe 或 dll 文件，并通过这些文件进行传播	CIH 病毒
蠕虫病毒	前缀为 worm	通过网络或者系统漏洞进行传播，可以向外发送带毒邮件或阻塞网络	冲击波（阻塞网络）、小邮差病毒（发送带毒邮件）
木马病毒和黑客病毒	木马前缀为 Trojan，黑客病毒前缀为Hack	通过网络或漏洞进入系统并隐藏起来，木马负责入侵用户计算机，黑客通过木马进行远程控制	游戏木马 Trojan.Lmir.PSW60
脚本病毒	前缀是 Script	使用脚本语言编写，通过网页进行传播	欢乐时光病毒 VBS.Happytime 红色代码 Script.Redlof

续表

病毒类型	关键字	特征	代表
宏病毒	前缀是 Macro	特殊脚本病毒，感染 Word 和 Excel	Macro.Word97
后门病毒	前缀为 Backdoor	通过网络传播，给系统开后门，给用户计算机带来安全隐患	入侵后添加隐藏账号
破坏性程序病毒	前缀为 Harm	本身具有好看的图标来诱惑用户点击，当用户点击后，对计算机产生破坏	熊猫烧香
捆绑机病毒	前缀为 Binder	将特定程序捆绑下载	下载大礼包或某些软件捆绑病毒

8.10.2 即学即练·精选真题

- 震网（Stuxnet）病毒是一种破坏工业基础设施的恶意代码，利用系统漏洞攻击工业控制系统，是一种危险性极大的___（1）___。（2019 年 5 月第 62 题）

  （1）A. 引导区病毒　B. 宏病毒　C. 木马病毒　D. 蠕虫病毒

  【答案】（1）D

  【解析】震网（Stuxnet）指一种蠕虫病毒。于 2010 年 6 月首次被检测出来，是第一个专门定向攻击能源基础设施的“蠕虫”病毒，比如核电站、水坝、国家电网。

- 杀毒软件报告发现病毒 Macro.Melissa，由该病毒名称可以推断出病毒类型是___（2）___，这类病毒主要感染目标是___（3）___。（2010 年 5 月第 40~41 题）

  （2）A. 文件型　B. 引导型　C. 目录型　D. 宏病毒

  （3）A. exe 或 com 可执行文件　B. Word 或 Excel 文件

  C. dll 系统文件　D. 磁盘引导区

  【答案】（2）D　（3）B

  【解析】参考表 8-6，关键字是重点。

第9章 网络操作系统与应用服务器

9.1 考点分析

本章所涉及的考点分布情况见表 9-1。

表 9-1 本章所涉考点分布情况

年份	试题分布	分值	考核知识点
2015 年 5 月	29，31，32，34，37～40	8	IIS、Linux、组策略、DNS、DHCP
2015 年 11 月	30～40	11	route add、Linux、DNS、DHCP、POP3
2016 年 5 月	27，32～36，38	7	DHCP、路由表、DNS、Web、Linux
2016 年 11 月	32～34，38～42，46，49	10	Linux、DHCP、DNS、Web、用户组、FTP
2017 年 5 月	31～33，35，36，40	6	Linux、远程桌面、DNS
2017 年 11 月	31～37，43，61	9	Linux、DNS、DHCP、组策略
2018 年 5 月	31～39，69	10	Linux、DNS、DHCP、FTP
2018 年 11 月	28～37	10	Linux、DNS、DHCP、IIS
2019 年 5 月	31～35，38～40	8	Linux、DHCP、SMB、电子邮件
2019 年 11 月	29，31～40	11	Web、Linux、IIS、DNS、DHCP
2020 年 11 月	31～35，38～40	8	Linux、DNS、IIS、FTP
2021 年 5 月	31～40	10	Linux、DNS、IIS、DHCP
2022 年 5 月	32～40	9	DNS 记录、Linux 命令、Windows 命令、IIS、DHCP、Web、IMAP、DNS

（1）本章内容在上午试题中会考 10 分左右，其中 Linux 占 3 分，Windows Server 占 7 分左右。

（2）2019 年以前下午案例分析第三题是 20 分的 Windows Server，但在最近几次考试中均没有出现 Windows Server 大题，取而代之的是华为配置。在案例分析中，本章内容可能与网络管理章节结合起来考查部分填空题或选择题。

（3）高频考点：DHCP、DNS、IIS、电子邮件、Linux。

9.2 本地用户与组

9.2.1 考点精讲

Windows Server 2008 R2 系统有本地用户和用户组两个概念，用户包含用户名、密码、权限以及说明，用户组是具有相同性质的用户放在一起，统一授权。创建用户和组的步骤是：右键单击我的电脑→管理→计算机管理→本地用户和组，如图 9-1 所示。

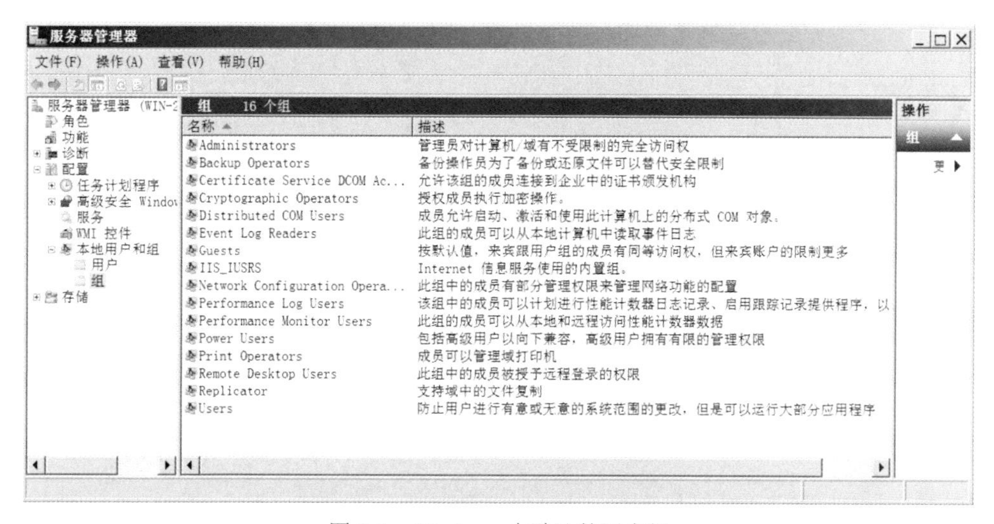

图 9-1 Windows 中默认的用户组

Windows 中常见的用户组及权限见表 9-2。软考中可能考权限排序。

表 9-2 Windows 中常见的用户组及权限

组名	权限描述
Administrators	具有完全控制权限，并且可以向其他用户分配用户权力和访问控制权限
Backup Operators	加入该组的成员可以备份和还原服务器上的所有文件
Users	普通优化后，可以执行一些常见任务，例如运行文件，使用打印机等，用户不能共享目录或创建本地打印机
Power Users	具有创建用户账户和组账户的权利，但不能管理 Administrators 组成员，可以创建和管理共享资源
Remote Desktop Users	此组中的成员被授予远程登录的权限
Guests	拥有一个登录时创建的临时配置文件，在注销时该配置文件将被删除
Network Configuration Operators	可以更改 TCP/IP 设置并更新和发布 TCP/IP 地址
Print Operators	可以管理打印机

9.2.2 即学即练·精选真题

- 在 Windows Server 中，___（1）___组成员用户具有完全控制权限。（2016 年 11 月第 46 题）

  （1）A．Users　　B．Power Users　　C．Administrators　D．Guests

  【答案】（1）C

  【解析】在 Windows Server 中，Administrators 组成员用户具有完全控制权限。

- 在 Windows Server 2003 环境中有本地用户和域用户两种用户，其中本地用户信息存储在___（2）___中。（2014 年 5 月第 46 题）

  （2）A．本地计算机 SAM 数据库　　B．本地计算机的活动目录

  C．域控制器的活动目录　　D．域控制器的 SAM 数据库

  【答案】（2）A

  【解析】安全账户管理器（Security Accounts Manager，SAM）存储本地用户信息，存储位置为 C:\windows\system32\config，如果问域用户数据存储位置，则选 C 项。

- 在 Windows 系统中，系统权限最低的用户组是___（3）___。（2012 年 5 月第 40 题）

  （3）A．everyone　　B．administrators　　C．power users　　D．users

  【答案】（3）A

  【解析】系统权限顺序由高到低：administrators>power users>users>everyone。

9.3 活动目录和组策略

9.3.1 考点精讲

1．活动目录（Active Directory，AD）

计算机网络中逻辑组织有工作组模式和域模式（AD），两种模式对比如图 9-2 所示。

- 工作组模式：每台计算机都拥有自己的本地安全账户管理数据库 SAM。
- 域模式：用户信息存储在域控制器，可以在域中漫游，访问域中任意一台服务器上的资源。

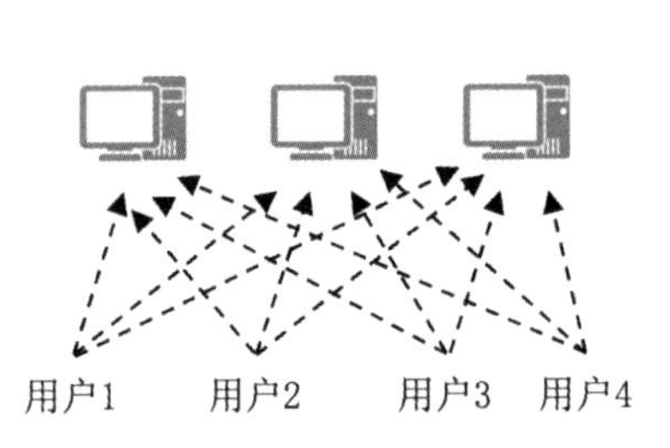

工作组模式：各终端地位平等

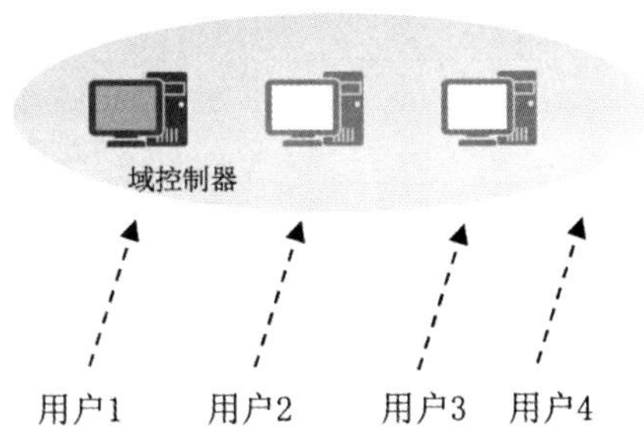

域模式：域控制器集中控制

图 9-2　工作组模式和域模式

活动目录对域中的账户和资源对象进行存放并集中管理，是一个动态的分布式文件系统，包含存储网络信息的目录结构和相关目录服务，如图 9-3 所示，活动目录存储有打印机、用户信息。活动目录（AD）存储的用户信息可以分散在多个域控制器，操作系统可对信息进行备份和选择性复制，以维护信息的一致性，提供容错能力。

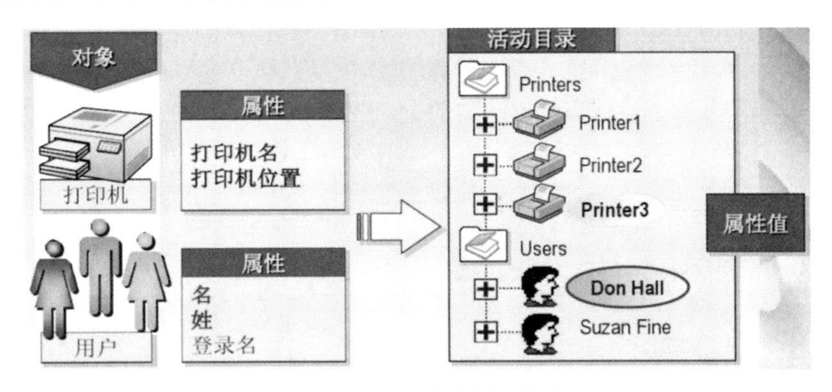

图 9-3 活动目录存储的网络信息

域控制器（Domain Controller，DC）是指域中安装了活动目录的计算机。活动目录中，对象的名字采用 DNS 域名结构，所以安装 AD 必须先安装 DNS 组件。AD 必须安装在 NTFS 分区，有命令安装和图形化安装两种方式。

- 命令安装：开始→运行→dcpromo.exe 命令，启动安装向导。
- 图形化安装：管理服务器→添加服务器角色。

2. 组策略

活动目录中，可以对用户和资源进行分组管理，集中授权。必须掌握常见的分组名称及缩写，A 表示用户账号，G 表示全局组，U 表示通用组，DL 表示域本地组，P 表示资源访问权限。如图 9-4 所示，表示 A-G-DL-P 策略：将研发组用户账号 A 添加到全局组中，将全局组添加到域本地组中，然后为域本地组分配访问权限，域本地组可以访问市场组的资源。

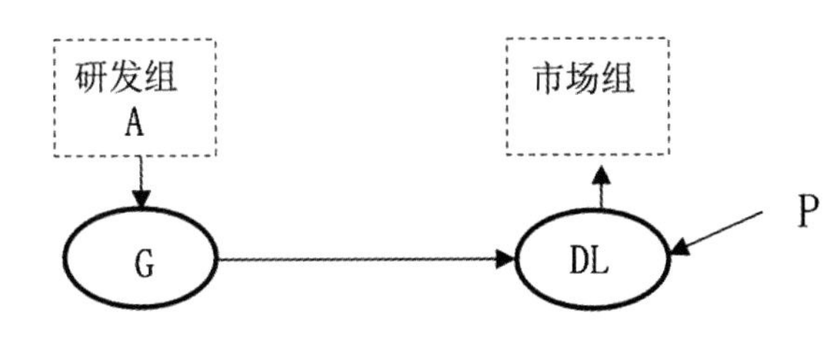

图 9-4 组策略应用

- 全局组（G）：来自本地域，可授权访问域林中的任何信任域。
- 域本地组（DL）：来自任何域，只能访问本地域中的资源。
- 通用组（U）：可来自域林中的任何域，访问权限可以达到域林中的任何域。

9.3.2 即学即练·精选真题

- 在 Windows 用户管理中，使用组策略 A-G-DL，其中 A 表示___（1）___。（2017 年 11 月第 61 题）

  （1）A．用户账号　　B．资源访问权限　　C．域本地组　　D．通用组

  【答案】（1）A

  【解析】 A 表示用户账号，G 表示全局组，DL 表示域本地组，P 表示资源访问权限。

- 在 Windows 用户管理中，使用组策略 A-G-DL-P，其中 P 表示___（2）___。（2015 年 5 月第 34 题）

  （2）A．用户账号　　B．资源访问权限　　C．域本地组　　D．通用组

  【答案】（2）B

  【解析】 A 表示用户账号，G 表示全局组，DL 表示域本地组，P 表示资源访问权限。

9.4 远程桌面与 Samba 服务

9.4.1 考点精讲

1．远程桌面

远程桌面协议（Remote Desktop Protocol，RDP），基于 TCP 3389 端口。Windows 默认可以使用远程桌面服务，但只能 2 人使用，且必须为 Administrators 或 Remote Desktop Users 才能登录，安装远程桌面服务，可以突破此限制。图形化开启远程桌面连接的步骤是：开始→所有程序→附件→远程桌面连接，也可以在 CMD 中使用快捷命令 mstsc 打开远程连接窗口，如图 9-5 所示。接着输入需要登录的服务器 IP 地址和用户名、密码即可实现远程登录。

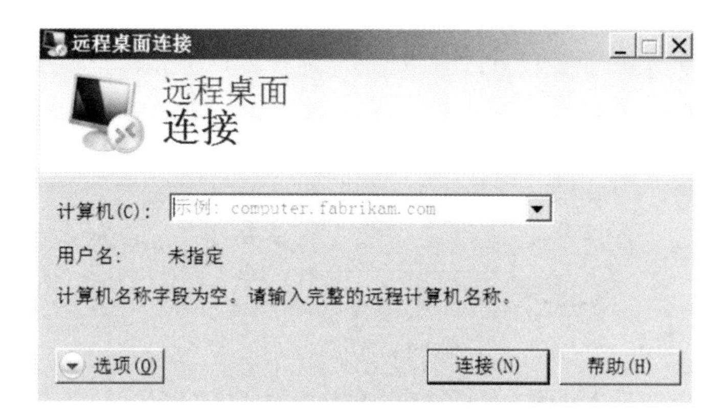

图 9-5　远程桌面连接窗口

远程桌面服务器端能设置各类功能，如图 9-6 所示，可以在用户登录时自动运行 test.bat 脚本，也可以选择不允许远程登录，或允许符合身份验证的远程连接等。

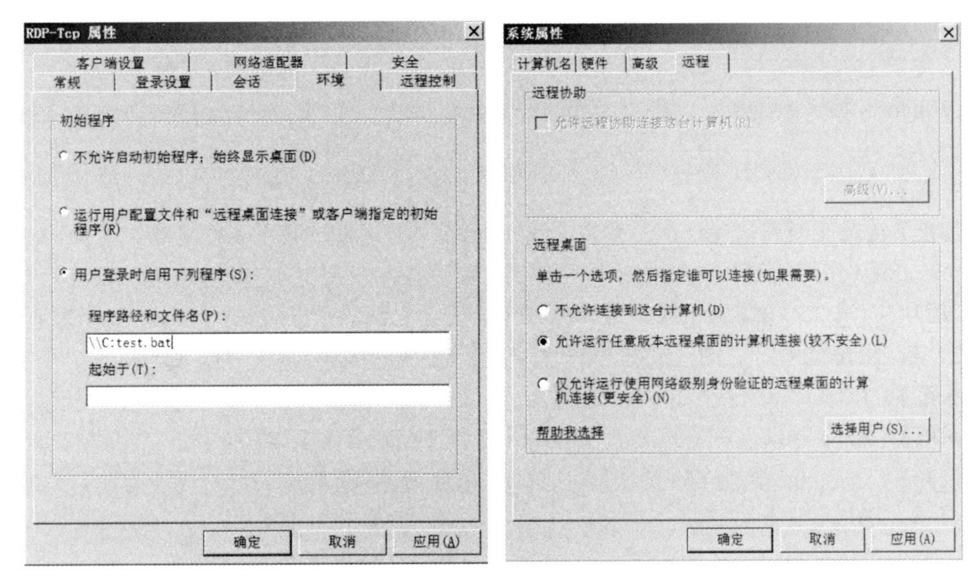

图 9-6　远程桌面服务器端访问设置

还可以在远程桌面服务器端设置不同用户组的访问权限，如图 9-7 所示，在安全选项里面，设置 Remote Desktop Users（远程登录用户组）权限为允许用户和来宾访问，在 Administrators（超级管理员组）中设置，具有完全控制、用户访问和来宾访问的权限。

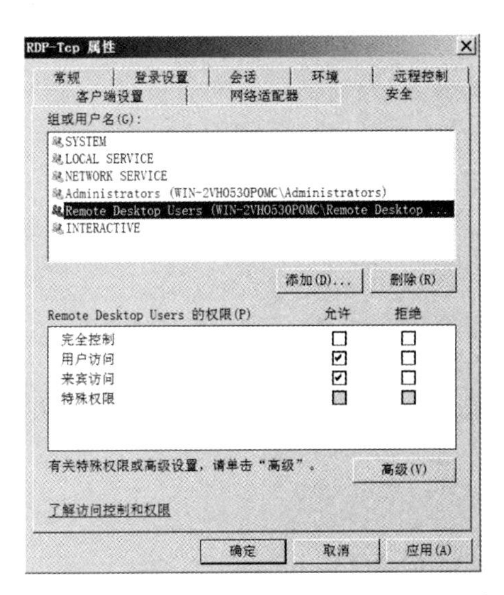

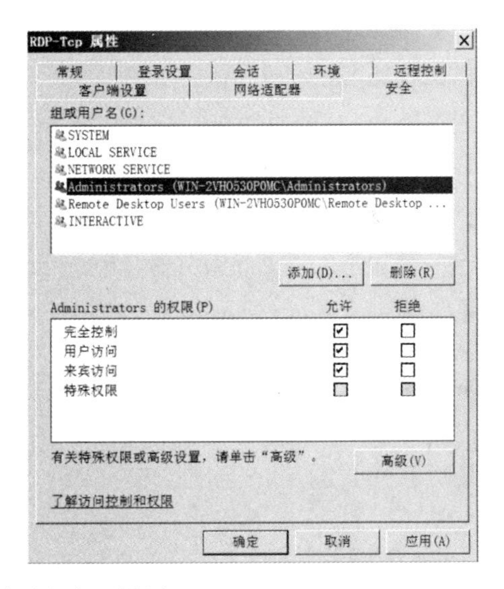

图 9-7　远程桌面用户访问权限设置

2. Samba 服务

Samba 服务是向 Linux 主机提供 Windows 风格的文件和打印机共享服务，让 Linux 兼容于现网用户，实现共享数据和服务。

9.4.2 即学即练·精选真题

- 在 Windows 操作系统中，远程桌面使用的默认端口是___（1）___。（2017 年 5 月第 35 题）

  （1）A．80　　B．3389　　C．8080　　D．1024

  【答案】（1）B

  【解析】远程桌面默认端口是 3389，为防止他人进行恶意连接或是需要多个连接时，可以对默认端口进行更改。

- 可以利用___（2）___实现 Linux 平台和 Windows 平台之间的数据共享。（2018 年 11 月第 32 题）

  （2）A．NetBIOS　　B．NFS　　C．Appletalk　　D．Samba

  【答案】（2）D

  【解析】Samba 可以实现 Linux 和 Windows 平台之间的数据共享。

- ___（3）___是 Linux 中 Samba 的功能。（2017 年 11 月第 33 题）

  （3）A．提供文件和打印机共享服务　　B．提供 FTP 服务
  C．提供用户的认证服务　　D．提供 IP 地址分配服务

  【答案】（3）A

  【解析】需掌握 Samba 的功能。

9.5 Windows Server 2008 R2 IIS 服务器

9.5.1 考点精讲

1．IIS 基础与安装

因特网信息服务器（Internet Information Server，IIS）可以搭建 WWW（Web）、FTP 和 SMTP 服务器，不能搭建 POP3 和 IMAP 服务器。安装 IIS 服务器步骤如下：开始→管理工具→服务器管理→角色→添加角色→Web 服务器（IIS），如图 9-8 所示。

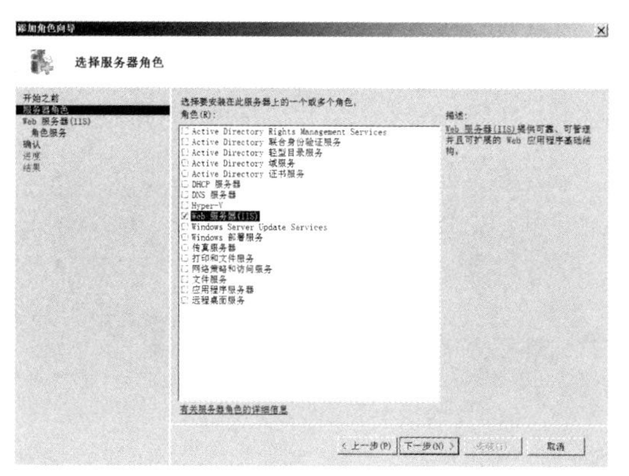

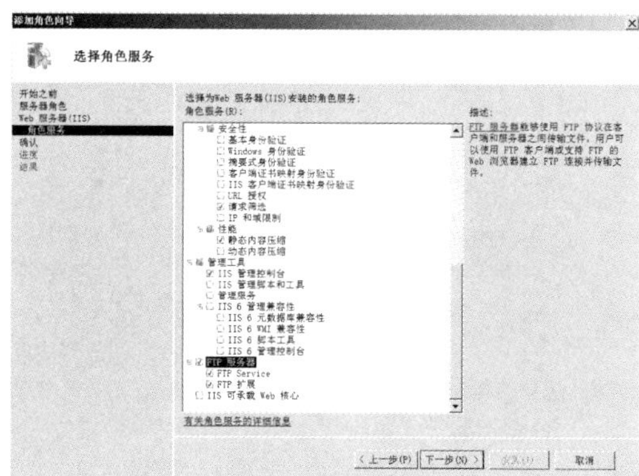

图 9-8　IIS 服务器安装界面

2. Web 服务器

网站绑定页面如图 9-9 所示，此知识点要熟悉，经常考。确定一个网站地址主要有三种方式：不同 IP、不同端口号、不同主机名（可以理解成不同 DNS）。

- 不同 IP：192.168.1.1 和 192.168.1.2，可以表示两个网站地址。
- 不同端口号：192.168.1.1:80 和 192.168.1.1:8080，也可以表示两个网站。
- 不同主机名：test1.com 和 test2.com 可以表示不同的网站。

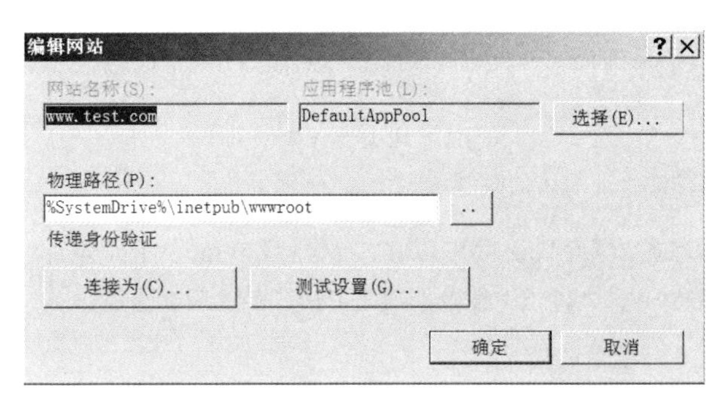

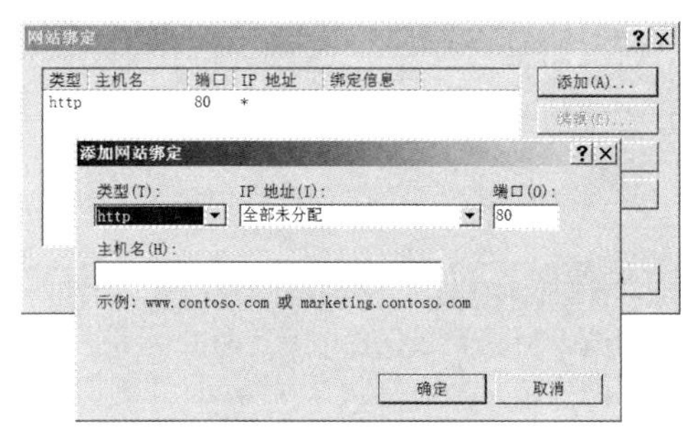

图 9-9　网站绑定页面

3. FTP 服务器

FTP 协议采用 TCP 双端口 20 和 21，其中 21 是控制端口，20 是数据端口。如果用户自定义 FTP 端口，一般数据端口编号比控制端口编号小 1。添加 FTP 站点的步骤是：开始→管理工具→IIS 管理器→网站→添加 FTP 站点，如图 9-10 所示。

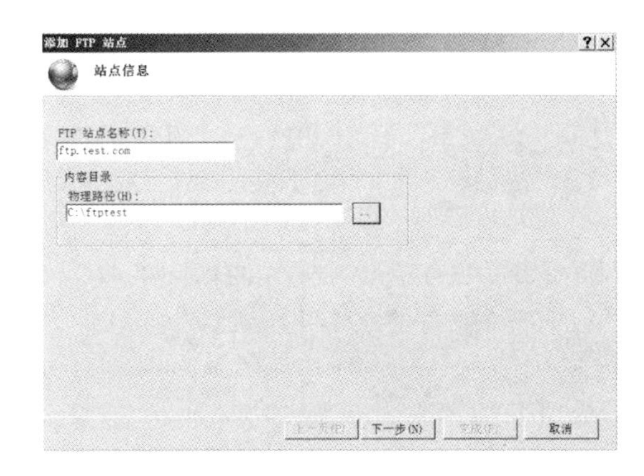

配置 FTP 站点信息

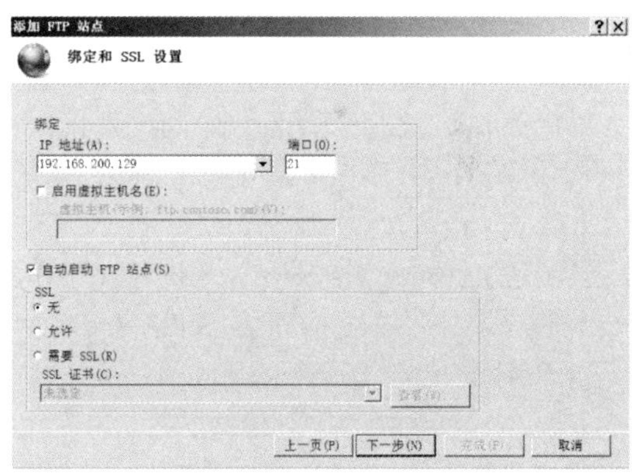

配置 IP 地址和端口号

图 9-10　配置 FTP 服务器

可以配置 FTP 的身份验证方式，如图 9-11 所示，可以采用匿名访问，设置匿名访问的权限，只能读取或支持写入。同时可以设置黑白名单，不能让某些 IP 地址访问，或者只能由某些 IP 地址段访问。

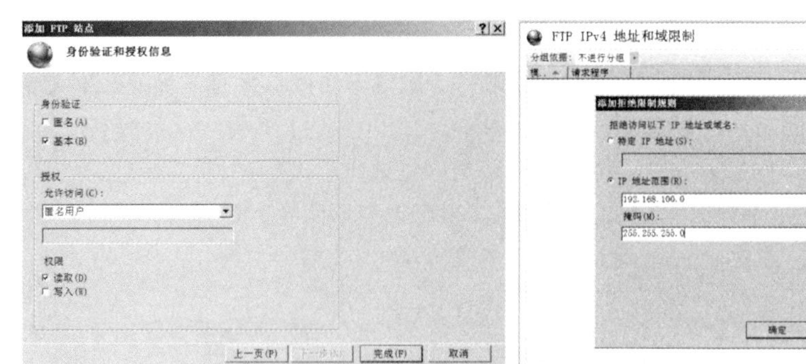

配置身份认证和授权

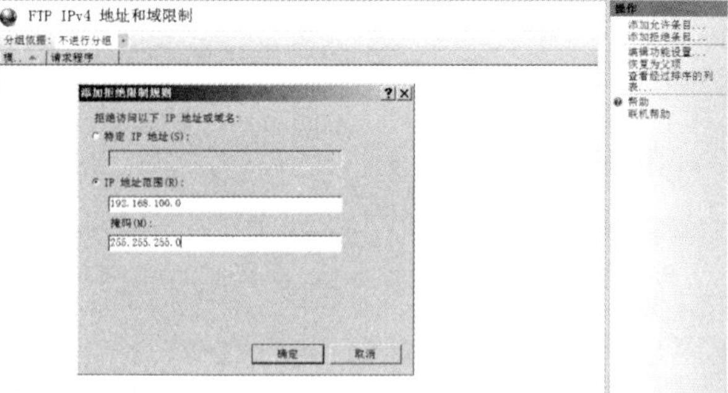

配置 IP 地址和域限制

图 9-11　FTP 身份验证与访问限制

FTP 站点访问有客户端和命令行两种访问方式：客户端访问可以在浏览器或 Windows 搜索 FTP 地址，如 ftp://192.168.1.10。命令行访问是在 DOS 下执行 ftp 命令，常见的 FTP 目录如下：

- dir：展示目录下的文件。
- get：从服务器端下载文件。
- put：向 FTP 服务器端上传文件。
- lcd：设置客户端当前的目录。
- bye：退出 FTP 连接。

在 Linux 系统中，Apache 提供 Web、FTP 等服务，其中 Web 配置文件 httpd.conf，Apache 站点默认 Web 根目录是/var/www/html。

9.5.2　即学即练·精选真题

- Windows Server 2008 R2 上内嵌的 Web 服务器是＿（1）＿服务器。（2021 年 11 月第 35 题）

  （1）A．IIS　　B．Apache　　C．Tomcat　　D．Nginx

  【答案】（1）A

  【解析】此题是反向考法，下次可以考 IIS 可以搭建什么服务器（Web、SMTP、FTP）。

- Windows Server 2008 R2 上可配置＿（2）＿服务，提供文件的上传和下载服务。（2021 年 5 月第 35 题）

  （2）A．DHCP　　B．DNS　　C．FTP　　D．远程桌面

  【答案】（2）C

  【解析】此题为送分题，IIS 可以提供三种服务：Web、FTP、SMTP，其中文件上传和下载使用 FTP。

- Windows Server 2008 R2 上 IIS 7.5 能提供的服务有＿（3）＿。（2020 年 11 月第 35 题）

  （3）A．DHCP 服务　　B．FTP 服务　　C．DNS 服务　　D．远程桌面服务

  【答案】（3）B

  【解析】IIS 提供 Web、FTP、SMTP 功能。

- Windows Server 2008 R2 默认状态下没有安装 IIS 服务，必须手动安装。配置下列___（4）___服务前需先安装 IIS 服务。（2019 年 11 月第 34 题）

  （4）A．DHCP　B．DNS　C．FTP　D．传真

  【答案】（4）C

  【解析】IIS 能够用来构建 Web 服务器、FTP 服务器和 SMTP 服务器。

- 在 Linux 中，可在___（5）___文件中修改 Web 服务器配置。（2019 年 5 月第 32 题）

  （5）A．/etc/host.conf　B．/etc/resolv.conf

  C．/etc/inetd.conf　D．/etc/httpd.conf

  【答案】（5）D

  【解析】Apache 的主配置文件：/etc/httpd.conf，默认站点主目录：/var/www/html。

- 在 Windows Server 2008 R2 系统中，不能使用 IIS 搭建___（6）___服务器。（2019 年 5 月第 39 题）

  （6）A．Web　B．DNS　C．SMTP　D．FTP

  【答案】（6）B

  【解析】IIS 能够用来构建 Web 服务器、FTP 服务器和 SMTP 服务器。

- 在配置 IIS 时，IIS 的发布目录___（7）___。（2018 年 11 月第 34 题）

  （7）A．只能够配置在 c:\inetpub\wwwroot 上

  B．只能够配置在本地磁盘 C 上

  C．只能够配置在本地磁盘 D 上

  D．既能够配置在本地磁盘上，也能配置在联网的其他计算机上

  【答案】（7）D

  【解析】IIS 的发布目录可以配置在本地磁盘上，也可以配置在联网的其他计算机上。

- 在 Linux 中，使用 Apache 发布 Web 服务时默认 Web 站点的目录为___（8）___。（2018 年 5 月第 31 题）

  （8）A．/etc/httpd　B．/var/log/httpd　C．/var/home　D．/home/httpd

  【答案】（8）D

  【解析】Apache 的主配置文件是：/etc/httpd.conf 或/etc/httpd/conf/httpd.conf，默认站点主目录是：/var/www/html 或/home/httpd ，不同 Linux 发行版本有差异。

9.6 DNS 服务器

9.6.1 考点精讲

1．DNS 基础

域名系统（Domain Name System，DNS）的基本作用是把域名转换成 IP 地址。为什么需要 DNS 呢？原因很简单，如图 9-12 所示，主机地址标识方法最原始是二进制数，为了方便书写采用点分

十进制法，但 IP 地址记忆难度依旧很大，于是诞生了域名，让主机的标识更加直观好记，比如典型的 www.baidu.com。

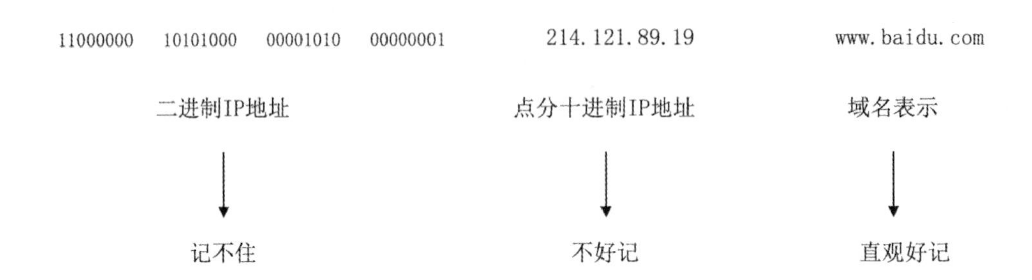

图 9-12　主机标识方法

域名系统通过层次结构的分布式数据库建立一致性名字空间。域名系统采用倒置的树形结构，从根到顶级域、二级域、三级域、四级域一级级向下扩展。最顶层是根域，用“.”表示，根域下面是顶级域，分为国家顶级域和通用顶级域，顶级域下面是二级域，二级域下还可以划分子域，如图 9-13 所示。

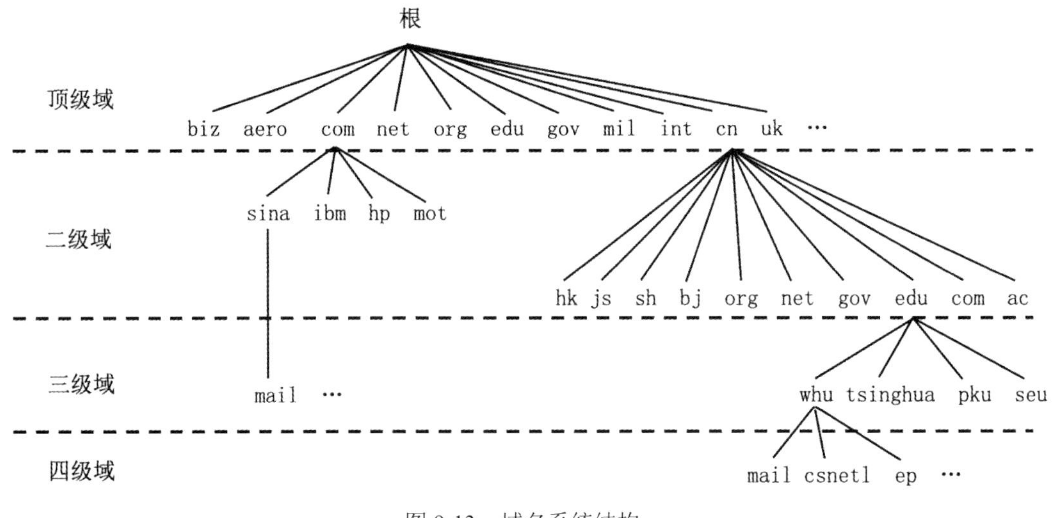

图 9-13　域名系统结构

2. DNS 域名记录

DNS 系统中有六种解析记录，分别用来实现不同的功能，大家务必掌握这六种记录类型和对应的功能，这是每年必考的内容。DNS 六种记录类型及功能见表 9-3。

表 9-3 DNS 六种记录类型及功能

记录类型	功能	备注
SOA	起始授权机构记录，用于在众多 NS 记录中指明哪一台是主域名服务器	SOA 记录还设置一些数据版本、更新以及过期时间的信息
A	把主机名解析为 IP 地址	www.test.com→1.1.1.1
指针 PTR	反向查询，把 IP 地址解析为主机名	1.1.1.1→www.test.com
名字服务器（NS）	为一个域指定了授权域名服务器 该域的所有子域内的解析也被委派给这个服务器	指定某区域由 NS 来进行解析
邮件服务器（MX）	指明区域的邮件服务器及优先级	建立电子邮箱服务，需要将 MX 记录指向邮件服务器的 IP 地址
别名（CNAME）	指定主机名的别名，把主机名解析为另一个主机名	www.test.com 别名为 webserver12.test.com

3. 主机 DNS 解析查找顺序

第一步：本地查找[顺序为浏览器缓存、操作系统缓存（ipconfig/displaydns）、本地 hosts 文件，hosts 文件一般存储在 C:\Windows\System32\drivers\etc\hosts]。

第二步：如果第一步没查到，查询本地 DNS 服务器（也叫主域名服务器）（顺序为：区域记录、DNS 服务器缓存，如图 9-14 所示）。PC 主机端先查缓存，而服务器端是先查区域记录，如果区域记录没有再查缓存。因为区域记录是存在本地的，比如存放着某个域名的 A 记录，而 DNS 服务器的缓存是别人"告诉"的，自己本地的记录优先级更高。

第三步：服务器到服务器查询。[顺序为：转发器（可能没有）、根、顶级域、二级域、授权域名服务器（也叫权限域名服务器）]。

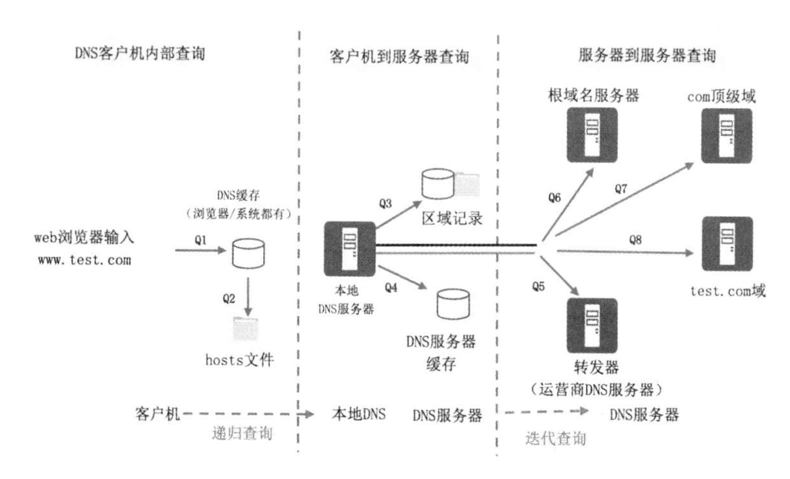

图 9-14 主机 DNS 解析顺序

4. DNS 递归查询和迭代查询

DNS 域名查找方式可以分为递归查询和迭代查询，递归查询会帮助用户进行名字解析，返回最终结果，且能体现帮忙查找的过程（即它本身不知道，但它去询问其他服务器，获取结果），所以递归查询像是一个助人为乐的老好人。迭代查询则是域名服务器进行迭代访问，反复多次，直到最后找到结果，简单来讲，如果采用迭代查询，如果主机它自己不知道结果，那么他会告诉你去找某台主机，它可能知道结果，所以迭代查询有点类似踢皮球。图 9-15 所示为常规情况下 DNS 查询的过程。

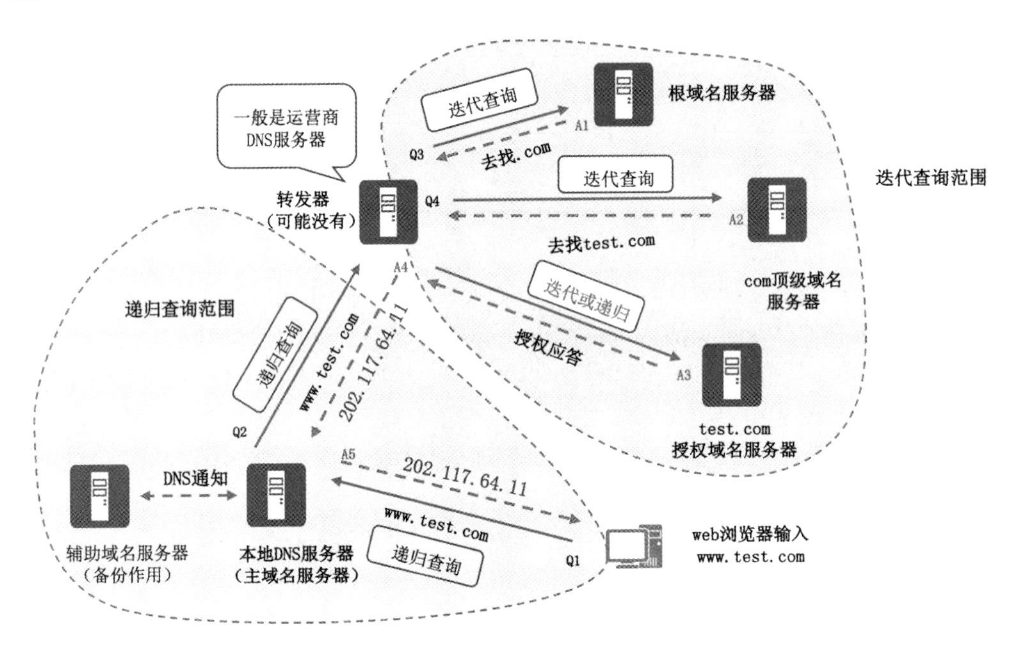

图 9-15　递归和迭代查询

Q1：如果客户端本地没有缓存，向主域名服务器（本地 DNS 服务器）发起查询，这个过程一般是递归查询，主域名服务器会最终找到结果，然后返回给客户端。

Q2：如果主域名服务器没有相关记录，则向转发器发起查询，这个也是递归查询，由转发器找到最终结果，返回给主域名服务器。

Q3：转发器向根域名服务器发起查询，这个过程是迭代查询，根域名服务器告诉转发器去找 com 顶级域名服务器，相当于在踢皮球。

Q4：转发器继续向 com 顶级域名服务器发起查询，这个过程是迭代查询，com 顶级域名服务器告诉转发器去找 test.com 授权域名服务器。

Q5：转发器向 test.com 授权域名服务器发起查询，由授权域名服务器返回 www.test.com 的结果。这里需要重点提醒的是：最后这一步查找过程，可能是递归查询，也可能是迭代查询。虽然授权域名服务器返回了最终查询结果，但没有体现他帮忙查找的过程（即他不知道，去别人那儿查到的），所以并不能判定授权域名服务器是递归查询。

A4A5：转发器从授权域名服务器查到结果后，向主域名服务器返回结果，接着主域名服务器再向客户端返回结果，完成DNS全部查找过程。

5. 辅助DNS服务器

辅助DNS服务器是一种容错设计，一旦DNS主服务器出现故障或因负载太重无法及时响应客户机请求，辅助服务器将挺身而出为主服务器排忧解难。辅助服务器的区域数据都是从主服务器复制而来，因此辅助服务器的数据都是只读的，当然，如果有必要，我们可以很轻松地把辅助服务器升级为主服务器。如图9-16所示，DNS通知消息让辅助服务器能及时更新区域信息，只有被通知的辅助域名服务器才能从主域名服务器进行区域复制。

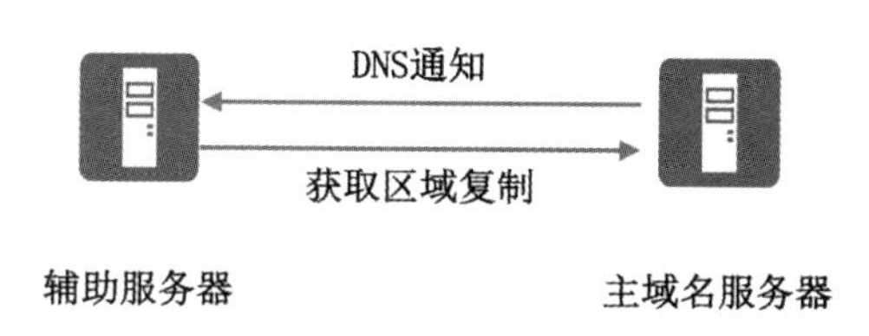

图9-16　DNS通知

6. DNS文件与命令

（1）DNS相关文件。DNS/DHCP服务器必须配置静态IP地址，而Web/FTP服务器可以使用动态IP。Linux系统中提供DNS服务的组件为 bind，DNS服务器主配置文件为named.conf，负责配置DNS的文件是/etc/resolv.conf。Linux系统几个重要文件中，与DNS解析相关的几个文件如下：

1）/etc/resolv.conf 是 DNS服务器的配置文件，它包含了主机的域名搜索顺序和DNS服务器的地址。

```
[root@localhost ~]# cat /etc/resolv.conf          //查看该文件中的内容
# Generated by Network Manager
nameserver 8.8.8.8        //google 主 DNS 服务器
nameserver 8.8.4.4        //google 备用 DNS 服务器
```

2）/etc/named.conf是DNS主配置文件，存放各类DNS记录，比如A记录、PTR记录。这个文件比较复杂，一般不要求网络工程师掌握，系统工程师负责配置这块内容。

3）/etc/hosts存放主机DNS解析缓存，包含IP地址、主机名。

```
C:\Windows\System32\drivers\etc\hosts
# For example:
#        102.54.94.97        rhino.acme.com
#        38.25.63.10         x.acme.com
```

4）host.conf. #解析器查询顺序配置文件。

```
vi /etc/host.conf
order hosts bind        //表示先查询本地 hosts 文件，如果没有结果，再尝试查找 BIND dns 服务器
```

（2）DNS相关命令。诊断和查看DNS服务器IP地址命令是nslookup。查看DNS缓存的命令是ipconfig/displaydns，清除DNS缓存命令是ipconfig/flushdns。

9.6.2 即学即练·精选真题

- Windows 中，在命令行输入 ___（1）___ 命令可以得到如下的回显。（2021 年 11 月第 36 题）

Server: UnKnown
Address: 159.47.11.80
xxx.edu.cn
primary name server = nsl.xxx.edu.cn
responsible mail addr = mailxxx.edu.cn
serial = 2020061746
refresh= 1200（20 mins）
retry= 7200（2 hours）
expire = 3600（1 hour）
default TTL = 3600（1 hour）

（1）A. nslookup -type=A xxx.edu.cn　　B. nslookup -type=CNAME xxx.edu.cn
C. nslookup -type=NS xxx.edu.cn　　D. nslookup -type=PTR xxx.edu.cn

【答案】（1）C

【解析】NS 记录查询出域名服务器的详细信息。

- 网管员在 Windows 系统中，使用下面的命令：C:\>nslookup -qt=a cc.com 得到的输出结果是 ___（2）___。（2021 年 5 月第 40 题）

（2）A. cc.com 主机的 IP 地址　　B. cc.com 的邮件交换服务器地址
C. cc.com 的别名　　D. cc.com 的 PTR 指针

【答案】（2）A

【解析】DNS 六种解析记录必须牢记。

- 在 DNS 的资源记录中，类型 A ___（3）___。（2020 年 11 月第 40 题）

（3）A. 表示 IP 地址到主机名的映射　　B. 表示主机名到 IP 地址的映射
C. 指定授权服务器　　D. 指定区域邮件服务器

【答案】（3）B

【解析】需掌握 DNS 的 6 种记录类型。

- 在 Windows 中，可以使用 ___（4）___ 命令测试 DNS 正向解析功能，要查看域名 www.aaa.com 所对应的主机 IP 地址，须将 type 值设置为 ___（5）___。（2019 年 11 月第 38～39 题）

（4）A. arp　　B. nslookup　　C. cernet　　D. netstat
（5）A. A　　B. NS　　C. MX　　D. CNAME

【答案】（4）B　（5）A

【解析】A 记录，即主机记录，域名到 IP 的映射。

- 在 DNS 服务器中的 ___（6）___ 资源记录定义了区域的邮件服务器及其优先级。（2018 年 11 月第 37 题）

（6）A. SOA　　B. NS　　C. PTR　　D. MX

【答案】（6）D

【解析】SOA定义了该区域中哪个名称服务器是权威域名服务器，NS表示该区域由哪个域名服务器进行解析，PTR记录把IP地址映射到域名，MX表示邮件交换记录。

- 在DNS的资源记录中，A记录___(7)___。(2018年5月第37题)

  (7) A. 表示IP地址到主机名的映射　　B. 表示主机名到IP地址的映射
  C. 指定授权服务器　　D. 指定区域邮件服务器

【答案】(7) B

【解析】每一个DNS服务器包含了它所管理的DNS命名空间的所有资源记录。资源记录包含和特定主机有关的信息，如IP地址、提供服务的类型等。常见的资源记录类型有：SOA（起始授权结构）、A（主机）、NS（名称服务器）、CNAME（别名）和MX（邮件交换器）。

- DNS反向搜索功能的作用是___(8)___，资源记录MX的作用是___(9)___，DNS资源记录___(10)___定义了区域的反向搜索。(2016年5月第32～34题)

  (8) A. 定义域名服务器的别名　　B. 将IP地址解析为域名
  C. 定义域邮件服务器地址和优先级　　D. 定义区域的授权服务器

  (9) A. 定义域名服务器的别名　　B. 将IP地址解析为域名
  C. 定义域邮件服务器地址和优先级　　D. 定义区域的授权服务器

  (10) A. SOA　　B. NS　　C. PTR　　D. MX

【答案】(8) B　(9) C　(10) C

【解析】本题考查DNS解析记录，需掌握此知识点。

- 主域名服务器在接收到域名请求后，首先查询的是___(11)___。(2018年5月第34题)

  (11) A. 本地hosts文件　　B. 转发域名服务器
  C. 本地缓存　　D. 授权域名服务器

【答案】(11) C

【解析】DNS查询过程：先查本地DNS缓存(浏览器DNS缓存、系统DNS缓存)，再查hosts文件，如果都没有查到，接着查找转发域名服务器—根域名服务器—顶级域名服务器—授权域名服务器。

- 在浏览器地址栏输入一个正确的网址后，本地主机将首先在___(12)___中查询该网址对应的IP地址。(2017年5月第40题)

  (12) A. 本地DNS缓存　　B. 本机hosts文件
  C. 本地DNS服务器　　D. 根域名服务器

【答案】(12) A

【解析】DNS查询过程：先查本地DNS缓存(浏览器DNS缓存、系统DNS缓存)，再查hosts文件，如果都没有查到，接着查找本地域名服务器—转发域名服务器—根域名服务器—顶级域名服务器—授权域名服务器。

- 主机A的主域名服务器为202.112.115.3，辅助域名服务器为202.112.115.5，域名www.aaaa.com的授权域名服务器为102.117.112.254。若主机A访问www.aaaa.com时，由102.117.112.254返回域名解析结果，则___(13)___。(2018年11月第35题)

（13）A．若 202.112.115.3 工作正常，其必定采用了迭代算法

B．若 202.112.115.3 工作正常，其必定采用了递归算法

C．102.117.112.254 必定采用了迭代算法

D．102.117.112.254 必定采用了递归算法

【答案】（13）A

【解析】如果 202.112.115.3 采用递归算法，肯定是由它给客户端返回查询结果。本题中是由授权域名服务器返回的结果，说明主域名服务器，迭代给了授权域名服务器。授权域名服务器可能是迭代算法，也可能是递归算法。

● 主机 host1 对 host2 进行域名查询的过程如下图所示，下列说法中正确的是___（14）___。（2018 年 5 月第 35 题）

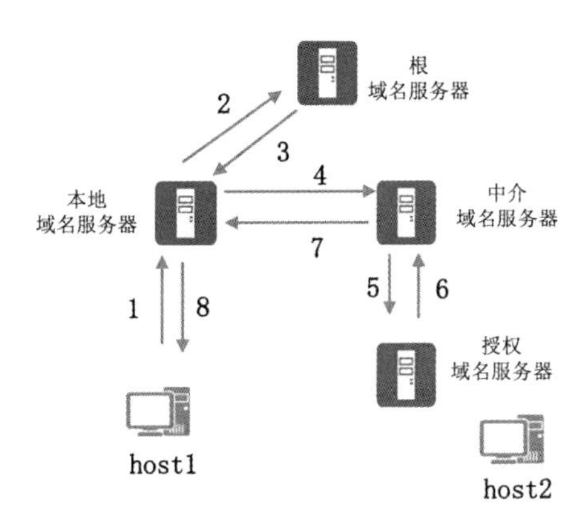

（14）A．本地域名服务器采用迭代算法　　B．中介域名服务器采用迭代算法

C．根域名服务器采用递归算法　　D．授权域名服务器采用何种算法不确定

【答案】（14）D

【解析】递归查询：如果主机所询问的本地域名服务器不知道被查询的域名的 IP 地址，那么本地域名服务器就以 DNS 客户的身份，向其他根域名服务器继续发出查询请求报文（即替主机继续查询），而不是让主机自己进行下一步查询。

迭代查询特点：告诉本地服务器下一步应当向哪一个域名服务器进行查询。然后让本地服务器进行后续的查询。

本地域名服务器是递归，根是迭代，中介是递归，授权域名服务器可能采用迭代，也可能采用递归。

● 进行域名解析的过程中，若主域名服务器故障，由转发域名服务器传回解析结果，下列说法中正确的是___（15）___。（2017 年 11 月第 34 题）

（15）A．辅助域名服务器配置了递归算法　　B．辅助域名服务器配置了迭代算法

C．转发域名服务器配置了递归算法　　D．转发域名服务器配置了迭代算法

【答案】（15）B

【解析】转发域名服务器返回了结果，并不能判断它就是递归，因为没有看到它的解析过程，

也可能配置迭代算法，只是在自己的缓存中就找到了 DNS 记录，故不能选 C 项。如果辅助域名服务器配置的是递归，那么肯定是它直接向客户返回解析结果。

● 下图是 DNS 转发器工作的过程。采用迭代查询算法的是___（16）___。（2015 年 5 月第 35 题）

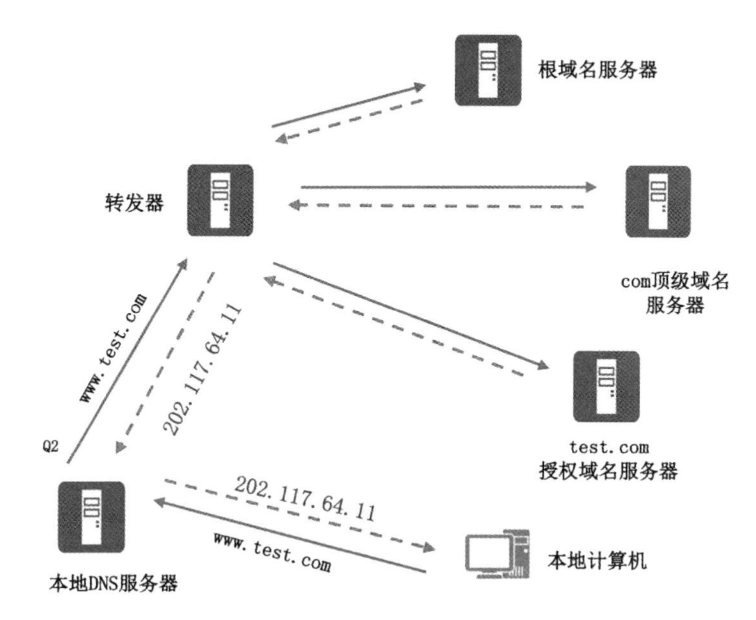

（16）A．转发器和本地 DNS 服务器
　　B．根域名服务器和本地 DNS 服务器
　　C．本地 DNS 服务器和.com 域名服务器
　　D．根域名服务器和.com 域名服务器

【答案】（16）D

【解析】本地 DNS 服务器和转发器都帮忙进行查找，且返回最终结果，是递归查询；根域名服务器和.com 顶级域名服务器是迭代查询，授权域名服务器不能确定是何种查询。

● DNS 通知是一种推进机制，其作用是使得___（17）___。（2014 年 5 月第 38 题）

（17）A．辅助域名服务器及时更新信息
　　B．授权域名服务器向管区内发送公告
　　C．本地域名服务器发送域名解析申请
　　D．递归查询迅速返回结果

【答案】（17）A

【解析】DNS 通知消息让辅助服务器能及时更新区域信息。

● 在 Linux 中，用于解析主机域名的文件是___（18）___。（2021 年 11 月第 31 题）

（18）A．/dev/host.conf　　B．/etc/hosts
　　C．/dev/resolv.conf　　D．/etc/resolv.conf

【答案】（18）B

【解析】

1）/etc/host.conf 指定客户机域名解析顺序，下面为该文件内容：

order hosts，bind

2）/etc/hosts：包含 IP 地址和主机名之间的映射，还包含主机别名：

127.0.0.1 pc1 localhost #127.0.0.1 是 IP 地址，pc1 主机名，localhost 别名

192.168.0.2 pc2 #IP 地址是 192.168.0.2 的主机名为 pc2

3）/etc/resolv.conf 指定客户机域名搜索顺序和 DNS 服务器地址：

search test.edu.cn

nameserver 114.114.114.114 #首选 DNS 服务器

nameserver 8.8.8.8 #备用 DNS 服务器

- 在 Windows 系统中，用于清除本地 DNS 缓存的命令是___（19）___。（2021 年 5 月第 34 题）

（19）A．ipconfig/release　　B．ipconfig/flushdns

C．ipconfig/displaydns　　D．ipconfig/registerdns

【答案】（19）B

【解析】DNS 相关命令必须记住，下午案例分析题考过原题。

- 在 Linux 系统中，DNS 配置文件的___（20）___参数，用于确定 DNS 服务器地址。（2020 年 11 月第 31 题）

（20）A．nameserver　　B．domain　　C．search　　D．sortlist

【答案】（20）A

【解析】nameserver=DNS 服务器地址。

- 在 Linux 系统中，可在___（21）___文件中修改系统主机名。（2020 年 11 月第 33 题）

（21）A．/etc/hostname　　B．/etc/sysconfig

C．/dev/hostname　　D．/dev/sysconfig

【答案】（21）A

【解析】此题考查 Linux 系统常见文件的功能，需要掌握。

- 在 windows 命令提示符运行 nslookup 命令，结果如下所示，为 www.softwaretest.com 提供解析的 DNS 服务器 IP 地址是___（22）___。（2020 年 11 月第 34 题）

C:\Documents and Settings\user>nslookup www.softwaretest.com

Server：ns1.softwaretest.com

Address：192.168.1.254

Non-authoritative answer:

Name：www.softwaretest.com

Address：10.10.1.3

（22）A．192.168.1.254　　B．10.10.1.3

C．192.168.1.1　　D．10.10.1.1

【答案】（22）A

【解析】命令片段的翻译如下：

Server: ns1.softwaretest.com #DNS 解析服务器名字是 ns1.softwaretest.com

Address: 192.168.1.254 #DNS 服务器地址是 192.168.1.254

Non-authoritative answer: #非授权的回答，即不是授权域名服务器返回的结果

Name: www.softwaretest.com #域名 www.softwaretest.com

Address: 10.10.1.3 #解析出的 IP 地址是 10.10.1.3

- 在 Windows 中，可以使用___（23）___命令测试 DNS 正向解析功能，要查看域名 www.aaa.com 所对应的主机 IP 地址，须将 type 值设置为___（24）___。（2019 年 11 月第 38～39 题）

  （23）A．arp B．nslookup C．cernet D．netstat

  （24）A．A B．NS C．MX D．CNAME

  【答案】（23）B （24）A

  【解析】A 记录，即主机记录，域名到 IP 的映射。

- 在 Linux 中，负责配置 DNS 的文件是___（25）___，它包含了主机的域名搜索顺序和 DNS 服务器的地址。（2018 年 5 月第 33 题）

  （25）A．/etc/hostname B．/dev/host.conf

  C．/etc/resolv.conf D．/dev/name.conf

  【答案】（25）C

  【解析】几个 dns 相关文件功能如下：

  /etc/hostname 是主机名文件，包含主机 ip 地址、主机名、别名，其中别名可能没有。

  /etc/hosts 存放主机 dns 解析缓存，包含 ip 地址、主机名。

  /etc/resolv.conf 是 dns 服务器的配置文件，它包含了主机的域名搜索顺序和 dns 服务器的地址。

  /etc/named.conf 是 dns 主配置文件，存放各类 DNS 记录，比如 A 记录、PTR 记录。

9.7 DHCP 服务器

9.7.1 考点精讲

1．DHCP 基础

DHCP（Dynamic Host Configuration Protocol，动态主机配置协议），主要用来为主机动态分配 IP 地址。Linux 系统 DHCP 服务配置文件为/etc/dhcpd.conf。DHCP 租约默认是 8 天，当租期超过一半时（4 天），客户机会向 DHCP 服务器发送 DHCP Request 消息包进行续约，如果客户机接收到服务器回应的 DHCP Ack 消息包，客户机就根据包中所提供的新租期以及其他参数更新的配置，IP 租约更新完成，续约完后租约还是 8 天。如果没有收到该服务器的回复，则客户机继续使用现有 IP 地址，因为当前租期还剩 50%。如果租期过去 50%的时候更新租约失败，客户机将在租期过去

87.5%的时候再次与 DHCP 服务器联系，申请更新租约。如果还不成功，等到租约 100%的时候，客户机必须放弃这个 IP 地址，发送 DHCP Discover 重新申请 IP 地址。DHCP 获取失败或续约失败，客户机会使用 169.254.0.0/16 中随机的一个地址，该地址只能用于局域网通信，并且每隔 5 分钟再进行尝试重新获取 IP 地址。

2. DHCP 报文

DHCP 的几种报文，网络工程师考试中常考前四个。

- 发现阶段：DHCP 客户机在网络中广播发送 DHCP Discover 请求报文，发现 DHCP 服务器，请求 IP 地址租约。
- 提供阶段：DHCP 服务器通过 DHCP Offer 报文向 DHCP 客户机提供 IP 地址预分配。
- 选择阶段：DHCP 客户机通过 DHCP Request 报文，选择一个 DHCP 服务器为它提供的 IP 地址。
- 确认阶段：被选择的 DHCP 服务器发送 DHCP Ack，确认把 IP 地址分配给对应客户机，如果拒绝客户机使用，则发送 DHCP Nack，客户机收到后继续重复上面的过程。

通过以上四步，客户机可以通过 DHCP 协议动态获取 IP 地址及其他参数。如果 DHCP 客户机收到 DHCP 服务器 ACK 应答报文后，通过地址冲突检测（免费 ARP 协议）发现服务器分配的地址冲突或者由于其他原因导致不能使用，则会向 DHCP 服务器发送 DHCP Decline 报文，通知服务器分配的 IP 地址不可用，以期获得新的 IP 地址。

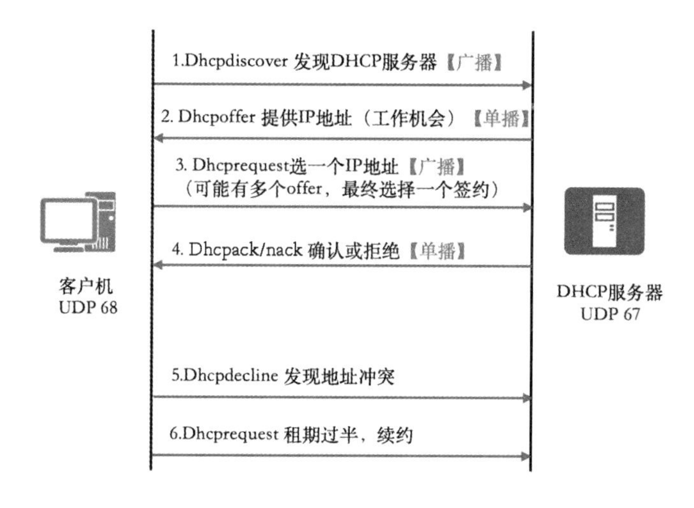

图 9-17　DHCP 工作流程与交互报文

3. DHCP 配置

DHCP 服务可以在 Windows Server 服务器上配置，也可以运行在 Linux 系统下，还可以在华为路由器或者交换机设备上进行配置，下面为大家一一演示。

（1）Windows Server 2008 R2 配置 DHCP。如图 9-18 所示，服务器端配置主要分为三步：

1）新建 IP 地址范围，本次建立 IP 范围为 192.168.200.200-192.168.200.210。

2）排除特殊地址，如网关、需要静态绑定的地址等，本次排查 1 个 IP 地址 192.168.200.201。

3）设置网关地址，本次设置网关地址为 192.168.200.254。

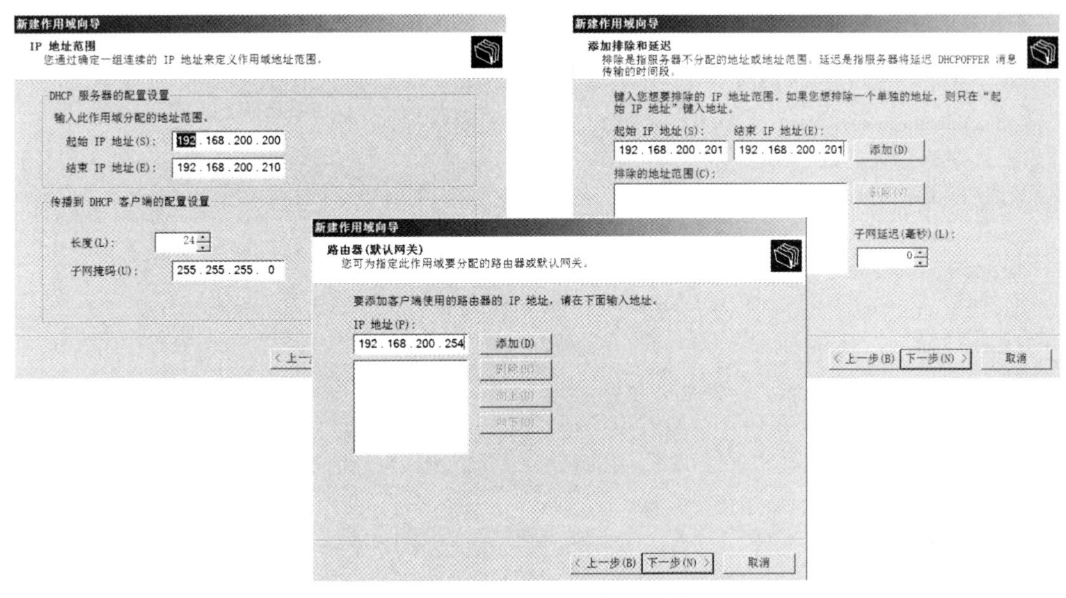

图 9-18　DHCP 服务器配置

客户端配置比较简单，网卡选择通过 DHCP 方式获取地址即可，如果长时间没有获取地址，或者续约重新获取 IP 地址，可以运行 ipconfig/renew。如图 9-19 所示，客户端已经获取 IP 地址 192.168.200.200。

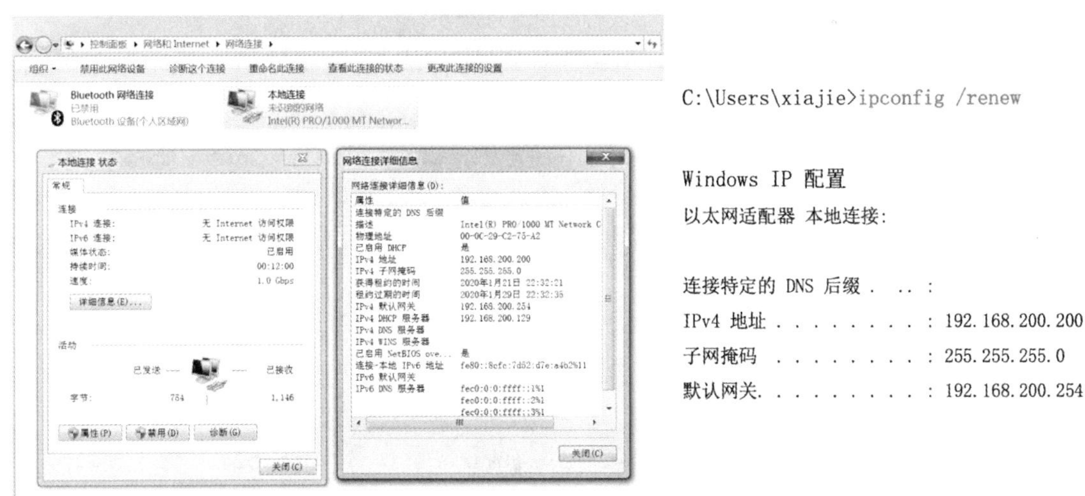

图 9-19　客户端获取 IP 地址

（2）Linux 配置 DHCP。Linux 系统中 DHCP 配置文件是/etc/dhcp/dhcpd.conf，可以编辑该文件，进行如下配置：

```
subnet 192.168.1.0    netmask 255.255.255.0
{
  range 192.168.1.1    192.168.1.100;                    #配置地址池范围
  option domain-name-servers    8.8.8.8;                 #配置 DNS 服务器地址
  option domain-name "test.com";                         #配置域名
  option routers 192.168.1.254;                          #配置网关地址
  option broadcast-address 192.168.1.255;                #配置广播地址
  default-lease-time 300;                                #默认租约时间
  max-lease-time 7200;                                   #最大租约时间
host test1 { hardware ethernet 00:E0:4C:70:33:65; fixed-address 192.168.1.10}
}
```

DHCP 可分配地址为 192.168.1.1.-192.168.1.100，网关为 192.168.1.254，DNS 地址为 8.8.8.8，同时为 MAC 地址是 00:E0:4C:70:33:65 的主机 test1 提供固定 IP 地址 192.168.1.10。

（3）华为路由器/交换机 DHCP 配置。

1）基于全局的 DHCP 配置。

```
[Huawei] dhcp enable
[Huawei] ip pool test                                  //配置名称为 test 的 DHCP 地址池
Info: It's successful to create an IP address pool.    //提示成功创建了地址池
[Huawei-ip-pool-pool2] network 1.1.1.0 mask 24         //宣告 DHCP 地址池网段
[Huawei-ip-pool-pool2] gateway-list 1.1.1.1            //宣告网关
[Huawei-ip-pool-pool2] dns-list 1.1.1.1                //宣告 DNS 地址
[Huawei-ip-pool-pool2] lease day 10                    //配置地址租期为 10 天
[Huawei-ip-pool-pool2] quit
[Huawei] interface GigabitEthernet0/0/0
[Huawei-GigabitEthernet0/0/1] dhcp select global       //在接口下应用全局地址池。如果有多个 DHCP 地址池，会首先判断终端用户属于哪个 VLAN，最终使用该 VLANIF 相同网段的地址池。比如 DHCP 服务器配置了 TEST1 和 TEST2 两个地址池分别是 192.168.10.0/24 和 192.168.20.0/24，用户网关分别是 VLANIF10：192.168.10.254 和 VLANIF20：192.168.20.254。如果终端属于 VLAN10，那么会给该终端分配与 VLANIF10：192.168.10.254 相同网段的地址池，即地址池 TEST1。
```

2）基于接口的 DHCP 配置。

```
[Huawei] dhcp enable       //开启 DHCP 功能
[Huawei] interface GigabitEthernet0/0/0
[Huawei-GigabitEthernet0/0/0] dhcp select interface       //配置基于接口的 DHCP，不用配置网关地址，客户机会自动使用 DHCP 接口地址作为网关地址
[Huawei-GigabitEthernet0/0/0] dhcp server dns-list 10.1.1.1    //配置 DNS 地址
[Huawei-GigabitEthernet0/0/0] dhcp server excluded-ip-address 10.1.1.2    //配置排除地址
[Huawei-GigabitEthernet0/0/0] dhcp server lease day 3    //配置地址租期为 3 天
```

4. DHCP 中继与选项

DHCP 中继（DHCP Relay）是为解决 DHCP 服务器和 DHCP 客户端不在同一个广播域而提出的。路由器或者交换机配置 DHCP 中继后，可以把 DHCP 广播报文转换为单播报文，转发给其他网段的 DHCP 服务器，从而实现跨网段 DHCP 地址分配。DHCP 中继工作原理和过程如图 9-20 所示。

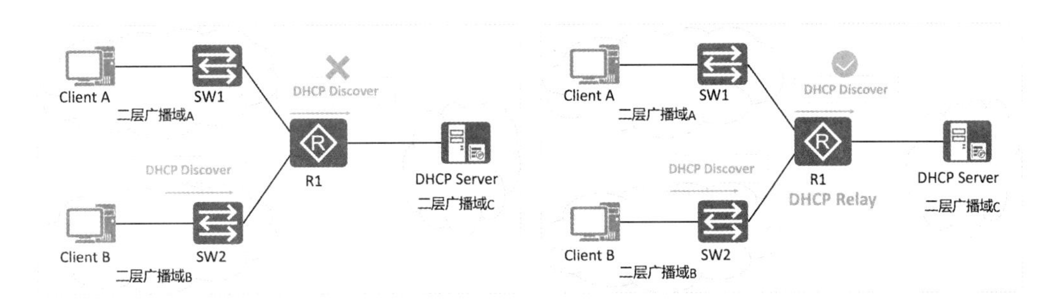

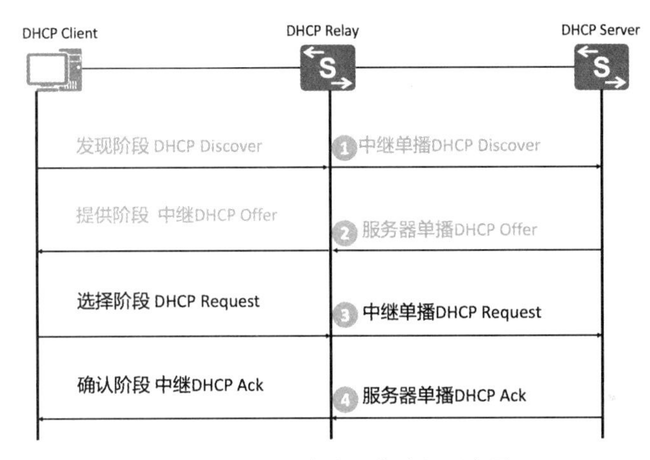

图 9-20　DHCP 中继工作过程示意图

在无线网络中，DHCP 在给无线访问接入点（Access Point，AP）分配 IP 地址、网关、DNS 等网络参数的时候，还可以通过 DHCP 报文中的 Option 43 选项字段为 AP 分配无线控制器（AP Controller，AC）的地址。当 AP 获取 AC 的 IP 地址后，可以进一步完成 AP 与 AC 之间 CAPWAP 隧道的建立，从而实现 AP 上线，被 AC 统一管理。

9.7.2 即学即练·精选真题

- 在大型无线网络中，AP 通常通过 DHCP option___(1)___来获得 AC 的 IP 地址。（2021 年 11 月第 67 题）

（1）A. 43　　B. 60　　C. 66　　D. 138

【答案】（1）A

【解析】option 43 常用于 AP 获取 AC 的 IP 地址。

- 某公司局域网使用 DHCP 动态获取 10.10.10.1/24 网段的 IP 地址，某天公司大量终端获得了 192.168.1.0/24 网段的地址，可在接入交换机上配置___（2）___功能杜绝该问题再次出现。（2021 年 11 月第 69 题）

  （2）A．dhcp relay　　B．dhcp snooping　　C．mac-address static　　D．arp static

  【答案】（2）B

  【解析】用户获取了本地 DHCP 服务器以外的 IP 地址，是由于网络中存在多个 DHCP 服务器，可以通过配置 dhcp snooping，客户机只接收从 trust 接口发来的 DHCP Offer。

- Windows 系统中，DHCP 客户端通过发送___（3）___报文请求 IP 地址配置信息，当指定的时间内未接收到地址配置信息时，客户端可能使用的 IP 地址是___（4）___。（2021 年 5 月第 36～37 题）

  （3）A．Dhcp discover　　B．Dhcp request
  　　C．Dhcp renew　　D．Dhcp ack

  （4）A．0.0.0.0　　B．255.255.255.255
  　　C．169.254.0.1　　D．192.168.1.1

  【答案】（3）A　（4）C

  【解析】需掌握 DHCP 报文和 DHCP 失败后的特殊地址。

- 某网络上 MAC 地址为 00-FF-78-ED-20-DE 的主机，可首次向网络上的 DHCP 服务器发送___（5）___报文以请求 IP 地址配置信息，报文的源 MAC 地址和源 IP 地址分别是___（6）___。（2020 年 11 月第 36～37 题）

  （5）A．Dhcp discover　　B．Dhcp request
  　　C．Dhcp offer　　D．Dhcp ack

  （6）A．0:0:0:0:0:0:0:0　0.0.0.0
  　　B．0:0:0:0:0:0:0:0　255.255.255.255
  　　C．00-FF-78-ED-20-DE　0.0.0.0
  　　D．00-FF-78-ED-20-DE　255.255.255.255

  【答案】（5）A　（6）C

  【解析】DHCP 四个报文要知道，刚开始源 IP 为全 0。需要注意的是：2018 年以前考思科，思科 DHCP 四个包均是广播报文，华为 DHCP 服务器回包是单播，现在以华为为准。

- 以下关于 DHCP 服务的说法中，正确的是___（7）___。（2019 年 11 月第 36 题）

  （7）A．在一个园区网中可以存在多台 DHCP 服务器
  　　B．默认情况下，客户端要使用 DHCP 服务需指定 DHCP 服务器地址
  　　C．默认情况下，客户端选择 DHCP 服务器所在网段的 IP 地址作为本地地址
  　　D．在 DHCP 服务器上，只能使用同一网段的地址作为地址池

  【答案】（7）A

  【解析】DHCP 服务可以服务于一个网段，也可以通过 DHCP 中继服务多个子网，在一个网段中可以配置多台 DHCP 服务器。

- 在 Windows 命令行窗口中使用___(8)___命令可以查看本机各个接口的 DHCP 服务是否已经启用。(2019 年 5 月第 34 题)

  (8) A. ipconfig B. ipconfig/all C. ipconfig/renew D. ipconfig/release

  【答案】(8) B

  【解析】基本命令，实现效果如下：

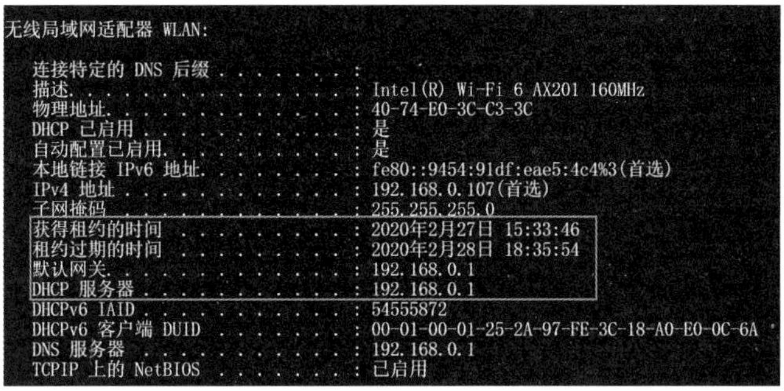

```
无线局域网适配器 WLAN:

   连接特定的 DNS 后缀 . . . . . . . :
   描述. . . . . . . . . . . . . . . : Intel(R) Wi-Fi 6 AX201 160MHz
   物理地址. . . . . . . . . . . . . : 40-74-E0-3C-C3-3C
   DHCP 已启用 . . . . . . . . . . . : 是
   自动配置已启用. . . . . . . . . . : 是
   本地链接 IPv6 地址. . . . . . . . : fe80::9454:91df:eae5:4c4%3(首选)
   IPv4 地址 . . . . . . . . . . . . : 192.168.0.107(首选)
   子网掩码  . . . . . . . . . . . . : 255.255.255.0
   获得租约的时间  . . . . . . . . . : 2020年2月27日 15:33:46
   租约过期的时间  . . . . . . . . . : 2020年2月28日 18:35:54
   默认网关. . . . . . . . . . . . . : 192.168.0.1
   DHCP 服务器 . . . . . . . . . . . : 192.168.0.1
   DHCPv6 IAID . . . . . . . . . . . : 54555872
   DHCPv6 客户端 DUID  . . . . . . . : 00-01-00-01-25-2A-97-FE-3C-18-A0-E0-0C-6A
   DNS 服务器  . . . . . . . . . . . : 192.168.0.1
   TCPIP 上的 NetBIOS  . . . . . . . : 已启用
```

- DHCP 服务器设置了 C 类私有地址为地址池，某 Windows 客户端获得的地址是 169.254.107.100，出现该现象可能的原因是___(9)___。(2019 年 5 月第 38 题)

  (9) A. 该网段存在多台 DHCP 服务器 B. DHCP 服务器为客户端分配了该地址

  C. DHCP 服务器停止工作 D. 客户端 TCP/IP 协议配置错误

  【答案】(9) C

  【解析】当主机分配到特殊地址 169.254，说明 DHCP 过程失败，可能 DHCP 服务器停止工作。

- 关于 Windows 操作系统中 DHCP 服务器的租约，下列说法中错误的是___(10)___。(2018 年 11 月第 33 题)

  (10) A. 租约期固定是 8 天

  B. 当租约期过去 50%时，客户机将与服务器联系更新租约

  C. 当租约期过去 87.5%时，客户机与服务器联系失败，重新启动 IP 租用过程

  D. 客户机可采用 ipconfig/renew 重新申请地址

  【答案】(10) A

  【解析】当租约过一半时，客户机会自动更新租约；当租约过了 87.5%时，客户机仍然无法联系到当初的 DHCP 服务器，就会联系其他服务器。四次申请之后，如果仍未能收到服务器的回应，则运行 Windows 的 DHCP 客户机将从 169.254.0.0/16 这个自动保留的私有 IP 地址（APIPA）中选用一个 IP 地址，而运行其他操作系统的 DHCP 客户机将无法获得 IP 地址。

- 关于 Dhcp offer 报文的说法中，___(11)___是错误的。(2018 年 11 月第 36 题)

  (11) A. 接收到该报文后，客户端即采用报文中所提供的地址

  B. 报文源 MAC 地址是 DHCP 服务器的 MAC 地址

  C. 报文目的 IP 地址是 255.255.255.255

  D. 报文默认目标端口是 68

【答案】(11) A

【解析】当客户端收到 Dhcp ack 时，才会使用报文中提供的地址。

- DHCP 客户端通过___(12)___方式发送 Dhcp discover 消息。(2018 年 5 月第 38 题)

  (12) A. 单播　　B. 广播　　C. 组播　　D. 任意播

  【答案】(12) B

  【解析】当 DHCP 客户机第一次登录网络的时候(也就是客户机上没有任何 IP 地址数据时)，它会通过 UDP 68 端口向网络上发出一个 Dhcp discover 数据包(包中包含客户机的 MAC 地址和计算机名等信息)。因为客户机还不知道自己属于哪一个网络，所以封包的源地址为 0.0.0.0，目标地址为 255.255.255.255，然后再附上 Dhcp discover 的信息，向网络进行广播。

- 如果 DHCP 客户端发现分配的 IP 地址已经被使用，客户端向服务器发出___(13)___报文，拒绝该 IP 地址。(2018 年 5 月第 69 题)

  (13) A. Dhcp release　　B. Dhcp decline
  C. Dhcp nack　　D. Dhcp renew

  【答案】(13) B

  【解析】DHCP 客户端收到 DHCP 服务器回应的 ACK 报文后，通过地址冲突检测发现服务器分配的地址冲突或者由于其他原因导致不能使用，则发送 decline 报文，通知服务器所分配的 IP 地址不可用。作用是通知 DHCP 服务器禁用这个 IP 地址以免引起 IP 地址冲突。然后客户端又开始新的 DHCP 过程。

- 在 Windows 环境下，租约期满后，DHCP 客户端可以向 DHCP 服务器发送一个___(14)___报文来请求重新租用 IP 地址。(2017 年 11 月第 36 题)

  (14) A. Dhcp discover　　B. Dhcp request
  C. Dhcp renew　　D. Dhcp ack

  【答案】(14) A

  【解析】当客户机的租约期到 50%的时候，会向 DHCP 服务器发送 Dhcprequest 进行续约。如果客户机接收到该服务器回应的 Dhcp ack 消息包，客户机就根据包中所提供的新的租期以及其他已经更新的 TCP/IP 参数，更新自己的配置，IP 租期更新完成。如果没有收到该服务器的回复，则客户机继续使用现有的 IP 地址，因为当前租期还有 50%。如果在租期过去 50%的时候没有更新，则客户机将在租期过去 87.5%的时候，再次联系 DHCP 服务器进行续约。如果还不成功，到租约的 100%时候，客户机必须放弃这个 IP 地址，重新申请。如果此时无 DHCP 可用，客户机会使用 169.254.0.0/16 中随机的一个地址，并且每隔 5 分钟再进行尝试。

- 在 Linux 中，___(15)___是默认安装 DHCP 服务器的配置文件。(2017 年 11 月第 32 题)

  (15) A. /etc/dhcpd.conf　　B. /etc/dhcp.conf
  C. /var/dhcpd.conf　　D. /var/dhcp.conf

  【答案】(15) A

  【解析】大家可以扩展思考一下 WEB 服务器，DNS 服务器的配置文件。

9.8 Linux 网络配置

9.8.1 考点精讲

Linux 系统中设备和配置都是文件，网络相关配置文件大多数位于/etc 目录下，这些文件可以在系统运行时修改，不用重启或停止任何守护程序，更改立刻生效；“#”开头的是注释内容。我们需要重点掌握以下几个文件，至少明白每个文件的作用，看得懂大体配置。

（1）网络配置文件：/etc/sysconfig/network-script/ifcfg-enoxxx。

```
TYPE=Ethernet                          #网络接口类型：以太网
BOOTPROTO=none                         #配置静态地址
DEFROUTE=yes
…
NAME=eno1621222                        #网卡名称
UUID=6120dma3-8123-41jf-mb23-rjedo2
ONBOOT=no
IPADDR0=192.168.0.2                    #IP 地址
PREFX0=24                              #子网掩码
GATEWAY0=192.168.0.1                   #网关地址
DNS1=114.114.114.114                   #DNS 地址
HWADDR=00:0C:29:61:34:7D               #网卡物理地址
```

（2）/etc/hostname 系统主机名文件。

（3）/etc/hosts 包含三个字段[IP 地址][hostname][aliases]，即[IP 地址]、[主机名]和[别名]，其中别名是可选的，如下为 hosts 文件的内容：

```
127.0.0.1      PC1   localhost         #IP 地址为 127.0.0.1 的主机名是 PC1，别名是 localhost
192.168.1.1    PC2                     #IP 地址为 192.168.1.1 的主机名是 PC2，没有别名
…
```

（4）/etc/host.conf #解析器查询顺序配置文件。

```
vi /etc/host.conf
order hosts bind        #表示先查询本地 hosts 文件，如果没有结果，再尝试查找 BIND dns 服务器
```

（5）/etc/resolv.conf 是 DNS 服务器的配置文件，包含了主机的域名搜索顺序和 DNS 服务器的地址。

```
[root@localhost ~]# cat /etc/resolv.conf        #查看该文件中的内容
# Generated by Network Manager
nameserver 8.8.8.8                              #google 主 DNS 服务器
nameserver 8.8.4.4                              #google 备用 DNS 服务器
```

（6）Linux 网络接口配置。

ifconfig 命令可以设置网络 IP 地址，具体格式是 ifconfig interface-name ip-address up|down，下面是 ifconfig 配置案例：

```
[root@localhost~]#ifconfig eno11230132 10.1.1.1 netmask 255.255.255.0 up
#配置接口 IP 地址是 10.1.1.1，掩码是 255.255.255.0，并启用网卡
```

```
[root@localhost~]#ifconfig eno11230132      #显示接口的 IP、MAC 等信息
inet 10.1.1.1 netmask 255.255.255.0          #IP 地址是 10.1.1.1/24
ether 00:20:57:95:23:ce txqueuelen 1000（Ethernet）#MAC 地址是 00:20:57:95:23:ce
```

（7）route 配置路由的命令。

```
Route [add|del] [-net|-host] target [netmask Nm] [gw GW] [if]
route add -net   target 3.3.3.0/24 gw 2.2.2.254
route add –host   target 192.168.168.119 gw 192.168.168.1
```

（8）netstat 网络查询命令。

```
-a   显示所有连接的信息，包括正在侦听的
-i   显示已配置网络设备的统计信息
-c   持续更新网络状态（每秒一次）直到被人终止
-r   显示路由表
-n   以数字格式而不是以名称显示远程和本地地址
```

9.8.2 即学即练·精选真题

- 网络管理员用 netstat 命令监测系统当前的连接情况，若要显示所有 80 端口的网络连接，则应该执行的命令是___（1）___。（2021 年 5 月第 48 题）

  （1）A．netstat -n -p | grep SYN_REC | wc -I　　B．netstat -anp | grep 80

  　　C．netstat -anp | grep 'tep|udp'　　D．netstat -plan |awk {'print$5'}

  【答案】（1）B

  【解析】管道符 grep 用于筛选。

- 在 Linux 系统中，不能为网卡 eth0 添加 IP:192.168.0.2 的命令是___（2）___。（2021 年 5 月第 49 题）

  （2）A．ifconfig eth0 192.168.0.2 netmask 255.255.255.0 up

  　　B．ifconfig eth0 192.168.0.2/24 up

  　　C．ipaddr add 192.168.0.2/24 dev eth0

  　　D．ipconfig eth0 192.168.0.2/24 up

  【答案】（2）D

  【解析】ipconfig 是 Windows 命令。

- 管理员为某台 Linux 系统中的/etc/hosts 文件添加了如下记录，下列说法正确的是___（3）___。（2014 年 11 月第 31 题）

  127.0.0.1 localhost.localdomain localhost

  192.168.1.100 linumu100.com web80

  192.168.1.120 emailserver

  （3）A．linumu100.com 是主机 192.168.1.100 的主机名

  　　B．web80 是主机 192.168.1.100 的主机名

  　　C．emailserver 是主机 192.168.1.120 的别名

  　　D．192.168.1.120 行记录的格式是错误的

【答案】(3) A

【解析】考查 Linux 系统中的文件功能。

其他题目参考 DNS 小节，涉及知识点与本小节是相通的。

9.9 Linux 文件和目录管理

9.9.1 考点精讲

1. Linux 文件系统架构

Linux 系统所有设备都对应一个文件，使用索引节点记录文件信息，每个索引节点有编号。多级目录树形层次结构，最上层是根目录，用"/"表示，Linux 系统只有一个根目录。Windows 系统中，每个磁盘分区都是单独的树，所以可能有多个根，文件夹嵌套通过"\"区分，如下所示：

- Linux 系统：/etc/host
- Windows 系统：E:\test\test.txt

Linux 文件挂载是将一个文件系统的顶层目录挂到另一个文件系统的子目录上，使它们成为一个整体。但有两点需要注意：

(1) 挂载点必须是一个目录，而不能是一个文件。

(2) 一个分区挂载到一个已知的目录节点上，这个目录可以不为空，但挂载后这个目录以前的内容不可用。

2. Linux 文件类型与访问权限

Linux 文件类型与访问权限，这是重点考点，常与 chmod 命令结合考查。Linux 系统中包含 5 种文件类型，4 种权限和 3 类用户。

- 5 种文件类型：普通文件、目录文件、链接文件、设备文件和管道文件；-表示普通文件，d 表示目录文件，l 表示链接文件，b 表示设备文件，p 表示管道文件。
- 4 类权限：r 表示读，w 表示写、x 表示执行、-表示无访问权限。
- 3 类用户：文件所有者、与文件所有者同组用户和其他用户。

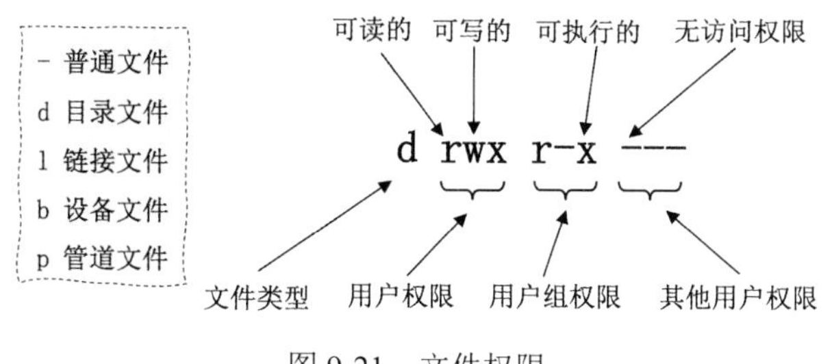

图 9-21 文件权限

3. 13 个重要操作命令

(1) cat 命令：用来在屏幕上滚动显示文件的内容，cat 命令也可以同时查看多个文件的内容，还可以用来合并文件，命令格式是 cat [-选项] fileName [filename2] … [fileNameN]。

（2）more 命令：如果文本文件比较长，一屏显示不完，这时可以使用 more 命令将文件内容分屏显示，按空格翻页。

（3）less 命令：less 命令的功能与 more 命令很相似，也是按页显示文件，不同的是 less 命令在显示文件时允许用户可以向前或向后翻阅文件。按 B 键向前翻页显示，按 P 键向后翻页显示，输入百分比显示指定位置，按 Q 键退出显示。

（4）文件复制命令 cp，曾多次考查。

命令格式是 cp [-选项] <source filename> <targetfilename> ，包含如下多个选项：

-a 整个目录复制。它保留链接、文件属性，并递归地复制子目录。

-f 强制：强制删除已经存在的目标文件且不提示。

-i 互动：如果文件将覆盖目标中的文件，他会提示确认。

-r 递归：这个选项会复制整个目录树、子目录以及其他。

-v 详细：显示文件的复制进度。

（5）文件移动命令 mv。

（6）文件删除命令 rm，格式为 rm [-选项] fileName |directory，包含如下选项：

-f: 忽略不存在的文件，从不给出提示。

-r: 指示 rm 将参数中列出的全部目录和子目录均递归地删除。

大家可能听过最大的笑话：删库跑路，使用的命令是 rm -rf /*，表示强制递归删除根目录下的所有文件，相当于把操作系统文件全部删除。

（7）、（8）创建/删除目录命令 mkdir/rmdir，例如 mkdir test 表示创建目录 test。

（9）改变目录命令 cd，例如 cd /表示切换到根目录。

（10）显示当前目录路径命令 pwd。

（11）列出目录的命令 ls，曾经多次考查，包含如下选项：

-l 长列表显示详细信息（19 上 33）

-d 只列出目录名，不列出其他内容

-t 按修改时间排序（18 下 30）

-s 按文件的大小（Size）排序

-r 逆序排列 reverse

-i 显示文件的 inode 号（索引号）

（12）文件访问权限命令 chmod，这是高频考点，例如 chmod g+rw test.txt 表示给 test.txt 文件所有者同组的用户添加读和写权限。

（13）文件链接命令 ln，ln 命令的功能是在文件之间创建链接，类似 Windows 的快捷访问方式。

9.9.2 即学即练·精选真题

- 在 Linux 中，可以使用命令__（1）__将文件 abc.txt 拷贝到目录/home/my/office 中，且保留原文件访问权限。（2021 年 11 月第 32 题）

（1）A．$cp -i abc.txt /home/my/office　　B．$cp -p abc.txt /home/my/office

C．$cp -R abc.txt /home/my/office　　D．$cp -f abc.txt /home/my/office

【答案】（1）B

【解析】cp 常见选项如下：

- -a：此选项通常在复制目录时使用，它保留链接、文件属性，并复制目录下的所有内容。
- -d：复制时保留链接。这里所说的链接相当于 Windows 系统中的快捷方式。
- -f：覆盖已经存在的目标文件而不给出提示。
- -i：与-f 选项相反，在覆盖目标文件之前给出提示，要求用户确认是否覆盖，回答 y 时目标文件将被覆盖。
- -p：除复制文件的内容外，还把修改时间和访问权限也复制到新文件中。
- -r：若给出的源文件是一个目录文件，此时将复制该目录下所有的子目录和文件。
- -l：不复制文件，只是生成链接文件。

● 在 Linux 中，要使用命令“chmod -R xxx/home/abc”修改目录/home/abc 的访问权限为可读、可写、可执行，命令中的“xxx”应该是＿（2）＿。（2020 年 11 月第 33 题）

（2）A．777　　B．555　　C．444　　D．222

【答案】（2）A

【解析】用数字表示读写权限 4+2+1=7 表示可读可写可执行。常见权限：

444 r--r--r--

600 rw-------

644 rw-r--r--

666 rw-rw-rw-

700 rwx------

744 rwxr--r--

755 rwxr-xr-x

777 rwxrwxrwx

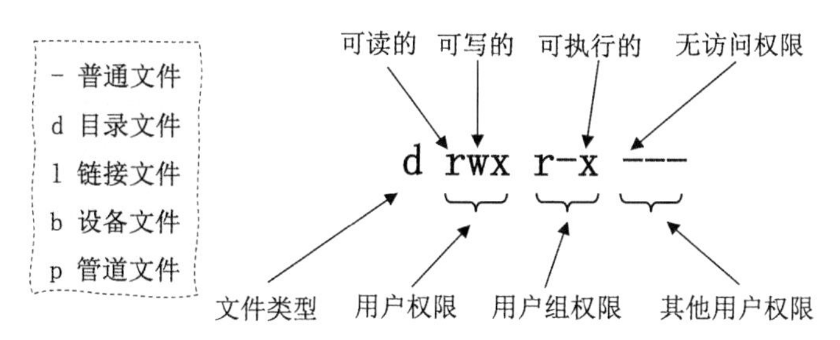

● 在 Linux 系统中，要将文件复制到另一个目录中，为防止意外覆盖相同文件名的文件，可使用＿（3）＿命令实现。（2020 年 11 月第 32 题）

（3）A．cp -a　　B．cp -i　　C．cp -R　　D．cp -f

【答案】（3）B

【解析】本题考查 cp 的选项：

- -a：此选项通常在复制目录时使用，它保留链接、文件属性，并复制目录下的所有内容。

- -i：与-f选项相反，在覆盖目标文件之前给出提示，要求用户确认是否覆盖，回答y时目标文件将被覆盖。
- cp -R对特殊文件（管道文件，块设备文件，字符设备文件）会进行创建操作，而不是拷贝。
- -f：覆盖已经存在的目标文件而不给出提示。

● 在Linux中，可以使用命令___（4）___针对文件newfiles.txt为所有用户添加执行权限。（2019年5月第31题）

（4）A. chmod –x newfile.txt　　B. chmod +x newfile.txt
　　C. chmod –w newfile.txt　　D. chmod +w newfile.txt

【答案】（4）B

【解析】x表示执行权限，w表示写权限，+表示添加，-表示删除。

● 在Linux中，要查看文件的详细信息，可使用___（5）___命令。（2019年5月第33题）

（5）A. ls -a　　B. ls -l　　C. ls -i　　D. ls -s

【答案】（5）B

【解析】ls选项如下：

-a　all，查看目录下的所有文件，包括隐藏文件
-l　长列表显示详细信息
-h　human 以人性化的方式显示出来
-d　只列出目录名，不列出其他内容
-t　按修改时间排序
-s　按文件的大小（Size）排序
-r　逆序排列reverse
-i　显示文件的inode号（索引号）

● 在Linux中，___（6）___命令可将文件按修改时间顺序显示。（2018年11月第30题）

（6）A. ls -a　　B. ls -b　　C. ls -c　　D. ls -d

【答案】（6）C

【解析】ls选项如下：

-a 显示所有文件
-b 把文件中不可输出的字符用反斜杠加字符编号形式输出
-c 将文件按修改时间顺序显示
-d 显示目录的信息

● 在Linux中，强制复制目录的命令是___（7）___。（2018年11月第31题）

（7）A. cp -f　　B. cp -i　　C. cp -a　　D. cp -l

【答案】（7）A

【解析】cp -f强制复制目录的命令；cp -i覆盖前先询问用户；cp -a保留原文件属性的前提下复制文件；cp -l对文件建立硬连接，而非复制文件。

- 在Linux中，要更改一个文件的权限设置可使用___（8）___命令。（2018年5月第32题）

  （8）A．attrib　　B．modify　　C．chmod　　D．change

  【答案】（8）C

  【解析】chmod用于更改文件的属性，语法格式为：chmod [who] [opt] [mode] 文件/目录名

  其中who表示对象，是以下字母中的一个或组合：u（文件所有者）、g（同组用户）、o（其他用户）、a（所有用户）；opt则代表操作，可以为：+（添加权限）、-（取消权限）、=（赋予给定的权限，并取消原有的权限）；mode则代表权限。

9.10　Linux用户和组管理

9.10.1　考点精讲

Linux系统中最重要的是超级用户，即根用户root，UID=0。Linux系统中有两个重要密码文件，/etc/passwd和/etc/shadow。每个用户在/etc/passwd文件中都有一行对应记录，该文件对所有用户都是可读的，分为7个域，记录了这个用户的基本属性，格式如下：

[用户名]：[密码]：[UID]：[GID]：[身份描述]：[主目录]：[登录shell]

/etc/shadow文件只有超级用户root能读，该文件包含了系统中的所有用户及其加密口令等相关信息，分成9个域，具体字段见表9-4。

表9-4　两个密码文件对比

文件名	字段	描述
/etc/passwd	root2:x:0:0::/home/root2:bin/bash	[用户名]：[密码]：[UID]：[GID]：[身份描述]：[主目录]：[登录shell]
/etc/shadow	bin:*:16579:0:99999:7:::	1．[账户名称] 2．[加密后的密码]如果这一栏的第一个字符为！或者*的话，说明这是一个不能登录的账户 3．[最近改动密码的日期]（这个是从1970年1月1日算起的总的天数）。 4．[密码不可被变更的天数]设置了这个值，则表示从变更密码的日期算起，多少天内无法再次修改密码，如果是0的话，则没有限制。 5．[密码需要重新变更的天数]：如果为99999则没有限制 6．[密码过期预警天数] 7．[密码过期的宽恕时间]：如果在5中设置的日期过后，用户仍然没有修改密码，则该用户还可以继续使用的天数 8．[账号失效日期]过了这个日期账号就无法使用 9．[保留的]

知识小扩展：Linux 起源于 UNIX，UNIX 系统最初用明文保存密码，后来由于安全的考虑，采用 crypt()算法加密密码并存放在/etc/passwd 文件中。现在，由于计算机处理能力的提高，使密码破解变得越来越容易。/etc/passwd 文件是所有合法用户都可访问的，大家都可以互相看到密码加密后字符串，这给系统带来了很大安全威胁。现代的 UNIX/Linux 系统都把密码从/etc/passwd 文件中分离出来，真正的密码保存在/etc/shadow 文件中，shadow 文件只能由超级用户 root 访问。这样入侵者就不能获得加密密码串，用于破解。使用 shadow 密码文件后，/etc/passwd 文件中所有帐户的 password 域的内容为"x"，使用 passwd 程序可修改用户的密码。

另外，大家需要了解 Linux 用户相关的操作命令。

[root@redhat-64 ~]# useradd test1　　　　#创建用户名为 test1 的用户

[root@redhat- 64 ~]# useradd -d /home/123 test1　　　　#用户创建成功后，默认会在/home 目录下新建一个与用户名相同的用户主目录，也可以为 test1 用户指定主目录为/home/123

[root@redhat-64 ~]# useradd -g group1 test1　　　　#将用户 test1 添加到 group1 组

[root@redhat-64 ~]# passwd test1　　　　#创建或修改 test1 的密码

[root@redhat-64 ~]# userdel -r test1　　　　#删除用户 test1，-r 表示把用户主目录一起删除

[root@redhat-64 ~]#groupdel group1　　　　#删除 group1 用户组

9.10.2 即学即练·精选真题

- 在 Linux 系统中，要删除用户组 group1 应使用＿（1）＿命令。（2015 年 5 月第 32 题）

（1）A．[root@localhost]delete group1　　B．[root@localhost]gdelete group1

C．[root@localhost]groupdel group1　　D．[root@localhost]gd group1

【答案】（1）C

【解析】需掌握常规 Linux 命令。

- 在 Linux 系统中，存放用户账号加密口令的文件是＿（2）＿。（2009 年 11 月第 34 题）

（2）A．/etc/sam　　B．/etc/shadow　　C．/etc/group　　D．/etc/security

【答案】（2）B

【解析】/etc/shadow 和/etc/passwd 两个文件都是加密存储。

第10章 组网技术

10.1 考点分析

本章所涉及的考点分布情况见表 10-1。

表 10-1 本章所涉考点分布情况

年份	试题分布	分值	考核知识点
2015 年 5 月	11～12，18，28，58	5	交换机基础命令、路由器接口、组网架构
2015 年 11 月	55～59	5	路由器交换机基础配置、路由表
2016 年 5 月	13，28～31，56～58	9	路由器接口、基础命令、路由表
2016 年 11 月	19，56～59	5	路由器接口、基础命令
2017 年 5 月	46～50，56	6	路由器交换机基础配置
2017 年 11 月	29，30，48～50，56，66～70	11	MAC 地址表、路由表、直通交换、网络故障分析
2018 年 5 月	64～67	4	基础命令、路由表、路由器接口
2018 年 11 月	38，64，66～69	6	基础命令、三层交换机
2019 年 5 月	48～50，57～58	5	基础命令、MAC 地址表、路由表
2019 年 11 月	63～64，67	3	路由表、组网架构
2020 年 11 月	20，21，60	3	基础命令、HFC
2021 年 5 月	48，49，56，57，60	5	基础命令
2021 年 11 月	11，56，57，59	4	光纤中继器、基础命令
2022 年 5 月	12，13	2	交换机原理、背板带宽

（1）本章部分内容与第 6 章和第 12 章重合，上午试题考查 5 分左右，主要考查路由器交换机基础配置和路由器接口类型。

（2）下午试题案例分析中会考一道大题，15 分左右，相关知识点会在第 18 章集中讲解。

10.2 交换机基础

10.2.1 考点精讲

1. 交换机分类

（1）交换机根据交换方式不同，可以分为存储转发式交换机、直通式交换机和碎片过滤式交换机。它们的特点和优缺点统计见表 10-2。

表 10-2 各种交换方式的特点及优、缺点

交换方式	特点	优点	缺点
存储转发式交换（Store and Forward）	完整接收数据帧，缓存、验证、碎片过滤，然后转发	可以提供差错校验和非对称交换	延迟大
直通式交换（Cut-through）	输入端口扫描到目标 MAC 地址后立即开始转发，适用于二层交换机	延迟小，交换速度快	没有检错能力，不能实现非对称交换
碎片过滤式交换（Fragment Free）	转发前先检查数据包的长度是否够 64 个字节，如果小于 64 个字节，说明是冲突碎片，丢弃；如果大于等于 64 个字节，则转发该包	—	—

（2）根据协议层次，交换机可以分为二层交换机、三层交换机、多层交换机。

（3）根据结构，交换机可以分为固定端口交换机、模块化交换机。

（4）根据配置方式，交换机可以分为堆叠交换机、非堆叠交换机。完成堆叠后，相当于把多台设备虚拟成了一台，所有设备共享背板带宽，通过一个配置界面进行管理和配置（交换机连接方式：级联和堆叠）。

（5）根据管理类型，交换机可以分为网管交换机、非网管交换机、智能交换机、SDN 交换机。

（6）根据网络层次结构，交换机可以分为核心交换机、汇聚交换机、接入交换机。

2. 交换机性能参数

交换机性能参数很多，常见的有：端口类型与带宽、传输模式、交换容量、包转发率、MAC 地址数、VLAN 表项、ARP 表容量等。

- 端口类型与带宽：RJ-45 电口、光口，10M/100M/1000M/10G/40G/100G 等。
- 传输模式：半双工、全双工。
- 交换容量：端口数×端口速率×2。
- 包转发率：单位时间内发送 64 字节数据包的个数，1000M 接口线速转发的包转发率是 1.488Mb/s。
- MAC 地址数：交换机 MAC 地址表中可以存储最大的 MAC 地址数量。
- VLAN 表项：交换机最大支持的 VLAN 数量，主流企业级交换机支持 4094 个 VLAN。

10.2.2 即学即练·精选真题

● 交换机的二层转发表空间被占满，清空后短时间内仍然被占满，造成这种现象的原因可能是 （1） 。（2021 年 11 月第 47 题）

（1）A．交换机内存故障　　B．存在环路造成广播风暴

C．接入设备过多　　D．利用假的 MAC 进行攻击

【答案】（1）D

【解析】MAC 地址表被占满，最可能存在 MAC 地址泛洪攻击，通过制造大量虚假 MAC 地址，耗尽交换机 MAC 地址表。

● 下列通信设备中，采用存储转发方式处理信号的设备是 （2） 。（2021 年 5 月第 11 题）

（2）A．中继器　　B．放大器　　C．交换机　　D．集线器

【答案】（2）C

【解析】中继器和集线器单纯做信号放大，网络领域很少提放大器。交换机按交换方式可以分为存储转发式交换机、直通式交换机和碎片过滤式交换机。

● 以下关于直通式交换机和存储转发式交换机的叙述中，正确的是 （3） 。（2019 年 5 月第 14 题）

（3）A．存储转发式交换机采用软件实现交换

B．直通式交换机存在坏帧传播的风险

C．存储转发式交换机无需进行 CRC 校验

D．直通式交换机比存储转发式交换机速度慢

【答案】（3）B

【解析】本题考查三种交换方式的优、缺点。

● 以下关于三层交换机的叙述中，正确的是 （4） 。（2018 年 11 月第 64 题）

（4）A．三层交换机包括二层交换和三层转发，二层交换由硬件实现，三层转发采用软件实现

B．三层交换机仅实现三层转发功能

C．通常路由器用在单位内部，三层交换机放置在出口

D．三层交换机除了存储转发外，还可以采用直通交换技术

【答案】（4）A

【解析】三层交换机不仅可以实现二层交换功能，还能实现三层路由功能。路由器一般用在出口，三层交换机用在单位内部，三层交换机不采用直通交换技术。

● 100BASE-TX 交换机，一个端口通信的数据速率（全双工）最大可以达到 （5） 。（2018 年 5 月第 12 题）

（5）A．25Mb/s　　B．50Mb/s　　C．100Mb/s　　D．200Mb/s

【答案】（5）D

【解析】全双工通信，即通信的双方可以同时发送和接收信息，所以带宽是 200Mb/s。

10.3 路由器基础

10.3.1 考点精讲

1. 路由器接口类型

路由器的主要接口形态有以太网电口、以太网光口、AUI 接口、Serial 串行接口、ISDN BRI/PRI 接口、SDH POS 接口。随着网络的发展，大部分接口都已经被淘汰，目前用得最多的是以太网电口和以太网光口，偶尔采用 SDH POS 接口。针对不同接口的说明见表 10-3。

表 10-3 路由器接口类型与说明

接口类型	说明
以太网电口	常规 RJ-45 网线口，速率一般为 100M/1000M/10G
以太网光口	常规光纤接口，类型较多，比如有 SC/GBIC/SFP/SPF+/SFP28 接口，速率一般为 100M/1000M/10G/40G/100G
AUI 接口	用于令牌环或总线型以太网接口（已淘汰）
Serial 串口	用于连接 DDN、帧中继、X.25、PSTN 等网络（已淘汰）
ISDN BRI/PRI 接口	ISDN 线路互联接口（已淘汰）
SDH POS 接口	实现与 SDH 网络互联，速率一般为 155M/622M/2.5G/10G

2. 路由器管理方式

路由器管理方式很多，主要有 Console 接口管理、AUX 管理、Telnet/SSH 远程管理、浏览器管理、网管软件管理。不同的管理方式对比见表 10-4。

表 10-4 路由器管理方式与说明

管理方式	说明
Console 接口管理	连接设备 Console 接口进行管理，不能实现远程管理
AUX 管理	AUX 端口连接 Modem，可实现远程访问
Telnet/SSH 远程管理	只要 IP 可达，即可通过 Telnet/SSH 远程登录设备进行管理，其中 Telnet 是明文传输，SSH 是加密传输
浏览器管理	通过浏览器登录设备，进行管理操作
网管软件管理	网管软件可以通过 SNMP 等网管协议，对设备进行可视化管理

10.3.2 即学即练·精选真题

- 路由器通常采用____(1)____连接以太网交换机。（2018 年 5 月第 16 题）

  （1）A. RJ-45 端口　B. Console 端口　C. 异步串口　D. 高速同步串口

【答案】(1) A

【解析】以太网交换机都是以太网接口，要么是RJ-45电口，要么是光口，常见的光接口有SPF、SPF+。

- 下面关于路由器的描述中，正确的是___(2)___。(2018年5月第67题)

(2) A．路由器串口和以太网口是成对的

B．路由器中串口与以太网口的IP地址必须在同一网段

C．路由器的串口之间通常是点对点的连接

D．路由器的以太网口之间必须是点对点连接

【答案】(2) C

【解析】A项路由器串口和以太网口没有必然联系。B项路由器的不同接口应该属于不同网段。C项路由器的串口之间通常是点对点的连接，正确。D项以太网口不是点对点的网络，以太网是共享式网络，即点对多点的网络。

第11章 网络管理

11.1 考点分析

本章所涉及的考点分布情况见表11-1。

表11-1 本章所涉考点分布情况

年份	试题分布	分值	考核知识点
2015年5月	46～50	5	SNMP、SNMPv3、tracert、netstat
2015年11月	46，48～50	5	netstat、tracert、SNMP、SNMPv2
2016年5月	47～50，64	5	SNMP、nslookup、ping、tracert
2016年11月	30～31，39，47，48	5	tracert、nslookup、SNMP、arp
2017年5月	28～30，50	4	arp、ping
2017年11月	43，46，47，59	4	ipconfig、SNMP、arp
2018年5月	43，46～49	5	ping、SNMP
2018年11月	39，46～51，61	8	ipconfig、SNMP、route print、ping
2019年5月	34，45～47	4	ipconfig、netstat、OID
2019年11月	35，38，39，57	4	ipconfig、nslookup、tracert
2020年11月	34，46，48，50	4	nslookup、SNMP轮询、SNMP
2021年5月	46～48，50	4	SNMP、netstat
2021年11月	34，40，46，48	4	ipconfig、SNMP、网络故障排查
2022年5月	46，47，49，50	4	SNMP组件、ipconfig、SNMP端口号、SNMP报文

本章知识点一般考查4～5分，高频考点是简单网络管理协议（Simple Network Management Protocol，SNMP）和网络管理命令。

11.2 网络管理基础

11.2.1 考点精讲

网络管理的五大功能有：故障管理、配置管理、计费管理、性能管理和安全管理。其中，故障管理是为了尽快发现故障，找出故障原因，以便采取补救措施。网管系统中代理与监视器的两种通信方式为轮询和事件报告。

11.2.2 即学即练·精选真题

- 假设有一个 LAN，每 10 分钟轮询所有被管理设备一次，管理报文的处理时间是 50ms，网络延迟为 1ms，没有明显的网络拥塞，单个轮询需要时间大约为 0.2s，则该管理站最多可支持＿＿（1）＿＿个设备。（2020 年 11 月第 46 题）

  （1）A．4500　　B．4000　　C．3500　　D．3000

  【答案】（1）D

  【解析】 10min=600s 轮询一遍，每个设备耗时 0.2s，即 10×60/0.2=3000 个设备。

- 网络管理系统中故障管理的目标是＿＿（2）＿＿。（2015 年 5 月第 48 题）

  （2）A．自动排除故障　B．优化网络性能　C．提升网络安全　D．自动检测故障

  【答案】（2）D

  【解析】 本题考查网络管理的功能解释，理解即可。

11.3 SNMP 协议

11.3.1 考点精讲

1．网络管理协议标准

网络管理协议一共有 5 大标准，分别是：

（1）公共管理信息服务（Common Management Information Service，CMIS）和公共管理信息协议（Common Management Information Protocol，CMIP），即 CMIS/CMIP，由国际标准化组织（International Organization for Standardization，ISO）制定。

（2）简单网络管理协议（Simple Network Management Protocol，SNMP），一共有 SNMPv1、SNMPv2、SNMPv3 这 3 个版本，主要应用在 TCP/IP 网络环境。

（3）远程监控网络 RMON（Remote Monitoring Network），一共有 RMON-1 和 RMON-2 这 2 个版本，主要应用于局域网环境。

（4）公共管理信息服务与协议 CMOL（CMIP over LLC）。该协议直接位于 IEEE 802 逻辑链路层（LLC）上，它可以不依赖于任何特定的网络层协议进行网络传输。

（5）电信网络管理标准（Telecommuni cations Management Network，TMN），由国际电信联盟电信标准分局（ITU-T for ITU Telecommunication Standardization Sector）制定，主要应用在运营商网络中。

2. SNMPv1

SNMP 为应用层协议，通过 UDP 承载，客户本地使用端口号 161，服务器本地使用端口号 162。由于 SNMP 是 UDP 承载，UDP 报头精简，效率很高，所以通过 SNMP 进行网络管理对网络业务影响小。但 UDP 没有流量控制和拥塞控制等机制，可靠性较低。

（1）SNMP 协议的操作。SNMP 一共定义了 5 个操作，分别是 get-request、get-next-request、set-request、get-response、trap，为了简化书写，前三个可以简写为 get、get-next 和 set，它们是网管服务器端发给客户端的消息，相当于领导找下属，后两个操作用于客户端向网管服务器反馈信息。具体的操作说明见表 11-2。SNMP 是双端口协议（161/162），客户端用端口 161 来接收 get/set 消息，服务器端用端口 162 来接收 trap。

表 11-2　SNMP 操作说明

操作编号	分类	名称	用途
0	网管找客户端（领导找下属）	get-request	查询一个或多个变量的值
1		get-next-request	在 MIB 树上检索下一个变量
2		set-request	对一个或多个变量的值进行设置
3	客户端反馈（下属向领导汇报）	get-response	对 get/set 报文做出响应
4		trap	向管理进程报告代理发生的事件

（2）SNMPv1 安全机制与问题。SNMP 网络管理中，管理站和代理站之间可以是一对多关系，也可以是多对一关系。RFC1157 规定 SNMP 基本认证和控制机制，通过团体名验证实现，如图 11-1 所示，每个代理进程 agent 管理若干个对象，并且与某些管理站 Manager 建立团体（community）关系，相当于简单的认证方式，简单理解 community 就是密码。团体名 community 通过明文传输，不安全。

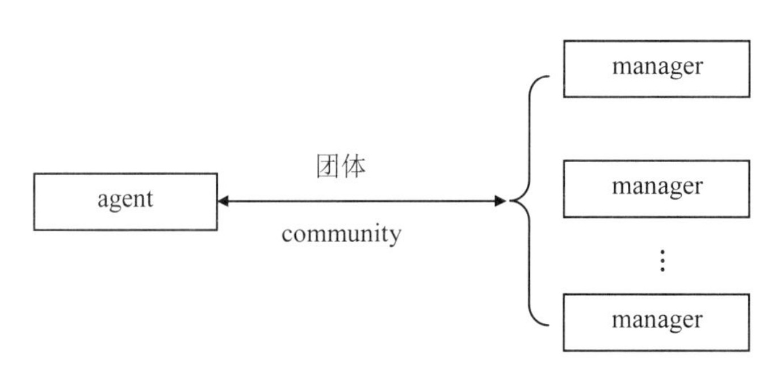

图 11-1　SNMPv1 团体关系

3. SNMPv2

SNMPv2 增加定义了 GetBulk 和 Inform 两个新操作。

- GetBulk：快速获取大块数据。
- Inform：允许一个 NMS 向另一个 NMS 发送 Trap 信息/接收响应消息。

4. SNMPv3

SNMPv3 重新定义了网络管理框架和安全机制，将前两版中的管理站和代理统一叫作 SNMP 实体（entity）。增加了时间序列模块、认证模块和加密模块三类安全模块。

- 时间序列模块：提供重放攻击防护。
- 认证模块：提供完整性和数据源认证，使用 SHA 或 MD5。
- 加密模块：防止内容泄露，使用 DES 算法。

但有两种威胁是 SNMPv3 没有防护的，它们是拒绝服务和通信分析。

5. SNMP MIB 库

SNMP 中被管理对象称作对象标识符（Object Identifier，OID），需要牢记 OID 格式。如图 11-2 所示，private 的 OID 表示为：OID=1.3.6.1.4。

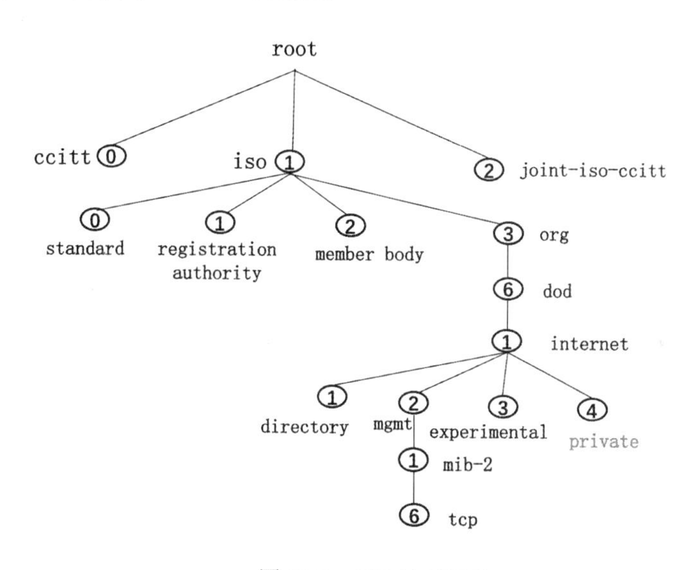

图 11-2 OID 注册层次

11.3.2 即学即练·精选真题

- Windows 系统想要接收并转发本地或远程 SNMP 代理产生的陷阱消息，则需要开启的服务是 ＿（1）＿。（2021 年 5 月第 50 题）

  （1）A. SNMPServer 服务　　B. SNMPTrap 服务

  C. SNMPAgent 服务　　D. RPC 服务

【答案】（1）B

【解析】SNMP 中只有 SNMPService 和 SNMPTrap 两个服务，后者用于接收 SNMP 代理产生的陷阱消息。

- Windows 系统中的 SNMP 服务程序包括 SNMPService 和 SNMPTrap。其中 SNMPService 接收 SNMP 请求报文，根据要求发送响应报文，而 SNMPTrap 的作用是___（2）___。（2020 年 11 月第 48 题）

  （2）A. 处理本地计算机上的陷入信息

  B. 被管对象检测到差错，发送给管理站

  C. 接收本地或远程 SNMP 代理发送的陷入信息

  D. 处理远程计算机发来的陷入信息

  【答案】（2）C

  【解析】不要错选 B 项，B 项描述的是客户端的 Trap 报文，而题目问的是 SNMPTrap 服务。

- Windows 中标准的 SNMPService 和 SNMPTrap 分别使用的默认 UDP 端口是___（3）___。（2020 年 11 月第 50 题）

  （3）A. 25 和 26　　B. 160 和 161　　C. 161 和 162　　D. 161 和 160

  【答案】（3）C

【解析】SNMP Service 相当于 SNMP 客户端，使用端口 161，SNMPTrap 相当于服务器端，使用端口 162。为了方便大家理解，可参考下图：

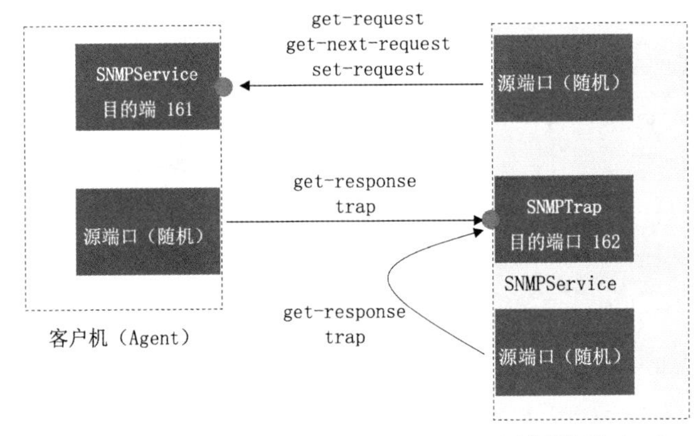

- Windows 7 环境下，在命令行状态下执行___（4）___命令，可得到下图所示的输出结果，输出结果中的___（5）___项，说明 SNMP 服务已经启动，对应端口已经开启。（2019 年 5 月第 45～46 题）

C:\Users\Administrator>
活动连接

协议	本地地址	外部地址	状态
TCP	0.0.0.0:135	DHKWDF5E3QDGPBE:0	LISTENING
TCP	0.0.0.0:445	DHKWDF5E3QDGPBE:0	LISTENING
TCP	192.168.1.31:139	DHKWDF5E3QDGPBE:0	LISTENING
TCP	[::]:135	DHKWDF5E3QDGPBE:0	LISTENING

```
TCP     [::]:445          DHKWDF5E3QDGPBE:0    LISTENING
UDP     0.0.0.0:161       *:*
UDP     0.0.0.0:500       *:*
UDP     0.0.0.0:4500      *:*
UDP     [::]:161          *:*
UDP     [::]:500          *:*
UDP     [::]:4500         *:*
```

（4）A．netstat -a　　B．ipconfig /all
　　C．tasklist　　D．net start

（5）A．UDP 0.0.0.0:161　　B．UDP 0.0.0.0:500
　　C．TCP 0.0.0.0:135　　D．TCP 0.0.0.0:445

【答案】（4）A　（5）A

【解析】 netstat -a 命令显示所有连接和监听端口。SNMP 使用 UDP 作为传输协议，客户端使用 161 端口，服务器端使用 162 端口。

- 使用 snmptuil.exe 可以查看代理的 MIB 对象。下列文本框内 OID 部分是__（6）__。（2019 年 5 月第 47 题）

```
C:\221>snmptuil get 192.168.1.31 public.1.3.6.1.2.1.1.3.0
Variable=system.sysUpTime.0
Value=TimeTicks 1268803
```

（6）A．192.168.1.31　　B．1.3.6.1.2.1.1.3.0
　　C．system.sysUptime.　　D．Time Ticks 1268803

【答案】（6）B

【解析】 熟悉 OID 格式即可。

- 在 SNMP 中，管理站要设置被管理对象属性信息，采用__（7）__命令进行操作。被管理对象有差错报告，采用__（8）__命令进行操作。（2018 年 11 月第 46～47 题）

（7）A．get　　B．getnext　　C．set　　D．trap

（8）A．get　　B．getnext　　C．set　　D．trap

【答案】（7）C　（8）D

【解析】 本题考查 SNMP 被管理对象与管理站通信的 5 个报文。

- SNMP 协议实体发送请求和应答报文的默认端口号是__（9）__。（2018 年 11 月第 48 题）

（9）A．160　　B．161　　C．162　　D．163

【答案】（9）B

【解析】 SNMPv3 将前两版中的管理站和代理统一叫作 SNMP 实体（entity），发送请求表明该实体是客户端，客户端使用端口号 161 来发送请求和应答，服务器端使用的端口号是 162。

- SNMP 协议实体发送请求和应答报文的默认端口号是__（10）__，采用 UDP 提供数据报服务，原因不包括__（11）__。（2018 年 5 月第 46～47 题）

（10）A．160　　B．161　　C．162　　D．163

（11）A．UDP 数据传输效率高

B．UDP 面向连接，没有数据丢失

C．UDP 无需确认，不增加主机重传负担

D．UDP 开销小，不增加网络负载

【答案】（10）B （11）B

【解析】SNMP 使用的是无连接的 UDP 协议，因此在网络上传送 SNMP 报文的开销小，但 UDP 不保证可靠交付。SNMP 在 Agent 代理程序端（客户端）用 161 端口来接收信息，管理端使用端口 162 来接收来自各代理的 Trap 报文。

- SNMP 代理收到一个 GET 请求时，如果不能提供该对象的值，代理以___（12）___响应。（2018 年 5 月第 48 题）

（12）A．该实例的上一个值　　B．该实例的下一个值

C．Trap 报文　　D．错误信息

【答案】（12）B

【解析】如果代理收到一个 GET 请求，但不能提供该对象的值，则以该对象的下一个值响应。

11.4 网络管理常用命令

11.4.1 考点精讲

网络管理命令非常重要，考试中上午选择题和下午案例分析题都会考到，且日常工作中也用得上，此知识点务必掌握。

1．网络诊断命令 ipconfig

ipconfig 是在日常网络管理中应用非常广泛的命令，务必掌握每个选项的含义。ipconfig 命令见表 11-3。

表 11-3 ipconfig 命令

命令	选项	用途
ipconfig	—	显示 IP 地址、掩码、网关信息
	/all	显示 IP、掩码、网关、MAC 地址、DHCP、DNS 等详细信息
	/renew	更新 DHCP 配置，重新获取 IP
	/release	释放 DHCP 获得的 IP 地址
	/flushdns	清除 DNS 缓存信息
	/displaydns	显示 DNS 缓存信息

注：“—”代表 ipconfig 后无选项。

ipconfig 和 ipconfig/all 执行结果的对比见表 11-4。

表 11-4 ipconfig 和 ipconfig/all 执行结果的对比

命令	ipconfig	ipconfig/all
执行结果	C:\Users\admin>ipconfig Windows IP 配置 以太网适配器 以太网: 连接特定的 DNS 后缀 . : lan IPv4 地址 . . . . . . : 192.168.2.219 子网掩码 . . . . . . : 255.255.255.0 默认网关. . . . . . . : 192.168.2.1	C:\Users\admin>ipconfig/all Windows IP 配置 主机名 . . . . . . : DESKTOP-APLD4FT 主 DNS 后缀 . . . . : 节点类型 . . . . . : 混合 IP 路由已启用 . . . : 否 WINS 代理已启用 . . : 否 DNS 后缀搜索列表 . : lan 以太网适配器 以太网: 连接特定的 DNS 后缀 . . . : lan 描述 : Realtek USB GbE Family Controller 物理地址. . . . . . : 00-E0-4C-68-06-23 DHCP 已启用 . . . . : 是 自动配置已启用. . . : 是 IPv4 地址 . . . . . : 192.168.2.219（首选） 子网掩码 . . . . . : 255.255.255.0 获得租约的时间 . . : 2021 年 10 月 7 日 7:32:23 租约过期的时间 . . : 2021 年 10 月 8 日 7:32:20 默认网关. . . . . . : 192.168.2.1 DHCP 服务器 . . . . : 192.168.2.1 DNS 服务器 . . . . : 192.168.2.1 TCP/IP 上的 NetBIOS : 已启用

2. 故障诊断命令 ping 与 tracert

ping 与 tracert 命令见表 11-5。

表 11-5 ping 与 tracert 命令

分类	选项	用途
ping	-t	持续 ping，直到按下 Ctrl+C 中断
	-a	将 IP 解析为主机名
	-n Count	设置 ping 包的个数
tracert	不要求掌握	跟踪网络传输路径 原理：客户端发送 TTL 从 1 开始递增的 ICMP 报文 Echo Request（Type=8，Code=0），沿途路由器收到后，会将 TTL 减 1，如果 TTL=0，则返回 TTL Exceeded 超时报文（Type=11，Code=0），并附带该超时节点的 IP 地址，从而探测源节点到目的节点途经的所有 IP 地址
pathping	不要求掌握	结合了 ping 和 tracert 功能，可以显示通信线路上每个子网的延时和丢包率

3. arp 相关命令

arp 命令见表 11-6。

表 11-6 arp 命令

分类	选项	用途	示例
arp	-a	显示当前 arp 缓存表	C:\Users\admin>arp -a 接口: 192.168.2.219 --- 0x11 Internet 地址　　物理地址　　类型 192.168.2.1　　cc-81-da-76-b4-b1　　动态 192.168.2.255　　ff-ff-ff-ff-ff-ff　　静态
	-d	删除某条 arp 缓存	arp -d 10.1.10.118
	-s	静态绑定 arp	arp -s 10.1.1.1 00-aa-00-62-c6-09

4. netstat 命令

netstat 命令见表 11-7。

表 11-7 netstat 命令

分类	选项	用途
netstat	—	显示网络连接，侦听的端口及统计信息
	-a	显示所有网络连接
	-n	显示活动的 TCP 连接，直接使用 IP 地址，而不显示名称
	-r	显示 IP 路由表，与 route print 一样

注："—"代表 netstat 后面无选项。

以下为 netstat -n 的执行效果，可以看到目前的网络连接情况，以及 TCP 状态。

```
C:\Users\admin>netstat -n
活动连接
  协议   本地地址              外部地址              状态
  TCP    127.0.0.1:14628       127.0.0.1:14627       ESTABLISHED
  TCP    127.0.0.1:14815       127.0.0.1:443         TIME_WAIT
  TCP    192.168.2.219:1165    18.65.100.108:443     ESTABLISHED
  TCP    192.168.2.219:1198    111.206.210.75:80     CLOSE_WAIT
  TCP    [::1]:8307            [::1]:1078            ESTABLISHED
```

5. route 和 nslookup 命令

route 和 nslookup 命令见表 11-8。

表 11-8 route 和 nslookup 命令

分类	选项	用途
route	print	显示路由表
	add	添加静态路由，重启后会删除
	-p	与 add 联合使用，重启路由还存在
nslookup	功能	用于显示 DNS 查询信息，诊断，故障排查
	案例	**nslookup www.baidu.com** Server: 61.139.2.69 #DNS 服务器地址 Address: 61.139.2.69#53 Non-authoritative answer: www.baidu.com canonical name = www.a.shifen.com. #别名 Name: www.a.shifen.com Address: 14.215.177.38 #解析出的 IP 地址 Name: www.a.shifen.com Address: 14.215.177.39 #解析出的 IP 地址

11.4.2 即学即练·精选真题

- 在 Windows 中，DNS 客户端手工向服务器注册时使用的命令是___(1)___。(2021 年 11 月第 34 题)

  (1) A. ipconfig/release　　B. ipconfig/flushdns

  　　C. ipconfig/displaydns　　D. ipconfig/registerdns

  【答案】(1) D

  【解析】采用排除法也可以选出 D 项，ipconfig/release 是释放 IP 地址，ipconfig/flushdns 表示清除 DNS 缓存，ipconfig/displaydns 表示显示 DNS 缓存。

- 在 Windows 命令提示符运行 nslookup 命令，结果如下所示，为 www.softwaretest.com 提供解析的 DNS 服务器 IP 地址是___(2)___。(2020 年 11 月第 34 题)

```
C:\Documents and Settings\user>nslookup www.softwaretest.com
Server：ns1.softwaretest.com
Address：192.168.1.254

Non-anthoritative answer:
Name：www.softwaretest.com
Address：10.10.1.3
```

  (2) A. 192.168.1.254　　B. 10.10.1.3

  　　C. 192.168.1.1　　D. 10.10.1.1

  【答案】(2) A

第 11 章

【解析】命令片段的翻译如下：

Server：ns1.softwaretest.com	#DNS 解析服务器名字是 ns1.softwaretest.com
Address：192.168.1.254	#DNS 服务器地址是 192.168.1.254
Non-anthoritative answer:	#非授权的回答，即不是授权域名服务器返回的结果
Name：www.softwaretest.com	#域名 www.softwaretest.com
Address：10.10.1.3	#解析出的 IP 地址是 10.10.1.3

- 在 Windows Server 2008 R2 命令行窗口中使用___（3）___命令显示 DNS 解析缓存。（2019 年 11 月第 35 题/2021 年 5 月第 34 题）

（3）A．ipconfig/all　　B．ipconfig/displaydns

C．ipconfig/flushdns　　D．ipconfig/registerdns

【答案】（3）B

【解析】①ipconfig/all：显示本机 TCP/IP 配置的详细信息；②ipconfig/flushdns：清除本地 DNS 缓存内容；③ipconfig/displaydns：显示本地 DNS 内容；④ipconfig/registerdns：DNS 客户端手工向服务器进行注册。

- 在 Windows 命令行窗口中使用___（4）___命令可以查看本机各个接口的 DHCP 服务是否已经启用。（2019 年 5 月第 34 题）

（4）A．ipconfig　　B．ipconfig/all　　C．ipconfig/renew　　D．ipconfig/release

【答案】（4）B

【解析】本题考查 Windows 系统基础命令，ipconfig/all 执行效果如下图所示。

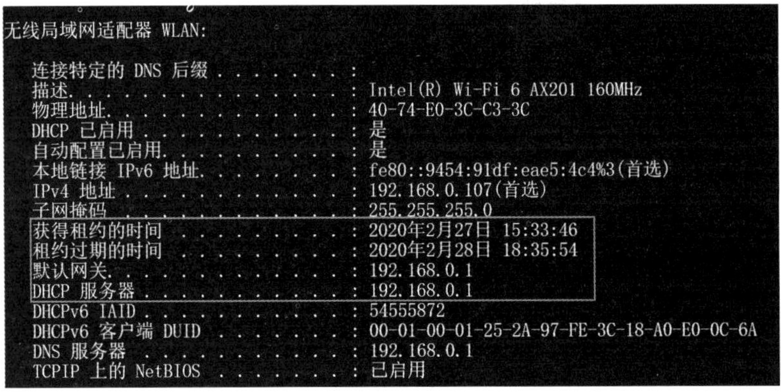

```
无线局域网适配器 WLAN:

   连接特定的 DNS 后缀 . . . . . . . :
   描述. . . . . . . . . . . . . . . : Intel(R) Wi-Fi 6 AX201 160MHz
   物理地址. . . . . . . . . . . . . : 40-74-E0-3C-C3-3C
   DHCP 已启用 . . . . . . . . . . . : 是
   自动配置已启用. . . . . . . . . . : 是
   本地链接 IPv6 地址. . . . . . . . : fe80::9454:91df:eae5:4c4%3(首选)
   IPv4 地址 . . . . . . . . . . . . : 192.168.0.107(首选)
   子网掩码 . . . . . . . . . . . . : 255.255.255.0
   获得租约的时间 . . . . . . . . . : 2020年2月27日 15:33:46
   租约过期的时间 . . . . . . . . . : 2020年2月28日 18:35:54
   默认网关. . . . . . . . . . . . . : 192.168.0.1
   DHCP 服务器 . . . . . . . . . . . : 192.168.0.1
   DHCPv6 IAID . . . . . . . . . . . : 54555872
   DHCPv6 客户端 DUID . . . . . . . : 00-01-00-01-25-2A-97-FE-3C-18-A0-E0-0C-6A
   DNS 服务器 . . . . . . . . . . . : 192.168.0.1
   TCPIP 上的 NetBIOS . . . . . . . : 已启用
```

- 在 Windows 中运行 route print 命令后得到某主机的路由信息如下所示，则该主机的 IP 地址为___（5）___，子网掩码为___（6）___，默认网关为___（7）___。（2018 年 11 月第 49～51 题）

Active Routes:

Network Destination	Netmask	Gateway	Interface	Metric
0.0.0.0	0.0.0.0	102.217.115.254	102.217.115.132	20
127.0.0.0	255.0.0.0	127.0.0.1	127.0.0.1	1
102.217.115.128	255.255.255.128	102.217.115.132	102.217.115.132	20
102.217.115.132	255.255.255.255	127.0.0.1	127.0.0.1	20
102.217.115.255	255.255.255.255	102.217.115.132	102.217.115.132	20

224.0.0.0	224.0.0.0	102.217.115.132	102.217.115.132	20
255.255.255.255	255.255.255.255	102.217.115.132	102.217.115.132	1
255.255.255.255	255.255.255.255	102.217.115.132	2	1

Default Gateway:102.217.115.254

（5）A．102.217.115.132　　B．102.217.115.254
C．127.0.0.1　　D．224.0.0.1

（6）A．255.0.0.0　　B．255.255.255.0
C．255.255.255.128　　D．255.255.255.255

（7）A．102.217.115.132　　B．102.217.115.254
C．127.0.0.1　　D．224.0.0.1

【答案】（5）A　（6）C　（7）B

【解析】解答这类题先挑最简单的做，从本题题目中明显可以看出 Default Gateway 的默认网关是 102.217.115.254。把路由表简化，删除组播、特殊 IP 地址得到下表：

Active Routes:

Network Destination	Netmask	Gateway	Interface	Metric
102.217.115.128	255.255.255.128	102.217.115.132	102.217.115.132	20
102.217.115.132	255.255.255.255	127.0.0.1	127.0.0.1	20
102.217.115.255	255.255.255.255	102.217.115.132	102.217.115.132	20

Windows 会为主机本地 IP 地址自动生成一条指向自己的主机路由，指向自己则网关是 127 本地环回地址，主机路由是掩码 255.255.255.255，很明显 PC 的 IP 地址是 102.217.115.132。

根据 Netmask 可以得到用户掩码是 255.255.255.128 或者 255.255.255.255。在 102.217.115.128、102.217.115.132 和 102.217.115.255 三个目的地址中，已经得到 102.217.115.132 是主机 IP 地址，这个主机 IP 地址所属的网段只能是 102.217.115.128，这个网段的掩码是 255.255.255.128。这类题有难度，需要删繁存简，一步步分析。

● 网络管理员调试网络，使用＿（8）＿命令来持续查看网络连通性。（2018 年 5 月第 43 题）

（8）A．ping 目的地址 -g　　B．ping 目的地址 -t
C．ping 目的地址 -r　　D．ping 目的地址 -a

【答案】（8）B

【解析】本题考查 ping 的选项，重点掌握如下三个选项即可。

ping	-t	持续 ping，直到按下 Ctrl+C 中断
	-a	将 IP 解析为主机名
	-n Count	设置 ping 包的个数

第12章 网络规划设计

12.1 考点分析

本章所涉及的考点分布情况见表 12-1。

表 12-1　本章所涉考点分布情况

年份	试题分布	分值	考核知识点
2015 年 5 月	35，67～68，70	4	PON、网络安全规划、故障排查
2015 年 11 月	18，19，68～70	5	ADSL/PTN、HFC、三层组网架构
2016 年 5 月	18，67～70	5	ADSL、PPPoE、五阶段模型
2016 年 11 月	50，68～70	4	流量控制、三层组网架构、技术选型
2017 年 5 月	67～70	4	综合布线、VRRP、故障排查
2017 年 11 月	64，67～70	5	三层组网架构、故障排查
2018 年 5 月	19，63，70	3	HFC、综合布线、三层组网架构
2018 年 11 月	18，63，64	3	PPPoE、综合布线、三层组网架构
2019 年 5 月	50，68，69	3	故障排查、三层组网架构、五阶段模型
2019 年 11 月	13，14，67～70	6	HFC、三层组网架构、五阶段模型、设计原则
2020 年 11 月	17，20，21，68	4	综合布线、ADSL、设计原则
2021 年 5 月	47，65，68，69	4	故障排查、等级保护、综合布线、设计原则
2021 年 11 月	47，67，68	3	故障排查、冗余设计、DHCP Option43
2022 年 5 月	18，67，68	3	PON、三层组网架构、RAID

（1）本章内容在上午试题中一般考查 4～5 分，高频考点有：综合布线、三层组网架构、五阶段模型、HFC。

（2）下午案例分析题会结合网络拓扑图，考查三层组网架构和重点网络技术，比如 ACL、NAT、DHCP、VRRP 等。

12.2 综合布线

12.2.1 考点精讲

综合布线是基于现代计算机技术的通信物理平台，集成了语音、数据、图像和视频传输功能，消除了原有通信线路在传输介质上的差别。综合布线系统包含 6 个子系统：工作区子系统、水平子系统、管理子系统、干线子系统（也叫垂直子系统）、设备间子系统和建筑群子系统，具体如图 12-1 所示。

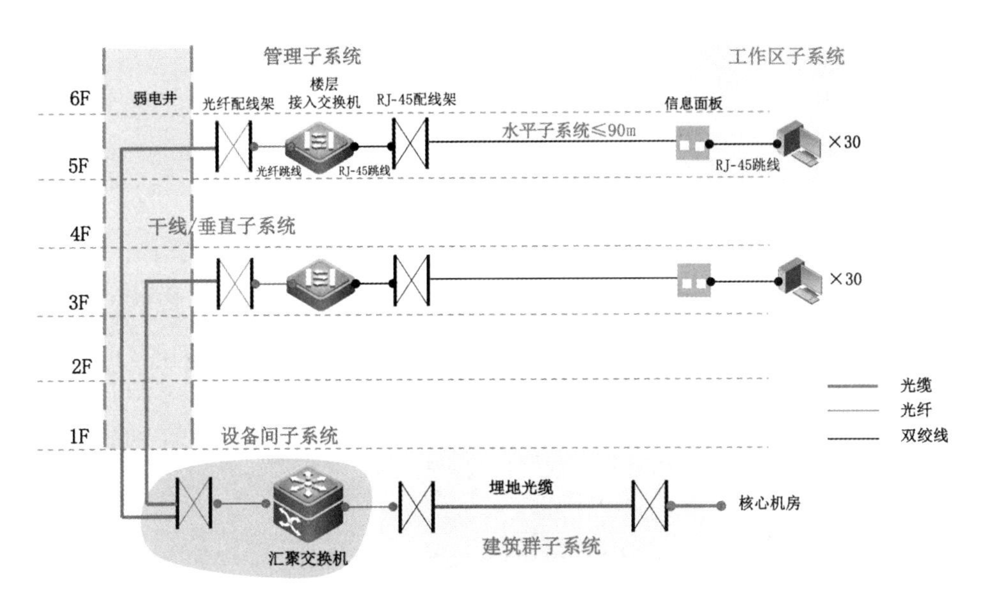

图 12-1 综合布线平面图

另外，几个重要的布线距离需要掌握。通常情况下，信息插座的安装位置距离地面的高度为 30～50cm。由于双绞线有 100m 的传输距离限制，所以配线间到工作区信息插座一般不超过 90m，信息插座到终端的距离一般为 10m 以内。

12.2.2 即学即练·精选真题

- 在结构化布线系统设计时，配线间到工作区信息插座的双绞线最大不超过 90m，信息插座到终端电脑网卡的双绞线最大不超过___（1）___m。（2021 年 5 月第 69 题）

  （1）A. 90　　B. 60　　C. 30　　D. 10

  【答案】（1）D

  【解析】双绞线最大传输距离 100m，水平子系统最大传输距离 80m，那么工作区子系统最大传输距离 10m，即信息插座到电脑终端网卡的双绞线最大不超过 10m。

- 综合布线系统中，用于连接各层配线室，并连接主配线室的子系统为___（2）___。（2020 年 11 月第 17 题）

（2）A. 工作区子系统　B. 水平子系统　C. 垂直子系统　D. 管理子系统

【答案】（2）C

【解析】本题考查综合布线六大子系统架构，垂直子系统也叫干线子系统，用于连接各楼层配线间和主配线间。

- 以下关于网络布线子系统的说法中，错误的是___（3）___。（2018 年 5 月第 63 题）

（3）A. 工作区子系统指终端到信息插座的区域
B. 水平子系统实现计算机设备与各管理子系统间的连接
C. 干线子系统用于连接楼层之间的设备间
D. 建筑群子系统连接建筑物

【答案】（3）B

【解析】水平子系统用于实现信息插座与各管理子系统间的连接。

- 结构化综合布线系统分为六个子系统，其中水平子系统的作用是___（4）___，干线子系统的作用是___（5）___。（2017 年 5 月第 67～68 题）

（4）A. 实现各楼层设备间子系统之间的互联
B. 实现中央主配线架和各种不同设备之间的连接
C. 连接干线子系统和用户工作区
D. 连接各个建筑物中的通信系统

（5）A. 实现各楼层设备间子系统之间的互联
B. 实现中央主配线架和各种不同设备之间的连接
C. 连接干线子系统和用户工作区
D. 连接各个建筑物中的通信系统

【答案】（4）C　（5）A

【解析】水平子系统：实现信息插座和管理子系统（跳线架）间的连接。水平子系统电缆长度要求在 90m 内，它是指从楼层接线间的配线架至工作区的信息插座的长度。

干线子系统：通过骨干线缆（一般是光纤）将主设备间与各楼层配线间连接起来，由设备间的配线设备和跳线以及设备间至各楼层配线间的连接电缆构成，由于其通常顺着大楼的弱电井而下，与楼层垂直，因此也称为垂直子系统。

12.3 网络分析与设计

12.3.1 考点精讲

在进行网络规划设计时，需要考虑通信带宽、技术成熟性、连接服务类型、可扩展性、高投资产出比等因素。对于大型网络工程来说，项目不能成为新技术的“试验田”，应当尽量使用较成熟、拥有较多案例的技术。

网络规划设计有四阶段模型、五阶段模型和六阶段模型，需重点掌握五阶段模型，每个阶段涉及哪些工作是考试重点。如图 12-2 所示，五阶段模型包括需求分析、通信规范分析、逻辑网络设计、物理网络设计和实施阶段。

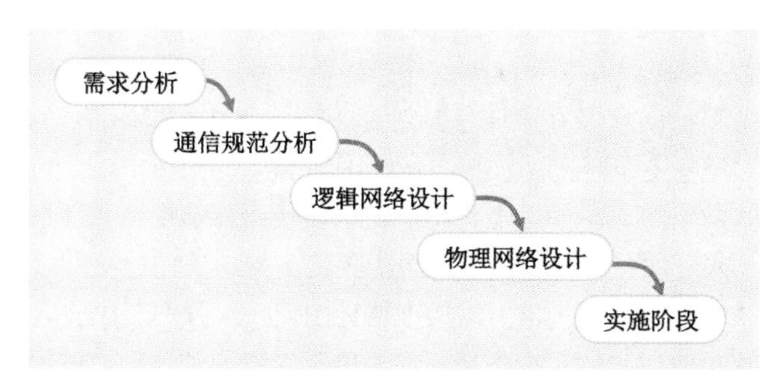

图 12-2 五阶段模型

网络规划设计中每个阶段的重点工作，如图 12-3 所示。需要重点掌握逻辑网络设计和物理网络设计阶段的任务，这两个阶段容易混淆。物理层技术选型、网络拓扑设计、IP 地址规划属于逻辑网络设计，综合布线、输出设备清单属于物理网络设计。

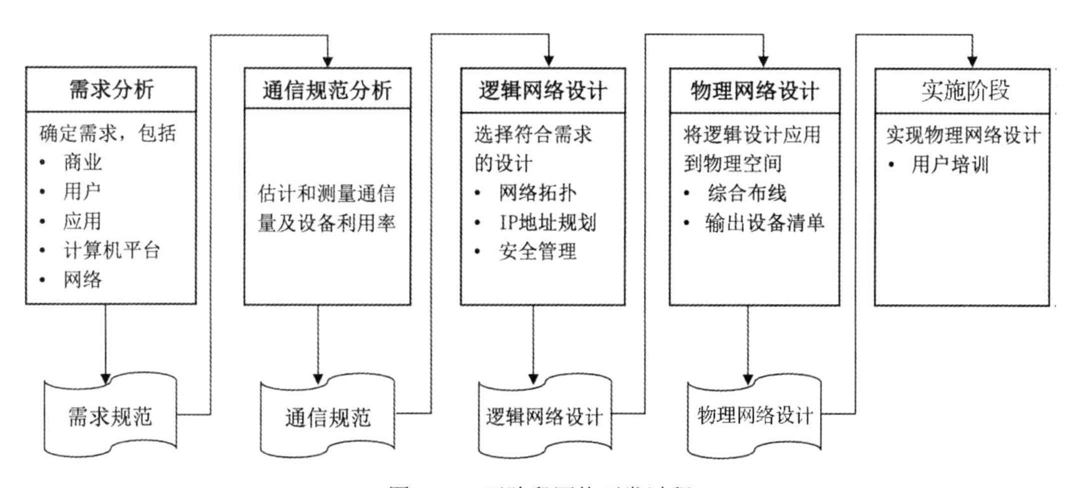

图 12-3 五阶段网络开发过程

12.3.2 即学即练·精选真题

● 网络规划中，冗余设计不能___(1)___。（2021 年 11 月第 68 题）

（1）A．提高链路可靠性　　　　B．提高数据安全性

C．增强负载能力　　　　D．加快路由收敛

【答案】（1）D

【解析】冗余设计不能加快路由收敛。

- 逻辑网络设计是体现网络设计核心思想的关键阶段，下列选项中不属于逻辑网络设计内容的是___（2）___。（2019 年 11 月第 47 题）

（2）A．网络结构设计　　B．物理层技术选择

C．结构化布线设计　　D．确定路由选择协议

【答案】（2）C

【解析】结构化布线设计属于物理网络设计的任务。

- 五阶段迭代周期模型把网络开发过程分为需求分析、通信规范分析、逻辑网络设计、物理网络设计、安装和维护等五个阶段。以下叙述中正确的是___（3）___。（2019 年 11 月第 68 题）

（3）A．需求分析阶段应尽量明确定义用户需求，输出需求规范、通信规范

B．逻辑网络设计阶段设计人员一般更加关注于网络层的连接图

C．物理网络设计阶段要输出网络物理结构图、布线方案、IP 地址方案等

D．安装和维护阶段要确定设备和部件清单、安装测试计划，进行安装调试

【答案】（3）B

【解析】需求分析阶段输出为需求规范说明书，IP 地址方案为逻辑网络设计阶段的任务，部件清单为物理网络设计的任务。

- 网络设计过程包括逻辑网络设计和物理网络设计两个阶段，各个阶段都要产生相应的文档，下面选项中，属于逻辑网络设计文档的是___（4）___，属于物理网络设计文档的是___（5）___。（2016 年 5 月第 69～70 题）

（4）A．网络 IP 地址分配方案　　B．设备列表清单

C．集中访谈的信息资料　　D．网络内部的通信流量分布

（5）A．网络 IP 地址分配方案　　B．设备列表清单

C．集中访谈的信息资料　　D．网络内部的通信流量分布

【答案】（4）A　（5）B

【解析】A 项是逻辑网络设计阶段的任务，B 项是物理网络设计阶段的任务，C 项是需求分析阶段的任务，D 项是通信规范分析阶段的任务。

12.4　网络结构与功能

12.4.1　考点精讲

1．三层组网架构

经典三层组网架构把网络分为接入层、汇聚层、核心层，如图 12-4 所示。需重点掌握各层的功能。

核心层主要负责流量高速转发，别的基本什么都不做。汇聚层负责流量汇聚、链路/设备冗余、策略控制，各类访问控制列表在汇聚层进行配置。接入层主要提供接口和安全准入功能，比如常见的 802.1x 认证、端口安全、MAC 地址过滤等安全功能均在接入交换机中实现。

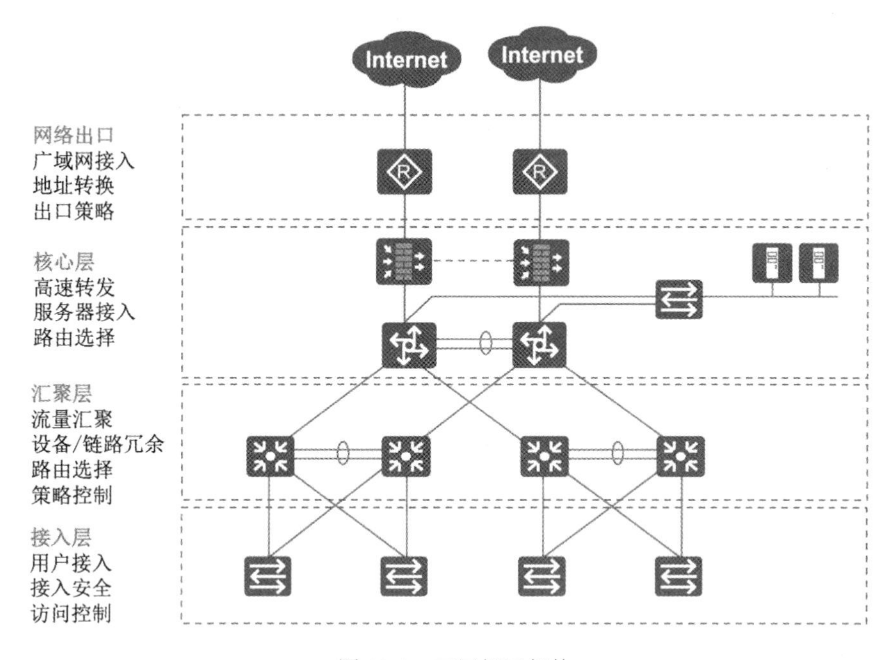

图 12-4 三层组网架构

2. 组网设备与网络拓扑架构

图 12-5 所示为一个大型园区网架构，涉及交换机、路由器、防火墙、入侵防御系统、无线控制器，无线 AP、行为管理、认证系统等设备。首先要清楚每个设备的功能，其次掌握它们的部署方式和位置，在下午案例分析中会考查填空题或者选择题。

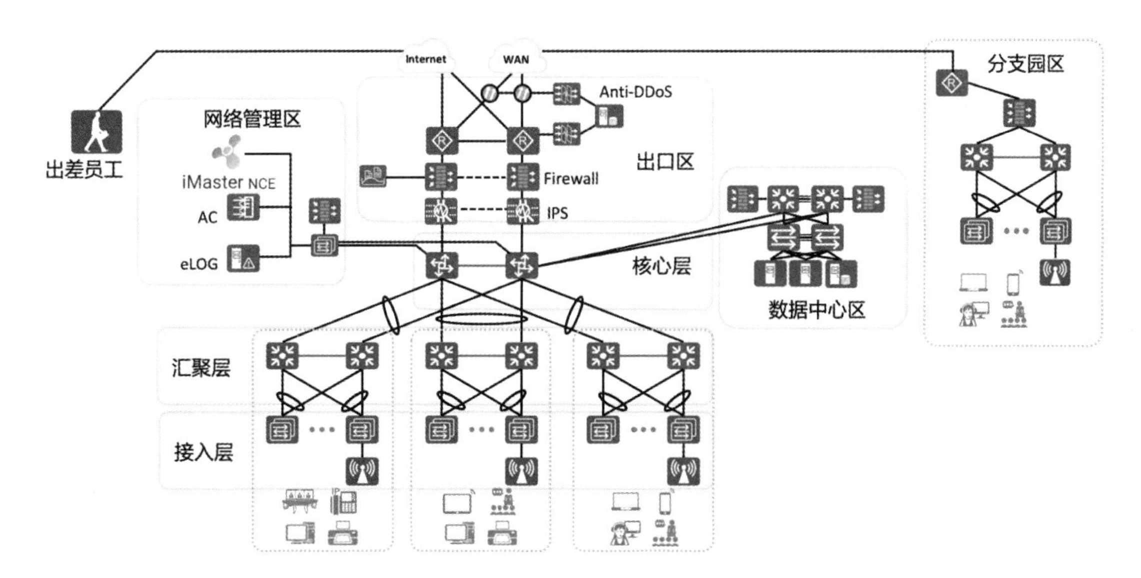

图 12-5 大型园区网架构图

- 防火墙：一般部署于网络出口，实现网络隔离和访问控制，可以将网络分隔成内网区域、外网区域和 DMZ 区域（注：拓扑中的 DMZ 区域相当于利用交换机上的防火墙板卡进行分隔）。
- 入侵防御系统：对各类攻击行为进行检测和阻断，可串行部署在网络出口，也可用于旁挂核心交换机。由于误报率比较高，串行部署策略设置稍微严格，会存在较多误报，所以实际项目要么旁挂，要么合理开启安全策略。
- 上网行为管理：顾名思义，是对上网行为进行管理，比如上班时间不能看手机视频，不能使用下载软件等，官方教材没有讲，但实际应用中较广，下午案例题中曾考查过。
- 网页应用防火墙（Web Application Firewall，WAF）：专门针对 Web 防护的安全设备，一般部署于 Web 服务器前面，串行部署。
- 无线控制器：统一管理配置所有无线 AP，实现用户无线漫游，一般旁路部署，旁挂于核心交换机旁边。
- 堡垒机和内容缓存：目前没有考查此知识点，简单了解即可，前者实现运维审计，即登录设备做的所有操作都可以通过日志文件或录像保存，后者将用户访问较多的热点资源保存到内部，后续直接内部访问，提升访问速度，同时减轻网络出口压力。
- FC 交换机：主要用于连接 FC 存储，典型带宽是 2G/4G/8G/16G/32G。考试中如果看到服务器有两条链路，一般一条是 FC 链路，通过 FC 交换机连接 FC 存储，另一条是以太网链路，提供业务访问。

相关设备的部署方式、功能见表 12-2。

表 12-2　相关设备的部署方式、功能

设备	部署方式	功能	关键字
交换机	三层架构	二层交换机实现互连，三层交换机具有路由功能	VLAN/逻辑隔离
路由器	网络出口	NAT、路由选路	出口
防火墙	串行	区域隔离，访问控制	访问控制
IPS	串行	入侵行为检测并阻断	阻断
IDS	旁路	入侵行为检测不阻断	旁路
WAF	串行	保障 Web 应用安全	Web
上网行为管理	串行	用户上网行为进行控制	行为管理
无线控制器	旁路	实现用户漫游，AP 统一管理	漫游
FC 交换机	串行	实现存储互联网，服务器双链路连接，一般一条为 FC，另一条为以太网	服务器双链路

12.4.2 即学即练·精选真题

- 三层网络设计方案中，____(1)____是核心层的功能。(2019 年 11 月第 67 题)

  (1) A. 不同区域的高速数据转发　　B. 用户认证、计费管理
  C. 终端用户接入网络　　D. 实现网络的访问策略控制

  【答案】(1) A

  【解析】在分层模型中包括核心层、汇聚层和接入层。核心层负责高速转发，汇聚层实施流量负载和路由相关的策略，接入层负责用户接入和安全控制。

- 三层网络设计方案中，____(2)____是汇聚层的功能。(2019 年 5 月第 68 题)

  (2) A. 不同区域的高速数据转发　　B. 用户认证、计费管理
  C. 终端用户接入网络　　D. 实现网络的访问策略控制

  【答案】(2) D

  【解析】在分层模型中包括核心层、汇聚层和接入层。核心层负责高速转发，汇聚层实施流量负载和路由相关的策略，接入层负责用户接入和安全控制。

- 在层次化园区网络设计中，____(3)____是汇聚层的功能。(2018 年 5 月第 70 题)

  (3) A. 高速数据传输　　B. 出口路由
  C. 广播域的定义　　D. MAC 地址过滤

  【答案】(3) C

  【解析】高速转发是核心层功能，MAC 地址过滤是接入层功能。

- 以下关于层次化网络设计的叙述中，错误的是____(4)____。(2017 年 11 月第 64 题)

  (4) A. 核心层实现数据分组从一个区域到另一个区域的高速转发
  B. 接入层应提供丰富接口和多条路径来缓解通信瓶颈
  C. 汇聚层提供接入层之间的互访
  D. 汇聚层通常进行资源的访问控制

  【答案】(4) B

  【解析】B 项后半句表述不正确，接入层流量并不大，即使有多条路径，也不是用来缓解通信瓶颈，而是实现高可靠。

- 在网络的分层设计模型中，对核心层工作规程的建议是____(5)____。(2016 年 11 月第 69 题)

  (5) A. 要进行数据压缩以提高链路利用率
  B. 尽量避免使用访问控制列表以减少转发延迟
  C. 可以允许最终用户直接访问
  D. 尽量避免冗余连接

  【答案】(5) B

  【解析】核心层主要负责高速转发。

12.5 广域网接入技术

12.5.1 考点精讲

第 3 章中提到的广域网技术，很多都已经被淘汰了，需重点掌握 ADSL 和 HFC 这两种技术，虽然它们已经被淘汰，但考试中仍然会考到。现在实际网络用的接入技术普遍是 PON 和以太网。

- 混合光纤同轴电缆（Hybrid Fiber Coax，HFC）是一种结合光纤与同轴电缆的宽带接入技术，以频分复用技术为基础，将光缆敷设到小区，然后通过光电转换节点，利用有线电视同轴电缆和 Cable Modem 实现用户接入。
- 数字用户线路（Digital Subscriber Line，DSL）是一种通过传统的电话线路提供高速数据传输的技术，用户计算机借助于 DSL Modem（也就是我们常说的猫）连接到电话线，通过 DSL 连接访问互联网。DSL 技术很多，常见的有 ADSL、HDSL、SDSL、VDSL，应用最广泛的是 ADSL，上行和下行非对称，这曾经是家庭宽带最流行的接入技术。ADSL 采用双绞线作为承载媒介，用户通过 ADSL Modem 接入，利用频分复用技术将语音与数据信号进行分离。
- 无源光纤网络（Passive Optical Network，PON）是一种点到多点的光纤接入技术，它由局端的光线路终端（Optical Line Terminal，OLT）、用户端的光网络单元（Optical Network Unit，ONU）（光猫）和光分配网络（Optical Distribution Network，ODN）（光分配网络典型的器件有分光器、光纤配线架）组成。“无源”是指在 ODN 中的设备全部由分光器等无源器件组成，不需要供电。同传统有源以太网（交换机需要供电）相比，PON 具有组网方便，建网速度快，节省光缆资源、抗电磁干扰和雷电影响，综合建网成本低等优点。PON 是目前家庭宽带接入最主流的技术，也在一步步被应用于企业组网。传统 PON 技术下行数据流采用广播技术、上行数据流采用 TDMA 技术，以解决多用户每个方向信号的复用问题。
- 宽带接入服务器（Broadband Remote Access Server，BRAS）设备部署在运营商城域网中，不仅能为家庭用户提供用户接入的终结、PPPoE 认证、计费等功能，还可以提供防火墙、NAT 转换、流量控制等业务管理功能，典型设备是华为 ME60。

12.5.2 即学即练·精选真题

- 使用 ADSL 接入电话网采用的认证协议是___（1）___。（2021 年 11 月第 16 题）

  （1）A．802.1x　　B．802.5　　C．PPPoA　　D．PPPoE

  【答案】（1）D

  【解析】家庭宽带或运营商投资的校园网通常采用 PPPoE 认证，企业采用 802.1x 认证，安全性更高。

- 采用 ADSL 接入互联网，计算机需要通过___（2）___和分离器连接到电话入户接线盒。在 HFC 网络中，用户通过___（3）___接入 CATV 网络。（2020 年 11 月第 20～21 题）

（2）A．ADSL 交换机 B．Cable Modem C．ADSL Modem D．无线路由器

（3）A．ADSL 交换机 B．Cable Modem

C．ADSL Modem D．无线路由器

【答案】（2）C （3）B

【解析】转换不同协议需要猫，即 Modem，ADSL 网络接入需要 ADSL Modem，HFC 网络中用户是通过同轴电缆接入，即需要 Cable Modem，如果用户通过 PON 网络接入（光纤接入），则需要光猫。

- HFC 网络中，从运营商到小区采用的接入介质为___（4）___，小区入户采用的接入介质为___（5）___。（2019 年 11 月第 13～14 题）

（4）A．双绞线 B．红外线 C．同轴电缆 D．光纤

（5）A．双绞线 B．红外线 C．同轴电缆 D．光纤

【答案】（4）D （5）C

【解析】HFC 是将光缆敷设到小区，然后通过光电转换节点，利用有线电视同轴电缆连接到用户。

- 通过 HFC 网络实现宽带接入，用户端需要的设备是___（6）___，局端用于控制和管理用户的设备是___（7）___。（2015 年 11 月第 68～69 题）

（6）A．Cable Modem B．ADSL Modem C．OLT D．CMTS

（7）A．Cable Modem B．ADSL Modem C．OLT D．CMTS

【答案】（6）A （7）D

【解析】HFC 网络中用户是通过同轴电缆接入，需要 Cable Modem，局端终结设备是 CMTS，ADSL 网络局端终结设备是 DSLAM，PON 网络局端终结设备是 OLT，运营商网络用户认证一般都采用 PPPoE，负责的设备是 BRAS。

12.6 网络故障诊断与排查

12.6.1 考点精讲

1. 网络故障排查命令与工具

- display：用于监测系统的安装情况与网络的正常运行状况，也可以用于对故障区域的定位。
- debug：帮助分析协议和配置问题，生产网络中不能使用，容易造成设备死机。
- ping：用于检测网络上设备之间的连通性。
- tracert：用于跟踪数据包从起点到终点经过的路径。
- 网络管理工具：如华为 eSight、新华三 IMC 等都含有网络监测以及辅助故障排查功能，有助于对网络互联环境的管理和故障的及时排除。

2. 专用故障排查工具

（1）电缆测试工具。

- 欧姆表、数字万用表及电缆测试器：利用这些工具可以检测电缆的物理连通性，测试并报告电缆状况，其中包括近端串音、信号衰减及噪声。
- 时域反射计（Time Domain Reflectometer，TDR）能够快速定位金属线缆中的短路、断路、阻抗等问题。

（2）光纤测试工具。

- 红光笔：类似手电筒，可以通过发光测试光纤通断。把红光笔触到光纤接头上，设置为一直发光或者脉冲式发光（闪烁），光纤另外一头安排人员配合查看，如果另一端光纤接头有光，就证明光纤畅通，如图 12-6 所示。优点是价格便宜，缺点是只能测通断，而没有客观数据反映光纤线路质量。

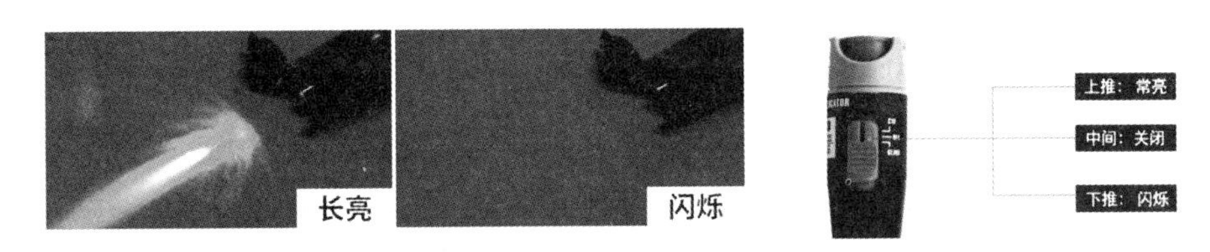

图 12-6　红光笔工作原理

- 光功率计：顾名思义，用来测试光功率。一般是甲方或监理，带着光功率计去现场检测光缆施工情况，先插上跳线，测试一下光端机/光模块的发光功率；再把光纤一头接上光端机/光模块，然后到另一头插上光功率计，看看光损耗有多大。达标了就可以验收，不达标就让施工单位整改。作为甲方或监理，关注的是结果，而不是过程。使用光功率计，如图 12-7 所示，必须在两端测试（两端都有设备），一端为光端机、光模块或稳定光源，另一端是光功率计。比如稳定光源发光功率是-1dBm，光功率计测得的光功率是-10dBm，那么光纤线路的衰减是-1dBm-（-10dBm）=9dBm。光功率为负值只是表示功率小，而不是真正的负数，dBm 与毫瓦（mW）可以自由转换，具体转换过程比较复杂，不用掌握。了解常规的几个值对应关系即可-10dBm=100uW，0dBm=1mW，10dBm=10mW，20dBm=100mW，27dBm=500mW。一般室内 AP 的发射功率控制在 20dBm（100mW），室外 AP 的发射功率控制在 27dBm（500mW）。

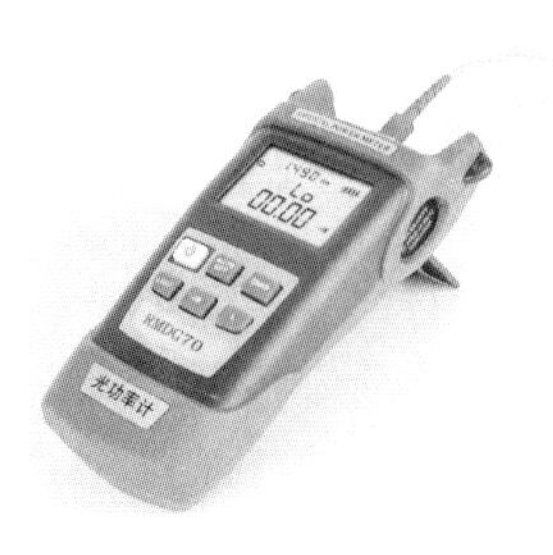

图 12-7　光功率计

- 光时域反射器（Optical Time Domain Reflectometer，OTDR）：可以精确测量光纤的长度、断裂位置、信号衰减等。如果施工完成后，发现衰减过大，不能满足设计要求，这时就需要用 OTDR 进行检测了，OTDR 能测出光纤损耗多大，且可以定位故障点，然后有针对性地进行修复。

如图 12-8 所示，OTDR 打出的光纤后向散射曲线中，有台阶表示熔接点或弯曲点，波峰表示连接器或固定连接头，大波峰表示断裂或光纤末端，在 OTDR 中还可以看到每个事件点具体的损耗值，方便整改。

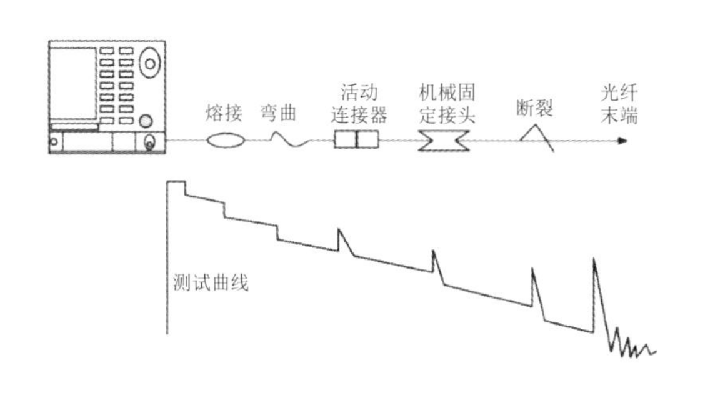

OTDR 事件分析

该功能完全一键自动测试，将被测光纤链路的长度、接头类型、断点位置等信息以图形化的形式显示出来，结果清晰易懂。

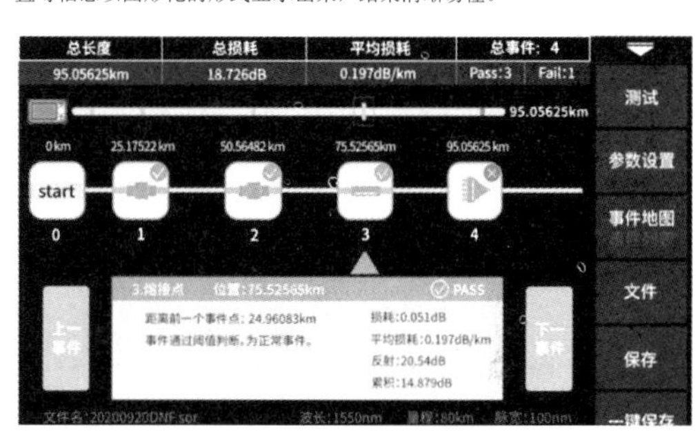

OTDR 测长度与综合分析

图 12-8　OTDR 工作原理

知识扩展：光功率计和光时域反射器（OTDR）原理有什么区别？

光功率计可确定被测光纤链路中损耗或衰减的总量：在光纤一端（A 端），稳定光源以特定波长发射出由连续光波形成的信号，在另一端（B 端），光功率计检测并测量该信号的功率级别。OTDR 所检测并分析的是由菲涅尔反射（Fresnel reflection）和瑞利散射（Rayleigh Scattering）返回的信号。光功率计测试损耗类似于在链路始端发送了 100 个光子，在终端只接收到 20 个光子，其中就损耗掉了 80 个。OTDR 测试也是在链路始端发送了 100 个光子，但它不到对端去测试，而是通过测试散射或反射回来的光子来得到结果。

（3）其他测试工具。

- 网络监测器：如 wireshark，分析统计网络中 IP、MAC 等主机通信情况。
- 网络分析仪：比如科来的系统，可以分析网络的流量。

3. 光电缆测试指标

双绞线测试指标主要有：线缆长度、线路衰减、阻抗、近端串扰、环路电阻、线路延时。

光纤测试指标主要有：波长和衰减。

记住光纤指标即可，其他可以通过排除法做选择题。双绞线与光纤合格指标见表 12-3。

表 12-3　双绞线与光纤合格指标

双绞线与光纤测试指标						
双绞线合格指标	线缆长度	线路衰减	阻抗	近端串扰	环路电阻	线路延时
	<100m	<23.2dB	100±5Ω	>24dB	<40Ω	<1μs
光纤合格指标	500m，波长 1310nm			500m，波长 850nm		
	衰减<2.6dB			衰减<3.9dB		

12.6.2　即学即练·精选真题

- 网络管理员使用___(1)___设备对光缆进行检查，发现光衰非常大，超出正常范围，初步判断为光缆故障，使用___(2)___设备判断出光缆的故障位置，经检查故障点发现该处光缆断裂，采用___(3)___措施处理较为合理。（2021 年 5 月案例分析题二）

（1）、（2）备选答案（每个备选答案只可选一次）：

A．网络寻线仪　B．可见光检测笔　C．光时域反射计　D．光功率计

（3）备选答案：

A．使用两台光纤收发器连接　B．使用光纤熔接机熔接断裂光纤

C．使用黑色绝缘胶带缠绕接线　D．使用一台五电口小交换机连接

【答案】（1）D　（2）C　（3）B

【解析】需掌握光功率计、光时域反射计、光纤熔接机的功能。

- 光纤传输测试指标中，回波损耗是指___(4)___。（2020 年 11 月第 18 题）

（4）A．信号反射引起的衰减

B．传输距离引起的发射端的能量与接收端的能量差

C．光信号通过活动连接器之后功率的减少

D．传输数据时线对间信号的相互泄漏

【答案】（4）A

【解析】光纤损耗分为回波损耗、熔接损耗和累计损耗。回波损耗指连接头连接的反射损耗，一般要求大于 40dB。熔接损耗表示光纤连接处的损耗，一般指熔接机的熔接损耗。累计损耗也叫链路损耗，是指所测线路的所有损耗之和。

- 下列指标中，仅用于双绞线测试的是___(5)___。（2019 年 5 月第 15 题）

（5）A．最大衰减限值　B．波长窗口参数

C．回波损耗限值　D．近端串扰

【答案】（5）D

【解析】最大衰减限值、回波损耗限值适用于光纤和双绞线，波长窗口参数仅针对光纤，近端串扰只针对双绞线。

第13章 补充1——计算机组成原理

13.1 计算机核心硬件

13.1.1 考点精讲

计算机硬件系统是冯·诺依曼设计的体系结构，由运算器、控制器、存储器、输入/输出（I/O）设备五大部件组成，运算器和控制器组成中央处理器（Central Processing Unit，CPU），如图13-1所示。

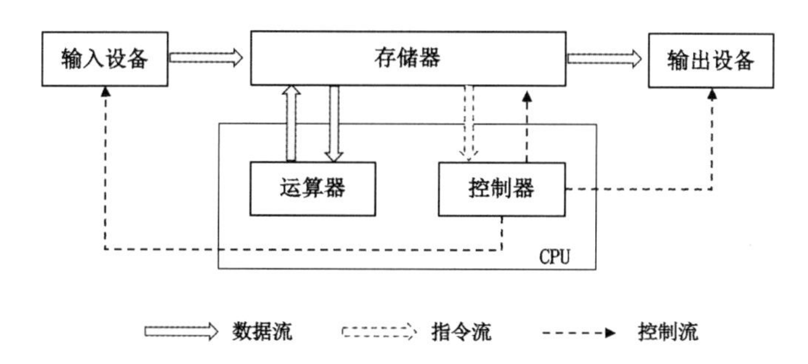

图13-1 计算机硬件架构

- 控制器：负责访问程序指令，进行指令译码，并协调其他设备，通常由程序计数器（Program Counter，PC）、指令寄存器（Instruction Register，IR）、指令译码器、状态/条件寄存器、时序发生器、微操作信号发生器组成。指令执行包含取指、译码、执行。
- 程序计数器（PC）：用于存放下一条指令所在单元的地址。
- 指令寄存器（IR）：存放当前从主存读出的正在执行的一条指令。
- 指令译码器：分析指令的操作码，以决定操作的性质和方法。
- 微操作信号发生器：产生每条指令的操作信号，并将信号送往相应的部件进行处理，以完成指定的操作。
- 运算器：负责完成算术、逻辑运算，通常由算术/逻辑单元、通用寄存器、状态寄存器、多路转换器构成。

13.1.2 即学即练·精选真题

- 微机系统中，___（1）___不属于CPU的运算器组成部件。（2021年11月第1题）

  （1）A．程序计数器　B．累加寄存器　C．多路转换器　D．ALU单元

  【答案】（1）A

  【解析】本题考查计算机中CPU的控制器和运算器组成，程序计数器属于控制器。

- 8086微处理器中执行单元负责指令的执行，它主要包括___（2）___。（2020年11月第5题）

  （2）A．ALU运算器、输入输出控制电路、状态寄存器

  B．ALU运算器、通用寄存器、状态寄存器

  C．通用寄存器、输入输出控制电路、状态寄存器

  D．ALU运算器、输入输出控制电路、通用寄存器

  【答案】（2）B

  【解析】微处理器包含控制器和运算器，其中运算器负责指令执行，包含ALU运算器、通用寄存器、状态寄存器。或者通过排除分析法，计算机系统由运算器、控制器、存储器、输入/输出（I/O）设备五大部件组成，运算器和控制器组成中央处理器（CPU）。微处理器不包括输入/输出，直接排除A、C、D项。

- 计算机执行指令的过程中，需要由___（3）___产生每条指令的操作信号，并将信号送往相应的部件进行处理，以完成指定的操作。（2019年5月第1题）

  （3）A．CPU的控制器　B．CPU的运算器

  C．DMA控制器　D．Cache控制器

  【答案】（3）A

  【解析】中央处理器（CPU）由运算器和控制器组成，控制器中有微操作信号发生器，产生每条指令的操作信号，并将信号送往相应的部件进行处理，以完成指定的操作。

- 计算机在一个指令周期的过程中，为从内存中读取操作码，首先要将___（4）___的内容送到地址总线上。（2016年11月第2题）

  （4）A．指令寄存器（IR）　B．通用寄存器（GR）

  C．程序计数器（PC）　D．状态寄存器（PSW）

  【答案】（4）C

  【解析】程序计数器（PC）用于存放下一个指令的地址。计算机执行程序时，在一个指令周期的过程中，为了能从内存中读取指令操作码，首先将程序计数器（PC）的内容送到地址总线上。

13.2 存储器概念与芯片计算

13.2.1 考点精讲

计算机存储器分为：寄存器、Cache（高速缓冲存储器）、主存储器（内存）、辅助存储器（硬

盘），速度越来越慢，容量越来越大，成本越来越低，如图 13-2 所示，辅助存储器需求量最大，成本最低；主存经常被使用，而 Cache 和寄存器成本极高，需求量就大大减少了。

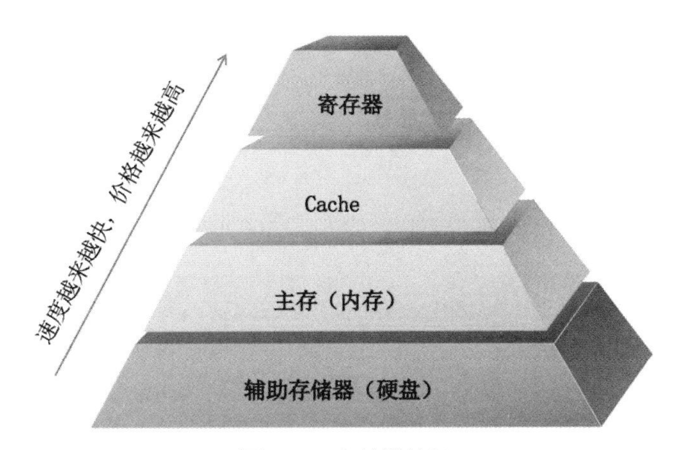

图 13-2　存储器等级

主存储器（内存）采用随机存取方式，需对每个数据块进行编码。在主存储器中，数据块是以字为单位来标识的，即每个字一个地址，通常采用十六进制表示。例如，内存地址编址从 A4000H～CBFFFH，则表示内存空间大小是(CBFFF-A4000+1)H 字节，即 28000H 字节（H 表示十六进制数）。把十六进制转换为十进制有如下两种方法。

转换方法 1：

（1）先把十六进制数 28000H 转换为十进制 $2\times16^4+8\times16^3+0\times16^2+0\times16^1+0\times16^0=163840$B。

（2）B 转换为 KB：163840B/1024=160KB。

转换方法 2：

（1）先把十六进制数 28000H 转换为二进制数，每个十六进制数可以转换为 4 个二进制数，转换如图 13-3 所示。

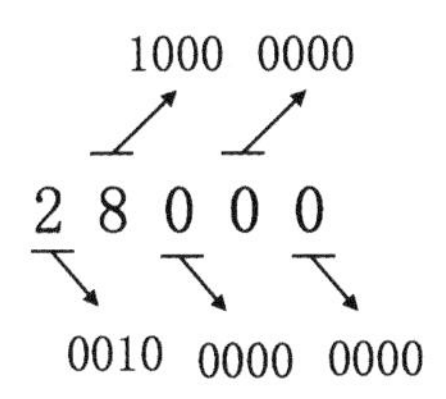

图 13-3　把十六进制数转换为二进制数

则 28000H 对应的二进制数是 0010 1000 0000 0000 0000。

（2）由于存储领域 1K=1024，且 $2^{10}=1024$，那么二进制数中 0010 1000 0000 0000 0000，可以将末尾 10 个 0 简化成 1K，即表示为 0010 1000 00KB，进一步简化为 10100000KB。

（3）将 10100000KB 转换为十进制数为 $1\times2^7+1\times2^5=128+32=160$KB。

方法 2 看似复杂，实则可以口算，在没有计算器的考试中，能有效提升计算效率。

13.2.2 即学即练·精选真题

● 内存按字节编址，地址 A0000H 到 CFFFFH，共有___（1）___字节。若用存储容量 64K×8bit 的存储器芯片构成该内存空间，至少需___（2）___片。（2019 年 11 月第 3～4 题）

（1）A．80K　　B．96K　　C．160K　　D．192K

（2）A．2　　B．3　　C．5　　D．8

【答案】（1）D　（2）B

【解析】从 A0000H 到 CFFFFH，一共有 CFFFF-A0000+1=30000H 个地址空间，由于是按字节编址，故有 30000H 字节。

转换方法 1：①把十六进制数 30000H 转换为十进制，$3\times16^4=196608$，单位是字节；②把 B 转换为 KB。196608B/1024=192KB。

转换方法 2：①把十六进制数 30000H 转换为二进制 0011 0000 0000 0000 0000；②将末尾 10 个 0 简化成 1K，即表示为 0011 0000 00KB，进一步简化为 11000000KB；③将二进制 11000000KB 转换为十进制，表示为 $1\times2^7+1\times2^6=128+64=192$KB。

计算内存芯片数量：192K×8bit/(64K×8bit)=3。

● 在存储体系中位于主存与 CPU 之间的高速缓存（Cache）用于存放主存中部分信息的副本，主存地址与 Cache 地址之间的转换工作___（3）___。（2018 年 11 月第 4 题）

（3）A．由系统软件实现　　B．由硬件自动完成

C．由应用软件实现　　D．由用户发出指令完成

【答案】（3）B

【解析】本题考过 2 次。Cache 为高速缓存，Cache 通过将访问集中的来自内存的内容放在速度更快的 Cache，从而提高性能，因此 Cache 单元地址转换需要由稳定且高速的硬件来完成。

● 内存按字节编址，若用存储容量为 32K×8bit 的存储器芯片构成地址从 A0000H 到 DFFFFH 的内存，则至少需要___（4）___片芯片。（2017 年 11 月第 3 题）

（4）A．4　　B．8　　C．16　　D．32

【答案】（4）B

【解析】DFFFF-A0000+1=256KB，256K×8bit/32×8bit=8。

13.3 指令集 CISC 和 RISC

13.3.1 考点精讲

按照指令集分类，可以把计算机分为精简指令集计算机（Reduced Instruction Set Computer，RISC）和复杂指令集计算机（Complex Instruction Set Computer，CISC）。为了提高操作系统的效率，人们最初选择向指令系统中添加更多、更复杂的指令，导致指令集越来越多，这种类型的计算机称为复杂指令集计算机。当下应用最广泛的 Intel 和 AMD x86 系列 CPU 都是 CISC 架构。对指令数

目和寻址方式做精简，让指令的周期相同，更适合采用流水线技术，并行执行程度更好，这就是精简指令集计算机。RISC 指令集被广泛应用于小型机以及移动终端。表 13-1 是两种指令集的对比。

表 13-1　CISC 与 RISC 指令集对比（非常重要）

对比项	CISC 复杂指令集	RISC 精简指令集
指令系统	复杂，庞大	简单，精简
指令数目	一般大于 200 条	一般小于 100 条
指令字长	不固定	定长（适合流水线）
寻址方式	支持多种方式	支持方式少
指令执行时间	相差较大	绝大多数在一个周期内完成
指令使用频率	相差很大	都比较常用
通用寄存器数量	较少	多
目标代码	难以用优化编译生成高效的目标代码程序	采用优化的编译程序，生成代码较为高效
控制方式	绝大多数为微程序控制	绝大多数为组合逻辑控制（硬布线逻辑+微程序）
指令流水线	可以通过一定方式实现	必须实现

13.3.2　即学即练·精选真题

- 以下关于 RISC 和 CISC 计算机的叙述中，正确的是 （1） 。（2021 年 5 月第 1 题）

（1）A．RISC 不采用流水线技术，CISC 采用流水线技术

B．RISC 使用复杂的指令，CISC 使用简单的指令

C．RISC 采用较多的通用寄存器，CISC 采用很少的通用寄存器

D．RISC 采用组合逻辑控制器，CISC 普遍采用微程序控制器

【答案】（1）C

【解析】CISC 控制器大多采用微程序控制，其控制存储器在 CPU 芯片内所占的面积为 50%以上，RISC 控制器大多采用组合逻辑控制，其硬布线逻辑只占 CPU 芯片面积的 10%左右。可将空出的面积供其他功能部件用，例如用于增加大量的通用寄存器，C 项肯定正确。D 项表述过于绝对，可参考表 13-1 的内容。

- 以下关于 RISC 指令系统基本概念的描述中，错误的是 （2） 。（2020 年 11 月第 7 题）

（2）A．选取使用频率低的一些复杂指令，指令条数多

B．指令长度固定

C．指令功能简单

D．指令运行速度快

【答案】（2）A

【解析】需掌握 RISC 精简指令集和 CISC 复杂指令集对比。

- 以下关于RISC（精简指令系统计算机）技术的叙述中，错误的是___(3)___。（2019年5月第4题）

（3）A．指令长度固定、指令种类尽量少

B．指令功能强大、寻址方式复杂多样

C．增加寄存器数目以减少访存次数

D．用硬布线电路实现指令解码，快速完成指令译码

【答案】（3）B

【解析】RISC与CISC的对比：为提高操作系统的效率，人们最初选择向指令系统中添加更多、更复杂的指令来实现，导致指令集越来越多，这种类型的计算机称为复杂指令集计算机（CISC）。对指令数目和寻址方式做精简，指令的指令周期相同，采用流水线技术，指令并行执行程度更好，这就是精简指令集计算机（RISC）。

13.4 输入/输出（I/O）系统

13.4.1 考点精讲

计算机输入/输出（I/O）控制主要有四种方式：直接程序控制/程序查询（软件方式）、中断方式（软件+硬件方式）、直接存储器存取（Direct Memory Access，DMA）、I/O通道方式。

- 直接程序控制/程序查询（软件方式）：软件方式会消耗CPU资源，导致CPU利用率低，因此，这种方式适合工作不太繁忙的系统。
- 中断方式（软件+硬件方式）：当出现来自系统外部、机器内部甚至处理机本身的任何例外时，CPU暂停执行现行程序，转去处理这些事情，等处理完成后再返回来继续执行原先的程序。中断处理过程为：

（1）CPU收到中断请求后，如果CPU中断允许触发器是1，则在当前指令执行完成后，响应中断。

（2）CPU保护好被中断的主程序的断点及现场信息，保持中断前一时刻的状态不被破坏。

（3）CPU根据中断类型码从中断向量表中找到对应中断服务程序的入口地址，并进入中断服务程序。

（4）中断服务程序执行完毕后，CPU返回中断点处继续执行刚才被中断的程序。

- 直接存储器存取（DMA）方式：DMA方式不是用软件而是采用一个专门的控制器（相当于一个硬件设备）来控制内存与外设之间的数据交流，无需CPU介入，可大大提高CPU的工作效率。
- I/O通道方式：又称输入/输出处理器（IOP），目的是使CPU摆脱繁重的输入/输出负担和共享输入/输出接口，多用于大型计算机系统中。根据多台外围设备共享通道的不同情况，可将通道分为三种类型：字节多路通道、选择通道和数组多路通道。

13.4.2 即学即练·精选真题

● DMA 控制方式是在＿（1）＿之间直接建立数据通路，进行数据的交换处理。（2019 年 5 月第 2 题）

（1）A．CPU 与主存　　B．CPU 与外设
C．主存与外设　　D．外设与外设

【答案】（1）C

【解析】DMA 控制器是一种在系统内部转移数据的独特外设，可以将其视为一种能够通过一组专用总线将内部和外部存储器与每个具有 DMA 能力的外设连接起来的控制器。

● 计算机运行过程中，遇到突发事件，要求 CPU 暂时停止正在运行的程序，转去为突发事件服务，服务完毕，再自动返回原程序继续执行，这个过程称为＿（2）＿，其处理过程中保存现场的目的是＿（3）＿。（2018 年 5 月第 2～3 题）

（2）A．阻塞　　B．中断
C．动态绑定　　D．静态绑定

（3）A．防止丢失数据　　B．防止对其他部件造成影响
C．返回去继续执行原程序　　D．为中断处理程序提供数据

【答案】（2）B　（3）C

【解析】中断方式（软件+硬件方式）：当出现来自系统外部、机器内部甚至处理机本身的任何例外时，CPU 暂停执行现行程序，转去处理这些事情，等处理完成后再返回去继续执行原先的程序。

● 计算机运行过程中，CPU 需要与外设进行数据交换，采用＿（4）＿控制技术时，CPU 与外设可并行工作。（2017 年 11 月第 5 题）

（4）A．程序查询方式和中断方式
B．中断方式和 DMA 方式
C．程序查询方式和 DMA 方式
D．程序查询方式、中断方式和 DMA 方式

【答案】（4）B

【解析】

- 程序查询方式：按顺序执行的方式，由 CPU 全程控制，不能实现外设与 CPU 的并行工作。
- 中断方式：在外设做好数据传送之前，CPU 可做自己的事情。发出中断请求之后，CPU 响应才会控制其数据传输过程，因此能一定程度上实现 CPU 和外设的并行。
- DMA 方式：由 DMA 控制器向 CPU 申请总线的控制权，在获得 CPU 的总线控制权之后，由 DMA 代替 CPU 控制数据传输过程。

第14章 补充2——操作系统基础

14.1 进程的基本概念

进程包含就绪、运行、阻塞三种状态，各状态之间的转换如图14-1所示。

（1）就绪状态（Ready）：进程已获得除CPU之外的所有必需的资源，一旦得到CPU控制权，立即可以运行。

（2）运行状态（Running）：进程已获得运行所必需的资源，它正在处理机上执行。

（3）阻塞状态（Blocked）：正在执行的进程由于发生某事件而暂时无法执行时，便放弃处理机而处于暂停状态，称该进程处于阻塞状态或等待状态。

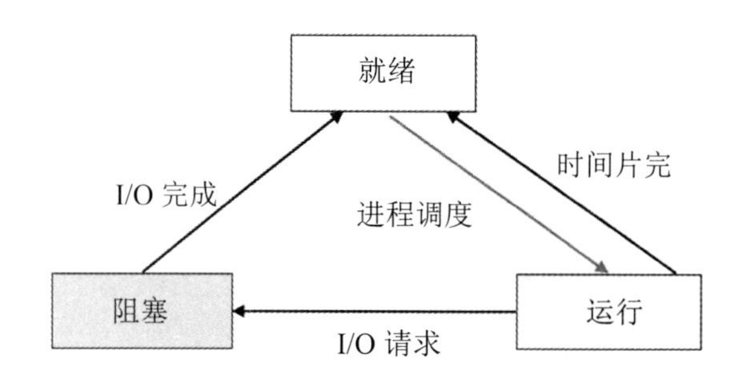

图14-1　进程状态与转换关系

14.2 信号量与PV操作

14.2.1 考点精讲

信号量是操作系统提供的管理资源的有效手段，信号量是一个整数，当信号量大于等于零时，代表可供并发进程使用的资源数量，当信号量小于零时，表示处于阻塞状态进程的个数。

P 操作也叫 Wait 操作，表现为申请资源时的减量操作，S.value:=S.value-1，当 S.value<0 时，表示资源分配完，进行自我阻塞。可以简单理解为一共有 3 个苹果，每拿走 1 个就减 1，当苹果拿完后，就不能再分配了，停止拿苹果。V 操作也叫 Signal 操作，为释放资源时的增量操作，S.value:=S.value+1，当 S.value≤0 时，唤醒等待进程。可以理解成供应商拿来 1 个苹果，则苹果数量就加 1，当库存苹果大于 0 时，就可以对外分配。

14.2.2 即学即练·精选真题

- 某计算机系统中互斥资源 R 的可用数为 8，系统中有 3 个进程 P1、P2 和 P3 竞争 R，且每个进程都需要 i 个 R，该系统可能会发生死锁的最小 i 值为 ___(1)___。（2018 年 11 月第 9 题）

  （1）A．1　　B．2　　C．3　　D．4

  【答案】（1）D

  【解析】不产生死锁的条件：资源数>并发进程数×(每个进程所需资源-1)+1，即 n(m-1)+1，可以分为如下几种情况：①i 为 1 或 2 时，合计需要资源 3 或 6 个，R 为 8，完全够用，不会发生死锁；②i 为 3 时，合计需要资源 9 个，R 为 8，但 P1 可以分配 3 个，P2 可以分配 3 个，P1 和 P2 能顺利完成执行，之后可以释放资源，则 P3 可以获取 P1 和 P2 的资源；③i 为 4 时，P1 分配 3，P2 分配 3，P3 分配 2，则所有进程都在等待，可能进入死锁。

- 假设系统有 n 个进程共享资源 R，且资源 R 的可用数为 3，其中 n≥3。若采用 PV 操作，则信号量 S 的取值范围应为 ___(2)___。（2016 年 11 月第 9 题）

  （2）A．-1～n-1　　B．-3～3　　C．-(n-3)～3　　D．-(n-1)～1

  【答案】（2）C

  【解析】所有进程都没有使用资源时，信号量 S=3，当进程阻塞进入排队等待时，表示有 3 个进程能分配到资源，阻塞的进程数量是 n-3 个，那么信号量是-(n-3)。例如：有 3 个可用资源，假设有 A、B、C、D 共 4 个进程要用该资源，最开始 S=3，当 A 进入时，S=2，当 B 进入时，S=1，当 C 进入时，S=0，表明该类资源刚好用完，当 D 进入时，S=-1，表明有一个进程被阻塞了，当 A 用完该类资源时，进行 V 操作，S=0，释放该类资源，这时候 S=0，表明还有进程阻塞在该类资源上，然后再唤醒一个。

14.3 文件目录

14.3.1 考点精讲

Windows 系统文件目录是以某个盘符为根，存在多个盘符就有多个根，比如 C:\windows\system32\test.txt。Linux 系统只有一个根目录，用/表示，比如/etc/test.txt。绝对路径是完整的访问路径，相对路径是从当今路径出发的访问路径，调用速度快。

14.3.2 即学即练·精选真题

● 若某文件系统的目录结构如下图所示，假设用户要访问文件 book2.doc，且当前工作目录为 MyDrivers，则该文件的绝对路径和相对路径分别为___（1）___。（2019 年 5 月第 9 题）

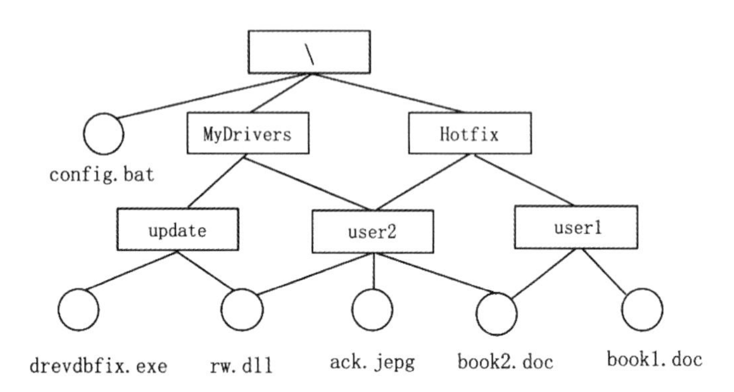

（1）A．MyDrivers\user2\和\user2\　　B．\MyDrivers\user2\和\user2\
C．\MyDrivers\user2\和 user2\　　D．MyDrivers\user2\和 user2\

【答案】（1）C

【解析】绝对路径是从根目录开始的路径，以“\”代表根目录。相对路径是从当前路径开始的路径。

● 在 Windows 系统中，设 E 盘的根目录下存在 document1 文件夹，用户在该文件夹下已创建了 document2 文件夹，而当前文件夹为 document1。若用户将 test.docx 文件存放 document2 文件夹中，则该文件的绝对路径为___（2）___；在程序中能正确访问该文件且效率较高的方式为___（3）___。（2015 年 11 月第 8～9 题）

（2）A．\document1\　　B．E:\document1\document2
C．document2\　　D．E:\document2\ document1

（3）A．\document1\test.docx　　B．document1\ document2\test.docx
C．document2\test.docx　　D．E:\document1\ document2\test.docx

【答案】（2）B　（3）C

【解析】需掌握绝对路径和相对路径相关知识。

第15章 补充3——软件开发

15.1 软件生命周期

软件生命周期是指软件产品从考虑其概念到产品交付使用，直至最终退役为止的整个过程，包含如下几个阶段。

（1）计划阶段：确定待开发系统的总体目标和范围，可行性研究和预算、进度估算。

（2）分析阶段：分析、整理和提炼用户需求，编写需求规格说明书和初步用户手册。

（3）设计阶段：根据需求规格说明书，确定软件体系结构，确定每个模块的实现算法、数据结构和接口，编写设计说明书，并组织评审。

（4）实现阶段：将设计的各个模块编写成计算机可接受的程序代码和相关文档。

（5）测试阶段：测试各个功能模块，然后将各个模块集成起来，进行功能需求测试。

（6）运行维护阶段：后期运维，进行增删改。

15.2 软件开发模型

1. 瀑布模型

瀑布模型如图15-1所示，将软件生命周期分为：软件计划、需求分析、软件设计、程序编码、软件测试和运行维护6个阶段，并规定它们是自上而下、相互衔接的固定次序，像瀑布一样，只能自上而下，不能倒流。优点是可以规范过程，有利于评审。缺点是过于理想，缺乏灵活性，容易产生需求偏差。此模型适用于用户需求明确，软件开发单位有充足经验和案例的项目。

2. 抛弃原型法

软件开发单位建造一个原型，让用户评价，之后抛弃原型，确定需求转入正式开发。可以克服瀑布模型的缺点，减少由于软件需求不明确带来的开发风险。

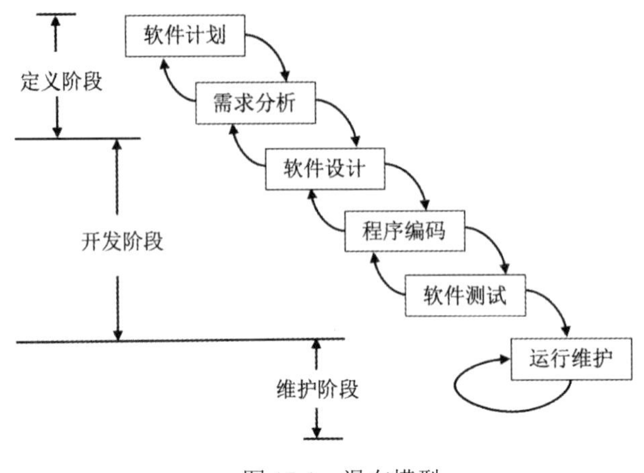

图 15-1　瀑布模型

3. 演化原型法

演化原型法与抛弃式原型法不同的是，演化原型法开发的原型，最终逐步演化为最终的产品。

4. 增量模型

增量模型是软件被作为一系列的增量构件来设计、实现、集成和测试。整个产品被分解成若干构件，开发人员可以逐个开发交付，客户可以不断看到开发的软件，从而降低开发风险，有利于快速开发软件。

5. 螺旋模型

螺旋模型综合了瀑布模型和演化模型的优点，还增加了风险分析，特别适合大型复杂的系统，具体如图 15-2 所示。

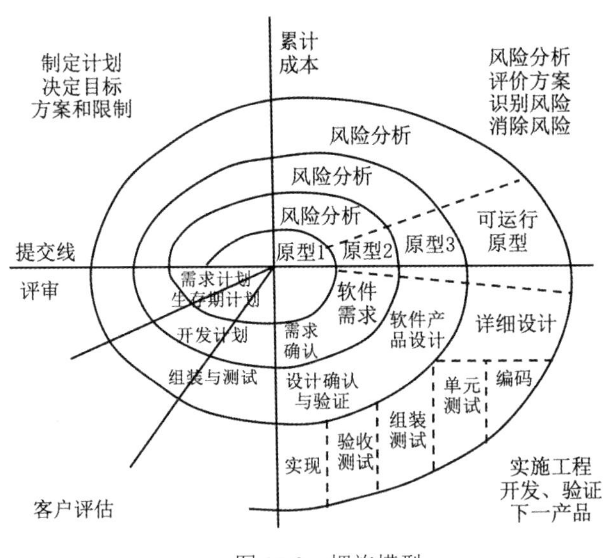

图 15-2　螺旋模型

15.3 程序设计语言

15.3.1 考点精讲

程序设计语言可以分为标记语言、脚本语言、编译型语言。

（1）标记语言是一种将文本以及文本相关的其他信息结合起来，展现出关于文档结构和数据处理细节的电脑文字编码。常用于格式化和链接，如HTML、XML。

（2）脚本语言又称为动态语言，是一种编程语言，用来控制软件应用程序，只在调用时进行解释，可以定义函数和变量，典型的脚本语言有JavaScript、VBScript、PHP、Python等。

（3）编译型语言在程序执行之前需要一个专门的编译过程，把程序编译成机器语言，比如exe文件。运行时不需要重新翻译，直接使用编译结果就行。程序执行效率高，依赖编译器，如C语言、C++、Java。

15.3.2 即学即练·精选真题

- Python语言的特点不包括__（1）__。（2021年11月第2题）

（1）A．跨平台、开源　　B．编译型

C．支持面向对象程序设计　　D．动态编译

【答案】（1）B

【解析】Python可以跨平台，并且是开源的，是解释型脚本语言，不是编译型。支持面向对象程序设计和动态编译。静态编译与动态编译的区别：

（1）动态编译的可执行文件需要附带一个动态链接库，在执行时，需要调用其对应动态链接库中的命令。优点是缩小了执行文件本身的体积，同时加快了编译速度，节省了系统资源。缺点是哪怕是很简单的程序，只用到了链接库中的一两条命令，也需要附带一个相对庞大的链接库；如果其他计算机上没有安装对应的运行库，则用动态编译的可执行文件就不能运行。

（2）静态编译就是编译器在编译可执行文件的时候，将可执行文件需要调用的对应动态链接库(.so)中的部分提取出来，链接到可执行文件中去，使可执行文件在运行的时候不依赖于动态链接库。所以其优缺点与动态编译的可执行文件正好互补。

- 编译和解释是实现高级程序设计语言的两种基本方式，__（2）__是这两种方式的主要区别。（2019年11月第10题）

（2）A．是否进行代码优化　　B．是否进行语法分析

C．是否生成中间代码　　D．是否生成目标代码

【答案】（2）D

【解析】把高级语言源程序翻译成机器语言程序的方法有“解释”和“编译”，其中编译需要生成目标代码，而脚本语言采用解释的方法，不生成目标代码。

- 以下关于程序设计语言的叙述中，错误的是__（3）__。（2017年11月第9题）

（3）A．脚本语言中不使用变量和函数　　B．标记语言常用于描述格式化和链接
C．脚本语言采用解释方式实现　　D．编译型语言的执行效率更高

【答案】（3）A

【解析】脚本语言可以使用变量和函数。

- 以下关于脚本语言的叙述中，正确的是___（4）___。（2016 年 5 月第 6 题）

（4）A．脚本语言是通用的程序设计语言　　B．脚本语言更适合应用在系统级程序开发中
C．脚本语言主要采用解释方式实现　　D．脚本语言中不能定义函数和调用函数

【答案】（4）C

【解析】脚本语言是为了缩短传统的编写－编译－链接－运行过程而创建的计算机编程语言，脚本通常是解释运行而非编译。

15.4 软件测试

15.4.1 考点精讲

软件测试分类很多，按是否有用户参与可以分为 α 测试、β 测试。

- α 测试是在用户组织模拟软件系统的运行环境下测试，由用户或第三方测试公司进行测试，模拟各类用户行为，试图发现并修改错误，一般叫内测。
- β 测试是用户公司组织各方面的典型终端用户在日常工作中实际使用 beta 版本，并要求用户报告异常情况，提出修改意见，一般叫公测，也可以是内部试运行。

按是否查看代码可以分为黑盒测试、白盒测试和灰盒测试。

- 黑盒测试：也称功能测试，该测试不查阅程序代码，主要针对程序的界面和功能进行测试。
- 白盒测试：检查代码或逻辑结构是否合理。
- 灰盒测试：介于黑盒测试和白盒测试之间的一种测试，灰盒测试多用于集成测试阶段，不仅关注输出、输入的正确性，同时也关注程序内部代码的情况。

按开发阶段可以分为单元测试、集成测试、系统测试和验收测试，每个阶段的测试对象、测试人员、测试依据、测试方法见表 15-1，必须掌握，考试经常出现此知识点。

表 15-1　软件测试相关知识

类别	别名	测试阶段	测试对象	测试人员	测试依据	测试方法
单元测试（UT）	模块测试 组件测试	在编码之后进行，来检验代码的正确性	模块、类、函数和对象也可能是更小的单元（如一行代码，一个单词）	白盒测试工程师或开发人员	代码、详细设计文档	白盒测试
集成测试（IT）	组装测试 联合测试	单元测试之后，检验模块间接口的正确性	模块间的接口	白盒测试工程师或开发人员	单元测试的文档、概要设计文档	黑盒测试＋白盒测试（灰盒测试）

续表

类别	别名	测试阶段	测试对象	测试人员	测试依据	测试方法
系统测试（ST）	—	集成测试之后	整个系统（软件、硬件）	黑盒测试工程师	需求规格说明书	黑盒测试
验收测试	交付测试	系统测试通过后	整个系统（包括软件、硬件）	最终用户或需求方	用户需求、验收标准	黑盒测试

15.4.2 即学即练·精选真题

● 软件测试时，白盒测试不能发现＿＿（1）＿＿。（2021 年 11 月第 3 题）

（1）A．代码路径中的错误　　B．死循环

C．逻辑错误　　D．功能错误

【答案】（1）D

【解析】白盒测试关注代码本身，不运行测试功能。白盒测试一般用来分析程序的内部结构，前提条件是：已知程序的内部工作过程，清除其语句、变量状态、逻辑结构和执行路径等关键信息。白盒测试重视测试覆盖率的度量，包括桌面检查、走查、代码审查。代码检查比动态测试更重要，应当在程序编译和动态检查之前进行。

● 在软件开发过程中，系统测试阶段的测试目标来自于＿＿（2）＿＿阶段。（2021 年 11 月第 8 题）

（2）A．需求分析　　B．概要设计　　C．详细设计　　D．软件实现

【答案】（2）A

【解析】系统测试的依据是需求规格说明书，来自于需求分析阶段。

● 软件的＿＿（3）＿＿是以用户为主，包括软件开发人员和质量保证人员都参加的测试，一般使用实际应用数据进行测试，除了测试软件功能和性能外，还对软件可移植性、兼容性、可维护性、错误的恢复功能等进行确认。（2021 年 5 月第 9 题）

（3）A．单元测试　　B．集成测试　　C．系统测试　　D．验收测试

【答案】（3）D

【解析】掌握单元测试、集成测试、系统测试、验收测试的测试内容、测试对象、测试人员、测试依据和测试方法。以用户为主是验收测试。

● 把模块按照系统设计说明书的要求组合起来进行测试，属于＿＿（4）＿＿。（2020 年 11 月第 2 题）

（4）A．单元测试　　B．集成测试　　C．确认测试　　D．系统测试

【答案】（4）B

【解析】顾名思义，组合约等于集成，故选 B 项。

● 使用白盒测试时，确定测试数据应根据＿＿（5）＿＿指定覆盖准则。（2020 年 11 月第 6 题）

（5）A．程序的内部逻辑　　B．程序的复杂程度

C．使用说明书　　D．程序的功能

【答案】（5）A

【解析】白盒测试常用的技术是逻辑覆盖，根据程序的内部逻辑指定覆盖准则。

第16章 补充4——知识产权

16.1 保护期限

我国在IT领域主要有《中华人民共和国著作权法》《计算机软件保护条例》《中华人民共和国专利法》《中华人民共和国商标法》和《中华人民共和国反不正当竞争法》五部法律对著作权人进行保护。计算机软件是著作权保护作品中的一个特例，因此当《计算机软件保护条例》中没有相关规定时，将参照《中华人民共和国著作权法》。不同作品或产品的保护期限见表16-1。

表16-1 不同作品或产品的保护期限

客体类型	权利类型	保护期限
公民作品	署名权、修改权、保护作品完整权	没有限制
	发表权、使用权和获得报酬权	作者终生及其死亡后的50年(第50年的12月31日)
单位作品	发表权、使用权和获得报酬权	50年（首次发表后的第50年的12月31日），若期间未发表，不保护
公民软件产品	署名权、修改权	没有限制
	发表权、复制权、发行权、出租权、信息网络传播权、翻译权、使用许可权、获得报酬权、转让权	作者终生及其死亡后的50年(第50年的12月31日)。对于合作开发的，则以最后死亡的作者为准
单位软件产品	发表权、复制权、发行权、出租权、信息网络传播权、翻译权、使用许可权、获得报酬权、转让权	著作权的保护期为50年（首次发表后的第50年的12月31日），若50年内未发表的，不予保护
注册商标		有效期为10年（若注册人死亡或倒闭1年后，未转移则可注销，期满后6个月内必须续注）
发明专利权		保护期为20年（从申请日开始）
实用新型专利权		保护期为10年（从申请日开始）
外观设计专利权		保护期为15年（从申请日开始）
商业秘密		不确定，公开后公众可用

16.2 产权归属

16.2.1 考点精讲

知识产权归属见表 16-2。

表 16-2 知识产权归属

情况说明		判断说明	归属
作品	职务作品	利用单位的物质技术条件进行创作，并由单位承担责任的	除署名权外其他著作权归单位
		有合同约定，其著作权属于单位	除署名权外其他著作权归单位
		其他	作者拥有著作权，单位有权在业务范围内优先使用
软件	职务作品	属于本职工作中明确规定的开发目标	单位享有著作权
		属于从事本职工作活动的结果	单位享有著作权
		使用了单位资金、专用设备、未公开的信息等物质、技术条件，并由单位或组织承担责任的软件	单位享有著作权
	委托创作	有合同约定，著作权归委托方	委托方
		合同中未约定著作权归属	创作方
	合作开发	只进行组织、提供咨询意见、物质条件或者进行其他辅助工作	不享有著作权
		共同创作的	共同享有，按人头比例。成果可分割的，可分开申请
商标		谁先申请谁拥有（除知名商标的非法抢注） 同时申请，则根据谁先使用（需提供证据） 无法提供证据，协商归属，无效时使用抽签（但不可不确定）	
专利		谁先申请谁拥有，如果双方同一天申请，则双方协商，协商不成，均不予受理（同时驳回双方的专利申请）	

16.2.2 即学即练·精选真题

● ＿（1）＿是构成我国保护计算机软件著作权的两个基本法律文件。（2021 年 11 月第 10 题）

（1）A.《计算机软件保护条例》和《中华人民共和国软件法》

B.《中华人民共和国著作权法》和《中华人民共和国软件法》

C.《中华人民共和国著作权法》和《计算机软件保护条例》

D.《中华人民共和国版权法》和《中华人民共和国著作权法》

【答案】(1) C

【解析】此知识点需要掌握。

- 根据《计算机软件保护条例》的规定，对软件著作权的保护不包括___(2)___。(2021 年 5 月第 7 题)

(2) A. 目标程序　B. 软件文档　C. 源程序　D. 软件中采用的算法

【答案】(2) D

【解析】《计算机软件保护条例》规定了对程序、文档、源代码的保护。

- 我国由___(3)___主管全国软件著作权登记管理工作。(2020 年 11 月第 10 题)

(3) A. 国家版权局　B. 国家新闻出版署

C. 国家知识产权局　D. 地方知识产权局

【答案】(3) A

【解析】国家版权局主管全国软件著作权登记管理工作，国家版权局认定中国版权保护中心为软件登记机构，经国家版权局批准，中国版权保护中心可以在地方设立软件登记办事机构。

- 李工是某软件公司的软件设计师，每当软件开发完成均按公司规定申请软件著作权，该软件的著作权___(4)___。(2019 年 11 月第 7 题)

(4) A. 应由李工享有

B. 应由公司和李工共同享有

C. 应由公司享有

D. 除署名权以外，著作权的其他权利由李工享有

【答案】(4) C

【解析】李工属于软件开发者，拥有署名权，其他著作权归单位所有。

第17章 重点知识专题突破

17.1 网络协议专题

网络协议可分为三类：封装协议、路由协议、功能类协议。

封装协议相关内容见表 17-1。

表 17-1 封装协议相关内容

网络层次	协议	高频考点
数据链路层	局域网：以太网 广域网：HDLC/PPP/帧中继	①以太网帧格式、MTU ②HDLC 帧格式、控制字段
网络层	IP	①IP 报头格式 ②特殊 IP 地址
传输层	TCP 和 UDP	①TCP/UDP 报头、三次握手 ②流量控制和拥塞控制

路由协议相关内容见表 17-2。

表 17-2 路由协议相关内容

协议分类	代表协议	高频考点
内部网关协议（Interior Gateway Protocol，IGP）用于 AS 内部	距离矢量路由协议（Routing Information Protocol，RIP）	①基于 UDP 520 端口 ②计算跳数：最大 15 跳，16 跳不可达，一般用于小型网络 ③几个时钟：30s 周期性更新路由表、180s 没有收到路由更新，认为路由不可达，把 cost 设置为 16 跳，如果再过 120s 没有收到路由更新，删除该路由表 ④RIPv1 与 RIPv2 的区别

续表

协议分类	代表协议	高频考点
内部网关协议（Interior Gateway Protocol，IGP）用于 AS 内部	开放的最短路径优先协议（Open Shortest Path First，OSPF）	①点对点网络上每 10s 发送一次 hello，在 NBMA 网络中每 30s 发送一次，Deadtime 为 hello 时间的 4 倍 ②224.0.0.5：运行 OSPF 协议的路由器，224.0.0.6：OSPF 指定/备用指定路由器（DR/BDR）
外部网关协议（Exterior Gateway Protocol，EGP），用于 AS 之间	边界网关协议（Border Gateway Protocol，BGP）	BGP 的四个报文： ①打开（Open）：用于建立邻居关系 ②更新（Update）：用于发送新的路由信息 ③保持活动状态（Keepalive）：用于对 Open 的应答/周期性确认邻居关系 ④通告（Notification）：用于报告检测到的错误

功能类协议的相关内容见表 17-3。

表 17-3　功能类协议的相关内容

协议名称	功能描述
ICMP	因特网控制报文协议（Internet Control Message Protocol，ICMP）协议号为 1，封装在 IP 报文中，用来传递差错、控制、查询等信息，典型应用 ping/traceroute 底层依赖 ICMP 报文
ARP/RARP	地址解析协议（Address Resolution Protocol，ARP）的作用是根据 IP 地址查询 MAC 地址
	反向地址转换协议（Reverse Address Resolution Protocol，RARP）的作用是根据 MAC 地址查找 IP 地址
NAT	网络地址转换（Network Address Translation，NAT）把私有地址转换成公网 IP 地址
ACL	访问控制列表（Access Control List，ACL）实现用户访问控制
STP	生成树协议（Spanning Tree Protocol，STP）用于防止二层环路
DHCP	动态主机配置协议（Dynamic Host Configuration Protocol，DHCP）用于动态分配 IP 地址
VRRP	虚拟路由冗余协议（Virtual Router Redundancy Protocol，VRRP）用于实现用户网关冗余
DNS	域名解析协议或叫域名系统（Domain Name System）把域名解析为对应 IP 地址

17.2　IP 子网划分专题

IP 子网划分每年必考 5 分，且题目非常固定，出现在上午试卷第 51～55 题。这类题目如果会做基本能拿满分，不会做可能得 0 分，所以务必理解掌握。

17.2.1　考点精讲

1. 点分十进制表示法

在 IP 网络中，IP 地址用于标识每个通信节点。IPv4 一共 32 位，使用点分十进制形式表示，IPv6

一共 128 位，使用冒号分隔的十六进制表示。下面我们重点介绍点分十进制。

如图 17-1 所示，假设有两台计算机 PC1 和 PC2，IP 地址是 32 位二进制数。假设 PC1 和 PC2 的 IP 地址如下：

PC1：11000000 10101000 00001010 00000001

PC2：11000000 10101000 00010100 00000001

图 17-1　IP 互联

这么复杂的 IP 地址，不容易让人记住，用点分十进制表示法可以让 IP 地址变得简单。

以 PC1 的地址 11000000101010000000101000000001 为例进行如下几步操作，完成简化：

（1）把 32 位二进制 IP 地址分为 4 段，每段 8 位，即 11000000 10101000 00001010 00000001。

（2）把每个分组的二进制数转换为十进制数，转换规则是按幂依次展开求和。

常规幂对应的十进制如下：

2^7	2^6	2^5	2^4	2^3	2^2	2^1	2^0
128	64	32	16	8	4	2	1

第一段 11000000 转换成十进制数是：$1\times2^7+1\times2^6+0\times2^5+0\times2^4+0\times2^3+0\times2^2+0\times2^1+0\times2^0=128+64=192$。

第二段 10101000 转换成十进制数是：$1\times2^7+0\times2^6+1\times2^5+0\times2^4+1\times2^3+0\times2^2+0\times2^1+0\times2^0=128+32+8=168$。

第三段 00001010 转换成十进制数是 10，第四段 00000001 转换成十进制数是 1，所以 PC1 的 IP 地址可以表示为 192.168.10.1。同理，PC2 的 IP 地址可以表示为 192.168.20.1。转换完成后 PC1 和 PC 二进制对应关系如图 17-2 所示。

11000000	10101000	00001010	00000001	二进制	11000000	10101000	00010100	00000001
192	168	10	1	十进制	192	168	20	1

图 17-2　PC1 和 PC2 二进制与十进制对应关系

二进制与十进制的转换，大家一定要会计算，这是 IP 子网划分的基础。

2. 网络掩码

网络掩码，简称掩码，与IP地址搭配使用，用于描述IP地址中网络位和主机位的分界线。如图17-3所示，网络掩码是32位，与IP地址的32位对应，掩码中为1的位对应IP地址网络位，掩码中为0的位对应IP地址主机位。

掩码是网络位和主机位的分界线

	网络位			主机位
IP地址	192	168	1	1
	1 1 0 0 0 0 0 0	1 0 1 0 1 0 0 0	0 0 0 0 0 0 0 1	0 0 0 0 0 0 0 1
网络掩码	255	255	255	0
	1 1 1 1 1 1 1 1	1 1 1 1 1 1 1 1	1 1 1 1 1 1 1 1	0 0 0 0 0 0 0 0

图17-3 网络掩码

网络掩码有如下两种表示方法：

（1）/24表示网络位是24位，主机位是32-24=8位。

（2）255.255.255.0同样表示前24全是1，后8位是0，即表示网络位是24位，主机位是8位。下列掩码对应关系要牢记：255.255.255.0=/24，255.255.0.0=/16，255.0.0.0=/8。

A、B、C类是常用地址，不同类别的IP地址通过网络掩码区分，A类地址默认掩码是/8，B类默认掩码是/16，C类默认掩码是/24，如图17-4所示。

A类	0NNNNNNN	主机位	主机位	主机位	1～127
B类	10NNNNNN	网络位	主机位	主机位	128～192
C类	110NNNNN	网络位	网络位	主机位	193～223

A类	255	0	0	0	掩码：255.0.0.0或/8
B类	255	255	0	0	掩码：255.255.0.0或/16
C类	255	255	255	0	掩码：255.255.255.0或/24

图17-4 A、B、C类IP地址与掩码对应关系

3. IP地址类型

IP地址可以分为网络地址、广播地址和主机地址，如图17-5所示。

- 网络地址：在网络的IPv4地址范围内，最小地址保留为网络地址，此地址的每个主机位均为0。

- 广播地址：用于向网络中所有主机发送数据的特殊地址。广播地址使用该网络范围内的最大地址，即主机位全部为 1 的地址。
- 主机地址：除去网络地址和广播地址外，其他可分配给网络中终端设备使用的地址。

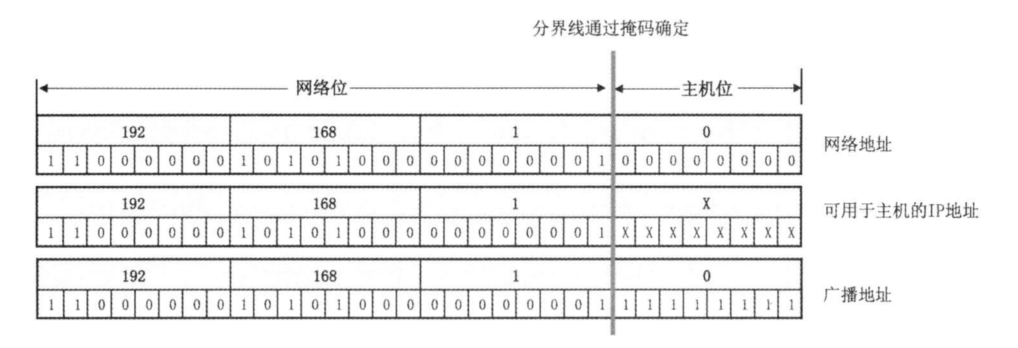

图 17-5　IP 地址分类

4. IP 子网划分

假设一个公司网络内有 500 台主机，分配一个标准 C 类网络，IP 地址不够用，因为标准/24 的 C 类网络只有 254 个可用 IP 地址。如果分配一个标准 A 类网 IP，又会产生巨大的浪费，因为标准 A 类地址可用地址数量是 2^{24}-2=16777214，即可用 IP 地址数量约等于 1600 万。给一个单位直接分配一个标准 A 类地址根本用不完，利用率极低。同时，如果把海量终端放入同一个网络，还存在广播风暴、病毒扩散等问题。故使用标准 A、B、C 类地址存在如下两个问题：

- 极大浪费 IP 地址空间。
- 广播域中 PC 数量过于庞大，广播报文可能消耗大量的网络资源，且安全风险高。

所以需要进行子网划分，将一个大的网络拆分成多个小型网络（子网），然后分给不同用户使用。一般一个 VLAN 对应一个子网，实际项目中一个子网中主机数量建议是一个 C 类地址，即 254 台，最大不超过 4 个 C，即 1000 台主机。

5. 子网划分的方法

如图 17-6 所示，假设有一个 A 类地址：10.0.0.0/8，包含的地址范围是从 10.0.0.0～10.255.255.255。网络位是 10.0.0.0，主机位是后面 24 位，一共包含 2^{24} 个 IP 地址。

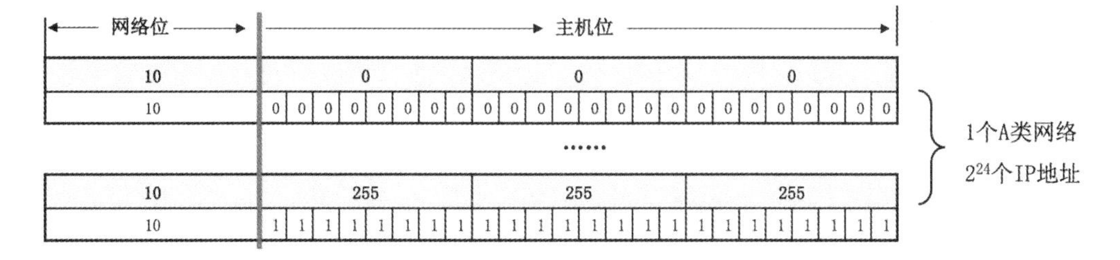

图 17-6　A 类地址

如果要将此标准 A 类地址进行子网划分，核心思想是：网络位向主机位借位，从而使得网络部分的位数加长，借用的位表示子网位。如果借用 1 位，则可以划分为 $2^1=2$ 个子网，借用 2 位可以划分为 $2^2=4$ 个子网，借用 3 位，可以划分为 $2^3=8$ 个子网，如图 17-7 所示。

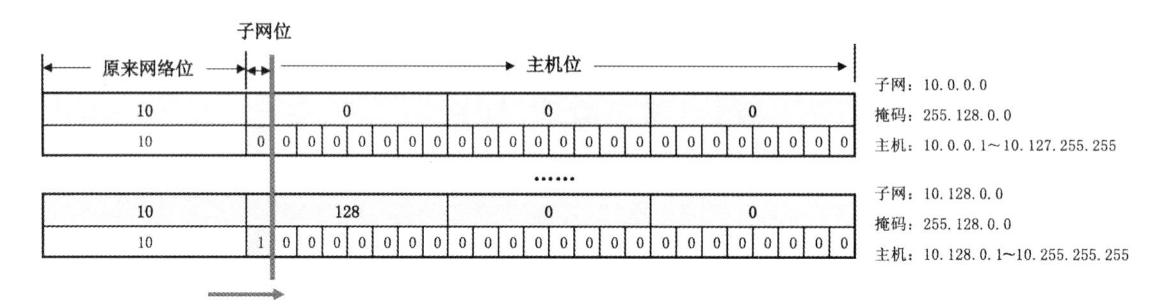

图 17-7　子网划分

进行子网划分后子网个数为 2^m（m 为所借的位数，即子网位数）。

每个子网可用主机数量为 2^n-2（n 为主机位数，需要减 2 的原因是每个子网中的网络号和广播号不可用），如图 17-8 所示。

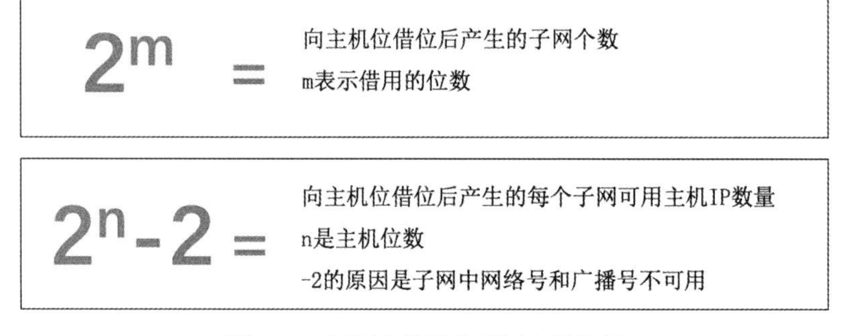

图 17-8　子网个数及各子网主机数量

6. IP 子网划分考试类型分析

软考中对 IP 地址规划的考查形式比较灵活，所以务必要理解底层原理，然后多加练习。IP 子网划分常见的考查类型总结如下：

（1）已知子网数量，要求进行子网划分。

例如，已知某公司有 6 个部门，给出 IP 地址段 192.168.1.0/24，如何进行子网划分？

解析：公司有 6 个部门，则至少要划分为 6 个子网，一般每个部门对应一个 VLAN，也对应一个子网。那么推算子网位至少需要 3 位，即可划分为 $2^3=8$ 个子网，满足 6 个部门使用。完成划分后，子网掩码应该为 24+3=27，即网络位为 27 位，那么主机位则为 32-27=5 位。每个子网地址块为 $2^5=32$（地址块等于 2 的主机位次方），如图 17-9 所示。

2^n	=	地址块 n表示主机位数

图 17-9　子网主机地址块的大小

由此可以推算出所有子网地址，其中标注部分是地址块的倍数，如图 17-10 所示。

```
192.168.1.0    /27   ←32的0倍
192.168.1.32   /27   ←32的1倍
192.168.1.64   /27   ←32的2倍
192.168.1.96   /27
192.168.1.128  /27     ⋮
192.168.1.160  /27
192.168.1.192  /27   ←32的6倍
192.168.1.224  /27   ←32的7倍
```

都是地址块32的倍数

图 17-10　子网地址的推算

（2）进行子网划分后，求第一个子网的广播地址。

方法一：第一个子网的子网部分是 000，广播地址的主机部分是 11111，那么第一个子网的广播地址是 192.168.1.00011111，即 192.168.1.31。

方法二：第一个子网地址为 192.168.1.0/27，由于地址块为 32，则第一个子网地址为 192.168.1.0～192.168.1.31，网络号是 192.168.1.0，第一个可用主机地址是 192.168.1.1，广播地址是子网最后一个 IP 地址，即 192.168.1.31，实际可用主机地址是：192.168.1.1～192.168.1.30。

方法三（推荐方法）：前两个子网位分别是 192.168.1.0/27 和 192.168.1.32/27。很明显，第二个子网的前一个地址为上一个子网的广播地址，那么第一个子网的广播地址是 192.168.1.32-1，即 192.168.1.31。

（3）192.168.1.159 属于什么地址。

解析：该地址是子网地址 192.168.1.160/27 的前一个地址，所以这是子网 192.168.1.128/27 的广播地址。

（4）已知子网主机数量，进行子网划分。

例如：已知每个部门不多于 25 人，如何对 192.168.1.0/24 进行子网划分？

解析：每个部门不多于 25 人，如果主机位为 4 位，每个子网可用地址为 2^4-2=14，如果主机位为 5 位，每个子网可用地址 2^5-2=30 个。很明显，主机位为 5 位，划分出来的地址才够用，这时网络位为 27 位，子网掩码为/27，子网划分与前面介绍的案例一样，不再展开叙述。

（5）子网掩码转换。子网掩码有两种表示方法，比如 255.255.240.0，也可以表示为/20。转换方法如下：

1）首先必须清楚掩码中 1 表示网络位，0 表示主机位。255.255.240.0 有两个 255，每个 255 都可以写成 8 个 1（11111111），那么 2 个 255 表示有 16 位是网络位。

2）240 转换成二进制是 11110000，其中 1 的个数是 4，而 1 表示网络位，那么这里有 4 位是网络位。

3）子网掩码就是 16+4=20 位。

用更形象的表示如图 17-11 所示。

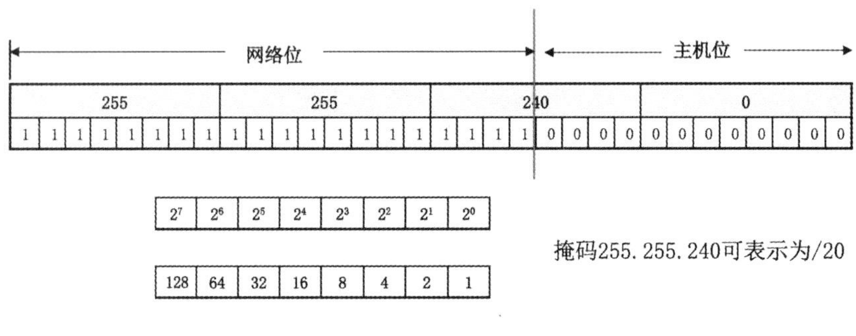

图 17-11　子网掩码的转换

（6）掩码作用位置与地址块计算。

如图 17-12 所示，如果网络掩码是 x，那么：

如果 x 范围是 25～32，那么掩码作用于第四段，地址块=2^{32-x}，例如掩码是 28，地址块=2^{32-28}=2^4=16。

如果 x 范围是 17～24，那么掩码作用于第三段，地址块=2^{24-x}，例如掩码是 22，地址块=2^{24-22}=2^2=4。

如果 x 范围是 9～16，那么掩码作用于第二段，地址块=2^{16-x}，例如掩码是 12，地址块=2^{16-12}=2^4=16。

如果 x 范围是 0～8，那么掩码作用于第一段，地址块=2^{8-x}，例如掩码是 7，地址块=2^{8-7}=2^1=2。

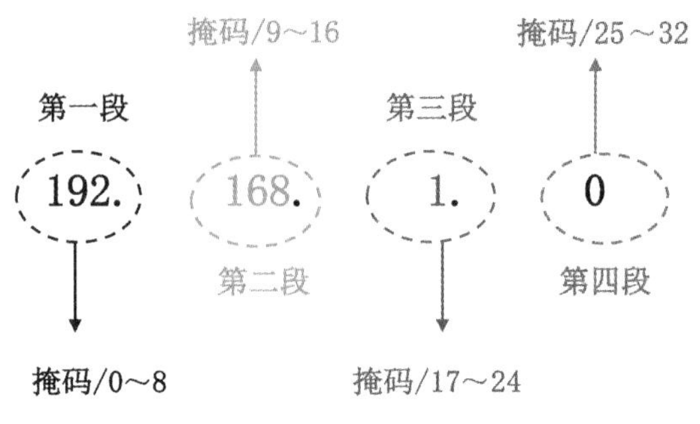

图 17-12　掩码作用位置

17.2.2 即学即练·精选真题

- PC1 的 IP 地址为 192.168.5.16，PC2 的 IP 地址为 192.168.5.100，PC1 和 PC2 在同一网段中，其子网掩码可能是___（1）___。（2021 年 11 月第 55 题）

（1）A．255.255.255.240　　B．255.255.255.224

C．255.255.255.192　　D．255.255.255.128

【答案】（1）D

【解析】100-16=84，那么地址块需要大于 84，只有 D 项满足要求。

A 项可以转换为/28，地址块是 2^{32-28}=16，B 项可以转换为/27，地址块是 2^{32-27}=32；C 项可以转换为/26，地址块是 2^{32-26}=64；D 项可以转换为/25，地址块是 2^{32-25}=128。

- 有 4 个网络地址：192.168.224.1、192.168.223.255、192.168.232.25 和 192.168.216.5，如果子网掩码为 255.255.240.0，则这 4 个地址分别属于___（2）___个子网。下面列出的地址对中，属于同一个子网的是___（3）___。（2019 年 11 月第 54～55 题）

（2）A．1　　B．2　　C．3　　D．4

（3）A．192.168.224.1 和 192.168.223.255

B．192.168.223.255 和 192.168.232.25

C．192.168.232.25 和 192.168.216.5

D．192.168.223.255 和 192.168.216.5

【答案】（2）B　（3）D

【解析】①子网掩码 255.255.240.0 可换算成/20，则地址块为 $2^{24-20}=2^4$=16，作用于第三段；②可以写出子网：192.168.208.0/20、192.168.224.0/20、192.168.240.0/20；③224.1 落在 224.0～240.0 之间，223.255 落在 208.0～224.0 之间，232.25 落在 224.0～240.0 之间，216.5 落在 208.0～224.0 之间。

- 下面的 IP 地址中，不属于同一网络的是___（4）___（2021 年 11 月第 52 题）

（4）A．172.20.34.28/21　　B．172.20.39.100/21

C．172.20.32.176/21　　D．172.20.40.177/21

【答案】（4）D

【解析】相当于变相求给出几个选项的网络地址。/21 掩码地址块都是 2^{24-21}=8，那么可以推出子网部分肯定是 8 的倍数，且作用于第三段。故 172.20.32.0 和 172.20.40.0 是网络地址，A、B、C 项都属于前者，只有 D 项属于后者。

- 属于网络 215.17.204.0/22 的地址是___（5）___。（2019 年 11 月第 51 题）

（5）A．215.17.208.200　　B．215.17.206.10

C．215.17.203.0　　D．115.17.224.0

【答案】（5）B

【解析】215.17.204.0/22 掩码是/22，作用位在第三段，且地址块为 $2^{24-22}=2^2$=4。那么可以写出所有子网地址：

所有子网都是地址块32的倍数

…

215.17.196.0/22

215.17.200.0/22

215.17.204.0/22

215.17.208.0/22

215.17.212.0/22

215.17.216.0/22

215.17.220.0/22

…

掩码作用于IP地址第三段

从以上可以看出，215.17.204.0/22 下一个子网为：215.17.208.0/22，那么 215.17.204.0/22 的可用地址范围在 215.17.204.0 ~ 215.17.208.0 两个子网之间，即可用地址为 215.17.204.1 ~ 215.17.207.254，只有 B 项在这个范围内。

- 某公司为多个部门划分了不同的局域网，每个局域网中的主机数量如下表所示，计划使用地址段 192.168.10.0/24 划分子网，以满足公司每个局域网的 IP 地址需求，请为各部门选择最经济的地址段或子网掩码长度。（2021 年 5 月第 52 ~ 54 题）

部门	主机数量	地址段	子网掩码长度
营销部	20	192.168.10.64	___(6)___
财务部	60	___(7)___	26
管理部	8	192.168.10.96	___(8)___

（6）A．24　　B．25　　C．26　　D．27

（7）A．192.168.10.0　　B．192.168.10.144　　C．192.168.10.160　　D．192.168.10.70

（8）A．30　　B．29　　C．28　　D．27

【答案】（6）D　（7）A　（8）C

【解析】子网划分，一般先满足主机量需求大的部门，题目中应先满足财务部需求，一共 60 台主机，而 2^6-2=62，刚好满足，那么主机位建议 6 位，地址块为 2^6=64。网络位为 32-6=26，原来的网络位是 24 位，则相当于新增了 2 位子网位，可以分成 4 个子网，分别为 192.168.10.0/26、192.168.10.64/26、192.168.10.128/26、192.168.10.192/26。

财务部使用这四个子网地址中的哪一个，直接看（7）题选项，只有 A 项答案属于这四个子网，故（7）题选 A。接着计算营销部的掩码，由于有 20 台主机需求，主机位为 5 位即可，那么子网掩码是/27。管理部主机数量为 8，主机位至少为 4 位，掩码是/28。计算完成后，最好代入题目进行检验，实际划分如下所示：

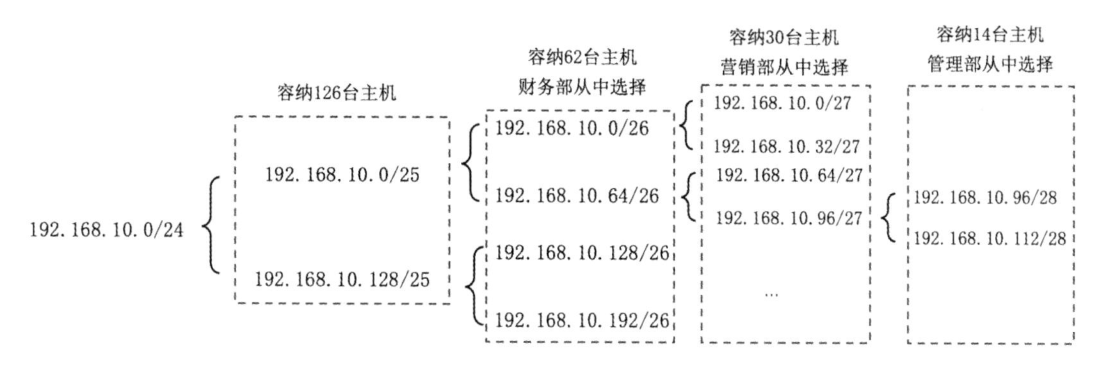

- 假设某公司有 8000 台主机，采用 CIDR 方法进行划分，则至少给它分配___(9)___个 C 类网络。如果 192.168.210.181 是其中一台主机地址，则其网络地址为___(10)___。（2019 年 5 月第 51 ~ 52 题）

（9）A. 8　　B. 10　　C. 16　　D. 32

（10）A. 192.168.192.0/19　　B. 192.168.192.0/20

C. 192.168.208.0/19　　D. 192.168.208.0/20

【答案】（9）D　（10）A

【解析】1 个 C 类地址有 254 个可用地址，4 个 C 类地址即接近 1000 个，那么 8000 台 PC，合计约 32 个 C 类地址。（10）题需要根据选项倒推给出的 IP 地址是否在范围内，比如 A 选项 192.168.192.0/19，则掩码作用于第三个八元组，地址块大小为 $2^{24-19}=2^5=32$，那么 A 选项地址范围是 192.168.192.0/19 ~ 192.168.224.0/19 之间，B、C 项通过类似的方法可以排除。D 选项掩码是/20，那么作用于第三段，地址块是 $2^{24-20}=2^4=16$，可以推出 D 选项的可用地址是 192.168.208.1 ~ 192.168.223.255，（9）题求出子网数量是 32 个，则子网位必须要有 5 位，而 D 项只有 4 位子网位，所以（10）题选 A 项。

- 某公司的员工区域使用的 IP 地址段是 172.16.132.0/23，该地址段中最多能够容纳的主机数量是___(11)___台。（2021 年 5 月第 51 题）

（11）A. 254　　B. 510　　C. 1022　　D. 2046

【答案】（11）B

【解析】掩码是/23，即网络位 23 位，主机位是 32-23=9，那么每个子网主机数量为 $2^9-2=510$。

- 某学校网络分为家属区和办公区，网管员将 192.168.16.0/24、192.168.18.0/24 两个 IP 地址段汇聚为 192.168.16.0/22，用于家属区 IP 地址段，下面的 IP 地址中可用作办公区 IP 地址的是___(12)___。（2021 年 5 月第 55 题）

（12）A. 192.168.19.254/22　　B. 192.168.17.220/22

C. 192.168.17.255/22　　D. 192.168.20.11/22

【答案】（12）D

【解析】题目是求哪个地址不属于 192.168.16.0/22 网段（家属区地址段），/22 掩码作用于第三段，地址块为 $2^{24-22}=4$，则下一个子网地址是 192.168.20.0/22，该网段主机可用地址范围（排除子网号和广播号）为 192.168.16.1～192.168.19.254。只有 D 选项不属于此范围，可用于办公区。

- 公司为服务器分配了 IP 地址段 121.21.35.192/28，下面的 IP 地址中，不能作为 Web 服务器地址的是__（13）__。（2020 年 11 月第 51 题）

（13）A．121.21.35.204　B．121.21.35.205　C．121.21.35.206　D．121.21.35.207

【答案】（13）D

【解析】掩码为/28，作用于第四段，地址块为 $2^{32-28}=2^4=16$。则子网地址 121.21.35.192 下一个子网地址为 121.21.35.208，那么 121.21.35.207 是广播地址，主机可用 IP 地址范围是 121.21.35.193～121.21.35.206。

- 使用 CIDR 技术将下列 4 个 C 类地址：202.145.27.0/24，202.145.29.0/24，202.145.31.0/24 和 202.145.33.0/24 汇总为一个超网地址，其地址为__（14）__，下面__（15）__不属于该地址段，汇聚之后的地址空间是原来地址空间的__（16）__倍。（2020 年 11 月第 52～54 题）

（14）A．202.145.27.0/20　B．202.145.0.0/20
　　C．202.145.0.0/18　D．202.145.32.0/19

（15）A．202.145.20.255　B．202.145.35.177
　　C．202.145.60.210　D．202.145.64.1

（16）A．2　B．4　C．8　D．16

【答案】（14）C　（15）D　（16）D

【解析】将 27、29、31、33 写成 01 模式分别是:

27=16+8+2+1　=00 011011

29=16+8+4+1　=00 011101

31=16+8+4+2+1 =00 011111

33=32+1　=00 100001

以上二进制数中完全相同的只有 00 两位，故聚合后掩码为/16+2=/18。（14）题直接排除 A、B、D 项。

	128	64	32	16	8	4	2	1
27	0	0	0	1	1	0	1	1
29	0	0	0	1	1	1	0	1
31	0	0	0	1	1	1	1	1
33	0	0	1	0	0	0	0	1

地址 202.145.0.0/18，掩码作用于第三段，地址块为 $2^{24-18}=2^6=64$，那么下一个子网是 202.145.64.0/18，所以可用地址区间为 202.145.0.1～202.145.63.254。

题目已知地址掩码为/24，是标准 C 类地址。汇聚之后的地址掩码为/18，1 个掩码为/18 的地址可以划分为 $2^{24-18}=64$ 个 C 类地址。题目已知原来有 4 个 C 类地址，即汇聚之后的地址空间是原来地址空间的 64/4=16 倍。

- 下面的IP地址中，可以用作主机IP地址的是___（17）___。（2020年11月第55题）

（17）A．192.168.15.255/20　　B．172.16.23.255/20
　　C．172.20.83.255/22　　D．202.100.10.15/28

【答案】（17）B

【解析】首先要明白网络地址和广播地址不能作为主机IP，接着计算A、B、C、D四个选项的地址，看看哪些是网络地址或者广播地址，直接排除即可。A选项掩码是/20，作用于第三段，地址块为2^{24-20}=16，那么192.168.16.0是网络号，则192.168.15.255是广播地址，不能做主机IP；B项与A项类似，可推算出子网地址有172.16.0.0/20、172.16.16.0/20、172.16.32.0/20，故B项给出的地址正好落到16.0～32.0两个子网间，可用作为主机IP；C项和D项按照给出的方法自行计算即可。

- 主机地址202.15.2.160所在的网络是___（18）___。（2019年11月第52题）

（18）A．202.115.2.64/26　　B．202.115.2.128/26
　　C．202.115.2.96/26　　D．202.115.2.192/26

【答案】（18）B

【解析】主要思路：计算出四个选项的地址区间，接着看给出的主机地址落到哪个区间内。

/26代表网络位为26，主机位为32-26=6，那么地址块为2^6=64；可以写出所有子网202.15.2.0/26、202.15.2.64/26、202.15.2.128/26、202.15.2.192/26；很明显160介于128和192之间，那么属于子网202.15.2.128/26。

- 某端口的IP地址为61.116.7.131/26，则该IP地址所在网络的广播地址是___（19）___。（2019年11月第53题）

（19）A．61.116.7.255　　B．61.116.7.129
　　C．61.116.7.191　　D．61.116.7.252

【答案】（19）C

【解析】计算方法与上一题类似，地址61.116.7.131/26属于子网61.116.7.128/26，即广播地址为61.116.7.191，如果不熟悉也像上一题把子网地址全部写出来。

- 路由器收到一个数据报文，其目标地址为20.112.17.12，该地址属于___（20）___子网。（2019年5月第53题）

（20）A．20.112.17.8/30　　B．20.112.16.0/24
　　C．20.96.0.0/11　　D．20.112.18.0/23

【答案】（20）C

【解析】本题解题思路与前面的题类似，先求四个选项的地址范围，看目标地址落到哪个选项的范围内。

- 某校园网的地址是202.115.192.0/19，要把该网络分成30个子网，则子网掩码应该是___（21）___。（2019年5月第56题）

（21）A．255.255.200.0　　B．255.255.224.0
　　C．255.255.254.0　　D．255.255.255.0

【答案】（21）D

【解析】分成 30 个子网，则子网位至少是 5 位，合计 $2^5=32$，那么分解后子网掩码应该是 19+5=24，即 D 选项。子网掩码两种表示方法的转换一定要掌握，下表为两种表示法的对应关系。

第四段取值	0	128	192	224	240	248	252
掩码	/24	/25	/26	/27	/28	/29	/30

17.3 网络安全专题

17.3.1 考点精讲

网络安全是性价比极高的知识点，上午试题大概会考 5 分，下午试题也会考查。加解密算法、数字签名、数字证书、哈希算法等知识必须掌握，下面扩展一下常见的网络安全攻击类型及防护手段。

1. SQL 注入/跨站脚本攻击/APT 攻击

SQL 注入攻击：黑客从正常的网页端口进行网站访问，通过巧妙构建 SQL 语句，获取数据库敏感信息，或直接向数据库插入恶意语句。SQL 注入攻击的防范方法如下：

- 对用户输入做严格检查，防止恶意 SQL 输入。
- 部署数据库审计系统、WAF 防火墙等安全设备，对攻击进行阻断。

跨站脚本攻击（Cross Site Script，XSS），指的是恶意攻击者往 Web 页面里插入恶意 html 代码，当用户浏览该页面时，嵌入其中 Web 里面的 html 代码会被执行，从而达到恶意用户的特殊目的。其实 XSS 思路与 SQL 注入非常类似，只是前者主要攻击网站，后者攻击数据库。XSS 的核心是利用脚本注入，因此解决办法很简单：

- 不信赖用户输入，对特殊字符如“<”“>”进行转义，可以从根本上防止这一问题。
- 部署 WAF 网页应用防火墙，自动过滤攻击报文。

高级可持续威胁（Advanced Persistent Threat，APT）攻击说简单点，就是利用各种手段，有组织有计划地进行一步步入侵，获取敏感信息，或造成大量破坏。比如，先攻克一台内部计算机，这只是起点，黑客会以这台计算机为跳板去攻击各种服务器，攻克了服务器，黑客还可能以此服务器为跳板去攻击兄弟单位的系统，获取重要信息。这类攻击一般持续时间长、涉及设备多、影响巨大。

2. 主流攻击特征码

表 17-4 总结了主流攻击的特征码，希望大家看到关键字就能判断出遭受了哪类攻击。

表 17-4　主流攻击特征码

攻击类型	特征码
SQL 注入攻击	select
跨站脚本攻击（XSS）	script，<>
木马	传统木马：c&c、 trojan/troy
	用于攻击网页的一句话木马，关键字：eval php 的一句话木马： <?php @eval($_POST['pass']);?> asp 的一句话木马： <%eval request ("pass")%> aspx 的一句话木马： <%@ Page Language="Jscript"%><%eval(Request.Item["pass"],"unsafe");%>

3. 主流恶意代码与病毒类型

主流恶意代码与病毒类型总结见表 17-5。

表 17-5　主流恶意代码与病毒类型

病毒类型	关键字	特征	代表
系统病毒	前缀为 win32、win95、PE、W32、W95 等	感染 Windows 系统 exe 或 dll 文件，并通过这些文件进行传播	CIH 病毒
蠕虫病毒	前缀为 worm	通过网络或者系统漏洞进行传播，向外发送带毒邮件或阻塞网络	冲击波（阻塞网络）、小邮差病毒（发送带毒邮件）
木马病毒和黑客病毒	木马前缀为 Trojan，黑客病毒前缀为 Hack	通过漏洞进入系统并隐藏起来，木马负责入侵用户计算机，黑客通过木马进行远程控制	游戏木马 Trojan.Lmir.PSW60
脚本病毒	前缀是 Script	使用脚本语言编写，通过网页进行传播	欢乐时光病毒 VBS.Happytime 红色代码 Script.Redlof
宏病毒	前缀是 Macro	特殊脚本病毒，主要感染 Office 下的 Word 和 Excel	Macro.Word 97
后门病毒	前缀为 Backdoor	通过网络传播，给系统开后门，给用户计算机带来安全隐患	入侵后添加隐藏账号
破坏性程序病毒	前缀为 Harm	本身具有好看的图标来诱惑用户点击，当用户点击后，病毒对计算机产生破坏	熊猫烧香
捆绑机病毒	前缀为 Binder	将特定程序捆绑下载	下载大礼包或某些软件捆绑病毒

17.3.2 即学即练·精选真题

1. 2020 年 5 月案例分析真题

- 图 2-1 所示访问日志为___（1）___攻击，图 2-2 所示访问日志为___（2）___攻击。

```
132.232.*.*访问ww.xxx.com/default/save. php,可疑行为: eval/base64_ decode(S_ POST),
已被拦截。
```

图 2-1

```
132.232.*.*访问ww.xx.com/NewsType. php ?SmallClass= 'union select(),username
+CHR(124)+password from admin
```

图 2-2

- 网络管理员发现邮件系统收到大量不明用户发送的邮件，标题含“武汉旅行信息收集”“新型冠状病毒肺炎的预防和治疗”等疫情相关字样，邮件中包含相同字样的 Excel 文件，经检测分析，这些邮件均来自某境外组织，Excel 文件中均含有宏，并诱导用户执行宏，下载和执行木马后门程序，这些驻留程序再收集重要目标信息，进一步扩展渗透，获取敏感信息，并利用感染电脑攻击防疫相关的信息系统，上述所示的攻击手段为___（3）___攻击，应该采取___（4）___等措施进行防范。

（1）～（3）备选答案：

A．跨站脚本　　B．SQL 注入　　C．宏病毒　　D．APT
E．DDoS　　F．CC　　G．蠕虫病毒　　H．一句话木马

【答案】（1）H　（2）B　（3）D　（4）部署沙箱和安全态势感知等系统，同时联动各类安全设备进行深度安全监测与分析。

【解析】（1）eval/base64_ decode(S_POST)是一句话木马攻击；（2）select 关键字是典型的对数据库操作，故是 SQL 注入；（3）利用 Excel 宏进行攻击，可以选 C 项宏病毒，但是题目有扩展渗透，去感染其他电脑，并攻击相关系统，故选择 APT 攻击更合适。

2. 2019 年 5 月案例分析真题

- 某公司的 Web 系统频繁遭受 DDoS 和其他网络攻击，造成服务中断、数据泄露。图 2-4 为服务器日志片段，该攻击为___（5）___，针对该攻击行为，可部署___（6）___设备进行防护；针对 DDoS（分布式拒绝服务）攻击，可采用___（7）___、___（8）___措施，保障 Web 系统正常对外提供服务。

```
www.xxx.com/news/htm/?410union select 1 from (select count( * ),concat(floor(rand(0)*2),ox3a,(select
concat(user,0x3a,password) from pwn_base_admin limit 0,1), 0x3a) a from information_schema tables
group by a ) b where 1'= 1.html'
```

图 2-4

（5）A．跨站脚本攻击　　B．SQL 注入攻击
　　C．远程命令执行　　D．CC 攻击
（6）A．漏扫系统　　B．堡垒机
　　C．Web 应用防火墙　　D．入侵检测系统
（7）、（8）A．部署流量清洗设备　　B．购买流量清洗服务
　　C．服务器增加内存　　D．服务器增加磁盘
　　E．部署入侵检测系统　　F．安装杀毒软件

【答案】（5）B　（6）C　（7）A　（8）B

【解析】看到关键字 www、select，基本断定是 SQL 注入攻击，可以部署 Web 应用防火墙进行防护；针对 DDoS 攻击，可以部署流量清洗设备或购买流量清洗服务。

17.4 磁盘阵列（RAID）

1. RAID 概念

普通 PC 采用单块磁盘进行数据存储和读写，由于寻址和读写的时间消耗，导致 I/O 性能较低，且存储容量还会受到限制。另外，单块磁盘容易出现物理故障，经常导致数据的丢失。毕竟 PC 只是供单个用户使用，性能和可靠性问题都不突出，至少影响面不广。但服务器就不同了，存储着大量数据，需要供多人访问。因此将多块独立的磁盘结合在一起来提高数据的可靠性和 I/O 性能的 RAID 技术就应运而生了。

独立磁盘冗余阵列（Redundant Array of Independent Disks，RAID），简称为磁盘阵列，其是将多个单独的物理硬盘以不同的方式组合成一个逻辑硬盘，从而提高硬盘的读写性能和数据安全性。为了进一步提升 RAID 组的可靠性，一般需要配置热备盘（HotSpare），相当于 RAID 的备份磁盘，当 RAID 组中某个硬盘失效时，在不影响当前 RAID 系统正常使用的情况下，用 RAID 系统中的备用硬盘自动顶替失效硬盘，及时保证 RAID 系统的冗余性。热备盘一般分为全局式和专用式两种：

- 全局式：备用硬盘为系统中所有的 RAID 组共享。
- 专用式：备用硬盘为系统中某一组 RAID 组专用。

当 RAID 组中出现故障盘时，可以通过 RAID 卡的数据重建功能，将故障盘中的数据在新盘上重建。

2. 常见 RAID 技术

常见的 RAID 技术有 RAID0、RAID1、RAID5、RAID6、RAID10，下面分别展开介绍。

（1）RAID0。RAID0 将多块磁盘组合在一起形成一个大容量的存储。当要写数据的时候，将数据分为 N 份，以独立的方式实现 N 块（最少 2 块）磁盘的读写，那么这 N 份数据会同时并发地写到磁盘中，因此执行性能非常高。RAID0 的读写性能理论上是单块磁盘的 N 倍。RAID0 的原理如图 17-13 所示，三块硬盘的并行操作在理论上使同一时间内硬盘读写速度提升了 3 倍。虽然由于

总线带宽等多种因素的影响，实际的提升速率会低于理论值，但是大量数据并行传输与串行传输比较，提速效果显著。

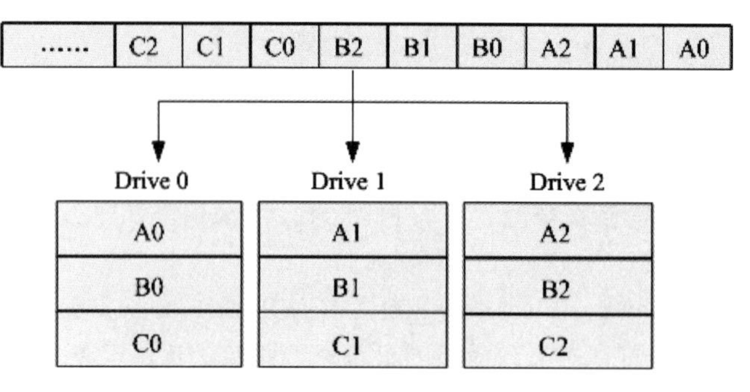

图 17-13　RAID0 的原理

RAID0 的缺点是不提供数据校验或冗余备份，因此一旦某块磁盘损坏了，数据就直接丢失，无法恢复。因此 RAID0 只能运用在对可靠性要求不高、对读写性能要求高的场景中，实际项目中使用较少。

（2）RAID1。RAID1 的原理如图 17-14 所示。RAID1 是磁盘阵列中单位成本最高的一种方式。因为它的原理是在往磁盘写数据的时候，将同一份数据无差别地写两份到磁盘，分别写到工作磁盘和镜像磁盘，则它的实际空间使用率只有 50%了，两块磁盘当作一块用，这是一种比较昂贵的方案。

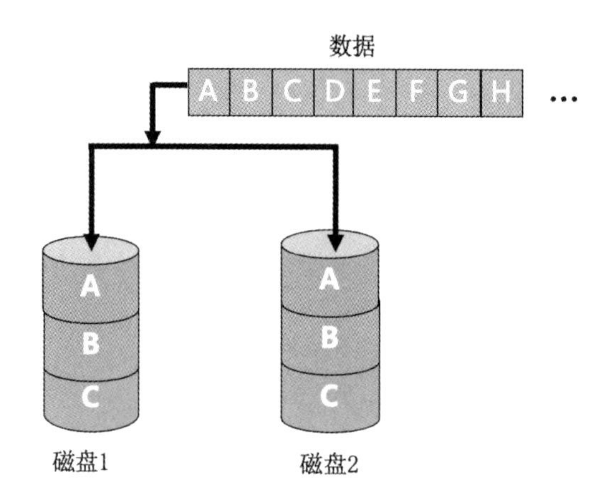

图 17-14　RAID1 的原理

RAID1 其实与 RAID0 的效果刚好相反。RAID1 这种写双份的做法，给数据做了一个冗余备份。任何一块磁盘损坏，都可以再基于另外一块磁盘去恢复数据，数据的可靠性非常强，但性能不够好。

（3）RAID5。RAID5 是目前用得最多的一种方式。因为 RAID5 是一种将存储性能、数据安全、存储成本兼顾的方案。在了解 RAID5 之前，先简单看一下 RAID3，虽然 RAID3 用得很少，但弄清楚 RAID3 就很容易明白 RAID5 的思路。RAID3 是将数据按照 RAID0 的形式，分成多份同时写入多块磁盘，但是还会另外再留出一块磁盘用于写"奇偶校验码"。例如，总共有 N 块磁盘，用其中的 N-1 块来写数据，第 N 块用来记录校验码数据。一旦某一块数据盘损坏，就可以利用其他数据盘和第 N 块校验盘恢复数据。由于第 N 块磁盘是校验盘，因此有任何数据写入都要去更新这块磁盘，导致这块磁盘的读写是最频繁的，也是非常容易损坏的。

RAID5 可以理解成 RAID3 的改进版，RAID5 模式中，不再需要用单独的磁盘写校验码了，而是把校验码信息分布到各个磁盘上，从而防止唯一的校验盘由于频繁读写而损坏。例如，总共有 N 块磁盘，那么将要写入的数据分成 N 份，并发地写入到 N 块磁盘中，同时还将数据的校验码信息也写入到这 N 块磁盘中（数据与对应的校验码信息必须得分开存储在不同的磁盘上）。一旦某一块磁盘损坏了，就可以用剩下的数据和对应的奇偶校验码信息去恢复损坏的数据。RAID5 的原理如图 17-15 所示。

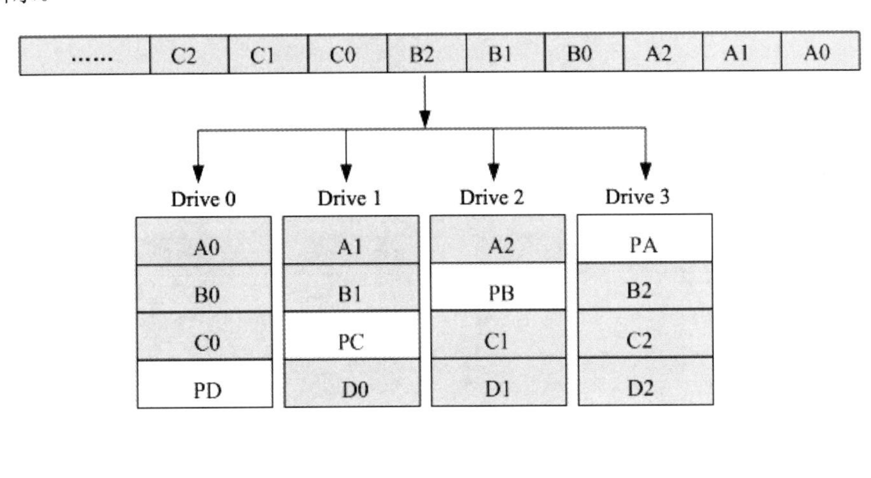

图 17-15 RAID5 的原理

RAID5 方式最少需要三块磁盘来组建磁盘阵列，允许最多同时坏一块磁盘。如果有两块磁盘同时损坏了，那数据就无法恢复了。

（4）RAID6。为了进一步提高存储的高可用性，人们又提出了 RAID6 方案，可以在两块磁盘同时损坏的情况下，保障数据恢复。RAID6 在 RAID5 的基础上再次改进，引入了双重校验。RAID6 除了每块磁盘上都有同级数据 XOR 校验区以外，还有针对每个数据块的 XOR 校验区，相当于每个数据块有两个校验保护措施，因此数据的冗余性更高了。RAID6 的原理如图 17-16 所示。

RAID6 的设计也带来了很高的复杂度，数据冗余性好，读取的效率也比较高，但是写数据的性能很差，因此 RAID6 在实际环境中应用比较少。

（5）RAID10。RAID10 其实就是 RAID1 与 RAID0 的一个合体，其原理如图 17-17 所示。

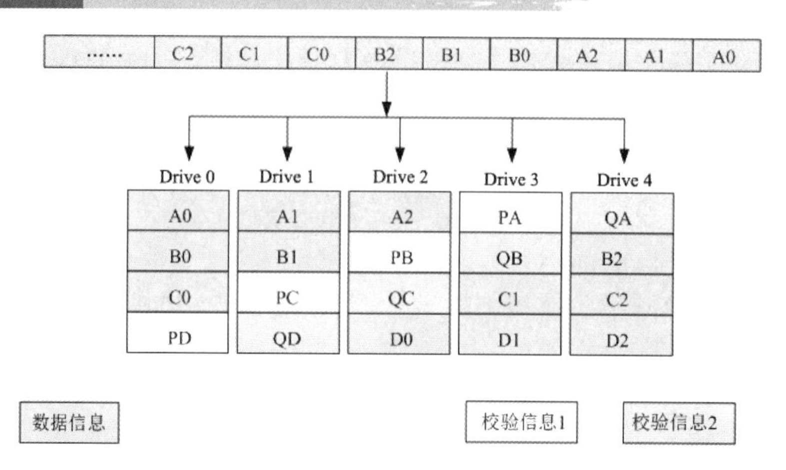

图 17-16 RAID6 的原理

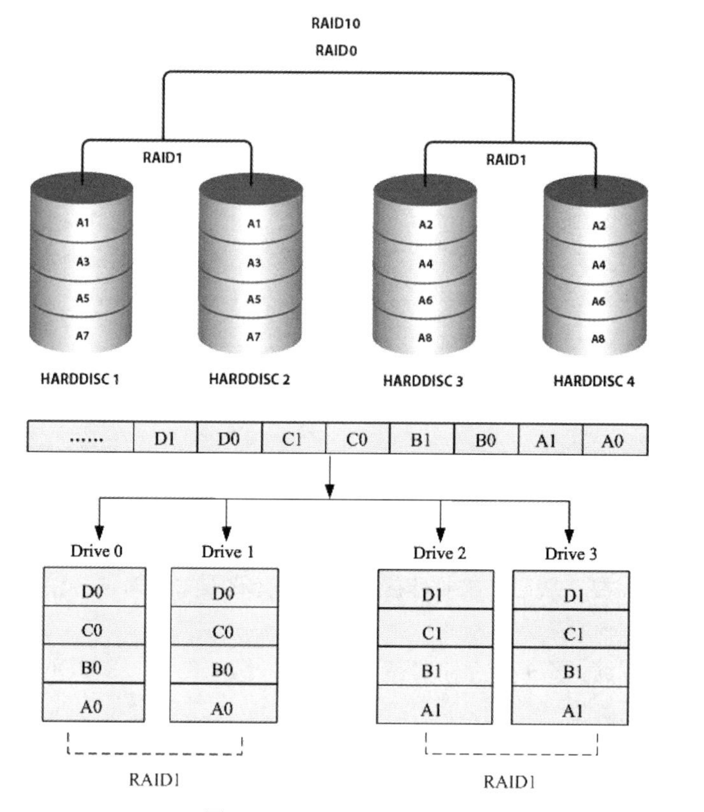

图 17-17 RAID10 的原理

RAID10 兼备了 RAID1 和 RAID0 的优点。首先基于 RAID1 模式将磁盘分为两份，当要写入数据的时候，将所有的数据在两份磁盘上同时写入，相当于写了双份数据，起到了数据保障的作用。且在每一份磁盘上又会基于 RAID0 技术将数据分为 N 份并发地读写，这样也保障了数据的效率。

但 RAID10 模式有一半的磁盘空间用于存储冗余数据，浪费很严重，因此用得也不是很多。主要用于对性能和安全性都要求高的场景，比如服务器系统盘或缓存盘。

常见的 RAID 技术磁盘的级别比较见表 17-6。

表 17-6 RAID 技术磁盘的级别比较

级别	RAID0	RAID1	RAID5	RAID6	RAID10
可靠性	最低	高	较高	高	高
冗余类型	无	镜像冗余	校验冗余	校验冗余	镜像冗余
空间利用率	100%	50%	(N-1)/N	(N-2)/N	50%
性能	最高	最低	较高	较高	高
允许坏盘数量	0	N/2	1	2	N/2

3. RAID2.0 技术对传统 RAID 技术的优化

（1）快速重构。在传统 RAID 的重构中，故障盘的数据只能向一个热备盘写入数据。在 RAID2.0 的重构中，由于热备空间分散在多个盘，避免了对单热备盘的写瓶颈，因此重构速度很快。

（2）硬盘负载均衡。LUN 的数据被均匀分散到阵列内所有的硬盘上，可以防止局部硬盘过热，提升可靠性。在参与业务读写过程中，阵列内硬盘参与度高，可提升系统响应速度。

（3）最大化硬盘资源利用率。性能上，LUN 基于资源池创建，不再受限于 RAID 组硬盘数量，LUN 的随机读写性能可得到大大提升；容量上，资源池中的硬盘数量不受限于 RAID 级别，免除传统 RAID 环境下有些 RAID 组空间利用率高而有些 RAID 组空间利用率低的状况，并借助智能精简配置，提升硬盘的容量利用率。

（4）提升存储管理效率。基于 RAID2.0 技术，无需花费过多的时间做存储预规划，只需简单地将多个硬盘组合成存储池，设置存储池的分层策略，从存储池划分 LUN 即可；当需要扩容存储池时，只需插入新的硬盘，系统会自动调整数据分布，让数据均衡地分布到各个硬盘上；当需要扩容 LUN 时，只需输入想要扩容的 LUN 大小，系统会自动从存储池中划分所需的空间，并自动调整 LUN 的数据分布，使得 LUN 数据更加均衡地分布到所有的硬盘上。

17.5 存储系统与数据备份

1. 存储原理

存储分为直接附加存储（Direct Attached Storage，DAS）、网络附加存储（Network Attached Storage，NAS）和存储区域网络（Storage Area Network，SAN）。DAS 可以简单理解成移动硬盘，NAS 可以理解成百度网盘（虽然这样理解不够准确），SAN 就是专业企业级存储，根据连接网络不同，可以分为 IPSAN 和 FCSAN，前者通过 IP 以太网交换机互联，后者通过 FC 光纤交换机互联。FC 成本更高、效率更高，特别是针对数据库应用。IP 带宽大、成本低，更适合音视频等对带宽需求高的应用。

NAS 主要是进行文件级别的共享，类似百度网盘、阿里云盘。SAN 可以为用户提供块级存储，说简单点，对用户而言，SAN 提供的就是一个硬盘，用户直接可以把操作系统安装到 SAN 存储中。表 17-7 为几种存储方式的对比。

表 17-7　几种存储方式的对比

对比项	DAS	NAS	FC-SAN	IP-SAN
传输类型	SCSI、 FC、 SAS	IP	FC	IP
数据类型	块级	文件级	块级	块级
典型应用	任何	文件服务器	数据库应用	音视频
优点	易于理解、兼容性好	易于安装、成本低	高扩展性、高性能、高可用性	高扩展性、成本低
缺点	难管理，扩展性有限、存储空间利用率不高	性能较低、对某些应用不适合	成本较高，配置复杂	性能较低

2. 备份策略

数据备份有完全备份、增量备份和差量备份。

- 完全备份：备份系统中的所有数据。
  优点：恢复时间最短，最可靠，操作最方便。
  缺点：备份的数量大，备份所需时间长。
- 增量备份：备份上一次备份以后更新的所有数据。
  优点：每次备份的数据少，占用空间少，备份时间短。
  缺点：恢复时需要全备份及多份增量备份。
- 差量备份：备份上一次全备份以后更新的所有数据。
  优点：数据恢复时间短。
  缺点：备份时间长，恢复时需要全备份及差量备份。

数据备份策略与类型如图 17-18 所示。

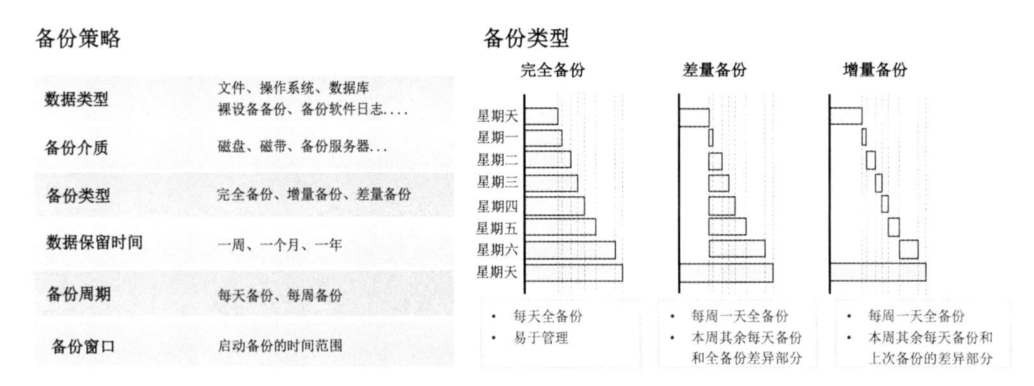

图 17-18　数据备份策略与类型

17.6 华为设备配置基础

华为设备命令配置视图如图 17-19 所示。

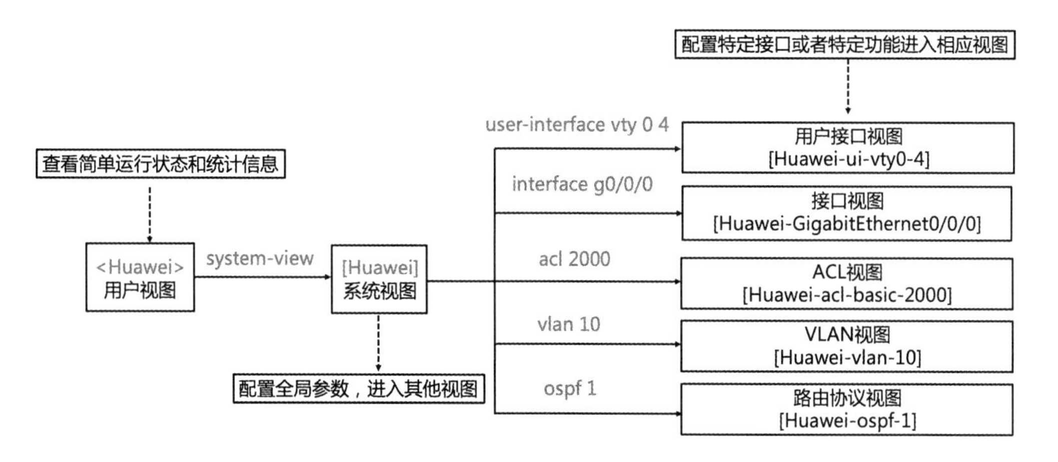

图 17-19　华为设备命令配置视图

基本的设备配置命令见表 17-8。

表 17-8　基本的设备配置命令

命令	功能
sysname	配置设备名称
TAB	补齐命令
?	帮助
quit	返回上一级
display this	相关的命令
display cun|b	选取部分命令显示
Interface g0/0/0	接口配置演示

（1）配置设备登录。

```
<Huawei> system-view              //进入系统模式
[Huawei] telnet server enable      //开启设备 telnet 功能
[Huawei] user-interface vty 0 4     //开启登录端口 0-4
[Huawei-ui-vty0-4] protocol inbound telnet   //通过 telnet 协议登录
[Huawei-ui-vty0-4] authentication-mode aaa     //认证方式为 aaa
```

[Huawei] aaa //启用 aaa

[Huawei-aaa] local-user admin123 password cipher admin123 //配置用户名密码

[Huawei-aaa] local-user admin123 service-type telnet //用户用于 telnet

[Huawei-aaa] local-user admin123 privilege level 15 //用户等级为 15

[Huawei-aaa] quit //退出来

（2）VLAN 与 VLANIF 地址配置。

<Huawei> system-view //进入系统模式

[Huawei] sysname Switch //交换机重命名

[Switch] vlan 100 //创建 vlan 100（批量创建命令：vlan batch 10 20）

[Switch-vlan100] quit //退出 vlan 模式

[Switch] interface gigabitethernet 0/0/1 //进入接口

[Switch-GigabitEthernet0/0/1] port link-type access //把交换机接口模式设置为 access

[Switch-GigabitEthernet0/0/1] port default vlan 100 //把接口划入 vlan100

[Switch-GigabitEthernet0/0/1] quit //退出

[Switch] interface vlanif 100 //进入三层 vlanif 接口

[Switch-Vlanif100] ip address 172.16.1.1 24 //配置 IP 地址

[Switch-Vlanif100] quit //退出

（3）DHCP 配置命令。

<SwitchA> system-view //进入系统模式

[SwitchA] dhcp enable //启用 dhcp 服务

[SwitchA] ip pool 1 //系统视图下创建 IP 地址池 1

[SwitchA-ip-pool-1] network 10.1.1.0 mask 255.255.255.128 //配置地址池范围

[SwitchA-ip-pool-1] dns-list 10.1.1.2 //配置 DNS

[SwitchA-ip-pool-1] gateway-list 10.1.1.1 //配置 PC 电脑网关

[SwitchA-ip-pool-1] excluded-ip-address 10.1.1.2 //排查 IP 地址，不用排除网关地址，网关地址会自动排除，不会分配给用户

[SwitchA-ip-pool-1] lease day 10 // 配置租期 10 天，默认是 8 天

[SwitchA-ip-pool-1] quit //退出

配置 VLANIF10 接口下的客户端从全局地址池 ip pool 1 中获取 IP 地址。

[SwitchA] interface vlanif 10 //进入 VLAN10 接口

[SwitchA-Vlanif10] ip address 10.1.1.1 255.255.255.128 //配置 VLAN 网关

[SwitchA-Vlanif10] dhcp select global //全局 DHCP 服务器，表示从 VLAN10 上来的用户，会动态分配 DHCP pool 1 的地址

[SwitchA-Vlanif10] quit

（4）ACL 访问控制列表配置。

[Huawei] time-range workday 8:30 to 18:00 working-day //配置时间段，周一到周五早上 8:30 到下午 18:00

[Huawei] acl 2000 //启用编号为 2000 的 ACL

[Huawei-acl-basic-2000] rule permit source 192.168.1.10 0 time-range workday //只允许 192.168.1.10 这一个用户在工作日可以 telnet 交换机

[Huawei-acl-basic-2000] rule deny //这个地方 rule deny 可以不用写，acl 在这种场景下最后隐含一条 deny any 的语句

[Huawei] user-interface vty 0 4 //进入虚拟接口 0-4

[Huawei-ui-vty0-4] acl 2000 inbound //应用 ACL，只允许匹配 acl 数据流的用户 telnet 登录交换机，没有被 permit 的流量全部被 deny

（5）NAT 地址转换配置。

```
[Router] nat address-group 1 2.2.2.100 2.2.2.200    //配置 NAT 地址池 1
[Router] nat address-group 2 2.2.2.80 2.2.2.83    //配置 NAT 地址池 2
[Router] acl 2000 //配置 ACL 2000
[Router-acl-basic-2000] rule 5 permit source 192.168.20.0 0.0.0.255 //设置 ACL 2000 中编号为 5 的规则，允许上述源地址通过
[Router-acl-basic-2000] quit
[Router] acl 2001    //配置 ACL 2001
[Router-acl-basic-2001] rule 5 permit source 10.0.0.0 0.0.0.255    //设置 ACL 2001 中编号为 5 的规则，允许上述地址通过
[Router-acl-basic-2001] quit
[Router] interface gigabitethernet 3/0/0    //进入接口
[Router-GigabitEthernet3/0/0] nat outbound 2000 address-group 1 no-pat    //将设置 ACL 2000 匹配的源地址，转换为地址池 1 的地址，no-pat 表示不做端口 NAT
[Router-GigabitEthernet3/0/0] nat outbound 2001 address-group 2 //将设置 ACL 2001 匹配的源地址，转换为地址池 2 的地址
[Router-GigabitEthernet3/0/0] quit
```

第18章 华为设备配置分解实验

18.1 实验一：登录华为设备

1. 实验需求

（1）将设备重命名为 Huawei。

（2）通过 Telnet 远程登录。

（3）采用本地 aaa 认证，用户名为 admin123，密码为 admin123。

2. 网络拓扑

实验一网络拓扑如图 18-1 所示。

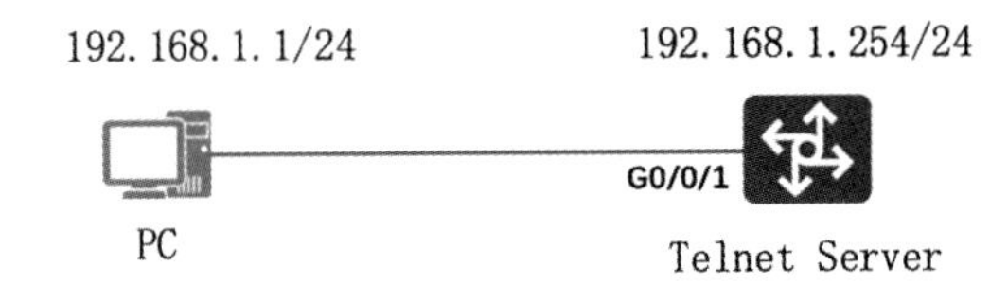

图 18-1 实验一网络拓扑

备注：华为模拟器中 PC 没有 Telnet 功能，可以桥接到真机或者使用路由器/交换机模拟器 PC。实验中推荐使用交换机 S5700 和路由器 AR2220。

3. 配置过程与命令

第一步：设备重命名，创建 VLAN，并把接口划入 VLAN。

```
<SW> system-view                //进入系统模式
[SW] sysname Huawei             //设备重命名为 Huawei
[Huawei] vlan 100               //创建 vlan
[Huawei-vlan100] quit           //退出 vlan 模式
[Huawei] interface g0/0/1       //进入接口 g0/0/1
```

```
[Huawei -GigabitEthernet0/0/1] port link-type access        //接口设置为 access
[Huawei -GigabitEthernet0/0/1] port default vlan 100        //把接口放入 VLAN100
[Huawei] interface vlanif 100                               //进入三层 vlanif 接口
[Huawei-Vlanif100] ip address 192.168.1.254 24    //配置 IP 地址，掩码/24
[Huawei-Vlanif100] quit   //退出
```

第二步：设备开启 telnet 功能。

```
[Huawei] telnet server enable     //开启设备 telnet 功能
[Huawei] user-interface vty 0 4     //开启用户登录接口 0-4
[Huawei-ui-vty0-4] protocol inbound telnet     //通过 telnet 登录，默认也是 telnet
[Huawei-ui-vty0-4] authentication-mode ?      //看一下认证方式有哪些
  aaa          AAA authentication
  password     Authentication through the password of a user terminal interface
```

第三步：配置基本密码认证。

```
[Huawei-ui-vty0-4] authentication-mode password      //设置为密码登录
Please configure the login password (maximum length 16):huawei      //密码是 huawei
```

注：有些 VRP 系统回车后直接输入密码，有些需要敲命令 set authentication password cipher 后输入密码，不同版本有细微差异。

第四步：PC 上登录验证。

```
<Huawei> telnet 192.168.1.254    //telnet 登录设备
  Press CTRL_] to quit telnet mode
  Trying 192.168.1.254 ...
  Connected to 192.168.1.254 ...
Login authentication
Password:    //输入密码，默认是隐藏的
<ar8>     //登录成功。通过交换机模拟 PC，默认名称是 Huawei，为了更清晰地确认是否远程登录成功，可以提前把路由器重命名为 ar8 或者其他名字。
```

附 1：如果采用 AAA 认证，配置如下。

```
[Huawei-ui-vty0-4] authentication-mode aaa      //认证方式为 aaa
[Huawei] aaa   //启用 aaa
[Huawei-aaa] local-user admin123 password cipher admin123      //配置用户名密码
[Huawei-aaa] local-user admin123 service-type telnet      //用户用于 telnet
[Huawei-aaa] local-user admin123 privilege level 15      //用户等级为 15
[Huawei-aaa] quit   //退出来
```

附 2：如果需要用 ACL 限制用户登录，配置如下。

```
[ar8] acl 2000     //配置 ACL
[ar8-acl-basic-2000] rule 10 deny source 192.168.1.254 0.0.0.0      //拒绝主机
[ar8-acl-basic-2000] user-interface vty 0 4     //进入 VTY  接口
[ar8-ui-vty0-4] acl   2000 inbound      //应用 ACL，限制 ACL 匹配的主机 192.168.1.254 登录
```

18.2 实验二：ACL 原理及应用

一、ACL 功能简介

- 访问控制列表（Access Control Lists，ACL）是由一系列规则组成的集合，ACL 通过这些规则对数据包进行分类，从而设备可以对不同类报文进行不同的处理。
- ACL 的规则匹配：报文到达设备时，查找引擎从报文中取出信息组成查找键值，键值与 ACL 中的规则进行匹配，只要有一条规则和报文匹配，就停止查找，称为命中规则。查找完所有规则，如果没有符合条件的规则，称为未命中规则。ACL 的规则分为“permit”（允许）规则或者“deny”（拒绝）规则和未命中规则。
- 常用 ACL 的功能分类见表 18-1。

表 18-1　常用 ACL 功能分类

分类	编号范围	应用场景
基本 ACL	2000～2999	根据报文的源 IP 地址和时间段信息来定义规则
高级 ACL	3000～3999	除了基本 ACL 的应用场景外，还支持基于目的地址、IP 优先级、报文类型、源端口号、目的端口号等来定义规则

二、ACL 配置命令与步骤

（1）（可选）配置 ACL 生效的时间段，执行命令 time-range 配置 acl 生效的时间段。

（2）配置 ACL 编号，执行命令 acl number 配置一条 acl（number 不同，acl 可以匹配的参数也不同，具体的 acl 编号请参考上表）。

（3）配置 ACL 规则，执行命令 rule permit|deny 配置 ACL 的具体规则。

（4）应用 ACL，ACL 可以在很多特性中被应用，例如：接口下进行流量过滤、流策略里面对 ACL 匹配的数据流执行相应的动作、登录设备的时候调用 ACL 对登录设备的用户做限制等。

三、组网需求与网络拓扑

如图 18-2 所示，公司为保证财务数据安全，禁止研发部门访问财务服务器，但总裁办公室不受限制。

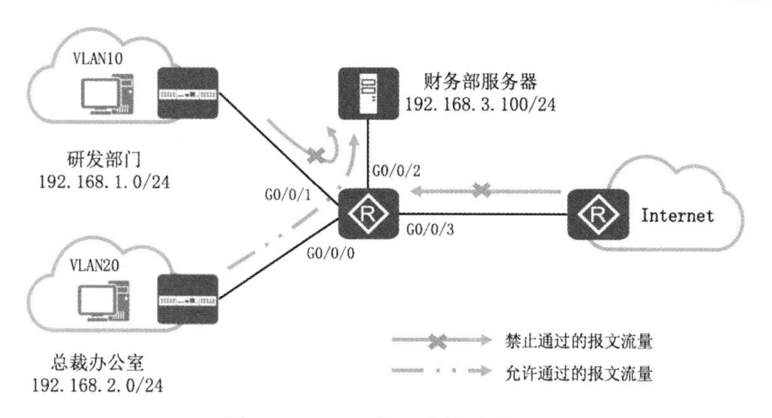

图 18-2 ACL 实现流量过滤

路由器 ACL 核心配置：

```
[Huawei] acl 3000          //启动 ACL3000，高级 ACL
[Huawei-acl-adv-3000] rule 10 deny ip source 192.168.1.0 0.0.0.255 destination 192.168.3.100 0.0.0.0    //拒绝研发部访问财务部服务器，0.0.0.0 表示只匹配 192.168.3.100 这一台服务器，而 0.0.0.255 匹配的是 192.168.1.0/24 网段的主机
[Huawei-acl-adv-3000] rule 20 permit ip source 192.168.2.0 0.0.0.255 destination 192.168.3.100 0
[Huawei-acl-adv-3000] rule 30 deny ip source any destination 192.168.3.100 0.0.0.0    //拒绝其他所有源访问财务部服务器，0.0.0.0 可以简写成 0

[Huawei] int g0/0/2
[Huawei-GigabitEthernet0/0/2] traffic-filter outbound acl 3000
```

注：该实验首先需要保障设备互联互通，不要忘记配置默认网关。

18.3 实验三：NAT 原理及应用

一、技术背景与原理

随着互联网用户的增多，IPv4 公网地址资源短缺，同时 IPv4 公网地址资源存在地址分配不均的问题，这导致部分地区的 IPv4 可用公网地址严重不足，于是使用过渡技术 NAT 来解决 IPv4 公网地址短缺问题。用户内网使用 RFC1918 定义的私网地址，访问互联网时通过 NAT 网络地址转换技术将私网 IP 转换成公网 IP。下面是 RFC1918 定义的私网地址段：

A 类：10.0.0.0 ～ 10.255.255.255

B 类：172.16.0.0 ～ 172.31.255.255

C 类：192.168.0.0 ～ 192.168.255.255

二、5 种 NAT 类型

1. 静态 NAT

静态 NAT 将内网主机的私网 IP 地址一对一映射到公网 IP 地址，如图 18-3 所示。

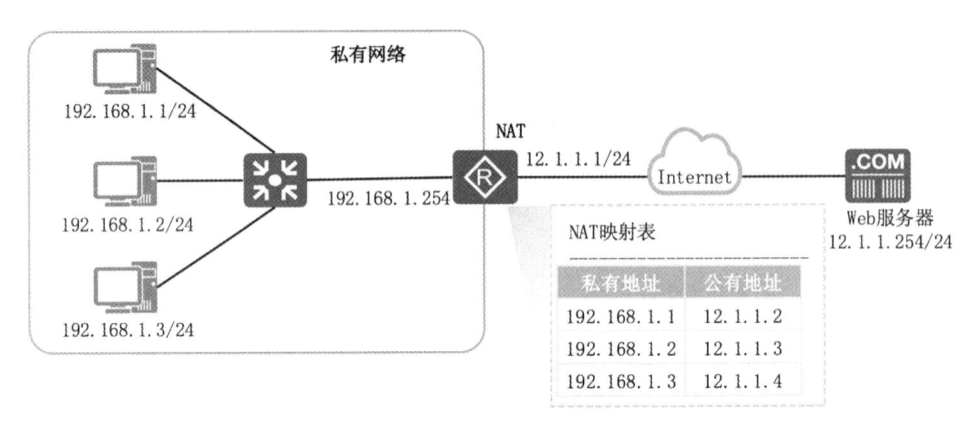

私有地址	公有地址
192.168.1.1	12.1.1.2
192.168.1.2	12.1.1.3
192.168.1.3	12.1.1.4

图 18-3　静态 NAT 原理

在 R1 上配置静态 NAT 将内网主机的私网地址一对一映射到公网地址。

```
[R1] interface GigabitEthernet0/0/1
[R1-GigabitEthernet0/0/1] ip address 12.1.1.1 24
[R1-GigabitEthernet0/0/1] nat static enable     //开启静态 NAT 功能
[R1-GigabitEthernet0/0/1] nat static global 12.1.1.2 inside 192.168.1.1
[R1-GigabitEthernet0/0/1] nat static global 12.1.1.3 inside 192.168.1.2
[R1-GigabitEthernet0/0/1] nat static global 12.1.1.4 inside 192.168.1.3
//配置 1 对 1 地址转换关系，其中路由器接口地址不能使用，不然会提示冲突。
```

2．动态 NAT

动态 NAT 将内网主机的私网地址转换为公网地址池里面的地址，如图 18-4 所示。由于静态 NAT 严格地一对一进行地址映射，这就导致即便内网主机长时间离线或者不发送数据时，对应的公网地址也不能供其他用户使用。为了避免地址浪费，动态 NAT 提出了地址池概念，即所有可用的公网地址组成地址池。当内部主机访问外部网络时临时分配一个地址池中未使用的地址，并将该地址标记为“In Use”。当该主机不再访问外部网络时回收分配的地址，重新标记为“Not Use”。

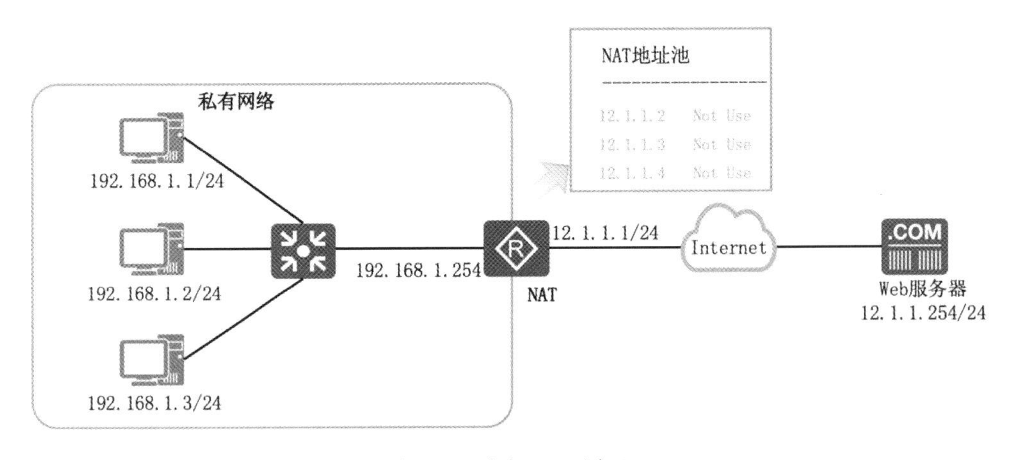

图 18-4　动态 NAT 原理

在 R1 上配置动态 NAT 将内网主机的私网地址动态映射到公网地址。

```
[R1] nat address-group 1 12.1.1.2 12.1.1.4   //配置 NAT 地址池，包含 3 个公网地址
[R1] acl 2000
[R1-acl-basic-2000] rule 5 permit source 192.168.1.0 0.0.0.255   //配置转换源地址
[R1-acl-basic-2000] quit
[R1] interface GigabitEthernet0/0/1
[R1-GigabitEthernet0/0/1] nat outbound 2000 address-group 1 no-pat   //把 ACL 2000 匹配的源地址转换为 address-group 1 定义的公网地址，no-pat 表示不做端口转换。只能实现 1:1 转换，有多少个公网 IP 才能满足多少个私网终端上网。
```

3. NAPT

NAPT 也叫端口 NAT 或 PAT，从地址池中选择地址进行地址转换时不仅转换 IP 地址，同时也会对端口号进行转换，从而实现公网地址与私网地址的 1:N 映射，可以有效提高公网地址利用率，即 1 个公网 IP 地址可以用于多个私网终端的地址转换。NAPT 原理如图 18-5 所示。

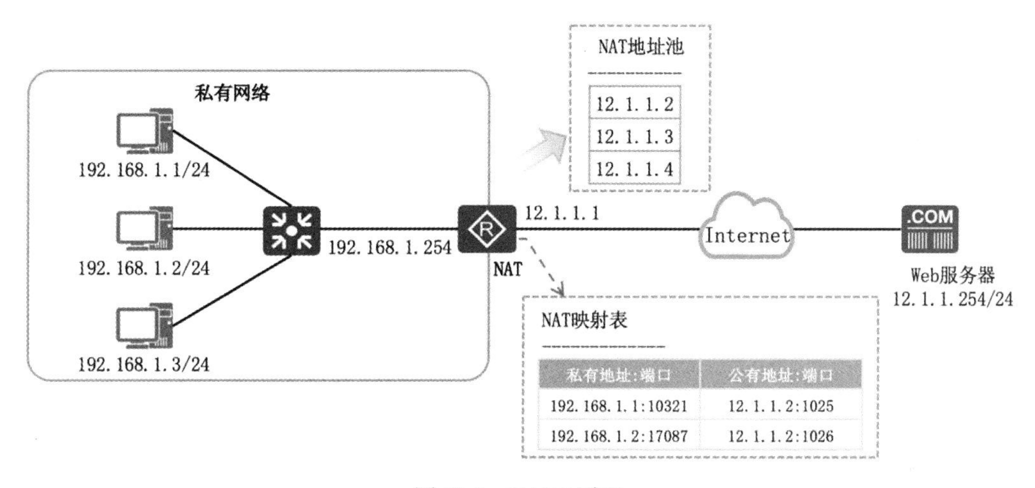

图 18-5 NAPT 原理

```
[R1] nat address-group 1 12.1.1.2 12.1.1.4   //配置 NAT 地址池，包含 3 个地址
[R1] acl 2000
[R1-acl-basic-2000] rule 5 permit source 192.168.1.0 0.0.0.255   //配置转换源地址
[R1-acl-basic-2000] quit
[R1] interface GigabitEthernet0/0/1
[R1-GigabitEthernet0/0/1] nat outbound 2000 address-group 1   //把 acl2000 匹配的源地址转换为 address-group 1 定义的公网地址，没有关键字 no-pat，表示要做端口转换
```

4. Easy IP

Easy IP 是特殊的 NAPT，其原理如图 18-6 所示。Easy IP 没有地址池的概念，使用接口地址作为 NAT 转换的公网地址。Easy IP 适用于不具备固定公网 IP 地址的场景：如通过 DHCP、PPPoE 拨号获取地址的私有网络出口，可以直接使用获取到的动态地址进行转换。

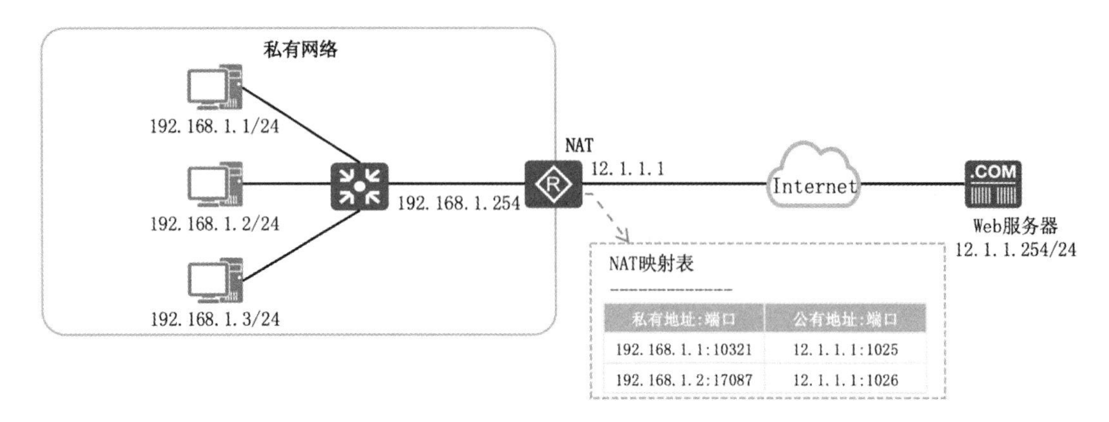

图 18-6 Easy IP 原理图

在 R1 上配置 Easy IP 让内网所有私网地址转换为路由器接口地址 12.1.1.1 访问互联网。

```
[R1] acl 2000
[R1-acl-basic-2000] rule 5 permit source 192.168.1.0 0.0.0.255
[R1-acl-basic-2000] quit
[R1] interface GigabitEthernet0/0/1
[R1-GigabitEthernet0/0/1] nat outbound 2000
```

5. NAT Server

NAT Server 将内部服务器映射到公网，其配置如图 18-7 所示。在出口路由器 R1 上配置 NAT Server 将内网服务器 192.168.1.10 的 80 端口映射到公网地址 12.1.1.2 的 80 端口，外部互联网用户访问 12.1.1.2 的 80 端口，可以自动跳转访问内部 Web 服务器 192.168.1.10 的 80 端口。NAT Server 主要用于隐藏内部服务器，保障网络安全。

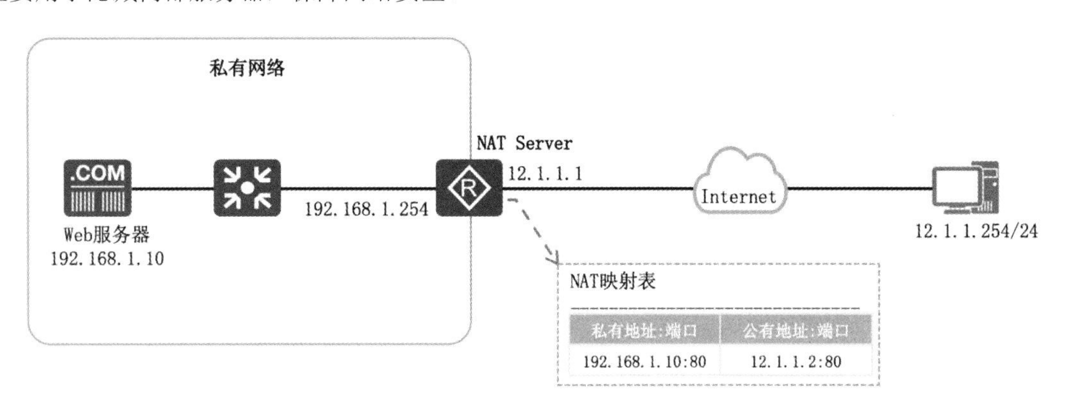

图 18-7 NAT Server 配置

```
[R1] interface GigabitEthernet0/0/1
[R1-GigabitEthernet0/0/1] ip address 12.1.1.1 24
[R1-GigabitEthernet0/0/1] nat server protocol tcp global 12.1.1.2 80 inside 192.168.1.10 80  //把内网服务器 192.168.1.10 的 80 端口映射到公网地址 12.1.1.2 的 80 端口
```

三、总结

- 静态 NAT：将内网主机的私网地址一对一映射到公网地址。
- 动态 NAT：将内网主机的私网地址转换为公网地址池里面的地址。
- NAPT：也叫端口 NAT 或 PAT，从地址池中选择地址进行地址转换时不仅转换 IP 地址，同时也会对端口号进行转换，从而实现公网地址与私网地址的 1:N 映射，可以有效提高公网地址利用率。
- Easy IP：特殊的 NAPT，Easy IP 没有地址池的概念，使用设备接口地址作为 NAT 转换的公网地址。
- NAT Server：将内部服务器映射到公网，保障服务器安全。

18.4　实验四：DHCP 原理及应用

一、场景 1：DHCP 接口地址池配置

需求描述：配置一台路由器作为 DHCP 服务器端，使用接口 GE0/0/0 网段作为 DHCP 客户端的地址池，同时将接口地址设为 DNS Server 地址，排除地址 10.1.1.2，地址租期设置为 3 天。本场景的网络拓扑如图 18-8 所示。

图 18-8　场景 1 网络拓扑

DHCP 服务器核心配置：

```
[Huawei] dhcp enable        //开启 DHCP 功能
[Huawei] interface GigabitEthernet0/0/0
[Huawei-GigabitEthernet0/0/0] dhcp select interface        //配置基于接口的 DHCP
[Huawei-GigabitEthernet0/0/0] dhcp server dns-list 10.1.1.1    //配置 DNS
[Huawei-GigabitEthernet0/0/0] dhcp server excluded-ip-address 10.1.1.2    //配置排除地址
[Huawei-GigabitEthernet0/0/0] dhcp server lease day 3    //配置地址租期为 3 天
```

二、场景 2：DHCP 全局地址池配置

需求描述：配置一台路由器作为 DHCP 服务器端，配置全局地址池 test 为 DHCP 客户端分配 IP 地址，分配地址为 10.1.1.0/24 网段，网关地址 10.1.1.1，DNS 地址同样也是 10.1.1.1，租期 10 天，在 GE0/0/0 接口下调用全局地址池。本场景的网络拓扑如图 18-9 所示。

图 18-9　场景二网络拓扑

DHCP 服务器核心配置：

```
[Huawei] dhcp enable
[Huawei] ip pool test       //配置名称为 test 的 DHCP 地址池
Info: It's successful to create an IP address pool.     //提示成功创建了地址池
[Huawei-ip-pool-test] network 10.1.1.0 mask 24        //宣告 DHCP 地址池网段
[Huawei-ip-pool-test] gateway-list 10.1.1.1        //宣告网关
[Huawei-ip-pool-test] dns-list 10.1.1.1        //宣告 DNS 地址
[Huawei-ip-pool-test] lease day 10        //配置地址租期为 10 天
[Huawei-ip-pool-test] quit
[Huawei] interface GigabitEthernet0/0/0
[Huawei-GigabitEthernet0/0/1] dhcp select global        //在接口下应用全局地址池。如果有多个 DHCP 地址池，首先判断终端属于哪个 VLAN，最终使用与该 VLANIF 相同网段的地址池。比如 DHCP 服务器配置了 test1 和 test2 两个全局地址池，分别是 192.168.10.0/24 和 192.168.20.0/24，用户网关分别是 VLANIF10：192.168.10.254 和 VLANIF20：192.168.20.254。如果终端属于 VLAN10，那么会给该终端分配与 VLANIF10：192.168.10.254 相同网段的地址池，即地址池 test1。
```


18.5　实验五：网络质量探测

一、方案 1：BFD 监测网络状态

双向转发检测（Bidirectional Forwarding Detection，BFD）用于快速检测设备之间的发送和接收两个方向的通信故障，并在出现故障时通知上层应用。BFD 广泛用于链路故障检测，并可以与接口、静态路由、动态路由等联动检测。BFD 协议使用的默认组播地址是 224.0.0.184。如图 18-10 所示，在 R1、R2 之间部署 BFD 来检测对端接口的状态。

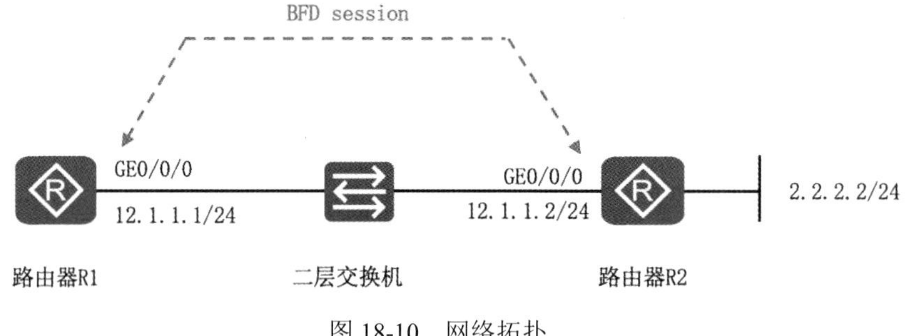

图 18-10　网络拓扑

路由器 R1 配置：

```
[R1] interface GigabitEthernet0/0/0
[R1-GigabitEthernet0/0/0] ip add 12.1.1.1 24
[R1-GigabitEthernet0/0/0] quit
[R1] bfd               //开启 BFD
[R1-bfd] quit
```

路由器 R2 配置（略）。

```
#配置 R1 与 R2 之间的 BFD session
[R1] bfd bfdR1R2 bind peer-ip 12.1.1.2 source-ip 12.1.1.1   //配置 BFD 检测，名称是 bfdR1R2，对端 IP 地址是 12.1.1.2，本地源 IP 是 12.1.1.1（R2 上配置正好相反）
[R1-bfd-session-bfd12] discriminator local 11          //本地标识符
[R1-bfd-session-bfd12] discriminator remote 22          //远端标识符
[R1-bfd-session-bfd12] commit                     //使用 commit 关键字使 BFD 生效
[R1-bfd-session-bfd12] quit
[R1] ip route-static 2.2.2.0 24 12.1.1.2 track bfd-session bfdR1R2 //配置静态路由并跟踪 bfdR1R2，也就是当 12.1.1.1 与 12.1.1.2 通信失败时，配置的这条静态路由会从路由表中删除。
```

查看 BFD 状态，处于 UP 状态。

路由器 R1 的 BFD 状态：

```
[R1] display bfd   session all
--------------------------------------------------------------------------------
Local     Remote        PeerIpAddr        State          Type            InterfaceName
--------------------------------------------------------------------------------
11             22              12.1.1.2          Up          S_IP_PEER                   -
--------------------------------------------------------------------------------
          Total UP/DOWN Session Number : 1/0
```

查看 R1 的路由表，有通向 2.2.2.0/24 网段的路由。

```
[R1]dis ip routing-table
Route Flags: R - relay, D - download to fib
------------------------------------------------------------------------------
Routing Tables: Public
         Destinations : 8        Routes : 8

Destination/Mask    Proto   Pre  Cost      Flags NextHop         Interface

      2.2.2.0/24  Static  60   0           RD   12.1.1.2        GigabitEthernet0/0/0
     12.1.1.0/24  Direct  0    0            D   12.1.1.1        GigabitEthernet0/0/0
     12.1.1.1/32  Direct  0    0            D   127.0.0.1       GigabitEthernet0/0/0
   12.1.1.255/32  Direct  0    0            D   127.0.0.1       GigabitEthernet0/0/0
    127.0.0.0/8   Direct  0    0            D   127.0.0.1       InLoopBack0
    127.0.0.1/32  Direct  0    0            D   127.0.0.1       InLoopBack0
127.255.255.255/32  Direct  0    0            D   127.0.0.1       InLoopBack0
255.255.255.255/32  Direct  0    0            D   127.0.0.1       InLoopBack0
```

把路由器 R2 接口 g0/0/0 关闭，再查看 BFD 状态，已经从 Up 变成了 Down。

```
[R1]display bfd session all
--------------------------------------------------------------------------------
Local Remote     PeerIpAddr      State     Type        InterfaceName
--------------------------------------------------------------------------------
8192  0          12.1.1.2        Down      S_AUTO_PEER       -
--------------------------------------------------------------------------------
     Total UP/DOWN Session Number : 0/1
```

查看 R1 路由表，刚刚配置的静态路由也自动删除了。

```
[R1]dis ip routing-table
Route Flags: R - relay, D - download to fib
------------------------------------------------------------------------------
Routing Tables: Public
         Destinations : 8        Routes : 7

Destination/Mask    Proto  Pre  Cost      Flags NextHop         Interface

       12.1.1.0/24  Direct 0    0           D   12.1.1.1        GigabitEthernet0/0/0
       12.1.1.1/32  Direct 0    0           D   127.0.0.1       GigabitEthernet0/0/0
     12.1.1.255/32  Direct 0    0           D   127.0.0.1       GigabitEthernet0/0/0
      127.0.0.0/8   Direct 0    0           D   127.0.0.1       InLoopBack0
      127.0.0.1/32  Direct 0    0           D   127.0.0.1       InLoopBack0
127.255.255.255/32  Direct 0    0           D   127.0.0.1       InLoopBack0
255.255.255.255/32  Direct 0    0           D   127.0.0.1       InLoopBack0
```

扩展：使用单臂回声方式实现 BFD，只在 R1 配置 BFD 检测即可，R2 不用配置。

[Huawei] bfd　　　　// 首先需要全局下开启 bfd

[Huawei-bfd] quit　　　　// 退出全局 bfd

bfd 123 bind peer-ip 12.1.1.2 source-ip 12.1.1.1 one-arm-echo　// 创建 bfd 单臂回声会话，模拟器可能不支持该命令，真机可以配置

discriminator local 123　　// 本地会话号（类似于本地 AS 号）可以一样也可以不一样

discriminator remote 123　　//对端会话号（类似于对端 AS 号）可以一样也可以不一样，单臂模式中可以不用配置

min-tx-interval 100　　//报文发送时间间隔

min-rx-interval 100　　//报文接收时间间隔，单臂模式中可以不用配置

wtr 1　　//主路由链路 up 后等待 1min 后再恢复，防止抖动，默认是 0

commit　　// 提交生效

ip route-static 0.0.0.0 0.0.0.0 12.1.1.2 track bfd-session bfdR1R2　　// 在默认路由上跟踪配置的 bfdR1R2

二、方案 2：NQA 监测网络状态

网络质量分析（Network Quality Analysis，NQA）是系统提供的一个特性，位于链路层之上，覆盖网络层、传输层、应用层，独立于底层硬件，可实现实时监视网络性能状况，进行故障诊断和定位。

NQA 通过发送测试报文，对网络性能或服务质量进行分析，NQA 支持的测试包括多种协议，例如 http 延迟、TCP 延迟、DNS 错误、ICMP 消息等，下面以 ICMP 为例，在如图 18-11 所示的网络拓扑中简单配置一个实例。

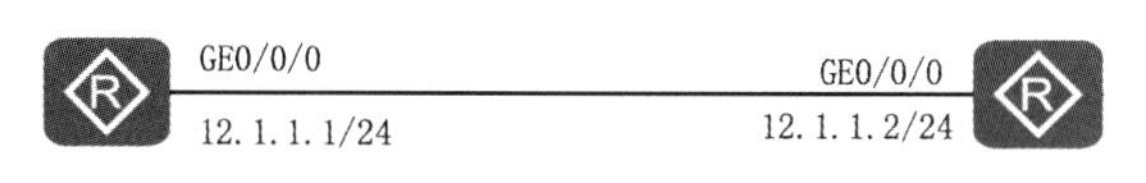

图 18-11　网络拓扑

R1 配置如下：

[R1] interface g0/0/0

[R1-GigabitEthernet0/0/0] ip address 12.1.1.1 24

[R1-GigabitEthernet0/0/0] quit

[R1] nqa test-instance root icmp　//创建一个 nqa 测试实例，测试管理账户名为 root，测试实例名称为 icmp

[R1-nqa-root-icmp] test-type icmp　//测试类型为 icmp 协议测试

```
[R1-nqa-root-icmp] frequency 10      //指定连续两次探测时间间隔为 10s
[R1-nqa-root-icmp] probe-count 2      //指定一次探测进行的测试次数
[R1-nqa-root-icmp] destination-address ipv4 12.1.1.2   //测试的对端 ip 地址
[R1-nqa-root-icmp] start now       //启动当前测试实例
[R1-nqa-root-icmp] quit
```

R2 配置如下：

```
[R2] interface g0/0/0
[R2-GigabitEthernet0/0/0] ip address 12.1.1.2 24
```

在 R1 上使用检测命令：display nqa results，可以看到测试结果，看到网络性能。

```
[R1] display nqa results test-instance root icmp     //查看 nqa 状态
 NQA entry(root, icmp) :testflag is inactive ,testtype is icmp
  1 . Test 1 result    The test is finished
   Send operation times: 3              Receive response times: 3
   Completion:success                   RTD OverThresholds number: 0
   Attempts number:1                    Drop operation number:0
   Disconnect operation number:0        Operation timeout number:0
   System busy operation number:0       Connection fail number:0
   Operation sequence errors number:0   RTT Status errors number:0
   Destination ip address:12.1.1.2
   Min/Max/Average Completion Time: 30/130/63
   Sum/Square-Sum   Completion Time: 190/18700
   Last Good Probe Time: 2016-07-20 16:49:21.5
   Lost packet ratio: 0%       //丢包率为 0，表示监测的对端 IP 能正常通信
```

静态路由或默认路由后面可以 track BFD，也可以 track NQA，例如：

ip route-static 0.0.0.0 0.0.0.0 12.1.1.2 track nqa root icmp   //在默认路由上 track nqa，如果 NQA 跟踪的网络 ICMP 探测失效（ping 不通），那么该默认路由会从路由表中删除

18.6 实验六：网关冗余 VRRP

一、VRRP 原理

虚拟路由器冗余协议（Virtual Router Redundancy Protocol，VRRP）用来提供网关冗余功能，从而提升网络可靠性。如图 18-12 所示，PC 通过 acsw 双归到 coresw1 和 coresw2。可以在 coresw1 和 coresw2 上配置 VRRP 备份组，对外体现为一台虚拟路由器，实现冗余备份，任何一台设备故障都不会影响 PC 访问互联网。

VRRP 的工作过程如下：

（1）VRRP 备份组中的设备根据优先级选举出主设备 Master，负责用户数据转发。

（2）Master 设备周期性向备份组内所有 Backup 设备发送 VRRP 通告报文，以公布其配置信息（优先级等）和工作状况。

（3）如果 Master 设备出现故障，VRRP 备份组中的 Backup 设备将根据优先级重新选举新的 Master。

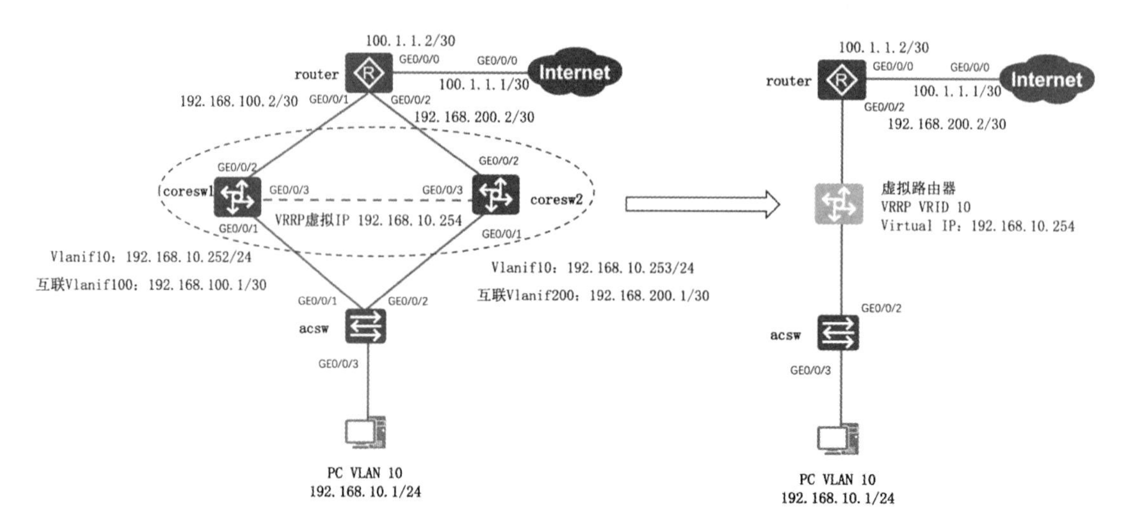

图 18-12　网络拓扑

（4）VRRP 备份组状态切换时，新的 Master 设备会立即发送携带虚拟路由器的虚拟 MAC 地址和虚拟 IP 地址信息的免费 ARP 报文，刷新与它连接的主机或设备中的 MAC 表项，从而把用户流量引到新的 Master 设备上来，整个过程对用户无感知。

（5）原 Master 设备故障恢复时，若该设备为 IP 地址拥有者（优先级为 255，默认优先级 100），将直接切换至 Master 状态。若该设备优先级小于 255，将首先切换至 Backup 状态，且其优先级恢复为故障前配置的优先级。

二、实验需求

（1）配置 VRRP 网关冗余，正常情况下，主机以 coresw1 为默认网关接入 Internet，当 coresw1 故障时，coresw2 作为网关继续工作，实现网关的冗余备份。

（2）coresw1 故障恢复后，可以在 20 秒内重新成为网关。

三、实验配置过程与命令

1. 配置 VLAN 和 IP 地址

配置接入交换机 acsw：

```
<Huawei> system-view        //由用户模式进入系统模式
[Huawei] sysname acsw       //交换机重命名
[acsw] vlan batch 10        //创建 VLAN 10
[acsw] interface GigabitEthernet0/0/1        //进入接口 GigabitEthernet0/0/1
[acsw-GigabitEthernet0/0/1] port link-type trunk        //把接口配置成 trunk 模式
[acsw-GigabitEthernet0/0/1] port trunk allow-pass vlan all   //trunk 运行所有 VLAN 通过
[acsw-GigabitEthernet0/0/1] interface GigabitEthernet0/0/2
[acsw-GigabitEthernet0/0/2] port link-type trunk
```

```
[acsw-GigabitEthernet0/0/2] port trunk allow-pass vlan all
[acsw-GigabitEthernet0/0/2] interface GigabitEthernet0/0/3
[acsw-GigabitEthernet0/0/3] port link-type access        //把接口配置成 access 模式
[acsw-GigabitEthernet0/0/3] port default vlan 10         //把接口划到 VLAN 10
[acsw-GigabitEthernet0/0/3] quit    //退出
[acsw]
```

配置 coresw1：

```
<Huawei> system-view
[Huawei] sysname coresw1
[coresw1] vlan batch 10 100      //批量创建 VLAN 10 和 100
[coresw1] interface Vlanif10      //进入接口 Vlanif10
[coresw1-Vlanif10] ip address 192.168.10.252 255.255.255.0     //配置 IP 地址
[coresw1-Vlanif10] interface Vlanif100
[coresw1-Vlanif100] ip address 192.168.100.1 255.255.255.252

[coresw1-Vlanif100] interface GigabitEthernet0/0/1
[coresw1-GigabitEthernet0/0/1] port link-type trunk
[coresw1-GigabitEthernet0/0/1] port trunk allow-pass vlan all
[coresw1-GigabitEthernet0/0/1] interface GigabitEthernet0/0/3
[coresw1-GigabitEthernet0/0/3] port link-type trunk
[coresw1-GigabitEthernet0/0/3] port trunk allow-pass vlan all

[coresw1-GigabitEthernet0/0/3] interface GigabitEthernet0/0/2
[coresw1-GigabitEthernet0/0/2] port link-type access
[coresw1-GigabitEthernet0/0/2] port default vlan 100
```

配置 coresw2：

```
<Huawei> system-view
[Huawei] sysname coresw2
[coresw2] vlan batch 10 200
[coresw2] interface Vlanif10
[coresw2-Vlanif10] ip address 192.168.10.253 255.255.255.0
[coresw2-Vlanif10] interface Vlanif200
[coresw2-Vlanif200] ip address 192.168.200.1 255.255.255.252
[coresw2-Vlanif200] interface GigabitEthernet0/0/1
[coresw2-GigabitEthernet0/0/1] port link-type trunk
[coresw2-GigabitEthernet0/0/1] port trunk allow-pass vlan all
[coresw2-GigabitEthernet0/0/1] interface GigabitEthernet0/0/2
[coresw2-GigabitEthernet0/0/2] port link-type access
[coresw2-GigabitEthernet0/0/2] port default vlan 200
[coresw2-GigabitEthernet0/0/2] interface GigabitEthernet0/0/3
[coresw2-GigabitEthernet0/0/3] port link-type trunk
[coresw2-GigabitEthernet0/0/3] port trunk allow-pass vlan all
[coresw2-GigabitEthernet0/0/3] quit
[coresw2]
```

出口路由器 router 配置：

```
<Huawei> system-view
[Huawei] sysname router
[router] interface GigabitEthernet0/0/0
[router-GigabitEthernet0/0/0] ip address 100.1.1.2 255.255.255.252
[router-GigabitEthernet0/0/0] interface GigabitEthernet0/0/1
[router-GigabitEthernet0/0/1] ip address 192.168.100.2 255.255.255.252
[router-GigabitEthernet0/0/1] interface GigabitEthernet0/0/2
[router-GigabitEthernet0/0/2] ip address 192.168.200.2 255.255.255.252
[router-GigabitEthernet0/0/2] quit
[router]
```

2. 配置路由互通

核心交换机 coresw1 配置默认路由，下一跳指向出口路由器。

```
[coresw1] ip route-static 0.0.0.0 0.0.0.0 192.168.100.2
```

核心交换机 coresw2 配置默认路由，下一跳指向出口路由器。

```
[coresw2] ip route-static 0.0.0.0 0.0.0.0 192.168.200.2
```

出口路由器 router 配置默认路由，下一跳指向运营商，并配置静态内网网段的静态路由，下一跳分别指向两台核心交换机。

```
[router] ip route-static 0.0.0.0 0.0.0.0 100.1.1.1
[router] ip route-static 192.168.10.0 255.255.255.0 192.168.100.1
[router] ip route-static 192.168.10.0 255.255.255.0 192.168.200.1
```

internet 配置默认路由，下一跳指向出口路由器。

```
[internet] ip route-static 0.0.0.0 0.0.0.0 100.1.1.2
```

3. 配置 VRRP 实现网关冗余与切换

核心交换机 coresw1 VRRP 配置（Master）：

```
[coresw1] interface Vlanif 10        //进入 Vlanif 10（写成 vlanif10 也行）
[coresw1-Vlanif10] vrrp vrid 10 virtual-ip 192.168.10.254   //配置 VRRP 虚拟路由器 10，虚拟 IP 地址是 192.168.10.254
[coresw1-Vlanif10] vrrp vrid 10 priority 120   //虚拟路由器 10 的优先级设置为 120
[coresw1-Vlanif10] vrrp vrid 10 preempt-mode timer delay 20   //抢占延时设置为 20 秒。如果以前该设备是备份设备，调整优先级后成为优先级最高的设备，不会马上成为 Master，需要延时 20 秒，再抢占成为 Master
```

核心交换机 coresw2 VRRP 配置（Backup）：

```
[coresw1] interface Vlanif 10   //进入 Vlanif 10
[coresw1-Vlanif10] vrrp vrid 10 virtual-ip 192.168.10.254   //配置 VRRP 虚拟路由器 10，虚拟 IP 地址是 192.168.10.254，优先级默认是 100
```

在核心交换机 coresw2 上查看 VRRP 状态，这台设备处于 Backup 备份状态（coresw1 优先级是 120，coresw2 默认优先级是 100，故 coresw1 由于优先级更高，处于 Master 状态）。

```
[coresw2] display vrrp brief
VRID  State      Interface          Type     Virtual IP
----------------------------------------------------------------
10    Backup     Vlanif10           Normal   192.168.10.254
----------------------------------------------------------------
Total:1     Master:0     Backup:1     Non-active:0
```

4. 测试验证

PC 可以 ping 通互联网地址 100.1.1.1。

```
PC> ping 100.1.1.1
  round-trip min/avg/max = 0/74/125 ms
Ping 100.1.1.1: 32 data bytes, Press Ctrl_C to break
Request timeout!
From 100.1.1.1: bytes=32 seq=2 ttl=253 time=125 ms
From 100.1.1.1: bytes=32 seq=3 ttl=253 time=47 ms
From 100.1.1.1: bytes=32 seq=4 ttl=253 time=47 ms
From 100.1.1.1: bytes=32 seq=5 ttl=253 time=78 ms

--- 100.1.1.1 ping statistics ---
  5 packet(s) transmitted
  4 packet(s) received
  20.00% packet loss
```

跟踪 PC 访问路径，下一跳是 192.168.10.252，即流量从 coresw1 出去。

```
PC> tracert 100.1.1.1
traceroute to 100.1.1.1, 8 hops max
(ICMP), press Ctrl+C to stop
 1  192.168.10.252    47 ms   47 ms   31 ms
 2  192.168.100.2    110 ms   46 ms   32 ms
 3  100.1.1.1    62 ms   94 ms   62 ms
```

在核心交换机 coresw2 上，把 VRRP 优先级修改为 200，比 coresw1 的 120 优先级更大，那么 coresw2 将成为 Master。

```
[coresw2] interface Vlanif 10    //进入接口 Vlanif 10
[coresw2-Vlanif10] vrrp vrid 10 priority 200    //VRRP 虚拟路由器 10 优先级设置为 200
[coresw2-Vlanif10]
Oct  8 2021 22:04:35-08:00 coresw2 %%01VRRP/4/STATEWARNINGEXTEND(l)[0]:Virtual R
outer state BACKUP changed to MASTER, because of priority calculation. (Interface=Vlanif10, VrId=10, InetType=IPv4)
//提示 BACKUP 已经转换为 MASTER
```

在核心交换机 coresw2 上验证 VRRP 状态，coresw2 已经成为 Master。

```
[coresw2] display vrrp brief
VRID  State        Interface           Type      Virtual IP
----------------------------------------------------------------
10    Master       Vlanif10            Normal    192.168.10.254
----------------------------------------------------------------
Total:1     Master:1     Backup:0     Non-active:0
```

PC 上跟踪访问路径，下一跳已经变为 192.168.10.253，即 coresw2。

```
PC> tracert 100.1.1.1
traceroute to 100.1.1.1, 8 hops max
(ICMP), press Ctrl+C to stop
 1  192.168.10.253    31 ms   32 ms   46 ms
 2  192.168.200.2    63 ms   62 ms   63 ms
 3  100.1.1.1    78 ms   94 ms   78 ms
```

18.7 实验七：路由综合实验

一、实验拓扑

本实验的拓扑如图 18-13 所示。

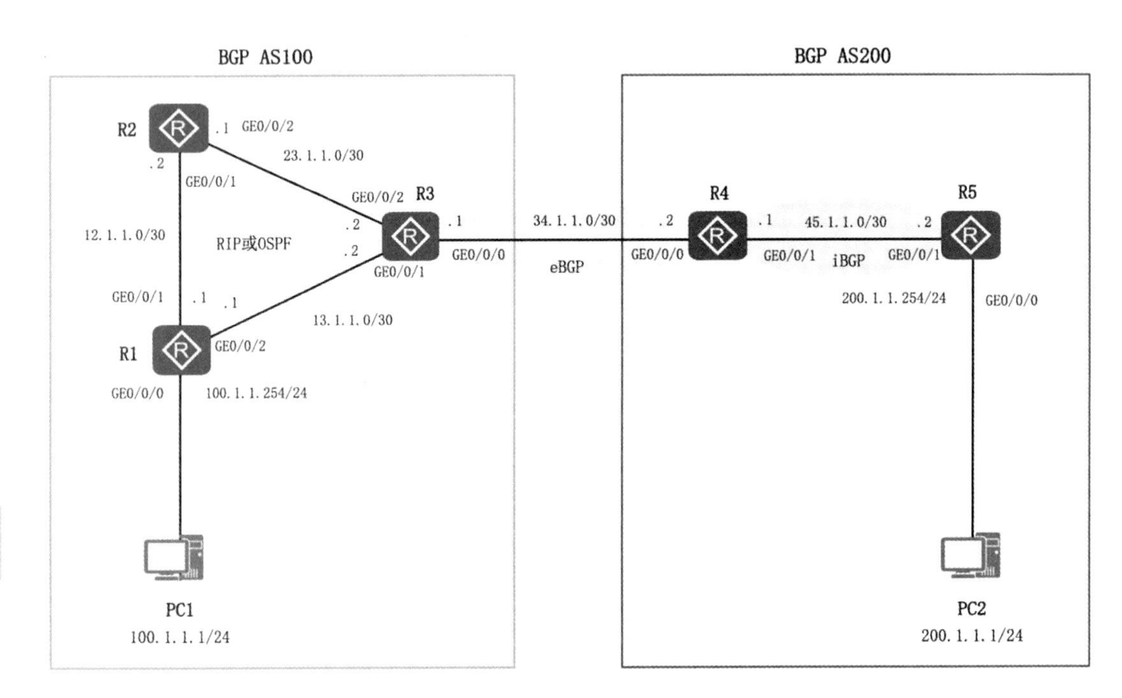

图 18-13　网络拓扑

二、实验需求

（1）配置 RIPv2 和 iBGP 分别实现 AS100 和 AS200 内部互通。

（2）让处于 BGP AS100 的 PC1 可以与 BGP AS200 中的 PC2 正常通信。

三、实验配置过程与命令

（1）根据规划配置 IP 地址（略）。

（2）配置 AS100 中 RIPv2 路由协议，实现 AS100 内部互通。

R1 配置 RIPv2：

```
[R1] rip 1    //配置 rip，进程号为 1
[R1-rip-1] version 2    //配置 RIPv2
[R1-rip-1] network 12.0.0.0    //宣告网段，RIP 只能宣告主类网络号（A 类地址默认主类网络号是/8，B 类地址默认主
```

类网络号是/16，C类地址默认主类网络号是/24）

```
[R1-rip-1] network 13.0.0.0
[R1-rip-1] network 100.0.0.0
```

R2 配置 RIPv2：

```
[R2] rip 1
[R2-rip-1] version 2
[R2-rip-1] network 12.0.0.0
[R2-rip-1] network 23.0.0.0
```

R3 配置 RIPv2：

```
[R3] rip 1
[R3-rip-1] version 2
[R3-rip-1] network 23.0.0.0
[R3-rip-1] network 13.0.0.0
```

在 R1、R2、R3 三台设备上验证 RIP 路由学习情况，以 R3 为例，查看路由表，成功通过 RIP 协议学到 12.1.1.0 网段路由（R1 和 R2 可以用类似方法验证）。

```
[R3] display ip routing-table
Route Flags: R - relay, D - download to fib
------------------------------------------------------------------------------
Routing Tables: Public
         Destinations : 14        Routes : 15
Destination/Mask    Proto   Pre  Cost      Flags NextHop         Interface

       12.1.1.0/30  RIP     100  1           D   23.1.1.1        GigabitEthernet0/0/2
                    RIP     100  1           D   13.1.1.1        GigabitEthernet0/0/1
       13.1.1.0/30  Direct  0    0           D   13.1.1.2        GigabitEthernet0/0/1
       13.1.1.2/32  Direct  0    0           D   127.0.0.1       GigabitEthernet0/0/1
       13.1.1.3/32  Direct  0    0           D   127.0.0.1       GigabitEthernet0/0/1
       23.1.1.0/30  Direct  0    0           D   23.1.1.2        GigabitEthernet0/0/2
       23.1.1.2/32  Direct  0    0           D   127.0.0.1       GigabitEthernet0/0/2
       23.1.1.3/32  Direct  0    0           D   127.0.0.1       GigabitEthernet0/0/2
       34.1.1.0/30  Direct  0    0           D   34.1.1.1        GigabitEthernet0/0/0
       34.1.1.1/32  Direct  0    0           D   127.0.0.1       GigabitEthernet0/0/0
       34.1.1.3/32  Direct  0    0           D   127.0.0.1       GigabitEthernet0/0/0
```

（3）配置 eBGP 和 iBGP 对等体，建立 BGP 邻居。

在 R3 上配置 eBGP 邻居：

```
[R3] bgp 100    //启动 BGP，指定本地 AS 号为 100
[R3-bgp] peer 34.1.1.2 as-number 200   //配置 R3 和 R4 建立 eBGP 连接（或指定对等体的 IP 地址及其所属的 AS 编号）
```

R4 上配置 eBGP 和 iBGP 邻居：

```
[R4] bgp 200    //启动 BGP，指定本地 AS 号为 200
[R4-bgp] peer 34.1.1.1 as-number 100  //配置 R3 和 R4 建立 eBGP 连接（或指定对等体的 IP 地址及其所属的 AS 编号）
[R4-bgp] peer 45.1.1.2 as-number 200  //配置 R4 和 R5 建立 iBGP 连接（或指定对等体的 IP 地址及其所属的 AS 编号）
```

R5 上配置 iBGP 邻居：

```
[R5] bgp 200
[R5-bgp] peer 45.1.1.1 as-number 200
```

在R4上验证BGP邻居建立情况，R4与R3和R5的邻居状态是Established，表示成功建立了邻居关系。

```
[R4] dis bgp peer

 BGP local router ID : 34.1.1.2
 Local AS number : 200
 Total number of peers : 2            Peers in established state : 2

  Peer        V    AS    MsgRcvd    MsgSent    OutQ    Up/Down     State         PrefRcv
  34.1.1.1    4    100   2          2          0       00:00:40    Established   0
  45.1.1.2    4    200   2          3          0       00:00:06    Established   0
```

继续在R4上查看BGP路由，BGP路由为空，因为还没有往BGP里面注入路由。

```
[R4] display bgp routing-table
[R4]
```

将R5的直连网段200.1.1.0/24宣告进入BGP中。

```
[R5] bgp 200
[R5-bgp] ipv4-family unicast              //配置IPv4单播路由
[R5-bgp-af-ipv4] network 200.1.1.0 24     //把网络宣告进入BGP
```

接着在R4上查看路由表，已经可以看到路由200.1.1.0/24，通过iBGP学到，优先级是255。

```
[R4] display ip routing-table
Destination/Mask    Proto   Pre   Cost   Flags   NextHop      Interface
      12.1.1.0/30   EBGP    255   1      D       34.1.1.1     GigabitEthernet0/0/0
      13.1.1.0/30   EBGP    255   0      D       34.1.1.1     GigabitEthernet0/0/0
      23.1.1.0/30   EBGP    255   0      D       34.1.1.1     GigabitEthernet0/0/0
      34.1.1.0/30   Direct  0     0      D       34.1.1.2     GigabitEthernet0/0/0
      34.1.1.2/32   Direct  0     0      D       127.0.0.1    GigabitEthernet0/0/0
      34.1.1.3/32   Direct  0     0      D       127.0.0.1    GigabitEthernet0/0/0
      45.1.1.0/30   Direct  0     0      D       45.1.1.1     GigabitEthernet0/0/1
      45.1.1.1/32   Direct  0     0      D       127.0.0.1    GigabitEthernet0/0/1
      45.1.1.3/32   Direct  0     0      D       127.0.0.1    GigabitEthernet0/0/1
     100.1.1.0/24   EBGP    255   1      D       34.1.1.1     GigabitEthernet0/0/0
      127.0.0.0/8   Direct  0     0      D       127.0.0.1    InLoopBack0
     127.0.0.1/32   Direct  0     0      D       127.0.0.1    InLoopBack0
127.255.255.255/32  Direct  0     0      D       127.0.0.1    InLoopBack0
     200.1.1.0/24   IBGP    255   0      RD      45.1.1.2     GigabitEthernet0/0/1
255.255.255.255/32  Direct  0     0      D       127.0.0.1    InLoopBack0
```

查看R3路由表，通过eBGP学到200.1.1.0/24的路由条目，优先级是255。

```
[R3] display ip routing-table
Destination/Mask    Proto   Pre   Cost   Flags   NextHop      Interface
      12.1.1.0/30   RIP     100   1      D       23.1.1.1     GigabitEthernet0/0/2
                    RIP     100   1      D       13.1.1.1     GigabitEthernet0/0/1
      13.1.1.0/30   Direct  0     0      D       13.1.1.2     GigabitEthernet0/0/1
      13.1.1.2/32   Direct  0     0      D       127.0.0.1    GigabitEthernet0/0/1
```

```
        13.1.1.3/32  Direct  0    0    D   127.0.0.1     GigabitEthernet0/0/1
        23.1.1.0/30  Direct  0    0    D   23.1.1.2      GigabitEthernet0/0/2
        23.1.1.2/32  Direct  0    0    D   127.0.0.1     GigabitEthernet0/0/2
        23.1.1.3/32  Direct  0    0    D   127.0.0.1     GigabitEthernet0/0/2
        34.1.1.0/30  Direct  0    0    D   34.1.1.1      GigabitEthernet0/0/0
        34.1.1.1/32  Direct  0    0    D   127.0.0.1     GigabitEthernet0/0/0
        34.1.1.3/32  Direct  0    0    D   127.0.0.1     GigabitEthernet0/0/0
       100.1.1.0/24  RIP     100  1    D   13.1.1.1      GigabitEthernet0/0/1
        127.0.0.0/8  Direct  0    0    D   127.0.0.1     InLoopBack0
       127.0.0.1/32  Direct  0    0    D   127.0.0.1     InLoopBack0
 127.255.255.255/32  Direct  0    0    D   127.0.0.1     InLoopBack0
       200.1.1.0/24  EBGP    255  0    D   34.1.1.2      GigabitEthernet0/0/0
 255.255.255.255/32  Direct  0    0    D   127.0.0.1     InLoopBack0
```

PC1 和 PC2 的网关设备是 R1 和 R5，R1 没有到达对端 200.1.1.0/24 的路由条目，R5 也没有到达对端 100.1.1.0/24 的路由条目（可以在 R1 和 R5 上 display ip routing-table 查看）。而边界设备 R3 上既有 100.1.1.0/24 的路由（通过 RIP 学到），也有 200.1.1.0/24 的路由（通过 eBGP 学到），所以可以在 R3 上做双向路由引入。

（4）路由引入与网络优化。

```
[R3] rip 1
[R3-rip-1] version 2
[R3-rip-1] import-route bgp      //把 BGP 路由引入 RIP
[R3] bgp 100
[R3-bgp] ipv4-family unicast
[R3-bgp-af-ipv4] import-route rip 1     //把 RIP 路由引入 BGP
```

R3 完成路由引入后，在 R1 查看路由表，已经学习到 200.1.1.0/24 的路由条目。

```
[R1] display ip routing-table
Destination/Mask     Proto   Pre  Cost  Flags  NextHop       Interface
        12.1.1.0/30  Direct  0    0     D      12.1.1.1      GigabitEthernet0/0/1
        12.1.1.1/32  Direct  0    0     D      127.0.0.1     GigabitEthernet0/0/1
        12.1.1.3/32  Direct  0    0     D      127.0.0.1     GigabitEthernet0/0/1
        13.1.1.0/30  Direct  0    0     D      13.1.1.1      GigabitEthernet0/0/2
        13.1.1.1/32  Direct  0    0     D      127.0.0.1     GigabitEthernet0/0/2
        13.1.1.3/32  Direct  0    0     D      127.0.0.1     GigabitEthernet0/0/2
        23.1.1.0/30  RIP     100  1     D      12.1.1.2      GigabitEthernet0/0/1
                     RIP     100  1     D      13.1.1.2      GigabitEthernet0/0/2
       100.1.1.0/24  Direct  0    0     D      100.1.1.254   GigabitEthernet0/0/0
     100.1.1.254/32  Direct  0    0     D      127.0.0.1     GigabitEthernet0/0/0
     100.1.1.255/32  Direct  0    0     D      127.0.0.1     GigabitEthernet0/0/0
        127.0.0.0/8  Direct  0    0     D      127.0.0.1     InLoopBack0
       127.0.0.1/32  Direct  0    0     D      127.0.0.1     InLoopBack0
 127.255.255.255/32  Direct  0    0     D      127.0.0.1     InLoopBack0
       200.1.1.0/24  RIP     100  1     D      13.1.1.2      GigabitEthernet0/0/2
 255.255.255.255/32  Direct  0    0     D      127.0.0.1     InLoopBack0
```

在 R4 上查看路由表，已经学习到 100.1.1.0/24 的路由条目。

```
[R4] display ip routing-table
Route Flags: R - relay, D - download to fib
------------------------------------------------------------------------------
Routing Tables: Public
         Destinations : 15        Routes : 15

Destination/Mask    Proto   Pre  Cost     Flags NextHop         Interface

       12.1.1.0/30  EBGP    255  1          D   34.1.1.1        GigabitEthernet0/0/0
       13.1.1.0/30  EBGP    255  0          D   34.1.1.1        GigabitEthernet0/0/0
       23.1.1.0/30  EBGP    255  0          D   34.1.1.1        GigabitEthernet0/0/0
       34.1.1.0/30  Direct  0    0          D   34.1.1.2        GigabitEthernet0/0/0
       34.1.1.2/32  Direct  0    0          D   127.0.0.1       GigabitEthernet0/0/0
       34.1.1.3/32  Direct  0    0          D   127.0.0.1       GigabitEthernet0/0/0
       45.1.1.0/30  Direct  0    0          D   45.1.1.1        GigabitEthernet0/0/1
       45.1.1.1/32  Direct  0    0          D   127.0.0.1       GigabitEthernet0/0/1
       45.1.1.3/32  Direct  0    0          D   127.0.0.1       GigabitEthernet0/0/1
      100.1.1.0/24  EBGP    255  1          D   34.1.1.1        GigabitEthernet0/0/0
       127.0.0.0/8  Direct  0    0          D   127.0.0.1       InLoopBack0
       127.0.0.1/32 Direct  0    0          D   127.0.0.1       InLoopBack0
127.255.255.255/32  Direct  0    0          D   127.0.0.1       InLoopBack0
      200.1.1.0/24  IBGP    255  0          RD  45.1.1.2        GigabitEthernet0/0/1
255.255.255.255/32  Direct  0    0          D   127.0.0.1       InLoopBack0
```

在 R5 上查看路由表，依旧没有 100.1.1.0/24 的路由条目。

```
[R5] display ip routing-table
Destination/Mask    Proto   Pre  Cost     Flags NextHop         Interface
       45.1.1.0/30  Direct  0    0          D   45.1.1.2        GigabitEthernet0/0/1
       45.1.1.2/32  Direct  0    0          D   127.0.0.1       GigabitEthernet0/0/1
       45.1.1.3/32  Direct  0    0          D   127.0.0.1       GigabitEthernet0/0/1
       127.0.0.0/8  Direct  0    0          D   127.0.0.1       InLoopBack0
       127.0.0.1/32 Direct  0    0          D   127.0.0.1       InLoopBack0
127.255.255.255/32  Direct  0    0          D   127.0.0.1       InLoopBack0
      200.1.1.0/24  Direct  0    0          D   200.1.1.254     GigabitEthernet0/0/0
    200.1.1.254/32  Direct  0    0          D   127.0.0.1       GigabitEthernet0/0/0
    200.1.1.255/32  Direct  0    0          D   127.0.0.1       GigabitEthernet0/0/0
255.255.255.255/32  Direct  0    0          D   127.0.0.1       InLoopBack0
```

继续在 R5 上查看 BGP 路由表，其实已经学到 100.1.1.0/24 的 BGP 路由，但下一跳是 34.1.1.1，而 R5 并没有到达 34.1.1.1 的路由，所以并不会把这条 BGP 路由加入路由表。

```
[R5] display bgp routing-table
 BGP Local router ID is 200.1.1.254
 Status codes: * - valid, > - best, d - damped,
               h - history,  i - internal, s - suppressed, S - Stale
               Origin : i - IGP, e - EGP, ? - incomplete
 Total Number of Routes: 5
```

```
       Network          NextHop        MED       LocPrf      PrefVal    Path/Ogn
  i   12.1.1.0/30       34.1.1.1       1         100         0          100?
  i   13.1.1.0/30       34.1.1.1       0         100         0          100?
  i   23.1.1.0/30       34.1.1.1       0         100         0          100?
  i   100.1.1.0/24      34.1.1.1       1         100         0          100?
 *>   200.1.1.0         0.0.0.0        0                     0          i
```

解决上面的问题，只需要 R4 对外通告的时候把下一跳设置为自己即可，配置如下。

```
[R4] bgp 200
[R4-bgp] ipv4-family unicast
[R4-bgp-af-ipv4] peer 45.1.1.2   next-hop-local    //R4 向对等体 R5 通告 BGP 路由时，把下一跳设置为自己的接口地址
```

配置完成后，BGP 收敛需要时间，可以等一会再查看路由表变化，也可以把接口 shutdown 再 undo shutdown，或者在用户模式下执行 reset bgp all，重置 BGP 进程，加速网络收敛。网络收敛后，BGP 路由中到达 100.1.1.0/24 的下一跳变为 45.1.1.1，这个地址是 R5 的直连路由，可达。

```
[R5] display bgp routing-table

 BGP Local router ID is 200.1.1.254
 Status codes: * - valid, > - best, d - damped,
               h - history,  i - internal, s - suppressed, S - Stale
               Origin : i - IGP, e - EGP, ? - incomplete

 Total Number of Routes: 5
       Network          NextHop        MED       LocPrf      PrefVal    Path/Ogn
 *>i  12.1.1.0/30       45.1.1.1       1         100         0          100?
 *>i  13.1.1.0/30       45.1.1.1       0         100         0          100?
 *>i  23.1.1.0/30       45.1.1.1       0         100         0          100?
 *>i  100.1.1.0/24      45.1.1.1       1         100         0          100?
 *>   200.1.1.0         0.0.0.0        0                     0          i
```

此时目的网络 100.1.1.0/24 进入 R5 的路由表。

```
[R5] display ip routing-table
Route Flags: R - relay, D - download to fib
------------------------------------------------------------------------------
Routing Tables: Public
         Destinations : 14        Routes : 14
Destination/Mask    Proto   Pre  Cost      Flags NextHop         Interface
       12.1.1.0/30  IBGP    255  1           RD  45.1.1.1        GigabitEthernet0/0/1
       13.1.1.0/30  IBGP    255  0           RD  45.1.1.1        GigabitEthernet0/0/1
       23.1.1.0/30  IBGP    255  0           RD  45.1.1.1        GigabitEthernet0/0/1
       45.1.1.0/30  Direct  0    0           D   45.1.1.2        GigabitEthernet0/0/1
       45.1.1.2/32  Direct  0    0           D   127.0.0.1       GigabitEthernet0/0/1
       45.1.1.3/32  Direct  0    0           D   127.0.0.1       GigabitEthernet0/0/1
      100.1.1.0/24  IBGP    255  1           RD  45.1.1.1        GigabitEthernet0/0/1
       127.0.0.0/8  Direct  0    0           D   127.0.0.1       InLoopBack0
      127.0.0.1/32  Direct  0    0           D   127.0.0.1       InLoopBack0
127.255.255.255/32  Direct  0    0           D   127.0.0.1       InLoopBack0
      200.1.1.0/24  Direct  0    0           D   200.1.1.254     GigabitEthernet0/0/0
```

```
     200.1.1.254/32  Direct  0    0     D   127.0.0.1     GigabitEthernet0/0/0
     200.1.1.255/32  Direct  0    0     D   127.0.0.1     GigabitEthernet0/0/0
 255.255.255.255/32  Direct  0    0     D   127.0.0.1     InLoopBack0
```

PC1 可以 ping 通 PC2。

```
PC> ping 200.1.1.1
Ping 200.1.1.1: 32 data bytes, Press ctrl c to break Request timeout!
Request timeout!
Request timeout!
From 200.1.1.1: bytes=32 seq=3 ttl=124 time=31 ms
From 200.1.1.1: bytes=32 seq=4 ttl=124 time=32 ms
From 200.1.1.1: bytes=32 seq=5 ttl=124 time=31 ms
5 packet (s) transmitted
3 packet (s) received
40.00%packet loss
round-trip min/avg/max =0/31/32 ms
```

在 PC1 上跟踪网络路径，如下所示，访问流量通过设备依次为：PC1-R1-R3-R4-R5-PC2。

```
PC> tracert 200.1.1.1
traceroute to 200.1.1.1, 8 hops max
(ICMP), press ctrl+c to stop
1 100.1.1.254 15 ms <1 ms 16 ms
2 13.1.1.2 16 ms 15 ms 31 ms
3 34.1.1.2 16 ms 16 ms 31 ms
4 45.1.1.2 16 ms 15 ms 31 ms
5*200.1.1.1 32 ms 31 ms
```

如果把 R1 的 g0/0/2 接口关闭，RIP 重新计算，会通过 12.1.1.2 访问 PC2。

```
[R1] interface GigabitEthernet 0/0/2
[R1-GigabitEthernet0/0/2] shutdown
[R1-GigabitEthernet0/0/2] quit
[R1] display ip routing-table
Destination/Mask     Proto   Pre  Cost  Flags NextHop       Interface
        12.1.1.0/30  Direct  0    0     D   12.1.1.1      GigabitEthernet0/0/1
        12.1.1.1/32  Direct  0    0     D   127.0.0.1     GigabitEthernet0/0/1
        12.1.1.3/32  Direct  0    0     D   127.0.0.1     GigabitEthernet0/0/1
        23.1.1.0/30  RIP     100  1     D   12.1.1.2      GigabitEthernet0/0/1
       100.1.1.0/24  Direct  0    0     D   100.1.1.254   GigabitEthernet0/0/0
     100.1.1.254/32  Direct  0    0     D   127.0.0.1     GigabitEthernet0/0/0
     100.1.1.255/32  Direct  0    0     D   127.0.0.1     GigabitEthernet0/0/0
        127.0.0.0/8  Direct  0    0     D   127.0.0.1     InLoopBack0
       127.0.0.1/32  Direct  0    0     D   127.0.0.1     InLoopBack0
 127.255.255.255/32  Direct  0    0     D   127.0.0.1     InLoopBack0
       200.1.1.0/24  RIP     100  2     D   12.1.1.2      GigabitEthernet0/0/1
 255.255.255.255/32  Direct  0    0     D   127.0.0.1     InLoopBack0
```

PC1 跟踪访问 PC2 的流量路径是 PC1-R1-R2-R3-R4-R5-PC2。

```
PC> tracert 200.1.1.1
traceroute to 200.1.1.1, 8 hops max
```

```
(ICMP), press ctrl+c to stop
1 100.1.1.254 16 ms 15 ms 16 ms
2 12.1.1.2 15 ms 32 ms
3 23.1.1.2 15 ms 16 ms
4 34.1.1.2 31 ms 31 ms 32 ms
5 45.1.1.2 47 ms 31 ms 31 ms
6 *200.1.1.1 31 ms 32 ms
```

实验扩展：将 R1、R2、R3 运行的路由协议由 RIP 更改为 OSPF，继续测试。

R1 删除 RIP，配置 OSPF：

```
[R1] interface g0/0/2
[R1-GigabitEthernet0/0/2] undo   shutdown      //把先前关闭的接口打开
[R1-GigabitEthernet0/0/2] quit
[R1] undo rip 1   //删除 RIP
Warning: The RIP process will be deleted. Continue?[Y/N]y     //y 代表确认删除
[R1] ospf 1       //启用 OSPF，进程号为 1
[R1-ospf-1] area 0   //配置区域 0
[R1-ospf-1-area-0.0.0.0] network 12.1.1.0 0.0.0.3       //宣告网段 12.1.1.0/30
[R1-ospf-1-area-0.0.0.0] network 13.1.1.0 0.0.0.3       //宣告网段 13.1.1.0/30
[R1-ospf-1-area-0.0.0.0] network 100.1.1.0 0.0.0.255    //宣告网段 100.1.1.0/24
```

R2 删除 RIP，配置 OSPF：

```
[R2] undo rip 1
Warning: The RIP process will be deleted. Continue?[Y/N]y
[R2]ospf 1
[R2-ospf-1] area 0
[R2-ospf-1-area-0.0.0.0] network 12.1.1.0 0.0.0.3
[R2-ospf-1-area-0.0.0.0] network 23.1.1.0 0.0.0.3
```

R3 删除 RIP，配置 OSPF：

```
[R3] undo rip 1
Warning: The RIP process will be deleted. Continue?[Y/N]y
[R3] ospf 1
[R3-ospf-1-area-0.0.0.0] network 23.1.1.0 0.0.0.3
[R3-ospf-1-area-0.0.0.0] network 13.1.1.0 0.0.0.3
```

在 R3 上查看 OSPF 邻居状态为 Full，分别与 R1 和 R2 成功建立邻居关系。

```
[R3] display ospf peer brief
        OSPF Process 1 with Router ID 34.1.1.1
                Peer Statistic Information
 ----------------------------------------------------------------------------
 Area Id        Interface                  Neighbor id      State
 0.0.0.0        GigabitEthernet0/0/1       100.1.1.254      Full
 0.0.0.0        GigabitEthernet0/0/2       12.1.1.2         Full
 ----------------------------------------------------------------------------
```

在 R3 上查看路由表，已经成功学到 100.1.1.0/24 网段路由。

```
[R3] display ip routing-table
Destination/Mask     Proto   Pre   Cost    Flags   NextHop        Interface
```

```
          12.1.1.0/30   OSPF    10    2    D    23.1.1.1     GigabitEthernet0/0/2
                        OSPF    10    2    D    13.1.1.1     GigabitEthernet0/0/1
          13.1.1.0/30   Direct  0     0    D    13.1.1.2     GigabitEthernet0/0/1
          13.1.1.2/32   Direct  0     0    D    127.0.0.1    GigabitEthernet0/0/1
          13.1.1.3/32   Direct  0     0    D    127.0.0.1    GigabitEthernet0/0/1
          23.1.1.0/30   Direct  0     0    D    23.1.1.2     GigabitEthernet0/0/2
          23.1.1.2/32   Direct  0     0    D    127.0.0.1    GigabitEthernet0/0/2
          23.1.1.3/32   Direct  0     0    D    127.0.0.1    GigabitEthernet0/0/2
          34.1.1.0/30   Direct  0     0    D    34.1.1.1     GigabitEthernet0/0/0
          34.1.1.1/32   Direct  0     0    D    127.0.0.1    GigabitEthernet0/0/0
          34.1.1.3/32   Direct  0     0    D    127.0.0.1    GigabitEthernet0/0/0
         100.1.1.0/24   OSPF    10    2    D    13.1.1.1     GigabitEthernet0/0/1
          127.0.0.0/8   Direct  0     0    D    127.0.0.1    InLoopBack0
         127.0.0.1/32   Direct  0     0    D    127.0.0.1    InLoopBack0
127.255.255.255/32      Direct  0     0    D    127.0.0.1    InLoopBack0
         200.1.1.0/24   EBGP    255   0    D    34.1.1.2     GigabitEthernet0/0/0
255.255.255.255/32      Direct  0     0    D    127.0.0.1    InLoopBack0
```

R3 上配置将 OSPF 路由引入 BGP，将 BGP 路由引入 OSPF。

```
[R3] bgp 100
[R3-bgp] ipv4-family unicast
[R3-bgp-af-ipv4] import-route ospf 1
[R3] ospf 1
[R3-ospf-1] import-route bgp
```

在 PC 上测试，网络正常通信。

```
PC> ping 200.1.1.1
Ping 200.1.1.1: 32 data bytes, Press Ctrl_C to break
From 200.1.1.1: bytes=32 seq=1 ttl=124 time=32 ms
From 200.1.1.1: bytes=32 seq=2 ttl=124 time=31 ms
From 200.1.1.1: bytes=32 seq=3 ttl=124 time=16 ms
From 200.1.1.1: bytes=32 seq=4 ttl=124 time=16 ms
From 200.1.1.1: bytes=32 seq=5 ttl=124 time=31 ms
---200.1.1.1 ping statistics --
5 packet (s) transmitted
5 packet (s) received
0.00 packet loss round-trip min/avg/max = 16/25/32 ms

PC> tracert 200.1.1.1      //路径跟踪，访问正常！
traceroute to 200.1.1.1, 8 hops max
(ICMP), press Ctrl_C to stop
1 100.1.1.25415 ms <1 ms 16 ms
2 13.1.1.2 16 ms 15 ms 31 ms
3 34.1.1.2 16 ms 31 ms 16 ms
4 45.1.1.2 16 ms 31 ms 15 ms
5 200.1.1.1 32 ms 31 ms 16 ms
```

18.8 实验八：路由策略

一、实验拓扑

本实验的网络拓扑如图 18-14 所示。

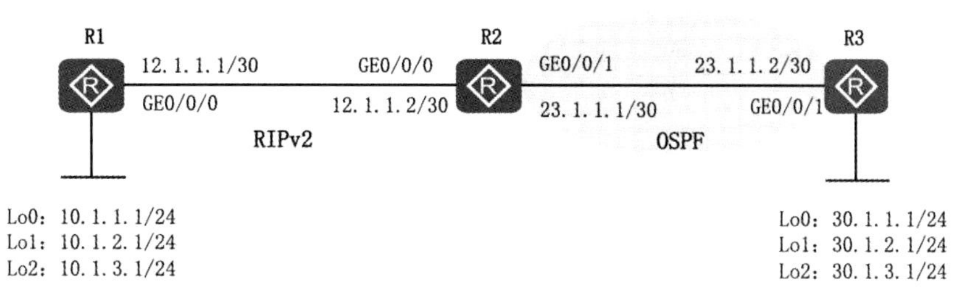

图 18-14　网络拓扑

二、实验需求

（1）让 R3 可以学到 10.1.2.0/24 和 10.1.1.3.0/24 路由，不能学到 10.1.1.0/24。
（2）让 R2 向 R1 通告 R3 的三个环回接口网段，cost 设置为 10。

三、实验步骤

（1）配置 IP 地址。

```
<Huawei> system-view
[Huawei] sysname R1
[R1] int g0/0/0
[R1-GigabitEthernet0/0/0] ip address 12.1.1.1 30
[R1] int LoopBack 0
[R1-LoopBack0] ip address 10.1.1.1 24
[R1] int LoopBack 1
[R1-LoopBack1] ip address 10.1.2.1 24
[R1-LoopBack1] quit
[R1] interface LoopBack 2
[R1-LoopBack2] ip address 10.1.3.1 24
```

R2 配置 IP 地址：

```
<Huawei> system-view
[Huawei] sysname R2
[R2] int GigabitEthernet0/0/0
[R2-GigabitEthernet0/0/0] ip address 12.1.1.2 30
[R2-GigabitEthernet0/0/0] quit
[R2]int GigabitEthernet0/0/1
[R2-GigabitEthernet0/0/1] ip add 23.1.1.1 30
```

R3 配置 IP 地址：

```
<Huawei> system-view
[Huawei] sysname R3
[R3] int g0/0/1
[R3-GigabitEthernet0/0/1] ip address 23.1.1.2 30
[R3-GigabitEthernet0/0/1] quit
[R3] interface LoopBack 0
[R3-LoopBack0] ip address 30.1.1.1 24
[R3-LoopBack0] quit
[R3] interface LoopBack 1
[R3-LoopBack1] ip address 30.1.2.1 24
[R3-LoopBack1] quit
[R3] interface LoopBack 2
[R3-LoopBack2] ip address 30.1.3.1 24
```

（2）配置 RIP 和 OSPF。

R1 配置 RIP 协议：

```
[R1] rip 1
[R1-rip-1] version 2
[R1-rip-1] network 10.0.0.0
[R1-rip-1] network 12.0.0.0
```

R2 配置 RIP 和 OSPF：

```
[R2] rip 1
[R2-rip-1] version 2
[R2-rip-1] network 12.0.0.0
[R2-rip-1] quit
[R2] ospf 1
[R2-ospf-1] area 0
[R2-ospf-1-area-0.0.0.0] network 23.1.1.0 0.0.0.3
```

R3 配置 OSPF：

```
[R3] ospf 1
[R3-ospf-1] area 0
[R3-ospf-1-area-0.0.0.0] network 23.1.1.0 0.0.0.3
[R3-ospf-1-area-0.0.0.0] network 30.1.1.0 0.0.0.255
[R3-ospf-1-area-0.0.0.0] network 30.1.2.0 0.0.0.255
[R3-ospf-1-area-0.0.0.0] network 30.1.3.0 0.0.0.255
```

在 R2 上查看路由表，已经通过 RIP 和 OSPF 分别学到 3 条路由。

```
[R2] display ip routing-table
Destination/Mask    Proto   Pre   Cost   Flags   NextHop     Interface
      10.1.1.0/24   RIP     100   1      D       12.1.1.1    GigabitEthernet0/0/0
      10.1.2.0/24   RIP     100   1      D       12.1.1.1    GigabitEthernet0/0/0
      10.1.3.0/24   RIP     100   1      D       12.1.1.1    GigabitEthernet0/0/0
      12.1.1.0/30   Direct  0     0      D       12.1.1.2    GigabitEthernet0/0/0
      12.1.1.2/32   Direct  0     0      D       127.0.0.1   GigabitEthernet0/0/0
      12.1.1.3/32   Direct  0     0      D       127.0.0.1   GigabitEthernet0/0/0
```

```
       23.1.1.0/30   Direct  0    0     D   23.1.1.1    GigabitEthernet0/0/1
       23.1.1.1/32   Direct  0    0     D   127.0.0.1   GigabitEthernet0/0/1
       23.1.1.3/32   Direct  0    0     D   127.0.0.1   GigabitEthernet0/0/1
       30.1.1.1/32   OSPF    10   1     D   23.1.1.2    GigabitEthernet0/0/1
       30.1.2.1/32   OSPF    10   1     D   23.1.1.2    GigabitEthernet0/0/1
       30.1.3.1/32   OSPF    10   1     D   23.1.1.2    GigabitEthernet0/0/1
```

（3）R2 上配置路由引入和路由策略，进行路由 cost 设置。

```
[R2] acl 2000
[R2-acl-basic-2000] rule 10 permit source 30.1.1.0 0.0.0.255
[R2-acl-basic-2000] rule 20 permit source 30.1.2.0 0.0.0.255
[R2-acl-basic-2000] rule 30 permit source 30.1.3.0 0.0.0.255
[R2] route-policy 10 permit node 10
Info: New Sequence of this List.
[R2-route-policy] if-match acl 2000
[R2-route-policy] apply cost 10
[R2] rip 1
[R2-rip-1] version 2
[R2-rip-1] import-route ospf 1 route-policy 10
```

在 R1 上查看从 R2 学到的 RIP 路由，开销是 11。即 R2 到 30 网段开销是 10，则 R1 到 30 网段的开销需要加上 R2 这一跳，最后开销是 11，达到预期实验效果。

```
[R1]display ip routing-table
Destination/Mask      Proto   Pre  Cost  Flags  NextHop     Interface
      10.1.1.0/24     Direct  0    0     D      10.1.1.1    LoopBack0
      10.1.1.1/32     Direct  0    0     D      127.0.0.1   LoopBack0
    10.1.1.255/32     Direct  0    0     D      127.0.0.1   LoopBack0
      10.1.2.0/24     Direct  0    0     D      10.1.2.1    LoopBack1
      10.1.2.1/32     Direct  0    0     D      127.0.0.1   LoopBack1
    10.1.2.255/32     Direct  0    0     D      127.0.0.1   LoopBack1
      10.1.3.0/24     Direct  0    0     D      10.1.3.1    LoopBack2
      10.1.3.1/32     Direct  0    0     D      127.0.0.1   LoopBack2
    10.1.3.255/32     Direct  0    0     D      127.0.0.1   LoopBack2
      12.1.1.0/30     Direct  0    0     D      12.1.1.1    GigabitEthernet0/0/0
      12.1.1.1/32     Direct  0    0     D      127.0.0.1   GigabitEthernet0/0/0
      12.1.1.3/32     Direct  0    0     D      127.0.0.1   GigabitEthernet0/0/0
      30.1.1.1/32     RIP     100  11    D      12.1.1.2    GigabitEthernet0/0/0
      30.1.2.1/32     RIP     100  11    D      12.1.1.2    GigabitEthernet0/0/0
      30.1.3.1/32     RIP     100  11    D      12.1.1.2    GigabitEthernet0/0/0
      127.0.0.0/8     Direct  0    0     D      127.0.0.1   InLoopBack0
     127.0.0.1/32     Direct  0    0     D      127.0.0.1   InLoopBack0
127.255.255.255/32    Direct  0    0     D      127.0.0.1   InLoopBack0
255.255.255.255/32    Direct  0    0     D      127.0.0.1   InLoopBack0
```

在 R2 上配置路由引入和路由策略，进行路由过滤。

```
[R2] acl 2001
[R2-acl-basic-2001] rule 10 permit source 10.1.2.0 0.0.0.255
```

```
[R2-acl-basic-2001] rule 20 permit source 10.1.3.0 0.0.0.255
[R2-acl-basic-2001] quit
[R2] route-policy 20 permit node 20
Info: New Sequence of this List.
[R2-route-policy] if-match acl 2001
[R2] ospf 1
[R2-ospf-1] import-route rip route-policy 20
```

在 R3 上查看路由学习情况，通过路由策略过滤，R3 只学到了 10.1.2.0/24 和 10.1.3.0/24，没有学到 10.1.1.0/24，实验成功。

```
[R3] display ip routing-table
Destination/Mask    Proto   Pre   Cost   Flags   NextHop     Interface
      10.1.2.0/24   O_ASE   150   1      D       23.1.1.1    GigabitEthernet0/0/1
      10.1.3.0/24   O_ASE   150   1      D       23.1.1.1    GigabitEthernet0/0/1
      23.1.1.0/30   Direct  0     0      D       23.1.1.2    GigabitEthernet0/0/1
      23.1.1.2/32   Direct  0     0      D       127.0.0.1   GigabitEthernet0/0/1
      23.1.1.3/32   Direct  0     0      D       127.0.0.1   GigabitEthernet0/0/1
      30.1.1.0/24   Direct  0     0      D       30.1.1.1    LoopBack0
      30.1.1.1/32   Direct  0     0      D       127.0.0.1   LoopBack0
    30.1.1.255/32   Direct  0     0      D       127.0.0.1   LoopBack0
      30.1.2.0/24   Direct  0     0      D       30.1.2.1    LoopBack1
      30.1.2.1/32   Direct  0     0      D       127.0.0.1   LoopBack1
    30.1.2.255/32   Direct  0     0      D       127.0.0.1   LoopBack1
      30.1.3.0/24   Direct  0     0      D       30.1.3.1    LoopBack2
      30.1.3.1/32   Direct  0     0      D       127.0.0.1   LoopBack2
    30.1.3.255/32   Direct  0     0      D       127.0.0.1   LoopBack2
```


18.9 实验九：策略路由

一、策略路由原理

策略路由是通过定义和应用策略，实现数据流量按照规划的路径走，比如张三走联通出口，李四走电信出口（策略路由的优先级比普通路由表优先级更高）。路由策略是通过 ACL 等方式控制路由发布，让对方学到适当路由条目，比如有 20 条路由条目，只想让某个路由器学到 10 条，可以通过路由策略进行过滤。路由策略和策略路由是两种不同的机制，主要区别见表 18-2。

表 18-2 路由策略与策略路由的比较

路由策略	策略路由
基于策略控制路由信息的引入、发布、接收	基于策略控制报文的转发，可以不按照路由表转发报文，而是按照策略配置转发，转发失败后再查找路由表转发
基于控制平面，为路由协议和路由表服务	基于转发平面，为数据转发服务

续表

路由策略	策略路由
只能基于目的地址进行策略制定	可基于源地址、目的地址、协议类型、报文大小等进行策略制定
与路由协议结合完成策略	需要手工逐跳配置，以保证报文按策略转发
应用命令 route-policy、filter-policy	应用命令 traffic-filter、traffic-policy、policy-based-route

二、实验拓扑

本实验的网络拓扑如图 18-15 所示。

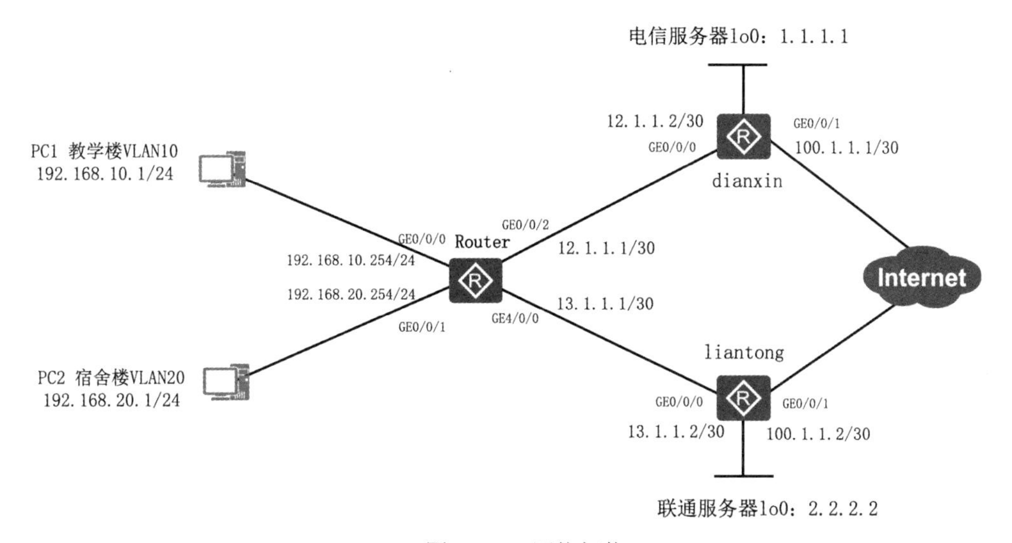

图 18-15 网络拓扑

三、实验需求

教学楼终端 PC1 通过电信出口访问互联网，宿舍楼终端 PC2 通过联通出口访问互联网，任何一个出口出现故障，都可以自动切换到另一个出口，互联网访问不受影响。

四、配置过程与命令

（1）配置 IP 地址（略）。

（2）配置路由互通与 NAT。

为了简化配置，直接通过 OSPF 打通电信和联通间的路由，即 dianxin 和 liantong 两台路由器运行 OSPF，都在区域 0，宣告所有直连网段。

```
[dianxin] ospf 1
[dianxin-ospf-1] area 0
```

[dianxin-ospf-1-area-0.0.0.0] network 0.0.0.0 0.0.0.0 //宣告所有网段的简便方法，当然也可以手动把直连的三个宣告进 OSPF

[liantong] ospf 1

[liantong-ospf-1] area 0

[liantong-ospf-1-area-0.0.0.0] network 0.0.0.0 0.0.0.0

电信路由器上已经学到联通服务器路由（2.2.2.2），同样在联通路由器上也可以学到电信服务器的路由（略），即完成路由互通。

```
[dianxin] display ip routing-table
Route Flags: R - relay, D - download to fib
------------------------------------------------------------------------------
Routing Tables: Public
         Destinations : 13          Routes : 13

Destination/Mask    Proto   Pre  Cost    Flags  NextHop         Interface

        1.1.1.1/32  Direct  0    0         D    127.0.0.1       LoopBack0
        2.2.2.2/32  OSPF    10   1         D    100.1.1.2       GigabitEthernet0/0/1
       12.1.1.0/30  Direct  0    0         D    12.1.1.2        GigabitEthernet0/0/0
       12.1.1.2/32  Direct  0    0         D    127.0.0.1       GigabitEthernet0/0/0
       12.1.1.3/32  Direct  0    0         D    127.0.0.1       GigabitEthernet0/0/0
       13.1.1.0/30  OSPF    10   2         D    100.1.1.2       GigabitEthernet0/0/1
      100.1.1.0/30  Direct  0    0         D    100.1.1.1       GigabitEthernet0/0/1
      100.1.1.1/32  Direct  0    0         D    127.0.0.1       GigabitEthernet0/0/1
      100.1.1.3/32  Direct  0    0         D    127.0.0.1       GigabitEthernet0/0/1
       127.0.0.0/8  Direct  0    0         D    127.0.0.1       InLoopBack0
      127.0.0.1/32  Direct  0    0         D    127.0.0.1       InLoopBack0
127.255.255.255/32  Direct  0    0         D    127.0.0.1       InLoopBack0
```

出口路由器 router 配置 NAT 与默认路由。

[router] acl number 3000

[router-acl-adv-3000] rule 10 permit ip source 192.168.10.0 0.0.0.255 //匹配教学楼流量

[router-acl-adv-3000] rule 20 permit ip source 192.168.20.0 0.0.0.255 //匹配宿舍楼流量

[router-acl-adv-3000] interface GigabitEthernet0/0/2

[router-GigabitEthernet0/0/2] nat outbound 3000 //接口下应用 ACL 转换

[router-GigabitEthernet0/0/2] interface GigabitEthernet4/0/0

[router-GigabitEthernet4/0/0] nat outbound 3000

[router]ip route-static 0.0.0.0 0 12.1.1.2 //配置指向电信的默认路由

[router]ip route-static 0.0.0.0 0 13.1.1.2 //配置指向联通的默认路由

（3）策略路由配置。

第一步：配置 ACL，匹配流量。

[router] acl number 2010

[router-acl-basic-2010] rule 10 permit source 192.168.10.0 0.0.0.255 //匹配源地址为 192.168.10.0/24 网段的流量（教学楼的流量）

[router-acl-basic-2010] acl number 2020

[router-acl-basic-2020] rule 10 permit source 192.168.20.0 0.0.0.255 //匹配源地址为 192.168.20.0/24 网段的流量（宿舍楼的流量）

第二步：配置流分类，关联 ACL。

[router-acl-basic-2020] traffic classifier jiaoxue //配置流分类，名称为 jiaoxue

[router-classifier-jiaoxue] if-match acl 2010 //如果匹配 ACL2010

[router-classifier-jiaoxue] traffic classifier sushe //配置流分类，名称为 sushe

[router-classifier-sushe] if-match acl 2020 //如果匹配 ACL2020

第三步：配置流行为。

[router-classifier-sushe] traffic behavior re-dianxin //配置流行为 re-dianxin

[router-behavior-re-dianxin] redirect ip-nexthop 12.1.1.2 //下一跳设置为 12.1.1.2

[router-behavior-re-dianxin] traffic behavior re-liantong //配置流行为 re-liantong

[router-behavior-re-liantong] redirect ip-nexthop 13.1.1.2 //下一跳设置为 13.1.1.2

第四步：配置流策略 P 和 Q。

[router-behavior-re-liantong] traffic policy P //配置流策略 P

[router-trafficpolicy-P] classifier jiaoxue behavior re-dianxin //把教学楼的流量扔给电信出口

[router-trafficpolicy-P] traffic policy Q //配置流策略 Q

[router-trafficpolicy-Q] classifier sushe behavior re-liantong //把宿舍楼的流量扔给联通出口

第五步：在接口下应用流策略。

[router-trafficpolicy-Q] interface GigabitEthernet0/0/0

[router-GigabitEthernet0/0/0] traffic-policy P inbound //在流量入方向应用策略 P

[router-GigabitEthernet0/0/0] interface GigabitEthernet0/0/1

[router-GigabitEthernet0/0/1] traffic-policy Q inbound //在流量入方向应用策略 Q

（4）配置完成后进入测试环节，PC1 通过电信出口访问互联网和联通服务器。

PC1> tracert 100.1.1.2

traceroute to 100.1.1.2， 8 hops max

(ICMP)，press Ctrl+C to stop

1 * * *

2 12.1.1.2 31 ms <1 ms 16 ms

3 100.1.1.2 15 ms 32 ms 15 ms

PC1> tracert 2.2.2.2

traceroute to 2.2.2.2， 8 hops max

(ICMP)，press ctrl+C to stop

1 * * *

2 12.1.1.2 15 ms <1 ms 16 ms

3 2.2.2.2 31 ms 16 ms 16 ms

PC2 通过联通出口访问互联网和电信服务器。

PC2>tracert 100.1.1.1

traceroute to 100.1.1.1， 8 hops max

(ICMP)，press Ctrl+C to stop

```
1 *   *   *
2 13.1.1.2   15 ms 16 ms 31 ms
3 100.1.1.1 16 ms 15 ms 32 ms
PC2> tracert 1.1.1.1
traceroute to 1.1.1.1, 8 hops max
(ICMP) press Ctrl+C to stop
1 *   *   *
2 13.1.1.2 16 ms 15 ms 32 ms
3 1.1.1.1 15 ms 16 ms 31 ms
```

通过如上策略路由实现了教学楼走电信出口，宿舍楼走联通出口。

把出口路由器与电信互联的接口关闭，继续测试教学楼流量走向。

```
[router]interface GigabitEthernet0/0/2
[router-GigabitEthernet0/0/2]shutdown
```

教学楼用户 PC1 流量自动切换到联通出口（13.1.1.2），因为策略路由的下一跳只要可达，优先级就比默认路由高，如果策略路由的下一跳不可达，就转到路由表进行查找及转发，会查到出口路由器上配置的默认路由，指向联通出口。虽然出口配置了指向电信和联通两条默认路由，但出口把电信接口关闭，指向电信的默认路由失效，只能走联通出口。

```
PC1> tracert 1.1.1.1
traceroute to 1.1.1.1, 8 hops max
( ICMP), press Ctrl+C to stop
1 * * *
2 13.1.1.2 31 ms 16 ms 15 ms
3 1.1.1.1 32 ms 15 ms 32 ms

PC1> tracert 100.1.1.1
traceroute to 100.1.1.1,   8 hops max
(ICMP), press Ctrl+C to stop
1 * * *
13.1.1.2 16 ms 31 ms 16 ms
3 100.1.1.1 31 ms 15 ms 32 ms
```

完成流量自动切换，实验成功。

18.10 实验十：IPSec VPN

一、实验拓扑及描述

本实验的网络拓扑如图 18-16 所示。

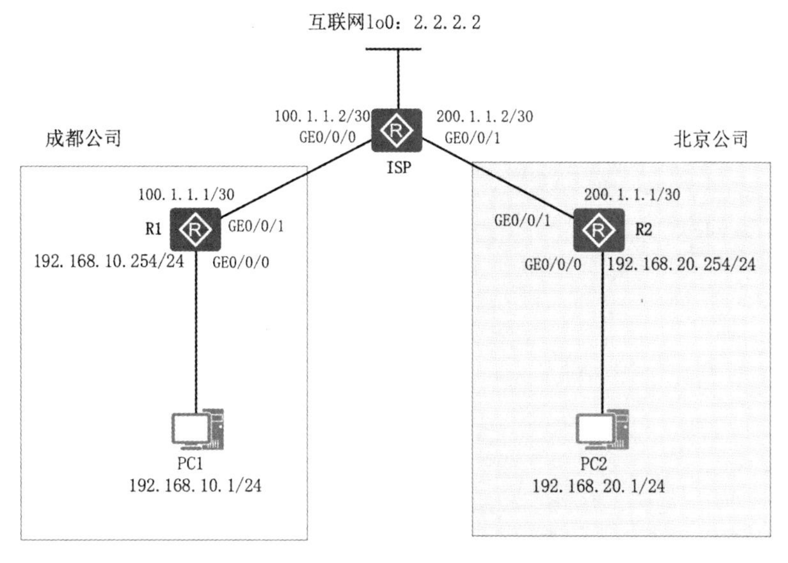

图 18-16 网络拓扑

站点 1 和站点 2 为某公司成都和北京两个站点，IP 地址见表 18-3。

表 18-3 地址分配表

设备编号	接口	IP 地址
R1	GE0/0/0	192.168.10.254/24
	GE0/0/1	100.1.1.1/30
ISP	GE0/0/0	100.1.1.2/30
	GE0/0/1	200.1.1.2/30
R2	GE0/0/0	192.168.20.254/24
	GE0/0/1	200.1.1.1/30
PC1	—	192.168.10.1/24
PC2	—	192.168.20.1/24

二、实验需求

（1）成都和北京两个站点用户均可以访问互联网 2.2.2.2。

（2）配置手动 IPSec VPN，实现成都和北京两个站点内网数据互通，且数据加密。

（3）配置自动 IPSec VPN，实现成都和北京两个站点内网数据互通，且数据加密。

三、实验步骤及配置

（1）配置 IP 地址，ISP 路由器用环回测试接口 lookback0（简写为 lo0）模拟互联网。

R1 配置如下：

```
<Huawei> system-view
[Huawei] sysname R1
[R1] interface GigabitEthernet0/0/0
[R1-GigabitEthernet0/0/0] ip address 192.168.10.254 24
[R1-GigabitEthernet0/0/0] quit
[R1] interface GigabitEthernet0/0/1
[R1-GigabitEthernet0/0/1] ip address 100.1.1.1 30
```

ISP 配置如下：

```
<Huawei> system-view
[Huawei] sysname ISP
[ISP] interface GigabitEthernet0/0/0
[ISP-GigabitEthernet0/0/0] ip address 100.1.1.2 30
[ISP-GigabitEthernet0/0/0] quit
[ISP] interface g0/0/1
[ISP-GigabitEthernet0/0/1] ip address 200.1.1.2 30
[ISP-GigabitEthernet0/0/1] quit
[ISP] interface LoopBack0
[ISP-LoopBack0] ip address 2.2.2.2 32
```

R2 配置：

```
<Huawei> system-view
[Huawei] sysname R2
[R2] interface GigabitEthernet0/0/0
[R2-GigabitEthernet0/0/0] ip address 192.168.20.254 24
[R2-GigabitEthernet0/0/0] quit
[R2] interface GigabitEthernet0/0/1
[R2-GigabitEthernet0/0/1] ip add 200.1.1.1 30
```

PC1 配置如图 18-17 所示。

图 18-17　PC1 的配置

PC2 配置如图 18-18 所示。

图 18-18　PC2 的配置

（2）成都和北京两个出口路由器分别配置 NAT 和默认路由，指向 ISP 路由器。

路由 R1 配置：

[R1] acl 2000　//配置 ACL2000

[R1-acl-basic-2000] rule 10 permit source 192.168.10.0 0.0.0.255　//规则 10，匹配源地址为 192.168.10.0/24 的流量

[R1-acl-basic-2000] quit

[R1] int GigabitEthernet0/0/1

[R1-GigabitEthernet0/0/1] nat outbound 2000　//接口下启用 NAT，把 ACL2000 匹配的私网地址转换为 R1 GE0/0/1 接口公网 IP

[R1-GigabitEthernet0/0/1] quit

[R1] ip route-static 0.0.0.0 0 100.1.1.2　//出口路由器默认路由指向 ISP

路由 R2 配置：

[R2] acl 2000　//配置 ACL2000

[R2-acl-basic-2000] rule 10 permit source 192.168.20.0 0.0.0.255　//规则 10，匹配源地址为 192.168.20.0/24 的流量

[R2-acl-basic-2000] quit

[R2] interface GigabitEthernet0/0/1

[R2-GigabitEthernet0/0/1] nat outbound 2000　//接口下启用 NAT，把 ACL2000 匹配的私网地址转换为 R2 GE0/0/1 接口公网 IP

[R2-GigabitEthernet0/0/1] quit

[R2] ip route-static 0.0.0.0 0 200.1.1.2　//出口路由器默认路由指向 ISP

PC1 测试访问互联网地址 2.2.2.2，正常通信。

```
PC1> ping 2.2.2.2
Ping 2.2.2.2 32 data bytes, Press Ctrl+C to break
From 2.2.2.2: bytes=32 seq=1 ttl=254 time=31 ms
```

```
From 2.2.2.2: bytes=32 seq=2 ttl=254 time=31 ms
From 2.2.2.2: bytes=32 seq=3 ttl=254 time=16 ms
From 2.2.2.2: bytes=32 seq=4 ttl=254 time=15 ms
From 2.2.2.2: bytes=32 seq=5 ttl=254 time=32 ms
```

PC2 测试访问互联网地址 2.2.2.2，正常通信。

```
PC2> ping 2.2.2.2
Ping 2.2.2.2: 32 data bytes, Press Ctrl+C to break
Request timeout !
From 2.2.2.2: bytes=32 seq=2 ttl=254 time=16 ms
From 2.2.2.2: bytes=32 seq=3 ttl=254 time=31 ms
From 2.2.2.2: bytes=32 seq=4 ttl=254 time=1 6 ms
From 2.2.2.2: bytes=32 seq=5 ttl=254 time=16 ms
```

PC1 ping PC2，不能通信。

```
PC1> ping 192.168.20.1
Ping 192.168.20.1: 32 data bytes, Press Ctrl+C to break
Request timeout !
Request timeout !
Request timeout !
Request timeout !
Request timeout !
```

（3）进行 IPSec VPN 配置，让两个站点内网互通，同时数据加密。

静态 IPSec 配置步骤如图 18-19 所示。

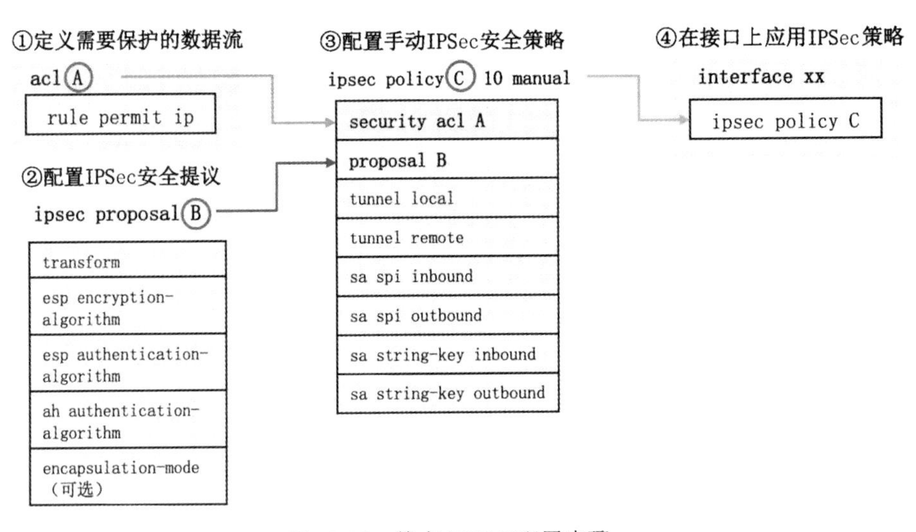

图 18-19　静态 IPSEC 配置步骤

第一步：定义需要保护的数据流。

[R1] acl 3000　//配置 ACL3000

[R1-acl-adv-3000] rule 10 permit ip source 192.168.10.0 0.0.0.255 destination 192.168.20.0 0.0.0.255　//规则 10，匹配源为 192.168.10.0/24，目的为 192.168.20.0/24 的流量

第二步：配置 IPSec 安全提议。

```
[R1] ipsec proposal cd   //ipsec 提议名称 cd
[R1-ipsec-proposal-cd] esp authentication-algorithm sha2-256   //认证算法采用 sha2-256
[R1-ipsec-proposal-cd] esp encryption-algorithm aes-128   //加密算法采用 aes-128
```

第三步：配置手动 IPSec 安全策略。

```
[R1] ipsec policy chengdu 10 manual   //配置 IPSec 策略 chengdu，方式为手动
[R1-ipsec-policy-manual-chengdu-10] security acl 3000   //包含 ACL3000 的流量
[R1-ipsec-policy-manual-chengdu-10] proposal cd   //采用 IPSec 提议 cd
[R1-ipsec-policy-manual-chengdu-10] tunnel local 100.1.1.1   //配置隧道本地地址 100.1.1.1
[R1-ipsec-policy-manual-chengdu-10] tunnel remote 200.1.1.1   //配置隧道远端地址 200.1.1.1
[R1-ipsec-policy-manual-chengdu-10] sa spi inbound esp 54321   //配置入方向 SA 编号 54321
[R1-ipsec-policy-manual-chengdu-10] sa string-key inbound esp cipher summer   //配置入方向 SA 的认证密钥为 summer
[R1-ipsec-policy-manual-chengdu-10] sa spi outbound esp 12345   //配置出方向 SA 编号 12345
[R1-ipsec-policy-manual-chengdu-10] sa string-key outbound esp cipher summer   //配置出方向 SA 的认证密钥为 summer
```

第四步：在接口上应用 IPSec 策略。

```
[R1] interface GigabitEthernet0/0/1
[R1-GigabitEthernet0/0/1] ipsec policy chengdu   //接口上应用 IPSce 策略（只能用于出接口）
```

配置完成后，在 R1 上查看 IPSec SA，已经有静态 SA，算法匹配，没有问题。

```
[R1] display ipsec sa brief

Number of SAs:2
      Src address       Dst address        SPI     VPN  Protocol     Algorithm
-------------------------------------------------------------------------------
        200.1.1.1         100.1.1.1        54321     0    ESP     E:AES-128 A:SHA2_256_128
        100.1.1.1         200.1.1.1        12345     0    ESP     E:AES-128 A:SHA2_256_128
```

在 R2 上查看 IPSec SA，已经有静态 SA，算法匹配，没有问题。

```
[R2] display ipsec sa brief

Number of SAs:2
      Src address       Dst address        SPI     VPN  Protocol     Algorithm
-------------------------------------------------------------------------------
        200.1.1.1         100.1.1.1        54321     0    ESP     E:AES-128 A:SHA2_256_128
        100.1.1.1         200.1.1.1        12345     0    ESP     E:AES-128 A:SHA2_256_128
```

R2 配置基本与 R1 相同，把隧道源地址、目的地址，ESP SPI 编号与 R1 对调即可。

配置完成后，在 R2 上查看 IPSec SA，已经有静态 SA，算法匹配，没有问题。

```
PC1> ping 192.168.20.1
Ping 192.168.20.1: 32 data bytes, Press Ctrl_C to break
Request timeout !
Request timeout !
Request timeout !
Request timeout !
Request timeout !
```

问题分析：R1 上配置了 ACL2000 和 ACL3000，其中 ACL2000 用于匹配内部需要 NAT 的地址，ACL3000 用于匹配需要通过 VPN 隧道加密的流量，两条 ACL 重合，即 ACL2000 会把本来应该进行 VPN 传递的流量也匹配出来，进行 NAT。

```
acl number 2000
 rule 10 permit source 192.168.10.0 0.0.0.255        //匹配内部需要 NAT 的地址

acl number 3000
 rule 10 permit ip source 192.168.10.0 0.0.0.255 destination 192.168.20.0 0.0.0.255   //匹配需要通过 VPN 隧道加密的流量
```

R1 进行如下调整，在 NAT 地址池中排除需要进行 VPN 传送的流量。

```
[R1] interface GigabitEthernet0/0/1
[R1-GigabitEthernet0/0/1] undo nat outbound 2000        //删除 NAT 在接口上的应用
[R1-GigabitEthernet0/0/1] quit
[R1] undo acl 2000     //删除 ACL2000
[R1] acl 3001     //配置 ACL3001
[R1-acl-adv-3001] rule 10 deny ip source 192.168.10.0 0.0.0.255 destination 192.168.20.0 0.0.0.255    //设置规则 10，拒绝源IP 为 192.168.10.0/24，目的 IP 为 192.168.20.0/24 的流量
[R1-acl-adv-3001] rule 20 permit ip    //设置规则 20，其他流量全部允许
[R1-acl-adv-3001] quit
[R1] interface GigabitEthernet0/0/1
[R1-GigabitEthernet0/0/1] nat outbound 3001       //重新配置 NAT 转换
```

R2 进行如下调整，在 NAT 地址池中排除需要进行 VPN 传送的流量（同 R1 类似）。

```
[R2] interface GigabitEthernet0/0/1
[R2-GigabitEthernet0/0/1] undo nat outbound 2000
[R2-GigabitEthernet0/0/1] quit
[R2] undo acl 2000
[R2] acl 3001
[R2-acl-adv-3001] rule 10 deny ip source 192.168.20.0 0.0.0.255 destination 192.168.10.0 0.0.0.255
[R2-acl-adv-3001] rule 20 permit ip
[R2-acl-adv-3001] quit
[R2] interface GigabitEthernet0/0/1
[R2-GigabitEthernet0/0/1] nat outbound 3001
```

在 PC1 ping PC2，可以正常通信。

```
PC1> ping 192.168.20.1
Ping 192.168.20.1: 32 data bytes, Press Ctrl_C to break
Requestt imeout !
From 192.168.20.1: bytes=32 seq=2 ttl=127 time=16 ms
From 192.168.20.1: bytes=32 seq=3 ttl=127 time=31 ms
From 192.168.20.1: bytes=32 seq=4 ttl=127 time=32 ms
From 192.168.20.1: bytes=32 seq=5 ttl=127 time=15 ms
```

在 R1 接口 GE0/0/1 进行抓包，如图 18-20 所示，流量已经被 ESP 加密，看不到 IP 报头里面的数据内容，实验成功。

No.	Time	Source	Destination	Protocol	Length	Info
1	0.000000	100.1.1.1	200.1.1.1	ESP	134	ESP (SPI=0x00003039)
2	0.016000	200.1.1.1	100.1.1.1	ESP	134	ESP (SPI=0x0000d431)
3	1.032000	100.1.1.1	200.1.1.1	ESP	134	ESP (SPI=0x00003039)
4	1.047000	200.1.1.1	100.1.1.1	ESP	134	ESP (SPI=0x0000d431)
5	2.047000	100.1.1.1	200.1.1.1	ESP	134	ESP (SPI=0x00003039)
6	2.063000	200.1.1.1	100.1.1.1	ESP	134	ESP (SPI=0x0000d431)
7	3.079000	100.1.1.1	200.1.1.1	ESP	134	ESP (SPI=0x00003039)
8	3.094000	200.1.1.1	100.1.1.1	ESP	134	ESP (SPI=0x0000d431)
9	4.110000	100.1.1.1	200.1.1.1	ESP	134	ESP (SPI=0x00003039)
10	4.125000	200.1.1.1	100.1.1.1	ESP	134	ESP (SPI=0x0000d431)

```
> Frame 1: 134 bytes on wire (1072 bits), 134 bytes captured (1072 bits) on interface 0
> Ethernet II, Src: HuaweiTe_f8:7d:4b (00:e0:fc:f8:7d:4b), Dst: HuaweiTe_8c:67:61 (00:e0:fc:8c:67:61)
> Internet Protocol Version 4, Src: 100.1.1.1, Dst: 200.1.1.1
v Encapsulating Security Payload
    ESP SPI: 0x00003039 (12345)
    ESP Sequence: 100663296
```

图 18-20　在 R1 接口 GE0/0/1 进行抓包的结果

以上是通过手工静态方式建立 IPSec 隧道，下面演示通过 IKE 动态建立 IPSec VPN 隧道。整体步骤如下，多了图 18-21 中①和②两个过程，其他静态 IPSec 完全一样，如图 18-21 所示。

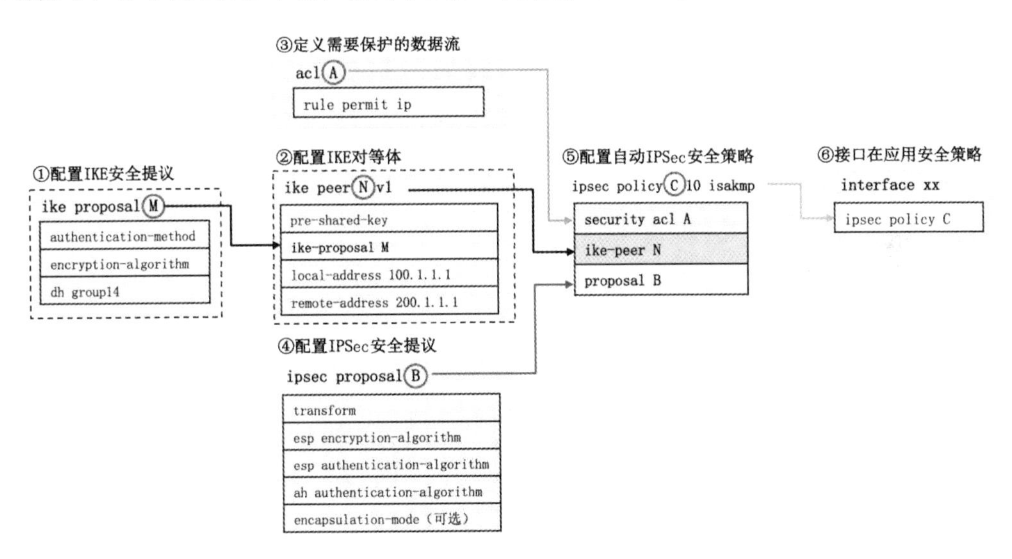

图 18-21　通过 IKE 动态建立 IPSEC VPN 隧道的步骤

可以重启设备，清空所有配置，按照上述步骤重配，也可以在原有配置上进行修改。为了简化过程，我们直接在原有配置上修改。

R1 删除原有策略，并配置新策略。

```
[R1] undo ipsec policy chengdu          //删除 ipsec 策略 chengdu
Info:All IPSec configurations with this policy are deleted.
```

第一步：配置 IKE 提议。

```
[R1] ike proposal 10    //ike 提议编号 10
[R1-ike-proposal-10] authentication-algorithm sha1    //配置认证算法 sha1
[R1-ike-proposal-10] encryption-algorithm aes-cbc-128    //配置加密算法 aes-cbc-128（算法为 AES，密钥是 128 位）
[R1-ike-proposal-10] dh group14    //密钥交换协议采用 DH，group14 表示 2014bit DH 交换组
```

第二步：配置 ike 对等体。

```
[R1] ike peer bj v1    //ike 对等体为 bj，采用 ike v1 协商对等体
[R1-ike-peer-bj] pre-shared-key cipher summer    //配置预共享密钥 summer
[R1-ike-peer-bj] ike-proposal 10    //ike 提议编号 10
[R1-ike-peer-bj] local-address 100.1.1.1    //本地地址 100.1.1.1
[R1-ike-peer-bj] remote-address 200.1.1.1    //远端地址 200.1.1.1
[R1-ike-peer-bj] quit
```

第三步：配置需要保护的数据流（前面静态 VPN 部分已配置，这里省略）。

第四步：配置 IPSec 提议。

```
[R1] ipsec proposal cd  //ipsec 提议名称 cd
[R1-ipsec-proposal-cd] esp authentication-algorithm sha2-256  //认证算法采用 sha2-256
[R1-ipsec-proposal-cd] esp encryption-algorithm aes-128    //加密算法采用 aes-128
```

第五步：配置 IPSec 策略。

```
[R1] ipsec policy chengdu 10 isakmp //配置 ipsec 策略 chengdu，编号 10，isakmp 表示自动隧道
[R1-ipsec-policy-isakmp-chengdu-10] security acl 3000    //保护 ACL3000 匹配的流量
[R1-ipsec-policy-isakmp-chengdu-10] ike-peer bj    //ike 对等体是 bj
[R1-ipsec-policy-isakmp-chengdu-10] proposal cd   //采用 ipsec 提议 cd
[R1-ipsec-policy-isakmp-chengdu-10] quit
```

第六步：接口下应用安全策略。

```
[R1] int GigabitEthernet0/0/1
[R1-GigabitEthernet0/0/1] ipsec policy chengdu    //应用 ipsec 策略 chengdu
[R1-GigabitEthernet0/0/1] quit
```

R2 配置基本与 R1 相同，略。

在 R1 上查看 ipsec sa，已完成 SPI 号自动协商。

```
[R1] display ipsec sa brief
Number of SAs:2
    Src address     Dst address       SPI      VPN  Protocol    Algorithm
-------------------------------------------------------------------------------
      100.1.1.1      200.1.1.1   483389239      0     ESP     E:AES-128 A:SHA2_256_128
      200.1.1.1      100.1.1.1   408013946      0     ESP     E:AES-128 A:SHA2_256_128
```

在 PC1 上 ping PC2，通信正常。

```
PC1> ping 192.168.20.1
Ping 192.168.20.1: 32 data bytes, Press Ctrl+C to break
Request timeout!
From 192.168.20.1: bytes=32 seq=2 ttl=127 time=15 ms
From 192.168.20.1: bytes=32 seq=3 ttl=127 time=31 ms
From 192.168.20.1: bytes=32 seq=4 ttl=127 time=16 ms
From 192.168.20.1: bytes=32 seq=5 ttl=127 time=31 ms
```

如图 18-22 所示，通信流量已经被 ESP 加密，实验成功。

No.	Time	Source	Destination	Protocol	Length	Info
1	0.000000	100.1.1.1	200.1.1.1	ESP	134	ESP (SPI=0x00003039)
2	0.016000	200.1.1.1	100.1.1.1	ESP	134	ESP (SPI=0x0000d431)
3	1.032000	100.1.1.1	200.1.1.1	ESP	134	ESP (SPI=0x00003039)
4	1.047000	200.1.1.1	100.1.1.1	ESP	134	ESP (SPI=0x0000d431)
5	2.047000	100.1.1.1	200.1.1.1	ESP	134	ESP (SPI=0x00003039)
6	2.063000	200.1.1.1	100.1.1.1	ESP	134	ESP (SPI=0x0000d431)
7	3.079000	100.1.1.1	200.1.1.1	ESP	134	ESP (SPI=0x00003039)
8	3.094000	200.1.1.1	100.1.1.1	ESP	134	ESP (SPI=0x0000d431)
9	4.110000	100.1.1.1	200.1.1.1	ESP	134	ESP (SPI=0x00003039)
10	4.125000	200.1.1.1	100.1.1.1	ESP	134	ESP (SPI=0x0000d431)

```
> Frame 1: 134 bytes on wire (1072 bits), 134 bytes captured (1072 bits) on interface 0
> Ethernet II, Src: HuaweiTe_f8:7d:4b (00:e0:fc:f8:7d:4b), Dst: HuaweiTe_8c:67:61 (00:e0:fc:8c:67:61)
> Internet Protocol Version 4, Src: 100.1.1.1, Dst: 200.1.1.1
v Encapsulating Security Payload
    ESP SPI: 0x00003039 (12345)
    ESP Sequence: 100663296
```

图 18-22 抓包效果图

18.11 实验十一：无线 WLAN

一、实验拓扑

本实验的网络拓扑如图 18-23 所示。

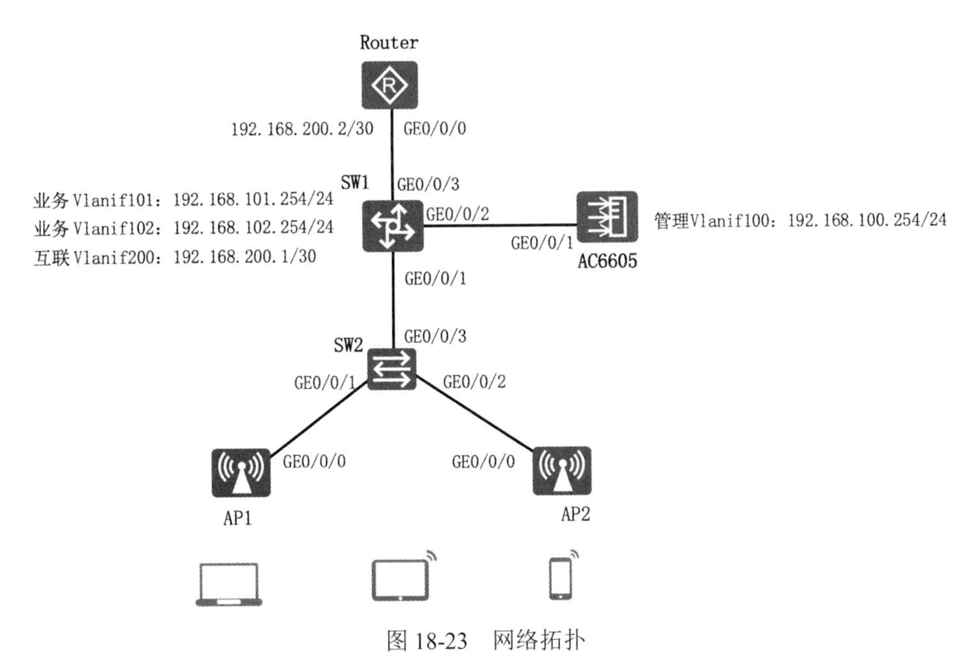

图 18-23 网络拓扑

实验中的设备接口及地址分配见表 18-4。

表 18-4　设备接口及地址分配

设备	接口	IP 地址/端口状态	备注
Router	GE0/0/0	192.168.200.2/30	—
SW1	GE0/0/1	trunk	—
	GE0/0/2	trunk	—
	GE0/0/3	access（VLAN200）	—
	Vlanif101	192.168.101.254/24	VLAN101 是内部办公用户
	Vlanif102	192.168.102.254/24	VLAN102 是访客
	Vlanif200	192.168.200.1/30	VLAN200 用于出口互联
SW2	GE0/0/1	trunk	—
	GE0/0/2	trunk	—
	GE0/0/3	trunk	—
AC	GE0/0/1	trunk	—
	Vlanif100	192.168.100.254/24	VLAN100 用于 AP 管理

二、需求描述

（1）配置隧道转发模式，完成 AP 上线，内部办公用户（VLAN101）能通过无线上网。

（2）访客（VLAN102）能通过无线上网，修改为直接转发模式。隧道转发与直接转发过程如图 18-24 所示。

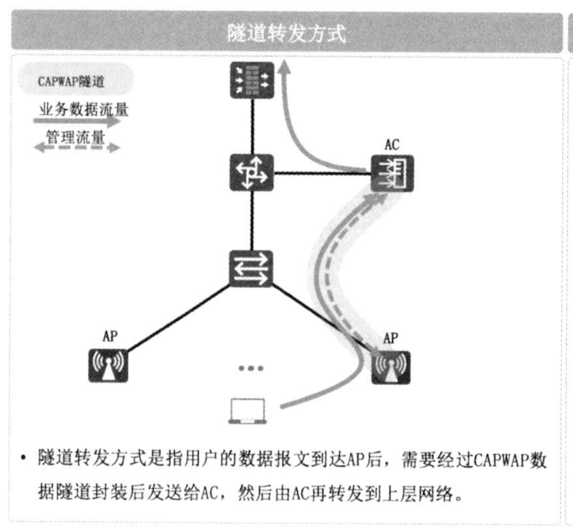

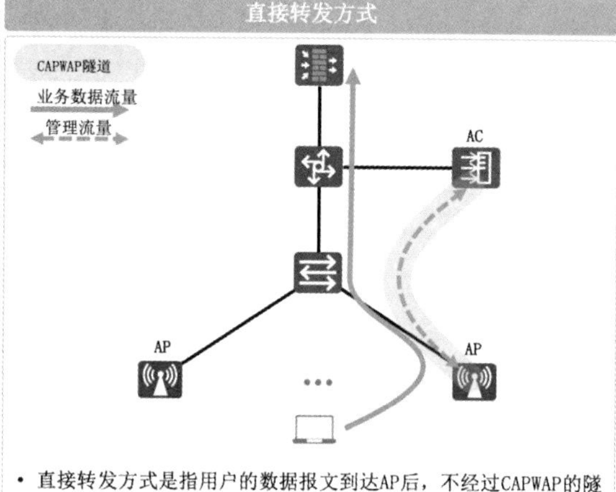

图 18-24　隧道转发与直接转发过程

（3）配置 VLAN100、VLAN101 和 VLAN 102，VLAN100 用于 AP 管理，VLAN101 为内部用户提供上网服务（SSID：work），VLAN102 为访客提供上网服务（SSID：guest）。AP 通过 AC DHCP 自动获取 192.168.100.0/24 网段的 IP 地址，内部用户和访客通过 SW1 DHCP 自动分配对应网段的 IP 地址。

三、配置过程

（1）配置 IP 地址与网络互通。

核心交换机 SW1 配置（VLAN、端口、Vlanif、DHCP）：

```
<Huawei> system-view
[Huawei] sysname SW1
[SW1] vlan batch 100 101 102 200
```

把相应接口配置成 trunk 或 access：

```
[SW1] interface GigabitEthernet0/0/1
[SW1-GigabitEthernet0/0/1] port link-type trunk
[SW1-GigabitEthernet0/0/1] port trunk allow-pass vlan 100
[SW1] interface GigabitEthernet0/0/2
[SW1-GigabitEthernet0/0/2] port link-type trunk
[SW1-GigabitEthernet0/0/2] port trunk allow-pass vlan all
[SW1-GigabitEthernet0/0/2] quit
[SW1] interface GigabitEthernet0/0/3
[SW1-GigabitEthernet0/0/3] port link-type access
[SW1-GigabitEthernet0/0/3] port default vlan 200
[SW1-GigabitEthernet0/0/3] quit
```

接口配置 vlanif 地址：

```
[SW1] interface Vlanif101
[SW1-Vlanif101] ip address 192.168.101.254 24
[SW1] interface Vlanif102
[SW1-Vlanif102] ip address 192.168.102.254 24
[SW1] interface Vlanif200
[SW1-Vlanif200] ip address 192.168.200.1 30
```

把 SW1 配置成 DHCP 服务器，为终端分配 IP 地址

```
[SW1] dhcp enable        //开启 DHCP 功能
[SW1] interface Vlanif101
[SW1-Vlanif101] dhcp select interface     //配置基于接口的 DHCP，为属于 VLAN101 的终端分配与 Vlanif101 相同网段的 IP 地址
[SW1] interface Vlanif102
[SW1-Vlanif102] dhcp select interface   //配置基于接口的 DHCP，为属于 VLAN102 的终端分配与 Vlanif102 相同网段的 IP 地址
```

接入交换机 SW2 配置（VLAN、接口）：

```
<Huawei> system-view
[Huawei] sysname SW2
[SW2] vlan 100
```

```
[SW2] interface GigabitEthernet0/0/1
[SW2-GigabitEthernet0/0/1] port link-type trunk
[SW2-GigabitEthernet0/0/1] port trunk pvid vlan 100    //流量进入打上 VLAN100 标签
[SW2-GigabitEthernet0/0/1] port trunk allow-pass vlan 100  //隧道模式，仅允许管理 VLAN100 通过即可，数据都会被VLAN100 封装，转发到 AC 再拆封
[SW2-GigabitEthernet0/0/1] quit
[SW2] interface GigabitEthernet0/0/2
[SW2-GigabitEthernet0/0/2] port link-type trunk
[SW2-GigabitEthernet0/0/2] port trunk pvid vlan 100
[SW2-GigabitEthernet0/0/2] port trunk allow-pass vlan 100
[SW2-GigabitEthernet0/0/2] quit
[SW2] interface GigabitEthernet0/0/3
[SW2-GigabitEthernet0/0/3] port link-type trunk
[SW2-GigabitEthernet0/0/3] port trunk allow-pass vlan 100
```

路由器 Router 配置：

```
<Huawei> system-view
[Huawei] sysname Router
[Router] interface GigabitEthernet0/0/0
[Router-GigabitEthernet0/0/0] ip address 192.168.200.2 30
[Router-GigabitEthernet0/0/0] quit
[Router] ping 192.168.200.1   //测试与核心交换机的直连，可以正常通信
  PING 192.168.200.1: 56  data bytes, press CTRL_C to break
    Reply from 192.168.200.1: bytes=56 Sequence=1 ttl=255 time=70 ms
    Reply from 192.168.200.1: bytes=56 Sequence=2 ttl=255 time=10 ms
    Reply from 192.168.200.1: bytes=56 Sequence=3 ttl=255 time=10 ms
    Reply from 192.168.200.1: bytes=56 Sequence=4 ttl=255 time=20 ms
    Reply from 192.168.200.1: bytes=56 Sequence=5 ttl=255 time=10 ms

  --- 192.168.200.1 ping statistics ---
    5 packet(s) transmitted
    5 packet(s) received
    0.00% packet loss
round-trip min/avg/max = 10/24/70 ms

[Router] ip route-static 192.168.101.0 24 192.168.200.1   //配置内网网段静态路由，指向核心
[Router] ip route-static 192.168.102.0 24 192.168.200.1   //配置内网网段静态路由，指向核心
```

（2）AC 基础配置（VLAN、IP、DHCP）。

```
<AC6605> system-view
[AC6605] vlan batch 100 101 102   //批量创建 VLAN100、101、102（100 是管理 VLAN，101 和 102 是业务 VLAN）
Info: This operation may take a few seconds. Please wait for a moment...done.
[AC6605] interface GigabitEthernet0/0/1
[AC6605-GigabitEthernet0/0/1] port link-type trunk
[AC6605-GigabitEthernet0/0/1] port trunk allow-pass vlan all
[AC6605-GigabitEthernet0/0/1] quit
```

```
[AC6605] interface Vlanif100
[AC6605-Vlanif100] ip add 192.168.100.254 24
```

#开启 DHCP 功能，为 AP 分配 IP 地址

```
[AC6605] dhcp enable
[AC6605] interface Vlanif100
[AC6605-Vlanif100] dhcp select interface    //为 AP 分配与 Vlanif100 相同网段的管理地址
```

（3）在 AC 上配置 AP 上线（5 步）。

1）创建域管理模板，并配置国家代码：

```
[AC6605] wlan
[AC6605-wlan-view] regulatory-domain-profile name summer    //配置域管理模板，名称是 summer
[AC6605-wlan-regulate-domain-summer] country-code CN    //配置国家代码，CN 代表中国
```

2）创建 AP 组，并引用特定的域管理模板：

```
[AC6605-wlan-view] ap-group name summer    //配置 AP 组，名称是 summer
[AC6605-wlan-ap-group-summer] regulatory-domain-profile summer    //引用域管理模板 summer
Warning: Modifying the country code will clear channel, power and antenna gain configurations of the radio and reset the AP. Continue?[Y/N]:y    //y 表示确认
[AC6605-wlan-ap-group-summer] quit
[AC6605-wlan-view] quit
```

3）配置 CAPWAP 隧道源接口或者源地址：

```
[AC6605] capwap source interface Vlanif 100    //CAPWAP 隧道源地址是 Vlanif 100 地址
```

4）配置 AP 设备入网认证：

```
[AC6605] wlan
[AC6605-wlan-view] ap auth-mode ?    //AP 上线有三种认证方式，MAC 认证、不认证和 SN 码认证
  mac-auth   MAC authenticated mode, default authenticated mode
  no-auth    No authenticated mode
  sn-auth    SN authenticated mode
[AC6605-wlan-view] ap auth-mode mac-auth    //配置为 MAC 地址认证
[AC6605-wlan-view] ap-id 1 ap-mac 00e0-fc3f-7500    //输入需要认证 AP1 的 MAC 地址。可以在 AP1 上通过 display interface GigabitEthernet0/0/0 命令查看 AP 的 MAC 地址
[AC6605-wlan-ap-1] ap-name VLAN101-001    //把 AP 命名为 VLAN101-001，属于 VLAN101 的 001 号 AP
[AC6605-wlan-ap-1] ap-group summer    //加入 AP 组 summer
Warning: This operation may cause AP reset. If the country code changes, it will clear channel, power and antenna gain configurations of the radio, Whether to continue? [Y/N]:y
```

5）检查 AP 上线结果：

```
[AC6605] display ap all    //查看 AP 的上线情况，状态为 nor（normal）表示正常的
Info: This operation may take a few seconds. Please wait for a moment.done.
Total AP information:
nor  : normal          [1]
--------------------------------------------------------------------------------
ID  MAC             Name          Group    IP               Type       State  STA  Uptime
--------------------------------------------------------------------------------
1   00e0-fc3f-7500  VLAN101-001   summer   192.168.100.211  AP6050DN   nor    0    40s
```

```
-----------------------------------------------------------------------
Total: 1
```

//编号为 1，名称为 VLAN101-001，属于组 summer，MAC 是 00e0-fc3f-7500，IP 地址是 192.168.100.211 的 AP，设备型号是 AP6050DN，状态是 nor（normal，正常），即完成上线。

注：在 AP1 上查看 MAC 地址（display interface GigabitEthernet0/0/0）。

```
[Huawei] display interface GigabitEthernet0/0/0
GigabitEthernet0/0/0 current state : UP
Line protocol current state : UP
Description:HUAWEI, AP Series, GigabitEthernet0/0/0 Interface
Switch Port, PVID :      1, TPID : 8100(Hex), The Maximum Frame Length is 1800
IP Sending Frames' Format is PKTFMT_ETHNT_2, Hardware address is 00e0-fc3f-7500
```

AP 完成上线后，名字已经被自动修改为 VLAN101-001，无需手动配置。

```
[Huawei]
===== CAPWAP LINK IS UP!!! =====
[VLAN101-001]
```

（4）无线控制器 WLAN 业务配置，配置完成后会自动下发到对应 AP。

1）配置用户认证方式：

```
[AC6605] wlan        //进入 wlan 配置模式
[AC6605-wlan-view] security-profile name summer     //安全模板，名称为 summer
[AC6605-wlan-sec-prof-summer] security wpa-wpa2 psk pass-phrase a1234567 aes   //采用 WPA-WPA2 方式认证，PSK 表示预共享密码，简单理解就是通过密码方式认证，密码是 a1234567，加密算法采用 AES
```

2）配置 SSID 模板：

```
[AC6605] wlan        //进入 wlan 配置模式
[AC6605-wlan-view] ssid-profile name summer   //SSID 模板，名称是 summer
[AC6605-wlan-ssid-prof-summer] ssid work   //SSID 名称是 work
```

3）配置 VAP 模板，设置为隧道模式，配置用户 VLAN101，并绑定安全模板、SSID 模板：

```
[AC6605-wlan-view] vap-profile name work   //VAP 模板名称是 work
[AC6605-wlan-vap-prof-work] forward-mode tunnel   //转发模式是隧道模式
[AC6605-wlan-vap-prof-work] service-vlan vlan-id 101     //使用 work 这个 VAP 模板的用户服务 VLAN 是 101，即所有连接到 work 这个 VAP 的用户被划分到 VLAN101
Info: This operation may take a few seconds, please wait.done.
[AC6605-wlan-vap-prof-work] security-profile summer   //调用安全模板 summer
Info: This operation may take a few seconds, please wait.done.
[AC6605-wlan-vap-prof-work] ssid-profile summer     //调用 SSID 模板 summer
Info: This operation may take a few seconds, please wait.done.
```

4）在 AP 组中绑定 VAP 模板：

```
[AC6605-wlan-view] ap-group name summer
[AC6605-wlan-ap-group-summer] vap-profile summer wlan 1 radio 0   //在 AP 组中，将指定的 VAP 模板引用到射频
Info: This operation may take a few seconds, please wait...done.
[AC6605-wlan-ap-group-summer] vap-profile summer wlan 1 radio 1
Info: This operation may take a few seconds, please wait...done.
```

配置完成后，STA1 可以正常连接，如图 18-25 所示。

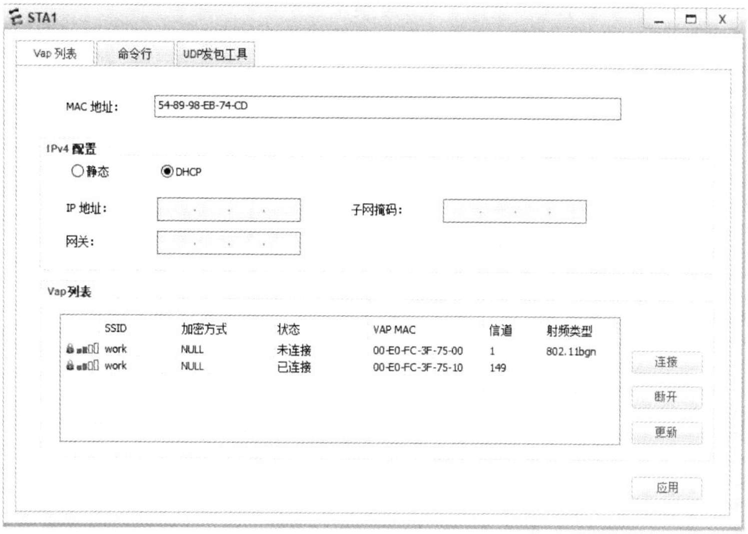

图 18-25　配置完成界面

查看分配的 IP 地址，正常获取 VLAN101 的地址。

```
STA1> ipconfig
IPv4 address. . . . : 192.168.101.253
Subnet mask. . ... .: 255.255.255.0
Gateway. . . ... ...: 192.168.101.254
Physical address. . ..: 54-89-98-EB-74-CD
```

STA1 可以 ping 通出口路由器 Router，实验成功。

```
STA> ping 192.168.200.2
Ping 192.168.200.2: 32 data bytes,  Press Ctrl+C to break
From 192.168.200.2: bytes=32 seq=1 ttl=254 time=203 ms
From 192.168.200.2: bytes=32 seq=2 ttl=254 time=203 ms
From 192.168.200.2: bytes=32 seq=3 ttl=254 time=187 ms
From 192.168.200.2: bytes=32 seq=4 ttl=254 time=172 ms
From 192.168.200.2: bytes=32 seq=5 ttl=254 time=172 ms
```

以上是通过隧道模式，顺利达到实验效果。如果把 AP2 下的用户划分到 VLAN102，配置与 VLAN101 相同。

如果 AC 修改为直接转发模式，需要进行如下修改：

1）接入交换机 SW2 需要配置所有业务 VLAN，且 trunk 接口允许所有业务 VLAN 通过。核心交换机与接入交换机互联的 trunk 接口，允许所有业务 VLAN 通过。

2）新增一个 SSID：guest，属于 VLAN102，AC 将 VAP 转发模式修改为直接转发。

交换机 trunk 允许通过的 VLAN 新增业务 VLAN。

```
[SW1] interface GigabitEthernet0/0/1
[SW1-GigabitEthernet0/0/1] port trunk allow-pass vlan 100 101 102
```

```
[SW2] vlan batch 101 102
[SW2] interface GigabitEthernet0/0/3
[SW2-GigabitEthernet0/0/3] port trunk allow-pass vlan 100 101 102
[SW2-GigabitEthernet0/0/3] quit
[SW2] interface GigabitEthernet0/0/1
[SW2-GigabitEthernet0/0/1] port trunk allow-pass vlan 100 101 102    //在接入交换机与 AP1 互联的接口上，放行管理VLAN（100）和所有业务 VLAN（101 和 102）的流量

<AC6605> system-view
[AC6605-wlan-view] ssid-profile name guest    //配置 SSID 模板，名称是 guest
[AC6605-wlan-ssid-prof-guest] ssid guest
Info: This operation may take a few seconds, please wait.done.
[AC6605-wlan-ssid-prof-guest] quit
[AC6605-wlan-view] vap-profile name guest    //配置 VAP 模板，名称是 guest
[AC6605-wlan-vap-prof-guest] forward-mode direct-forward    //采用直接转发模式
[AC6605-wlan-vap-prof-guest] service-vlan vlan-id 102    //用户　业务 VLAN 102
Info: This operation may take a few seconds, please wait.done.
[AC6605-wlan-vap-prof-guest] security-profile summer    //引用安全模板 summer
Info: This operation may take a few seconds, please wait.done.
[AC6605-wlan-vap-prof-guest] ssid-profile guest    //引用 SSID 模板 guest
Info: This operation may take a few seconds, please wait.done.
[AC6605-wlan-vap-prof-guest] quit

[AC6605-wlan-view] ap-group name summer
[AC6605-wlan-ap-group-summer] vap-profile guest wlan 2 radio all    //在 AP 组中，将指定的 VAP 模板引用到射频
Info: This operation may take a few seconds, please wait...done.    //提示射频开启完成
```

STA1 上成功连接 SSID:guest，如图 18-26 所示。

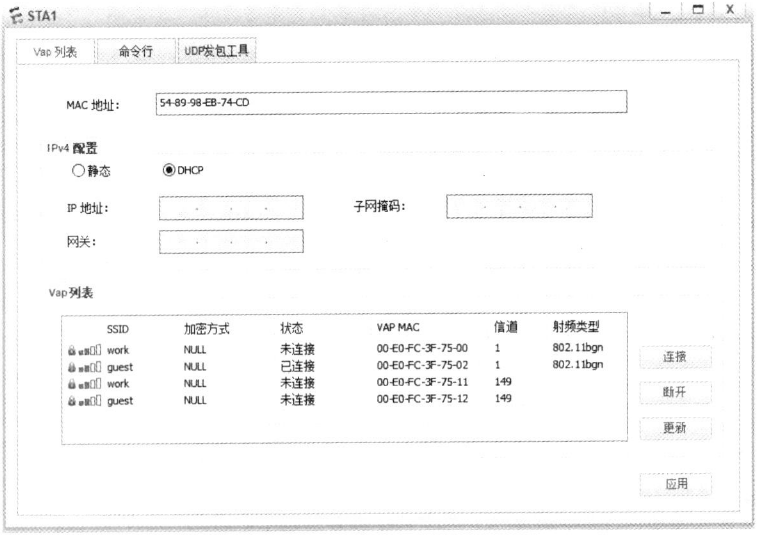

图 18-26　STA1 上成功连接 SSID:guest

STA1 成功获取 VLAN102 的 IP 地址：

```
STA1> ipconfig
IPv4 address........:  192.168.102.253
Subnet mask.........:255.255.255.0
Gateway...........:192.168.102.254
Physical address.........:54-89-98-EB-74-CD
```

STA1 可以成功 ping 通路由 Router，实验成功：

```
STA1> ping 192.168.200.2
Ping 192.168.200.2: 32 data bytes, Press Ctrl+C to break
From 192.168.200.2: bytes=32 seq=1 ttl=254 time=156 ms
From 192.168.200.2: bytes=32 seq=2 ttl=254 time=156 ms
From 192.168.200.2: bytes=32 seq=3 ttl=254 time=157 ms
From 192.168.200.2: bytes=32 seq=4 ttl=254 time=156 ms
From 192.168.200.2: bytes=32 seq=5 ttl=254 time=156 ms
```

第19章 华为设备配置综合实验

综合实验的整体网络拓扑如图 19-1 所示。

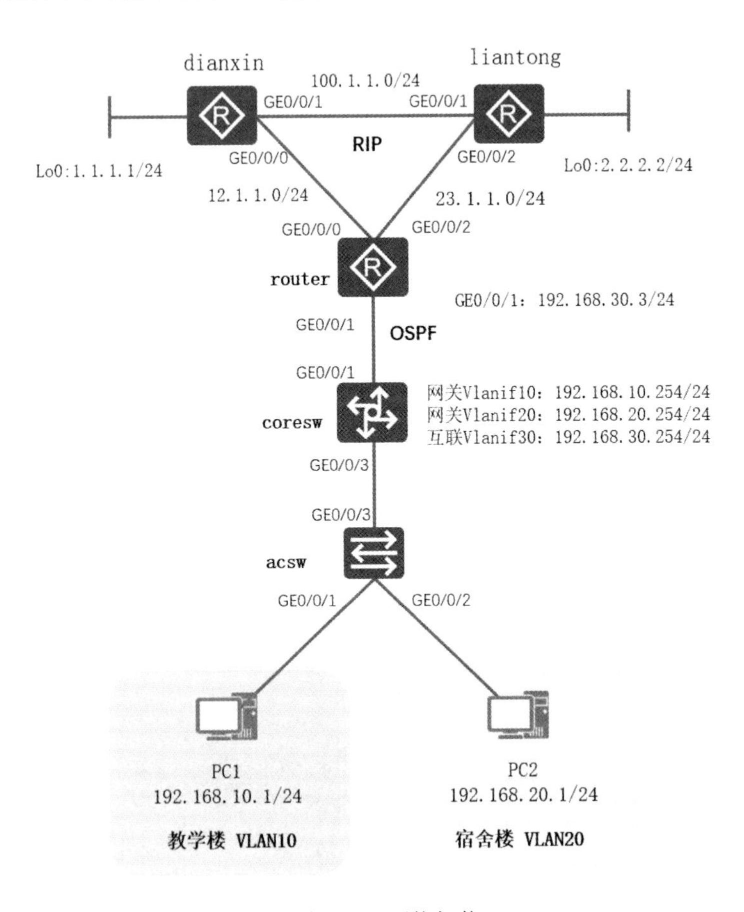

图 19-1　网络拓扑

（1）理解网络拓扑与组网架构。通过ENSP模拟配置实现，其中交换机采用S5700，路由器采用AR2220。

（2）配置VLAN与IP地址，实现跨VLAN通信。

（3）配置DHCP（基于全局和接口的DHCP）。

（4）配置路由互通：静态路由、默认路由和RIP/OSPF。

（5）其他高级功能配置：ACL、NAT、策略路由。

- 场景1：所有流量默认走电信出口，如果电信出口出现故障，流量切换到联通出口。
- 场景2：教学楼流量走电信出口，宿舍楼流量走联通出口。
- 场景3：访问电信的服务器的流量走电信出口，访问联通服务器的流量走联通出口。

实验整体按表19-1所示的三个阶段来进行。

表19-1 实验的三个阶段

步骤	模块	技术	设备
第一阶段	内网配置	VLAN、 Trunk、 Vlanif、DHCP	pc、acw、coresw
第二阶段	骨干配置	静态路由/默认路由/RIP/OSPF	coresw、router
第三阶段	网络出口	NAT、策略路由	router、 dianxin、liantong

19.1 第一阶段：局域网互通配置

19.1.1 实验一：配置VLAN与跨VLAN互通

一、接入交换机配置

（1）设备命名与创建VLAN。

```
<Huawei> system-view          //进入系统模式
Enter system view, return user view with Ctrl+Z.
[Huawei] sysname acsw          //设备命名
[acsw] vlan batch 10 20     //批量创建VLAN10和VLAN20
Info: This operation may take a few seconds. Please wait for a moment...done.
```

（2）把相应接口放入VLAN，配置Trunk。

```
[acsw] interface GigabitEthernet0/0/1          //进入接口GE0/0/1
[acsw-GigabitEthernet0/0/1] port link-type access          //接口设置为access模式
[acsw-GigabitEthernet0/0/1] port default vlan 10          //接口放入VLAN10
[acsw-GigabitEthernet0/0/1] interface GigabitEthernet0/0/2     //进入接口GE0/0/2
[acsw-GigabitEthernet0/0/2] port link-type access          //接口设置为access模式
[acsw-GigabitEthernet0/0/2] port default vlan 20          //接口放入VLAN20
[acsw-GigabitEthernet0/0/2] interface GigabitEthernet0/0/3     //进入接口GE0/0/3
[acsw-GigabitEthernet0/0/3] port link-type trunk          //接口设置为Trunk模式
```

```
[acsw-GigabitEthernet0/0/3]quit          //退出
[acsw]
```

（3）Trunk 配置允许通过的 VLAN。

```
[acsw] interface GigabitEthernet0/0/3        //进入接口 GE0/0/3
[acsw-GigabitEthernet0/0/3] port trunk allow-pass vlan 2 to 4094    //允许 VLAN2 到 VLAN4094 数据从 Trunk 通过，VLAN1 默认是允许的
```

二、核心交换机 coresw 配置

（1）设备重命名与创建 VLAN。

```
<Huawei> system-view          //进入系统模式
Enter system view, return user view with Ctrl+Z.
[Huawei] sysname coresw          //设备重命名
[coresw] vlan batch 10 20 30          //批量创建 VLAN10、20 和 30
Info: This operation may take a few seconds. Please wait for a moment...done.
```

（2）接口设置为 Trunk，并配置允许通过 VLAN。

```
[coresw] interface GigabitEthernet0/0/3          //进入接口 GE0/0/3
[coresw-GigabitEthernet0/0/3] port link-type trunk          //接口设置为 Trunk 模式
[coresw-GigabitEthernet0/0/3] port trunk allow-pass vlan 2 to 4094   //允许 VLAN2 到 VLAN4094 数据从 Trunk 通过，VLAN1 默认是允许的
```

（3）配置用户网关 VLANIF IP 地址。

```
[coresw] interface vlanif10          //进入 VLANIF10 接口
[coresw-Vlanif10] ip address 192.168.10.254 255.255.255.0       //配置网关 IP 地址
[coresw-Vlanif10] interface vlanif20          //进入 VLANIF20 接口
[coresw-Vlanif20] ip address 192.168.20.254 255.255.255.0       //配置网关 IP 地址
```


三、PC1 和 PC2 配置

PC1/PC2 IP 地址与网关设置如图 19-2 所示。

图 19-2　PC1/PC2 IP 地址与网关设置

四、网络通信测试

（1）PC1 ping 网关地址 192.168.10.254，通信正常。

```
PC1> ping 192.168.10.254
Ping 192.168.10.254: 32 data bytes, Press Ctrl_C to break
From 192.168.10.254: bytes=32 seq=1 ttl=255 time=31 ms
From 192.168.10.254: bytes=32 seq=2 ttl=255 time=31 ms
From 192.168.10.254: bytes=32 seq=3 ttl=255 time=15 ms
From 192.168.10.254: bytes=32 seq=4 ttl=255 time=31 ms
From 192.168.10.254: bytes=32 seq=5 ttl=255 time=31 ms

--- 192.168.10.254 ping statistics ---
  5 packet(s) transmitted
  5 packet(s) received
  0.00% packet loss
  round-trip min/avg/max = 15/27/31 ms
```

（2）PC2 ping 网关地址 192.168.20.254，通信正常。

```
PC2> ping 192.168.20.254
Ping 192.168.20.254: 32 data bytes, Press Ctrl_C to break
From 192.168.20.254: bytes=32 seq=1 ttl=255 time=47 ms
From 192.168.20.254: bytes=32 seq=2 ttl=255 time=31 ms
From 192.168.20.254: bytes=32 seq=3 ttl=255 time=32 ms
From 192.168.20.254: bytes=32 seq=4 ttl=255 time=31 ms
From 192.168.20.254: bytes=32 seq=5 ttl=255 time=31 ms

--- 192.168.20.254 ping statistics ---
  5 packet(s) transmitted
  5 packet(s) received
  0.00% packet loss
  round-trip min/avg/max = 31/34/47 ms
```

（3）PC1 ping PC2，通信正常，实验成功。

```
PC1>ping 192.168.20.1
Ping 192.168.20.1: 32 data bytes, Press Ctrl_C to break
From 192.168.20.1: bytes=32 seq=1 ttl=127 time=78 ms
From 192.168.20.1: bytes=32 seq=2 ttl=127 time=79 ms
From 192.168.20.1: bytes=32 seq=3 ttl=127 time=62 ms
From 192.168.20.1: bytes=32 seq=4 ttl=127 time=78 ms
From 192.168.20.1: bytes=32 seq=5 ttl=127 time=78 ms

--- 192.168.20.1 ping statistics ---
  5 packet(s) transmitted
  5 packet(s) received
  0.00% packet loss
  round-trip min/avg/max = 62/75/79 ms
```

19.1.2 实验二：DHCP 配置

```
[coresw] dhcp enable        //开启 DHCP 功能
[coresw] ip pool 1          //创建 DHCP 地址池，名称是 1
Info:It's successful to create an IP address pool.
[coresw-ip-pool-1] network 192.168.10.0 mask 24        //宣告 DHCP 网段
[coresw-ip-pool-1] gateway-list 192.168.10.254      //配置默认网关
[coresw-ip-pool-1] dns-list 192.168.10.254 8.8.8.8      //配置 DNS
[coresw-ip-pool-1] excluded-ip-address 192.168.10.100 192.168.10.253    //配置排除地址
[coresw-ip-pool-1] lease unlimited      //租期没有限制

[coresw] ip pool 2
Info:It's successful to create an IP address pool.
[coresw-ip-pool-2] network 192.168.20.0 mask 24
[coresw-ip-pool-2] gateway-list 192.168.20.254
[coresw-ip-pool-2] dns-list 192.168.20.254 8.8.8.8
[coresw-ip-pool-2] excluded-ip-address 192.168.20.100 192.168.20.253
[coresw-ip-pool-2] lease unlimited
[coresw-ip-pool-2] quit
```

Vlanif 下引用全局地址池：

```
[coresw] interface Vlanif 10
[coresw-Vlanif10] dhcp select global
[coresw-Vlanif10] int vlanif 20
[coresw-Vlanif20] dhcp select global
```

PC1 和 PC2 开启 DHCP 动态获取地址，如图 19-3 所示。

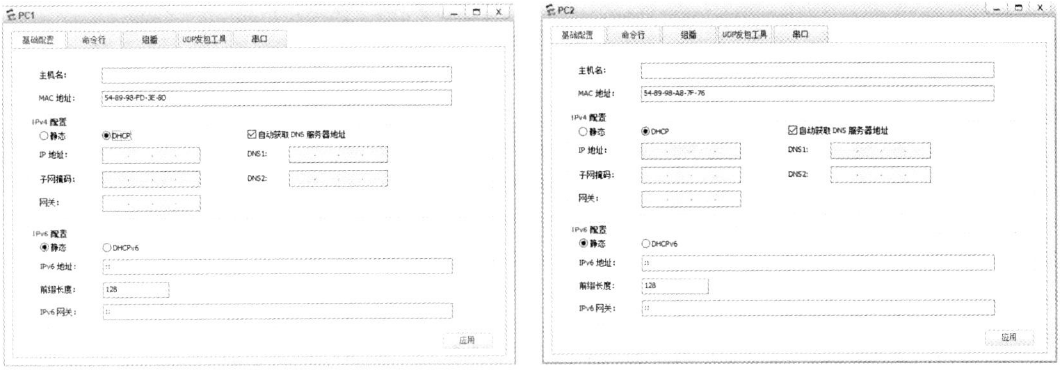

图 19-3 开启 DHCP

```
PC1> ipconfig
Link local IPv6 address...........: fe80::5689:98ff:fe99:34c6
IPv6 address......................: :: / 128
IPv6 gateway......................: ::
IPv4 address......................: 192.168.10.99
Subnet mask.......................: 255.255.255.0
```

```
Gateway...........................: 192.168.10.254
Physical address..................: 54-89-98-99-34-C6
DNS server........................: 192.168.10.254
                                    8.8.8.8

PC2> ipconfig
Link local IPv6 address...........: fe80::5689:98ff:fe11:2508
IPv6 address......................: :: / 128
IPv6 gateway......................: ::
IPv4 address......................: 192.168.20.99
Subnet mask.......................: 255.255.255.0
Gateway...........................: 192.168.20.254
Physical address..................: 54-89-98-11-25-08
DNS server........................: 192.168.20.254
                                    8.8.8.8
```

也可以配置基于接口的 DHCP 地址池，配置命令如下：

```
[coresw] int Vlanif10
[coresw-Vlanif10] dhcp select interface
[coresw-Vlanif10] dhcp server dns-list 192.168.10.254 114.114.114.114
[coresw-Vlanif10] dhcp server lease unlimited

[coresw] int Vlanif20
[coresw-Vlanif20] dhcp select interface
[coresw-Vlanif20] dhcp server dns-list 192.168.20.254 114.114.114.114
[coresw-Vlanif20] dhcp server lease unlimited

PC1> ipconfig
Link local IPv6 address...........: fe80::5689:98ff:fe99:34c6
IPv6 address......................: :: / 128
IPv6 gateway......................: ::
IPv4 address......................: 192.168.10.253
Subnet mask.......................: 255.255.255.0
Gateway...........................: 192.168.10.254
Physical address..................: 54-89-98-99-34-C6
DNS server........................: 192.168.10.254
                                    114.114.114.114

PC2> ipconfig
Link local IPv6 address...........: fe80::5689:98ff:fe11:2508
IPv6 address......................: :: / 128
IPv6 gateway......................: ::
IPv4 address......................: 192.168.20.253
Subnet mask.......................: 255.255.255.0
Gateway...........................: 192.168.20.254
Physical address..................: 54-89-98-11-25-08
DNS server........................: 192.168.20.254
                                    114.114.114.114
```

19.2 第二阶段：骨干路由配置

19.2.1 实验一：基础初始化配置

核心交换机通过 SVI（vlanif30）与路由器实现互联。

第一步：核心交换机上配置互联接口 vlanif30。

```
[coresw] interface vlanif30          //进入 vlanif30 接口
[coresw-Vlanif30] ip address 192.168.30.254 255.255.255.0       //配置互联 IP 地址
```

第二步：路由器上配置互联接口 g0/0/1。

```
[router] interface GigabitEthernet0/0/1              //进入 g0/0/1 接口
[router-GigabitEthernet0/0/1] ip address 192.168.30.3 255.255.255.0   //配置 IP
[router-GigabitEthernet0/0/1] undo shutdown                 //开启接口
```

第三步：核心交换机上 ping 对端路由器接口，测试互联接口连通性，正常。

```
<coresw> ping 192.168.30.3
  PING 192.168.30.3: 56   data bytes, press CTRL_C to break
    Reply from 192.168.30.3: bytes=56 Sequence=1 ttl=255 time=50 ms
    Reply from 192.168.30.3: bytes=56 Sequence=2 ttl=255 time=30 ms
    Reply from 192.168.30.3: bytes=56 Sequence=3 ttl=255 time=50 ms
    Reply from 192.168.30.3: bytes=56 Sequence=4 ttl=255 time=40 ms
    Reply from 192.168.30.3: bytes=56 Sequence=5 ttl=255 time=50 ms

  --- 192.168.30.3 ping statistics ---
    5 packet(s) transmitted
    5 packet(s) received
    0.00% packet loss
    round-trip min/avg/max = 30/44/50 ms
```

互通方案 1：核心交换机默认路由指向出口路由器，出口路由器回指静态路由。

互通方案 2：核心交换机与出口路由器之间运行 RIPv2。

互通方案 3：核心交换机与出口路由器之间运行 OSPF。

19.2.2 实验二：默认路由配置

（1）核心交换机默认路由配置。

```
<coresw> system-view
Enter system view, return user view with Ctrl+Z.
[coresw] ip route-static 0.0.0.0 0.0.0.0 192.168.30.3   //配置指向出口的默认路由
```

（2）出口路由器回指静态路由。

```
[router] ip route-static 192.168.10.0 255.255.255.0 192.168.30.254   //配置内网网段的静态路由，下一跳为核心交换机
[router] ip route-static 192.168.20.0 255.255.255.0 192.168.30.254   //配置内网网段的静态路由，下一跳为核心交换机
```

（3）核心交换机 coresw 和出口路由器 router 上分别查看路由表。

核心交换机上的默认路由如下：

```
[coresw]display ip routing-table
Route Flags: R - relay, D - download to fib
------------------------------------------------------------------------------
Routing Tables: Public
         Destinations : 9        Routes : 9

Destination/Mask    Proto   Pre  Cost      Flags NextHop         Interface

        0.0.0.0/0   Static  60   0           RD   192.168.30.3    Vlanif30
      127.0.0.0/8   Direct  0    0            D   127.0.0.1       InLoopBack0
      127.0.0.1/32  Direct  0    0            D   127.0.0.1       InLoopBack0
   192.168.10.0/24  Direct  0    0            D   192.168.10.254  Vlanif10
 192.168.10.254/32  Direct  0    0            D   127.0.0.1       Vlanif10
   192.168.20.0/24  Direct  0    0            D   192.168.20.254  Vlanif20
 192.168.20.254/32  Direct  0    0            D   127.0.0.1       Vlanif20
   192.168.30.0/24  Direct  0    0            D   192.168.30.254  Vlanif30
 192.168.30.254/32  Direct  0    0            D   127.0.0.1       Vlanif30
```

出口路由器上的静态路由如下：

```
[router]display ip routing-table
Route Flags: R - relay, D - download to fib
------------------------------------------------------------------------------
Routing Tables: Public
         Destinations : 17       Routes : 17

Destination/Mask    Proto   Pre  Cost      Flags NextHop         Interface

        0.0.0.0/0   Static  60   0           RD   23.1.1.2        GigabitEthernet0/0/2
                    Static  60   0           RD   12.1.1.1        GigabitEthernet0/0/0
      12.1.1.0/24   Direct  0    0            D   12.1.1.3        GigabitEthernet0/0/0
      12.1.1.3/32   Direct  0    0            D   127.0.0.1       GigabitEthernet0/0/0
    12.1.1.255/32   Direct  0    0            D   127.0.0.1       GigabitEthernet0/0/0
      23.1.1.0/24   Direct  0    0            D   23.1.1.3        GigabitEthernet0/0/2
      23.1.1.3/32   Direct  0    0            D   127.0.0.1       GigabitEthernet0/0/2
    23.1.1.255/32   Direct  0    0            D   127.0.0.1       GigabitEthernet0/0/2
      127.0.0.0/8   Direct  0    0            D   127.0.0.1       InLoopBack0
      127.0.0.1/32  Direct  0    0            D   127.0.0.1       InLoopBack0
127.255.255.255/32  Direct  0    0            D   127.0.0.1       InLoopBack0
   192.168.10.0/24  Static  60   0           RD   192.168.30.254  GigabitEthernet0/0/1
   192.168.20.0/24  Static  60   0           RD   192.168.30.254  GigabitEthernet0/0/1
   192.168.30.0/24  Direct  0    0            D   192.168.30.3    GigabitEthernet0/0/1
   192.168.30.3/32  Direct  0    0            D   127.0.0.1       GigabitEthernet0/0/1
 192.168.30.255/32  Direct  0    0            D   127.0.0.1       GigabitEthernet0/0/1
255.255.255.255/32  Direct  0    0            D   127.0.0.1       InLoopBack0
```

（4）PC1 tracert/ping 出口路由器 g0/0/1，正常通信。

```
PC1> tracert 192.168.30.3      //跟踪路由
traceroute to 192.168.30.3, 8 hops max
(ICMP), press Ctrl+C to stop
 1   192.168.10.254    47 ms   47 ms   31 ms
 2   192.168.30.3    63 ms   94 ms   62 ms

PC1> ping 192.168.30.3
Ping 192.168.30.3: 32 data bytes, Press Ctrl_C to break
From 192.168.30.3: bytes=32 seq=1 ttl=254 time=62 ms
From 192.168.30.3: bytes=32 seq=2 ttl=254 time=47 ms
From 192.168.30.3: bytes=32 seq=3 ttl=254 time=47 ms
From 192.168.30.3: bytes=32 seq=4 ttl=254 time=63 ms
From 192.168.30.3: bytes=32 seq=5 ttl=254 time=46 ms

--- 192.168.30.3 ping statistics ---
  5 packet(s) transmitted
```

```
5 packet(s) received
0.00% packet loss
round-trip min/avg/max = 46/53/63 ms
```

19.2.3 实验三：RIPv2 配置

互通方案 1：核心交换机默认路由指向出口路由器，出口路由器回指静态路由。

互通方案 2：核心交换机与出口路由器之间运行 RIPv2。

互通方案 3：核心交换机与出口路由器之间运行 OSPF。

第一步：RIP 路由协议关键配置。

```
<coresw> system-view
Enter system view, return user view with Ctrl+Z.
[coresw] rip 1                //开启 RIP，后面的 1 可以省略
[coresw-rip-1] version 2              //配置 RIP 版本 2
[coresw-rip-1] undo summary              //关闭自动汇总
[coresw-rip-1] network 192.168.10.0     //宣告 RIP 网段
[coresw-rip-1] network 192.168.20.0     //宣告 RIP 网段
[coresw-rip-1] network 192.168.30.0     //宣告 RIP 网段
[coresw-rip-1] quit   //退出
```

第二步：出口路由器上配置 RIP 协议。

```
[router] rip 1
[router-rip-1] network 192.168.30.0
[router-rip-1] version 2
[router-rip-1] undo summary
```

第三步：出口路由器上查看 RIP 路由和路由表。

```
[router]display rip 1 route
 Route Flags : R - RIP
               A - Aging, G - Garbage-collect
 ---------------------------------------------------------------------------
 Peer 192.168.30.254 on GigabitEthernet0/0/1
      Destination/Mask        Nexthop      Cost    Tag     Flags    Sec
     192.168.20.0/24    192.168.30.254       1     0        RA       26
     192.168.10.0/24    192.168.30.254       1     0        RA       26
[router]display ip routing-table
Route Flags: R - relay, D - download to fib
------------------------------------------------------------------------------
Routing Tables: Public
         Destinations : 17       Routes : 17

Destination/Mask    Proto   Pre  Cost      Flags NextHop         Interface

        0.0.0.0/0   Static  60   0           RD  23.1.1.2        GigabitEthernet0/0/2
                    Static  60   0           RD  12.1.1.1        GigabitEthernet0/0/0
      12.1.1.0/24   Direct  0    0            D  12.1.1.3        GigabitEthernet0/0/0
      12.1.1.3/32   Direct  0    0            D  127.0.0.1       GigabitEthernet0/0/0
    12.1.1.255/32   Direct  0    0            D  127.0.0.1       GigabitEthernet0/0/0
      23.1.1.0/24   Direct  0    0            D  23.1.1.3        GigabitEthernet0/0/2
      23.1.1.3/32   Direct  0    0            D  127.0.0.1       GigabitEthernet0/0/2
    23.1.1.255/32   Direct  0    0            D  127.0.0.1       GigabitEthernet0/0/2
      127.0.0.0/8   Direct  0    0            D  127.0.0.1       InLoopBack0
     127.0.0.1/32   Direct  0    0            D  127.0.0.1       InLoopBack0
127.255.255.255/32  Direct  0    0            D  127.0.0.1       InLoopBack0
   192.168.10.0/24  RIP     100  1            D  192.168.30.254  GigabitEthernet0/0/1
   192.168.20.0/24  RIP     100  1            D  192.168.30.254  GigabitEthernet0/0/1
   192.168.30.0/24  Direct  0    0            D  192.168.30.3    GigabitEthernet0/0/1
   192.168.30.3/32  Direct  0    0            D  127.0.0.1       GigabitEthernet0/0/1
 192.168.30.255/32  Direct  0    0            D  127.0.0.1       GigabitEthernet0/0/1
255.255.255.255/32  Direct  0    0            D  127.0.0.1       InLoopBack0
```

19.2.4 实验四：OSPF 配置

互通方案 1：核心交换机默认路由指向出口路由器，出口路由器回指静态路由。

互通方案 2：核心交换机与出口路由器之间运行 RIPv2。

互通方案 3：核心交换机与出口路由器之间运行 OSPF。

第一步：核心交换机上 OSPF 配置。

```
[coresw] ospf 1 router-id 192.168.30.254        //启动 OSPF，并配置 router-id
Info: The configuration succeeded. You need to restart the OSPF process to validate the new router ID.
[coresw-ospf-1] area 0        //OSPF 区域 0
[coresw-ospf-1-area-0.0.0.0] network 192.168.30.0 0.0.0.255     //宣告 OSPF 网段
[coresw-ospf-1-area-0.0.0.0] network 192.168.20.0 0.0.0.255     //宣告 OSPF 网段
[coresw-ospf-1-area-0.0.0.0] network 192.168.10.0 0.0.0.255     //宣告 OSPF 网段
```

第二步：出口路由器上 OSPF 配置。

```
[coresw] ospf 1 router-id 192.168.30.254        //启动 OSPF，并配置 router-id
[router] ospf 1 router-id 192.168.30.3        //启动 OSPF，并配置 router-id
[router-ospf-1] area 0        //OSPF 区域 0
[router-ospf-1-area-0.0.0.0] network 192.168.30.0 0.0.0.255     //宣告 OSPF 网段
```

第三步：OSPF 几个重要命令。

display ospf [process-id] peer 查看 OSPF 邻居的信息

display ospf [process-id] interface 查看 OSPF 接口的信息

display ospf [process-id] routing 查看 OSPF 路由表的信息

display ospf [process-id] lsdb 查看 OSPF 的 LSDB 信息

display ospf[process-id] brief 查看 OSPF 的概要信息

display ospf [process-id] error 查看 OSPF 错误信息

第四步：查看 OSPF 邻居和路由表，已经成功学到路由。

```
[router]display ospf peer

         OSPF Process 1 with Router ID 192.168.30.3
                 Neighbors

 Area 0.0.0.0 interface 192.168.30.3(GigabitEthernet0/0/1)'s neighbors
 Router ID: 192.168.10.254    Address: 192.168.30.254
   State: Full  Mode:Nbr is  Slave  Priority: 1
   DR: 192.168.30.254  BDR: 192.168.30.3  MTU: 0
   Dead timer due in 34  sec
   Retrans timer interval: 5
   Neighbor is up for 00:12:26
   Authentication Sequence: [ 0 ]


[router]display ospf routing

         OSPF Process 1 with Router ID 192.168.30.3
                 Routing Tables

 Routing for Network
 Destination        Cost  Type       NextHop         AdvRouter        Area
 192.168.30.0/24    1     Transit    192.168.30.3    192.168.30.3     0.0.0.0
 192.168.10.0/24    2     Stub       192.168.30.254  192.168.10.254   0.0.0.0
 192.168.20.0/24    2     Stub       192.168.30.254  192.168.10.254   0.0.0.0

 Total Nets: 3
 Intra Area: 3  Inter Area: 0  ASE: 0  NSSA: 0
```

19.3 第三阶段：网络出口配置

19.3.1 实验一：NAT配置

第一步：ACL 匹配需要转换的流量。

[router] acl number 2000
[router-acl-basic-2000] rule 10 permit ip source 192.168.10.0 0.0.0.255
[router-acl-basic-2000] rule 20 permit ip source 192.168.20.0 0.0.0.255

第二步：两个出接口配置 NAT。

[router-acl-basic-2000] interface GigabitEthernet0/0/2
[router-GigabitEthernet0/0/2] ip address 23.1.1.3 255.255.255.0
[router-GigabitEthernet0/0/2] nat outbound 2000
[router-GigabitEthernet0/0/2] interface GigabitEthernet0/0/0
[router-GigabitEthernet0/0/0] ip address 12.1.1.3 255.255.255.0
[router-GigabitEthernet0/0/0] nat outbound 2000

注：如果规划多个可用公网地址，使用如下命令设置 NAT 地址池。

[router] nat address-group 1 12.1.1.4 12.1.1.10
[router] nat address-group 2 23.1.1.4 23.1.1.10
[router] interface GigabitEthernet0/0/0
[router-GigabitEthernet0/0/0] nat outbound 2000 address-group 1
[router] interface GigabitEthernet0/0/2
[router-GigabitEthernet0/0/2] nat outbound 2000 address-group 2

19.3.2 实验二：策略路由应用——教学楼流量走电信出口，宿舍楼流量走联通出口

（1）配置流策略的步骤。

1）配置流分类。定义流分类中的匹配规则；匹配创建的 ACL 规则或者直接匹配报文优先级等参数。

2）配置流行为。根据实际情况定义流行为中的动作；配置报文过滤、重标记优先级、重定向、流量监管、流量统计等动作。

3）配置流策略。在流策略中为指定的流分类配置所需流行为，即绑定流分类和流行为。

4）应用流策略。在接口、VLAN 或者全局应用流策略。

（2）对应的配置命令。

ACL 规则：acl 2000

流分类：traffic classifier *classifier-name*

流行为：traffic behavior *behavior-name*

流策略：traffic policy *policy-name*

接口下应用：

[Switch] interface gigabitethernet 0/0/3

[Switch-GigabitEthernet0/0/3] traffic-policy *p1* inbound

（3）配置过程。

第一步：配置 ACL，匹配流量。

```
[router]acl number 2010
[router-acl-basic-2010] rule 10 permit source 192.168.10.0 0.0.0.255
[router-acl-basic-2010] acl number 2020
[router-acl-basic-2020] rule 10 permit source 192.168.20.0 0.0.0.255
```

第二步：流分类。

```
[router] traffic classifier jiaoxue
[router-classifier-jiaoxue] if-match acl 2010
[router-classifier-jiaoxue] traffic classifier sushe
[router-classifier-sushe] if-match acl 2020
```

第三步：流行为。

```
[router] traffic behavior re-dianxin
[router-behavior-re-dianxin] redirect ip-nexthop 12.1.1.1
[router-behavior-re-dianxin] traffic behavior re-liantong
[router-behavior-re-liantong] redirect ip-nexthop 23.1.1.2
```

第四步：流策略。

```
[router]traffic policy p
[router-trafficpolicy-p] classifier jiaoxue behavior re-dianxin
[router-trafficpolicy-p] classifier sushe behavior re-liantong
```

第五步：入接口应用策略路由。

```
[router] interface GigabitEthernet0/0/1
[router-GigabitEthernet0/0/1] ip address 192.168.30.3 255.255.255.0
[router-GigabitEthernet0/0/1] traffic-policy p inbound
```

在 PC1（模拟教学楼流量）上测试，无论是 ping 1.1.1.1（电信服务器）还是 ping 2.2.2.2（联通服务器），都从 12.1.1.1 出口（电信出口）出去，则实验成功，即通过在出口路由上配置策略路由，实现了教学楼流量无论访问电信服务器还是联通服务器，都走电信出口。PC2 测试基本相同。

```
PC1> tracert 1.1.1.1
traceroute to 1.1.1.1, 8 hops max
(ICMP), press Ctrl+C to stop
  1   192.168.10.254     31 ms   47 ms   47 ms
  2      *   *   *            //*表示有 NAT 或者防火墙过滤，本实验中路由器配置了 NAT
  3   1.1.1.1     47 ms   94 ms   62 ms

PC1> tracert 2.2.2.2
traceroute to 2.2.2.2, 8 hops max
(ICMP), press Ctrl+C to stop
  1   192.168.10.254     32 ms   46 ms   47 ms
  2      *   *   *      //*表示有 NAT 或者防火墙过滤，本实验中路由器配置了 NAT
  3   12.1.1.1     32 ms   78 ms   62 ms
  4   2.2.2.2     63 ms   93 ms   79 ms
```

19.3.3 实验三：策略路由应用——用户访问电信服务器走电信出口，访问联通服务器走联通出口

本实验与实验二高度雷同，唯一不同的是，ACL 基于目的地址进行匹配，需要高级 ACL。

第一步：配置 ACL，匹配流量。

```
[router] acl 3010
[router-acl-adv-3010] rule 10 permit ip source any destination 1.1.1.0 0.0.0.255    //匹配任意源地址去往电信服务器1.1.1.0/24 的流量

[router-acl-adv-3010] acl 3020
[router-acl-adv-3020] rule 10 permit ip source any destination 2.2.2.0 0.0.0.255    //匹配任意源地址去往联通服务器2.2.2.0/24 的流量
```

其他配置与实验二相同。

网络工程师冲刺密卷（一）

综合知识

- 内存按字节编址，从A1000H到B13FFH的区域的存储容量为___（1）___KB。

  （1）A．32　　B．34　　C．65　　D．67

- 集成测试一般采用___（2）___方法。

  （2）A．白盒测试　　B．黑盒测试　　C．灰盒测试　　D．联合测试

- 下列存储中，速度最快的是___（3）___。

  （3）A．主存　　B．寄存器　　C．辅存　　D．Cache

- ___（4）___是国产化操作系统。

  （4）A．UOS　　B．红帽Linux　　C．AIX　　D．CentOS

- 使用150DPI的扫描分辨率扫描一幅3×4英寸的彩色照片，得到原始的24位真彩色图像的数据量是___（5）___Byte。

  （5）A．1800　　B．90000　　C．270000　　D．810000

- 进程P有8个页面，页号分别为0～7，页面大小为4K，假设系统给进程P分配了4个存储块P，进程P的页面变换表如下所示。表中状态位等于1和0分别表示页面在内存和不在内存。若进程P要访问的逻辑地址为十六进制5148H，则该地址经过变换后，其物理地址应为十六进制___（6）___；如果进程P要访问的页面6不在内存，那么应该淘汰页号为___（7）___的页面。

页号	页帧号	状态位	访问位	修改位
0	-	0	0	0
1	7	1	1	0
2	5	1	0	1
3	-	0	0	0
4	-	0	0	0
5	3	1	1	1
6	-	0	0	0
7	9	1	1	0

（6）A. 3148H　　B. 5148H　　C. 7148H　　D. 9148H

（7）A. 1　　B. 2　　C. 5　　D. 9

- RISC（精简指令系统计算机）是计算机系统的基础技术之一，其特点不包括＿（8）＿。

（8）A. 指令长度固定，指令种类尽量少
B. 增加寄存器数目，以减少访存次数
C. 寻址方式尽量丰富，指令功能强，指令运行速度快
D. 指令功能简单，用硬布线电路实现指令解码，以尽快完成指令译码

- 某计算机系统采用 5 级流水线结构执行指令，设每条指令的执行由取指令（2Δt）、分析指令（1Δt）、取操作数（3Δt）、运算（1Δt），写回结果（2Δt）组成，并分别用 5 个子部件完成，该流水线的最大吞吐率为＿（9）＿；若连续向流水线拉入 10 条指令，则该流水线的加速比为＿（10）＿。

（9）A. 1/9Δt　　B. 1/3Δt　　C. 1/2Δt　　D. 1/Δt

（10）A. 1:10　　B. 2:1　　C. 5:2　　D. 3:1

- 著作权中，＿（11）＿的保护期不受限制。

（11）A. 发表权　　B. 发行权　　C. 展览权　　D. 署名权

- 局域网上相距 2km 的两个站点，采用同步传输方式以 10Mb/s 的速率发送 150000 字节大小的 IP 报文。假定数据帧长为 1518 字节，其中首部为 18 字节；应答帧为 64 字节。若在收到对方的应答帧后立即发送下一帧，则传送该文件花费的总时间为＿（12）＿ms（传播速率为 200m/μs），线路有效速率为＿（13）＿Mb/s。

（12）A. 1.78　　B. 12.86　　C. 17.8　　D. 128.6

（13）A. 6.78　　B. 7.86　　C. 8.9　　D. 9.33

- 设信道带宽为 5000Hz，采用 PCM 编码，采样周期为 125μs，每个样本量化为 256 个等级，则信道的数据速率为＿（14）＿。

（14）A. 10kb/s　　B. 40kb/s　　C. 56kb/s　　D. 64kb/s

- 下图中 12 位差分曼彻斯特编码的信号波形表示的数据是＿（15）＿。

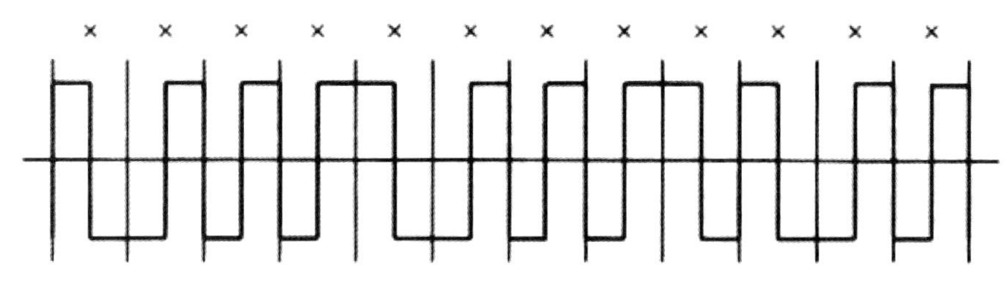

（15）A. 001100110101　　B. 010011001010
C. 100010001100　　D. 011101110011

- 在异步通信中，每个字符包含 1 位起始位、8 位数据位、1 位奇偶位和 2 位终止位，若有效数据速率为 800b/s，采用 QPSK 调制，则码元速率为＿（16）＿波特。

（16）A. 600　　B. 800　　C. 1200　　D. 1600

- 以下关于网络布线子系统的说法中，错误的是＿（17）＿。

（17）A．工作区子系统指终端到信息插座的区域

B．水平子系统是楼层接线间配线架到信息插座，线缆最长 100m

C．干线子系统用于连接楼层之间的设备间，一般使用大对数铜缆或光纤布线

D．建筑群子系统连接建筑物，布线可采取地下管道铺设，直理或架空明线

- 下列测试指标中，属于光纤指标的是＿（18）＿，仪器＿（19）＿可在光纤的一端测得光纤的损耗。

（18）A．波长窗口参数　　B．线对间传播时延差

C．回波损耗　　D．近端串扰

（19）A．光功率计　　B．稳定光源

C．电磁辐射测试笔　　D．光时域反射仪

- HFC 网络中，从运营商到小区采用的接入介质为＿（20）＿，小区入户采用的接入介质为＿（21）＿。

（20）A．双绞线　　B．红外线　　C．同轴电缆　　D．光纤

（21）A．双绞线　　B．红外线　　C．同轴电缆　　D．光纤

- 某 IP 网络连接如下图所示，下列说法中正确的是＿（22）＿。

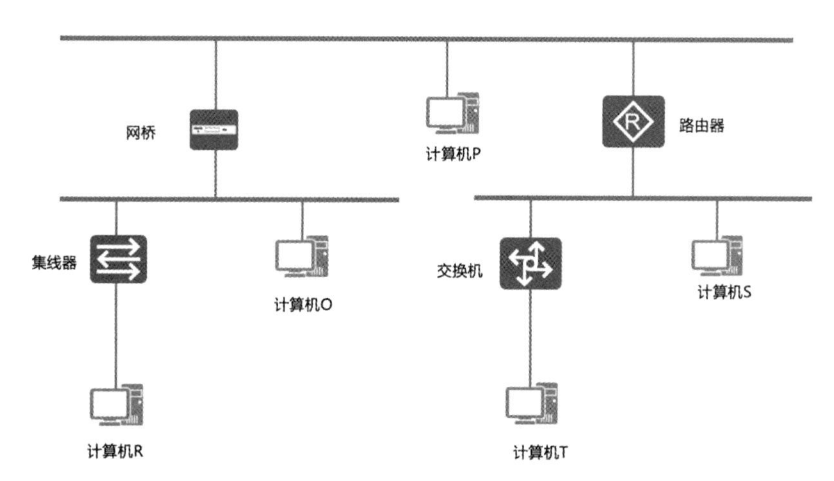

（22）A．共有 4 个冲突域

B．集线器和网桥工作原理类似

C．计算机 S 和计算机 T 构成冲突域

D．计算机 R 发的广播报文，所有终端都可以收到

- 在 HDLC 中，用于建立连接的帧是＿（23）＿。

（23）A．监控帧　　B．无编号帧　　C．信息帧　　D．控制帧

- IP 报头最大长度为＿（24）＿字节。

（24）A．20　　B．40　　C．60　　D．80

- 若 TCP 最大段长为 1000 字节，在建立连接后慢启动，第 1 轮次发送了 1 个段并收到了应答，应答报文中 window 字段为 5000 字节，此时还能发送＿（25）＿字节。

（25）A．1000　　B．2000　　C．3000　　D．5000

- 以太网传送数据最高效率是＿（26）＿。

（26）A．91.8%　　B．92%　　C．95.4%　　D．98.8%

- IP 数据报的分段和重装配要用到报文头部的标识符、数据长度、段偏置值和＿（27）＿等四个字段，其中＿（28）＿字段的作用是识别属于同一个报文的各个分段，＿（29）＿的作用是指示每一分段在原报文中的位置。

（27）A．IHL　　B．M 标志　　C．D 标志　　D．头校验和

（28）A．IHL　　B．M 标志　　C．D 标志　　D．标识符

（29）A．段偏置值　　B．M 标志　　C．D 标志　　D．头校验和

- 下列协议中，传输层封装与其他三个不一样的是＿（30）＿。

（30）A．HTTP　　B．HTTPS　　C．DNS　　D．SSH

- 在 Linux 系统中，存放用户名和密码的文件是＿（31）＿。

（31）A．/etc/users　　B．/etc/password　　C．/etc/passwd　　D．/etc/shadow

- 在 Linux 系统中，修改文件访问权限和创建目录的命令分别是＿（32）＿。

（32）A．chmod 和 mkdir　　B．chmod 和 create

C．chown 和 newdir　　D．chown 和 newdir

- 在 Linux 系统中，DHCP 服务的配置文件是＿（33）＿。

（33）A．/etc/hostname　　B．/etc/dhcpconfig

C．/etc/dhcpd.conf　　D．/dev/dhcpconf

- 主机 host1 对 host2 进行域名查询的过程如下图所示，下列说法中正确的是＿（34）＿。

（34）A．本地域名服务器采用迭代算法　　B．中介域名服务器采用迭代算法

C．根域名服务器采用递归算法　　D．授权域名服务器采用何种算法不确定

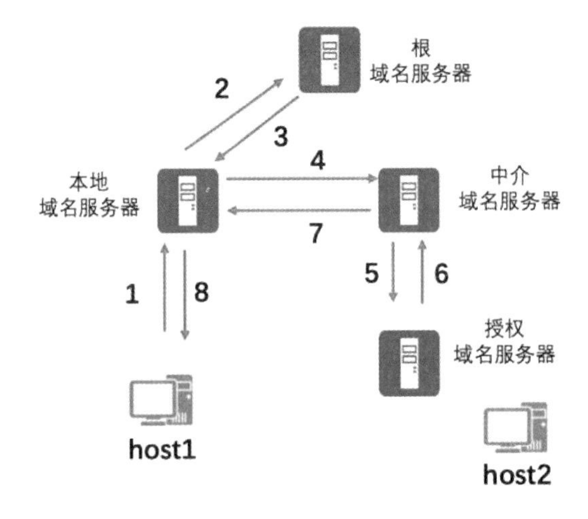

- Windows Server 2008 R2 上 IIS 7.5 不能提供的服务是___（35）___。

  （35）A．POP3　　B．FTP　　C．HTTP　　D．SMTP

- 以下___（36）___报文不是由客户机发往服务端，DHCP 过程识别，用户会获得___（37）___地址。

  （36）A．Dhcpdiscover　　B．Dhcprequest　　C．Dhcpoffer　　D．Dhcpdecline

  （37）A．169.254.0.0　　B．0.0.0.0　　C．127.0.0.0　　D．192.168.0.0

- 用户在登录 FTP 服务器的过程中，客户端使用的端口是___（38）___。

  （38）A．20　　B．21　　C．22　　D．大于 1024 随机端口

- 主机使用___（39）___协议，可以解析出对方的 IP 地址。

  （39）A．DNS 和 ARP　　B．DNS 和 RARP　　C．NETBIOS　　D．DNS 和免费 ARP

- 若要获取某个域的授权域名服务器的地址，应查询___（40）___记录。

  （40）A．SOA　　B．NS　　C．CNAME　　D．A

- 防火墙隔离出的区域不包括___（41）___。

  （41）A．DMZ　　B．Local　　C．外网　　D．数据共享区域

- 以下___（42）___算法不同于其他三种。

  （42）A．DES　　B．RSA　　C．AES　　D．3DES

- 根据国际标准 TU-T X.509 规定，数字证书包含___（43）___。

  （43）A．用户的私钥　　B．用户的公钥　　C．用户的签名　　D．CA 用公钥的签名

- 下面关于 PKI 和 kerberos 的说法中，正确的是___（44）___。

  （44）A．kerberos 采用单钥体制

  B．PKI 核心功能主要由 KDC 密钥分发中心实现

  C．kerberos 认证服务中保存数字证书的服务器叫 CA

  D．PKI 中用户首先向 CA 申请初始票据

- 以下协议中，___（45）___与邮件安全相关。

  （45）A．PGP 和 MIME　　B．PGP 和 S/MIME

  C．SET 和 HTTPS　　D．HTTPS 和 S-HTTP

- 在网络管理中要防范各种安全威胁。在 SNMP 管理中，无法防范的安全威胁是___（46）___。

  （46）A．篡改管理信息：通过改变传输中的 SNMP 报文实施未经授权的管理操作

  B．通信分析：第三者分析管理实体之间的通信规律，从而获取管理信息

  C．假冒合法用户：未经授权的用户冒充授权用户，企图实施管理操作

  D．截获：未经授权的用户截获信息，再生信息发送接收方

- 在 Windows 操作系统中，___（47）___文件可以帮助域名解析。

  （47）A．Cookie　　B．index　　C．hosts　　D．default

- ___（48）___报文不是由 SNMP 服务程序发给 agent，其中 trap 报文目的端口是___（49）___。

  （48）A．get　　B．get-next　　C．set　　D．trap

  （49）A．69　　B．162　　C．161　　D．160

- 查看 OSPF 邻居状态信息命令是＿（50）＿。

（50）A．display ospf peer　　B．display ip ospf peer

C．display ospf neighbor　　D．display ip ospf neighbor

- 一家连锁店需要设计一种编址方案来支持全国各个门店销售网络，门店有 300 家左右，每个门店一个子网，每个子网终端最多 50 台电脑，该连锁店从 ISP 处得到一个 B 类地址，应该采用的子网掩码是＿（51）＿。

（51）A．255.255.255.128　　B．255.255.252.0

C．255.255.248.0　　D．255.255.255.224

- 将地址块 192.168.0.0/24 按照可变长子网掩码的思想进行子网划分，若各部门可用主机地址需求如下表所示，则共有＿（52）＿种划分方案，部门 3 的掩码长度为＿（53）＿。

部门	所需地址总数
部门 1	100
部门 2	50
部门 3	16
部门 4	10
部门 5	8

（52）A．4　　B．8　　C．16　　D．32

（53）A．25　　B．26　　C．27　　D．28

- 4 个网络 202.114.129.0/24、202.114.130.0/24、202.114.132.0/24 和 202.114.133.0/24，在路由器中汇聚成一条路由，该路由的网络地址是＿（54）＿。

（54）A．202.114.128.0/21　　B．202.114.128.0/22

C．202.114.130.0/22　　D．202.114.132.0/20

- 下列地址中，既可作为源地址又可作为目的地址的是＿（55）＿。

（55）A．0.0.0.0　　B．127.0.0.1

C．10.255.255.255　　D．202.117.115.255

- 关于 STP 的描述中，正确的有＿（56）＿。

①STP 收敛是指所有端口都处于转发状态或阻塞状态

②STP 能有效防止二层环路，且链路发生故障时能重新计算，恢复被阻塞的端口

③所有交换机都支持 STP 协议

④STP 故障时，交换机 CPU 利用率可能飙升到 100%

（56）A．①②④　　B．①②③④　　C．①②③　　D．①②

- RIPv2 在 RIPv1 基础上进行的改进有＿（57）＿。

①增量了网络跳数的限制，支持网络规模更大

②支持可变长子网掩码（VLSM）

③支持认证

④组播更新

⑤触发更新，收效速度更快

（57）A. ①③④　　B. ①②③⑤　　C. ①②③④⑤　　D. ②③④⑤

- 对 OSPF 的描述中不正确的是＿（58）＿。

（58）A. 使用 Dijkstra 算法（也叫 SPF 最短路径算法）

B. 所有区域必须与骨干区域 1 互联，且路由器 router-id 不能重复

C. 可能会使用组播地址 224.0.0.5 和 224.0.0.6

D. 在 NBMA 网络中每 30 秒发送一次 hello，Deadtime 为 hello 时间的 4 倍

- 关于 IEEE 802.1ah 标准的说法不正确的是＿（59）＿。

（59）A. 简称 QinQ　　B. 简称 MAC-in-MAC

C. 简称 PBB　　D. 这是一种城域网技术

- 下列命令片段，说法正确的是＿（60）＿。

```
<Huawei>system-view
[Huawei]ip route-static 0.0.0.0 0 192.168.1.1 preference 50 track nqa test
[Huawei]ip route-static 0.0.0.0 0 192.168.1.2
```

（60）A. 当 nqa 正常时，默认路由下一跳指向 192.168.1.2

B. 静态路由优先级是 40，默认路由优先级是 60

C. 该配置不能实现主备链路切换

D. 默认路由比 RIP 更优先

- 以下＿（61）＿不是交换机接口类型。

（61）A. access　　B. Super　　C. dot1q-tunnel　　D. trunk

- 以下关于 BGP 的说法中，正确的是＿（62）＿。

（62）A. BGP 路由更新采用 keepalive 报文

B. BGP 封装在 TCP178 中

C. BGP 比 OSPF 支持更大的路由条目

D. BGP 支持增量更新，不支持认证

- 以下关于以太网物理层标准的说法正确的是 ＿（63）＿。

（63）A. 1000BASE-CX 必须使用屏蔽双绞线

B. 1000BASE-T 使用 4 对 STP

C. 100BASE-TX 采用 8B/10B 编码

D. 100BASE-T4 使用 4 对 3 类 STP

- IEEE 802.3 MAC 子层定义的竞争性访问控制协议是＿（64）＿。

（64）A. CSMA/CA　　B. CSMA/CB　　C. CSMA/CD　　D. CSMA/CG

- 下列 IEEE 802.11 标准中，WIFI6 指的是＿（65）＿，WPA2 使用的加密协议是＿（66）＿。

（65）A. 802.11a　　B. 802.11n　　C. 802.11ac　　D. 802.11ax

（66）A．PSK　　B．RC4　　C．RC4+TKIP　　D．基于 AES 的 CCMP

- 结合速率与容错，硬盘做 RAID 效果最好的是___（67）___，若做 RAID6，最少需要___（68）___块硬盘。

（67）A．RAID0　　B．RAID1　　C．RAID5　　D．RAID10

（68）A．2　　B．3　　C．4　　D．5

- 五阶段模型中，物理层技术方案确定是在___（69）___阶段。

（69）A．需求分析　　B．通信规范分析

C．逻辑网络设计　　D．物理网络设计

- 在层次化局域网模型中，以下关于核心层的叙述，正确的是___（70）___。

（70）A．为了保障安全性，对分组要进行有效性检查

B．建议采用双核心冗余设计，提升网络可靠性

C．由多台路由器组成，实现高速转发

D．提供多条路径来缓解通信瓶颈

- Symmetric, or private-key, encryption is based on a secret key that is shared by both communicating parties. The___（71）___party uses the secret key as part of the mathematical operation to encrypt ___（72）___text to cipher text. The receiving party uses the same secret key to decrypt the cipher text to plain text. Asymmetric, or public-key, encryption uses two different keys for each user: one is a ___（73）___key known only to this one user; the other is a corresponding public key, which is accessible to anyone. The private and public keys are mathematically related by the encryption algorithm. One key is used for encryption and the other for decryption, depending on the nature of the communication service being implemented. In addition, public key encryption technologies allow digital___（74）___to be placed on messages. A digital signature uses the sender's private key to encrypt some portion of the message. When the message is received, the receiver uses the sender's ___（75）___key to decipher the digital signature to verify the sender's identity.

（71）A．host　　B．terminal　　C．sending　　D．receiving

（72）A．plain　　B．cipher　　C．public　　D．private

（73）A．plain　　B．cipher　　C．public　　D．private

（74）A．interpretation　　B．signatures　　C．encryption　　D．decryption

（75）A．plain　　B．cipher　　C．public　　D．private

网络工程师冲刺密卷（一）

案例分析

试题一（共 20 分）

阅读以下说明，回答问题 1 至问题 3。

【说明】某校园网架构如试题图所示，二三层配置如试题表 1 和试题表 2 所示。随着手机、平板等移动终端的应用，学校计划部署无线 WLAN 网络，进行校园网覆盖。采用 IPSec VPN 技术，实现校总部与分校之间互通。

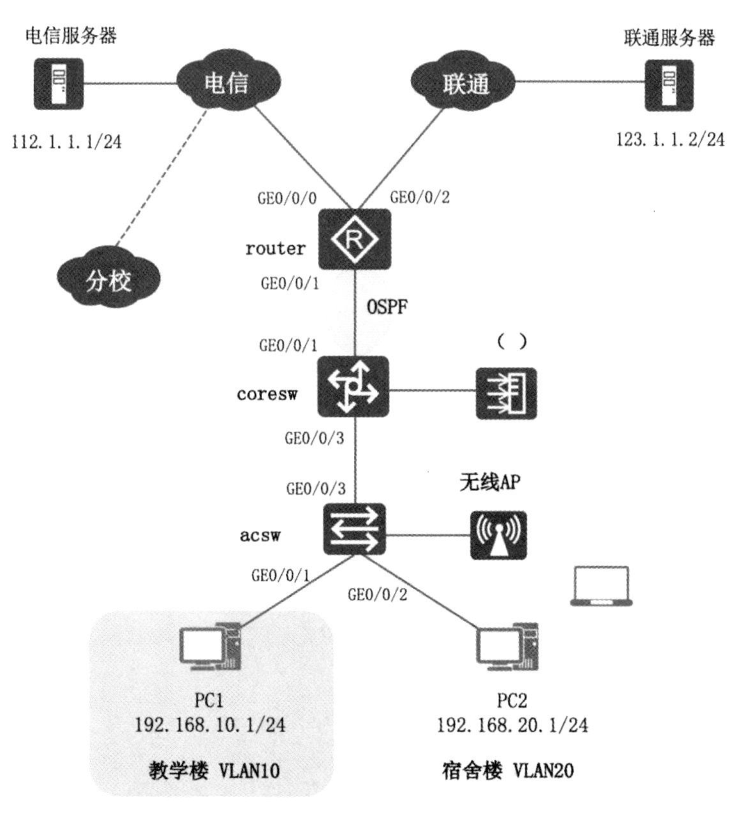

试题图

试题表 1

设备	VLAN 信息	VLAN 划分
接入交换机 acsw	VLAN10、VLAN20	教学楼 VLAN10：GE0/0/1 宿舍楼 VLAN20：GE0/0/2
核心交换机 coresw	VLAN10、VLAN20、VLAN30	VLAN30：GE0/0/1

试题表 2

设备	IP 地址
接入交换机 acsw	-
核心交换机 coresw	Vlanif10：192.168.10.254/24（业务 VLAN） Vlanif20：192.168.20.254/24（业务 VLAN） Vlanif30：192.168.30.254/24（互联 VLAN）
出口路由器 router	GE0/0/0：12.1.1.3/24 GE0/0/1：192.168.30.3/24 GE0/0/2：23.1.1.3/24
联通	地址：23.1.1.2/24 服务器地址：123.1.1.2/24
电信	出口地址：12.1.1.1/24 服务器地址：112.1.1.1/24

【问题 1】（6 分）

经过前期调研和交流，该校无线 WLAN 需要覆盖的区域分为四种类型：室外操场/广场、学术报告厅、学生宿舍和中小办公室，确保最佳覆盖效果，应该选用不同类型的 AP，建议选用的四种 AP 分别是___（1）___、___（2）___、___（3）___和___（4）___。实现用户无线漫游，需要部署___（5）___设备。为了满足《中华人民共和国网络安全法》及公安部 151 号令要求，用户上网及 NAT 日志信息至少保存 6 个月，应当部署___（6）___设备。

【问题 2】（2 分）

校总部与分校通过 IPSec VPN 互联，IKE 密钥协商阶段一般通过___（7）___协议进行安全密钥交换；IPSec 封装有___（8）___和___（9）___两种模式，其中___（10）___模式需要封装新的 IP 头。

（7）备选答案：

A．AH　　B．ESP　　C．DH　　D．RSA

【问题 3】（12 分）

1．在出口路由器 router 上进行如下配置，解释命令段的作用。（4 分）

```
#___（11）___
[router]nqa test-instance root icmp
[router-nqa-root-icmp]test-type icmp
[router-nqa-root-icmp] frequency 10
```

```
[router-nqa-root-icmp] probe-count 2
[router-nqa-root-icmp] destination-address ipv4 12.1.1.1
[router-nqa-root-icmp] strat now
[router-nqa-root-icmp] quit

#____(12)____
ip route-static 0.0.0.0 0    23.1.1.2
ip route-static 0.0.0.0 0 12.1.1.1 preference 10 track nqa root icmp
```

2．出口路由器与核心交换机之间运行 OSPF 协议，请补全相应配置。（3.5 分）

Step1：核心交换机上 OSPF 配置。

```
[coresw]____(13)____
[coresw-ospf-1]____(14)____
[coresw-ospf-1-area-0.0.0.0] network____(15)____
[coresw-ospf-1-area-0.0.0.0] network____(16)____
[coresw-ospf-1-area-0.0.0.0] network____(17)____
```

Step2：出口路由器上 OSPF 配置（略）。

Step3：查看 OSPF 配置。

```
[router]________(18)________

        OSPF Process 1 with Router ID 192.168.30.3
                Neighbors

 Area 0.0.0.0 interface 192.168.30.3(GigabitEthernet0/0/1)'s neighbors
 Router ID: 192.168.10.254    Address: 192.168.30.254
   State: Full  Mode:Nbr is  Slave  Priority: 1
   DR: 192.168.30.254  BDR: 192.168.30.3  MTU: 0
   Dead timer due in 34  sec
   Retrans timer interval: 5
   Neighbor is up for 00:12:26
   Authentication Sequence: [ 0 ]


[router]________(19)________

        OSPF Process 1 with Router ID 192.168.30.3
                Routing Tables

 Routing for Network
 Destination        Cost  Type       NextHop         AdvRouter       Area
 192.168.30.0/24    1     Transit    192.168.30.3    192.168.30.3    0.0.0.0
 192.168.10.0/24    2     Stub       192.168.30.254  192.168.10.254  0.0.0.0
 192.168.20.0/24    2     Stub       192.168.30.254  192.168.10.254  0.0.0.0

 Total Nets: 3
 Intra Area: 3  Inter Area: 0  ASE: 0  NSSA: 0
```

（18）～（19）备选答案：

A．display ospf peer　　B．display ip ospf peer　　C．display ospf routing

D．display ospf brief　　E．display ospf interface　　F．display ospf lsdb

3．如果要实现访问电信服务器 112.1.1.2/24 走电信出口，访问联通服务器 123.1.1.2/24 走联通出口，补全下列配置。（4.5 分）

Step1：配置 ACL，匹配流量。

```
[router]____(20)____
[router-acl-adv-3010] rule 10 permit ip source any destination 112.1.1.0 0.0.0.255
[router-acl-adv-3010] acl 3020
[router-acl-adv-3020] rule 10 permit ip source____(21)____destination 123.1.1.0 0.0.0.255
```

Step2：流分类。

[router]____（22）____classifier jiaoxue

[router-classifier-jiaoxue] if-match acl 3010

[router-classifier-jiaoxue] traffic classifier sushe

[router-classifier-sushe] if-match acl 3020

Step3：流行为。

[router]____（23）____re-dianxin

[router-behavior-re-dianxin] redirect ip-nexthop 12.1.1.1

[router-behavior-re-dianxin] traffic behavior re-liantong

[router-behavior-re-liantong] redirect ip-nexthop 23.1.1.2

Step4：流策略。

[router]traffic policy p

[router-trafficpolicy-p] classifier____（24）____behavior____（25）____

[router-trafficpolicy-p] classifier____（26）____behavior____（27）____

Step5：接口应用策略路由。

[router]interface GigabitEthernet0/0/1

[router-GigabitEthernet0/0/1] traffic-policy p____（28）____

试题二（共 20 分）

阅读以下说明，回答问题 1 至问题 2。

【说明】某企业网架构如试题图所示，该单位部署有 Web、销售管理系统、数据库等多个应用，使用了两套存储系统。

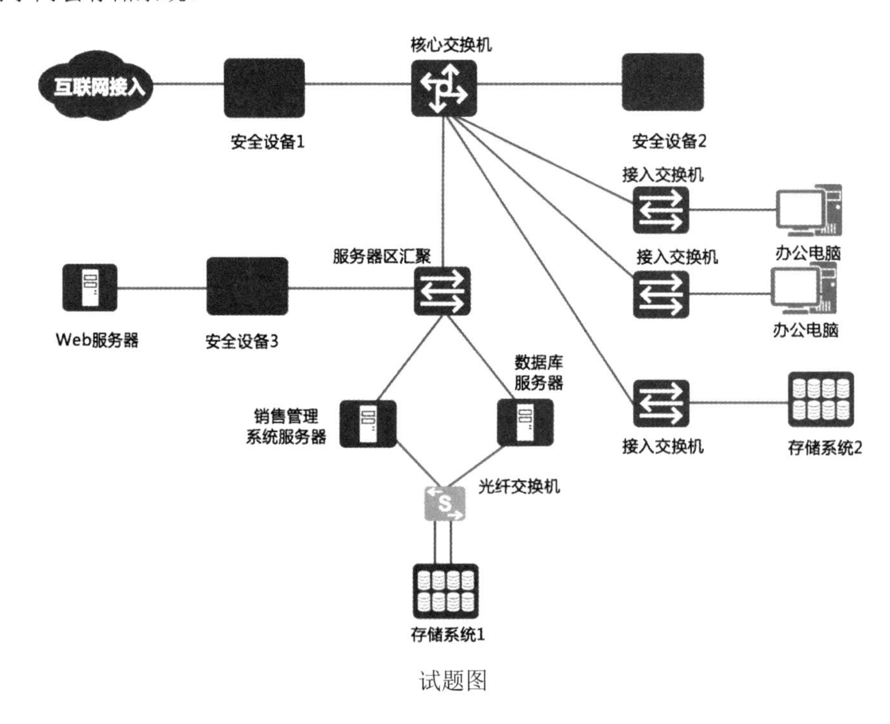

试题图

【问题 1】（10 分）

1. 根据你的项目经验，选择最合适的设备进行部署，图中设备 1 是___（1）___，设备 2 是___（2）___，设备 3 是___（3）___。（3 分）

（1）～（3）备选答案：

A. 防火墙　　B. 入侵检测系统　　C. WAF　　D. 抗 DDoS 系统

E. 上网行为管理　　F. 入侵防御系统

2. 管理员进行巡检时，在___（4）___设备上发现了如下告警信息，可以部署___（5）___设备解决该问题。（2 分）

2018-07-10 21:07:44 219.232.47.183访问www.onlineMall.com/manager/htmlstart?path=<script>alert(/scanner/)</script>

（4）～（5）备选答案：

（4）A. 交换机　　B. 路由器　　C. IDS　　D. 漏扫

（5）A. WAF　　B. 防火墙　　D. 入侵防御　　D. 上网行为管理

3. 管理员还发现，公司的 Web 系统频繁遭受 DDoS 攻击，造成服务中断。DDoS 攻击全称是___（6）___，攻击原理是___（7）___，一般由攻击者、___（8）___、___（9）___、被攻击者四部分组成，可以通过部署___（10）___设备或购买流量清洗服务解决。（5 分）

【问题 2】（10 分）

1. 存储系统可以通过 RAID 技术来提升___（11）___和___（12）___。如果一共有 8 块 4T 磁盘，保留一块用于全局热备盘，组成 RAID5 后，实际可用磁盘空间为___（13）___，最多能坏___（14）___块盘。如果要提升热备盘重构效率，同时实现磁盘负载均衡，可以采用___（15）___技术。（5 分）

2. 简述存储系统 1 和存储系统 2 有何区别，各有什么优劣势，一般应用于什么场景或业务。（5 分）

试题三（共 20 分）

阅读以下说明，回答问题 1 至问题 3。

【说明】某单位通过 Windows Server 2008 R2 部署 DHCP，根据相应配置回答问题。

【问题 1】（5 分）

1. DHCP 服务器___（1）___使用静态 IP 地址，如果 DHCP 服务器配置如试题图 1 和试题图 2 所示，那么用户网关地址是___（2）___，客户机可用的 IP 地址有___（3）___个。（3 分）

（1）备选答案：A. 必须　　B. 建议　　C. 可以　　D. 应当

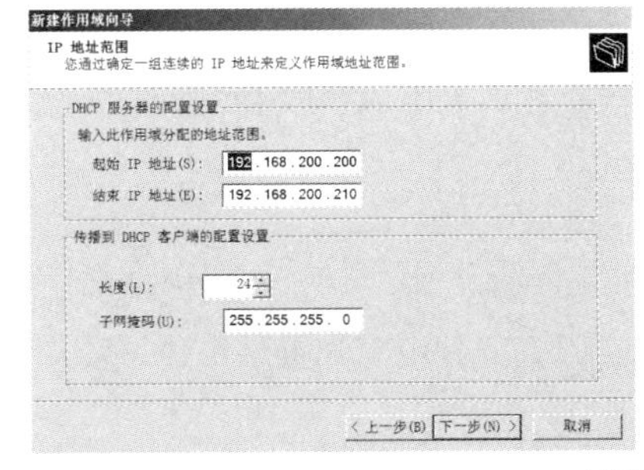

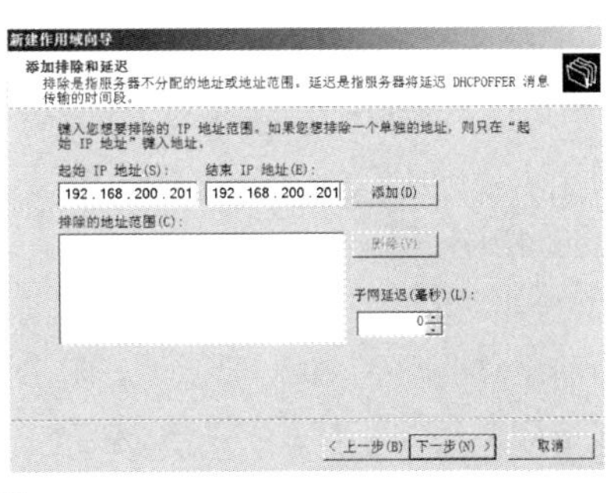

试题图 1

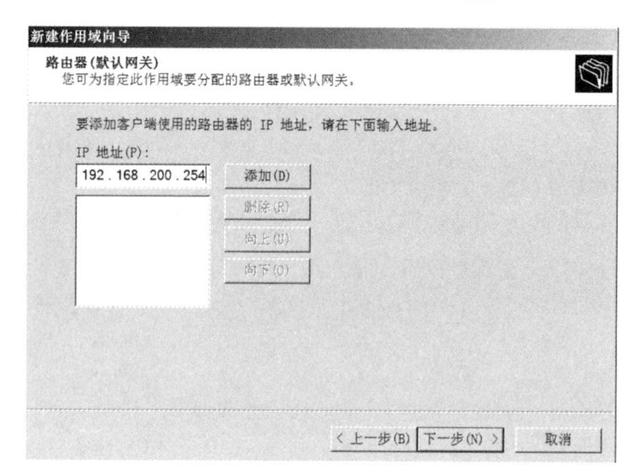

试题图 2

2．如下操作的目的是＿＿(4)＿＿。(2 分)

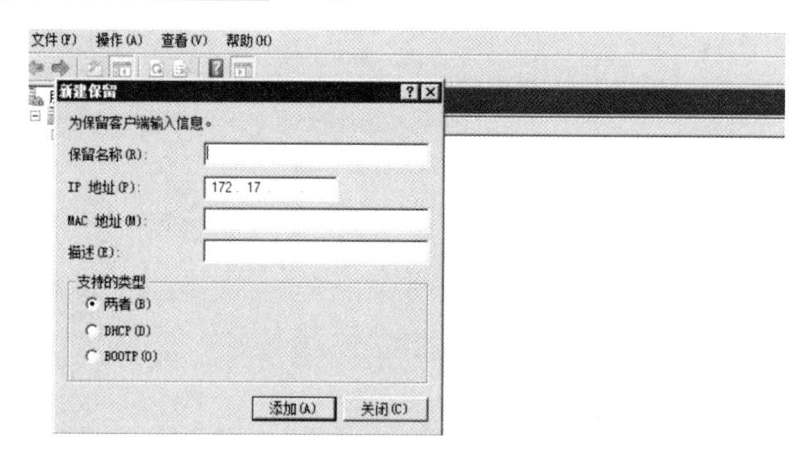

【问题 2】(5 分)

1．DHCP 正常获取地址后，想要释放地址，应该使用＿＿(5)＿＿命令，重新获取地址使用＿＿(6)＿＿命令。查看 ARP 缓存，命令是＿＿(7)＿＿。如果 DHCP 服务器故障，用户最终＿＿(8)＿＿。

(8)选项：A．不能获取地址　　B．获取 127.0.0.1

C．获取 0.0.0.0　　D．获取 169.254.0.0 地址

2．如果 DHCP 服务器跟客户机不在同一个网段，客户机不能获取 IP 地址，原因是＿＿(9)＿＿，要解决这个问题可以使用＿＿(10)＿＿技术。

【问题 3】(10 分)

1．公司部分用户反馈不能正常上网，经管理员排查后发现，192 网段地址的用户上网正常，不能正常上网的用户获得了 10 网段地址，但 DHCP 服务器并没有配置这个地址段，出现这个问题最可能的原因是什么？如何有效解决该问题？(6 分)

2．部分用户反映文件下载速度慢，经排查发现虽然全网为 1000M 交换机，但主机端显示连接

速率为 100M，可能的原因有（　　）。（多选，2 分）

A．网线故障　　B．网卡驱动不兼容　　C．主机使用 100M 网卡

D．主机中毒　　E．网络环路

3．交换机上配置了 3 个 SVI 接口，地址分别处于 192.168.1.192、192.168.1.208、192.168.1.224 网段，它们的子网掩码是（　　）。（单选，2 分）

A．255.255.255.192　　B．255.255.255.224

C．255.255.255.240　　D．255.255.255.0

试题四（15 分）

阅读以下说明，回答问题 1 至问题 2。

【说明】某公司的网络拓扑结构如试题图所示。用户属于 VLAN100，网关地址是 192.168.1.254/24，用户通过 NAT 访问互联网。服务器属于 VLAN200，地址是 192.168.2.100/24。已知该公司分配到的公网 IP 为 123.1.1.0/28，其中 123.1.1.1 和 123.1.1.2 用于出口互联，123.1.1.1.3 用于服务器对外映射，其余地址用于主机 NAT。

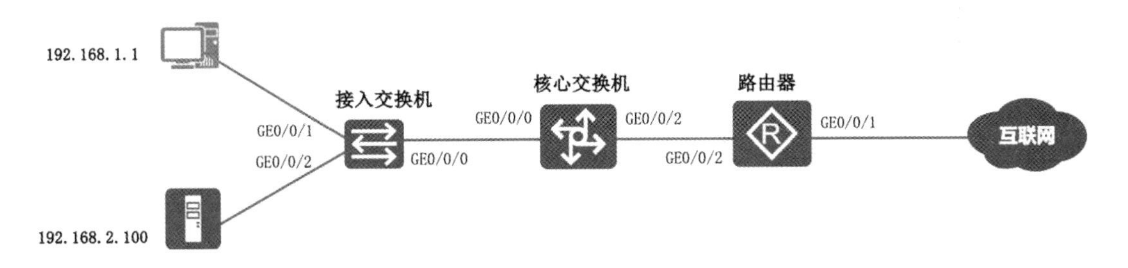

试题图

【问题 1】（5 分）

根据题目要求，补充接入交换机和核心交换机配置。

接入交换机：

```
<HUAWEI>____(1)____
[HUAWEI]____(2)____Switch
[Switch]____(3)____100 200
[Switch] interface gigabitethernet 0/0/1
[Switch-GigabitEthernet0/0/1] port link-type____(4)____
[Switch-GigabitEthernet0/0/1] port____(5)____vlan 100
[Switch-GigabitEthernet0/0/1] quit    //退出
[Switch] interface gigabitethernet 0/0/0
[Switch-GigabitEthernet0/0/0] port link-type____(6)____
[Switch-GigabitEthernet0/0/0]port trunk____(7)____vlan all
[Switch-GigabitEthernet0/0/0]____(8)____
[Switch]
（其他配置略）
```

核心交换机：

```
[Switch] interface____(9)____100
[Switch-Vlanif100] ip address____(10)____
```

（其他配置略）

【问题 2】（10 分）

1．根据题目分析，可用于主机 NAT 的地址范围是____(11)____。如果要匹配目标地址，ACL 编号范围是____(12)____。（4 分）

2．补全出口路由器配置。（6 分）

```
[R1] nat____(13)____1____(14)____
[R1] acl 2000
[R1-acl-basic-2000] rule 5 permit source____(15)____
[R1-acl-basic-2000] quit
[R1] interface GigabitEthernet0/0/1
[R1-GigabitEthernet0/0/1] nat____(16)____2000 address-group 1
[R1] interface GigabitEthernet0/0/1
[R1-GigabitEthernet0/0/1] nat server protocol tcp global____(17)____80____(18)____192.168.2.100 80
```

网络工程师冲刺密卷（二）

综合知识

- ___（1）___是检查模块之间，以及模块和已集成的软件之间的接口关系，并验证已集成的软件是否符合设计要求。其测试的技术依据是___（2）___。

（1）A．单元测试　　B．集成测试
　　C．系统测试　　D．回归测试

（2）A．软件详细设计说明书　　B．技术开发合同
　　C．软件概要设计文档　　D．软件配置文档

- 结合速率与容错，硬盘做 RAID 效果最好的是___（3）___。

（3）A．RAID0　　B．RAID1　　C．RAID5　　D．RAID10

- ___（4）___不是国产化芯片厂商。

（4）A．兆芯　　B．龙芯　　C．飞腾　　D．中科方德

- 某机器字长为 n，最高位是符号位，其定点整数的最大值为___（5）___。

（5）A．2^n-1　　B．$2^{n-1}-1$　　C．2^n　　D．2^{n-1}

- 属于 CPU 中算术逻辑单元的部件是___（6）___。

（6）A．程序计数器　　B．加法器
　　C．指令寄存器　　D．指令译码器

- 若在系统中有若干个互斥资源 R，6 个并发进程，每个进程都需要 2 个资源 R，那么使系统不发生死锁的资源 R 的最少数目为___（7）___。

（7）A．6　　B．7　　C．9　　D．12

- DMA 工作方式下，在___（8）___之间建立了直接的数据通路。

（8）A．CPU 与外设　　B．CPU 与主存
　　C．主存与外设　　D．外设与外设

- 编译和解释是实现高级程序设计语言的两种基本方式，___（9）___是这两种方式的主要区别。

（9）A．是否进行代码优化　　B．是否进行语法分析
　　C．是否生成中间代码　　D．是否生成目标代码

- 按照我国著作权法的权力保护期，___（10）___受到永久保护。

（10）A．发表权　　B．修改权　　C．复制权　　D．发行权

- 采用 CRC 进行差错校验，生成多项式为 $G(X) = X^4+X+1$，信息码字为 10111，则计算出的 CRC 校验码是___(11)___。

  （11）A．0000　　B．0100　　C．0010　　D．1100

- 下面的广域网络中属于电路交换网络的是___(12)___。

  （12）A．ADSL　　B．X.25　　C．IP　　D．ATM

- 在异步传输中，1 位起始位，7 位数据位，2 位停止位，1 位校验位，每秒传输 200 个字符，采用曼彻斯特编码，有效数据速率是___(13)___kb/s，最大波特率为___(14)___Baud。

  （13）A．1.2　　B．1.4　　C．2.2　　D．2.4

  （14）A．700　　B．2200　　C．1400　　D．4400

- 以下关于单模光纤与多模光纤区别的描述中，错误的是___(15)___。

  （15）A．单模光纤的工作波长一般是 1310、1550nm，多模光纤一般的工作波长是 850mm

  B．单模光纤纤径一般为 9/125μm，多模光纤纤径一般为 50/125μm 或 62.5/125μm

  C．单模光纤常用于短距离传输，多模光纤多用于远距离传输

  D．单模光纤的光源一般是 LD 或光谱线较窄的 LED，多模光纤的光源一般是发光二极管或激光器

- 关于 HDLC 协议的帧顺序控制，下列说法中正确的是___(16)___。

  （16）A．只有信息帧（I）可以发送数据

  B．信息帧（I）和管理帧（S）的控制字段都包含发送顺序号和接收序列号

  C．如果信息帧（I）的控制字段是 8 位，则发送顺序号的取值范围是 0～7

  D．发送器每收到一个确认帧，就把窗口向前滑动一格

- 某软件项目的活动图如下图所示，其中顶点表示项目里程碑，连接顶点的边表示包含的活动，边上的数字表示活动的持续时间（天），则完成该项目的最少时间为___(17)___天，活动 FG 的松弛时间为___(18)___天。

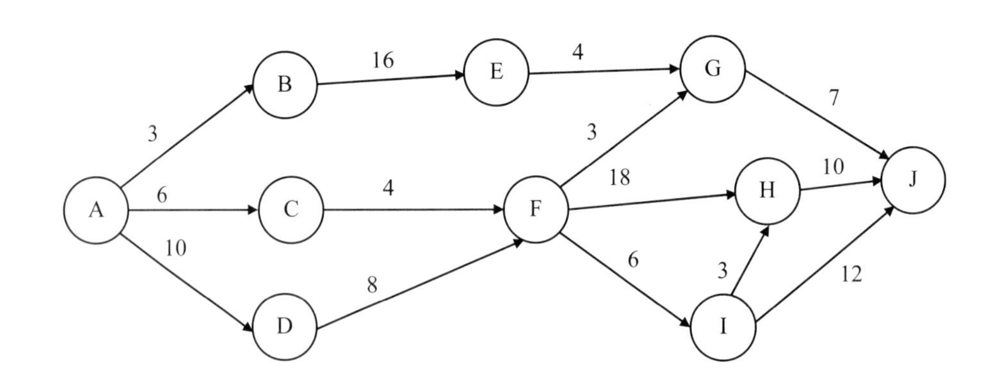

  （17）A．20　　B．37　　C．38　　D．46

  （18）A．9　　B．10　　C．18　　D．26

- 假设模拟信号的频率范围为 3～9MHz，采样频率必须大于＿（19）＿时，才能使得到的样本信号不失真。

（19）A. 6MHz　B. 12MHz　C. 18MHz　D. 20MHz

- 设信道带宽为 3000Hz，信噪比为 30dB，则信道可达到的最大数据速率约为＿（20）＿b/s。

（20）A. 10000　B. 20000　C. 30000　D. 40000

- IP 头和 TCP 头的最小开销合计为＿（21）＿字节，以太网最大帧长为 1518 字节，则可以传送的 TCP 数据最大为＿（22）＿字节。

（21）A. 20　B. 30　C. 40　D. 50

（22）A. 1434　B. 1460　C. 1480　D. 1500

- UDP 协议在 IP 层之上提供了＿（23）＿能力。

（23）A. 连接管理　B. 差错校验和重传　C. 流量控制　D. 端口寻址

- 一个 IP 数据报长度为 3820 字节（包括固定首部长度 20 字节），要经过一个 MTU 为 1400 字节的网络传输，此时需把原始数据报划分为＿（24）＿个数据报分片，最后一片的偏移量是＿（25）＿，最后一个分片总长度是＿（26）＿字节。

（24）A. 2　B. 3　C. 4　D. 5

（25）A. 344　B. 345　C. 1376　D. 1380

（26）A. 1040　B. 1060　C. 1068　D. 1072

- TCP 采用拥塞窗口（cwnd）进行拥塞控制。以下关于 cwnd 的说法中正确的是＿（27）＿。

（27）A. 首部中的窗口段存放 cwnd 的值

B. 每个段包含的数据只要不超过 cwnd 值就可以发送了

C. cwnd 值由对方指定

D. cwnd 值存放在本地

- 下列不属于电子邮件协议的是＿（28）＿。

（28）A. POP3　B. SMTP　C. SET　D. IMAP4

- DHCP 获取地址过程中，第一个数据包是＿（29）＿报文，源 IP 地址、目的 IP 地址和端口是＿（30）＿。

（29）A. 组播　B. 单播　C. 任意播　D. 广播

（30）A. UDP 0.0.0.0:68 -> 255.255.255.255:67

B. UDP 0.0.0.0:67 -> 255.255.255.255:68

C. TCP 0.0.0.0:68 -> 255.255.255.255:67

D. TCP 0.0.0.0:67 -> 255.255.255.255:68

- 在 Windows 环境下，DHCP 客户端可以使用＿（31）＿命令重新获得 IP 地址，这时客户机向 DHCP 服务器发送一个 Dhcpdiscover 数据包来请求重新租用 IP 地址。

（31）A. ipconfig/renew　B. ipconfig/reload

C. ipconfig/release　D. ipconfig/reset

- 在 Windows 系统中运行___（32）___显示如图 1 所示信息，运行___（33）___命令显示如图 2 的___（34）___表。

网络目标	网络掩码	网关	接口	跃点数
0.0.0.0	0.0.0.0	192.168.2.1	192.168.2.149	25
127.0.0.0	255.0.0.0	在链路上	127.0.0.1	331
127.0.0.1	255.255.255.255	在链路上	127.0.0.1	331
127.255.255.255	255.255.255.255	在链路上	127.0.0.1	331
169.254.0.0	255.255.0.0	在链路上	169.254.54.105	281
169.254.54.105	255.255.255.255	在链路上	169.254.54.105	281
169.254.255.255	255.255.255.255	在链路上	169.254.54.105	281
192.168.2.0	255.255.255.0	在链路上	192.168.2.1	291
192.168.2.0	255.255.255.0	在链路上	192.168.2.149	281
192.168.2.1	255.255.255.255	在链路上	192.168.2.1	291
192.168.2.149	255.255.255.255	在链路上	192.168.2.149	281
192.168.2.255	255.255.255.255	在链路上	192.168.2.1	291
192.168.2.255	255.255.255.255	在链路上	192.168.2.149	281
192.168.32.0	255.255.255.0	在链路上	192.168.32.1	291
192.168.32.1	255.255.255.255	在链路上	192.168.32.1	291
192.168.32.255	255.255.255.255	在链路上	192.168.32.1	291
192.168.56.0	255.255.255.0	在链路上	192.168.56.1	281
192.168.56.1	255.255.255.255	在链路上	192.168.56.1	281
192.168.56.255	255.255.255.255	在链路上	192.168.56.1	281

图 1

```
[Huawei]
MAC address table of slot 0:
-------------------------------------------------------------------------------
MAC Address      VLAN/        PEVLAN CEVLAN Port          Type        LSP/LSR-ID
                 VSI/SI                                               MAC-Tunnel
-------------------------------------------------------------------------------
5489-98d0-33d9 10          -       -      GE0/0/3      dynamic     0/-
5489-98dd-736d 10          -       -      GE0/0/4      dynamic     0/-
-------------------------------------------------------------------------------
Total matching items on slot 0 displayed = 2
```

图 2

（32）A．display ip routing-table　　B．route display
C．netstat -r　　D．show ip route

（33）A．display mac-address　　B．display vlan brief
C．arp-a　　D．show mac-address-table

（34）A．ARP 表　　B．路由表　　C．MAC 地址表　　D．VLAN 接口表

- 下列命令中，不能查看网关 IP 地址的是___（35）___。

（35）A．Nslookup　　B．Tracert　　C．Netstat　　D．Route print

- Linux 系统中，___（36）___服务的作用与 Windows 的共享文件服务作用相似，提供基于网络的共享文件/打印服务。

（36）A．Samba　　B．FTP　　C．SMTP　　D．Telnet

- Linux 操作系统中，网络管理员可以通过修改___（37）___文件对 Web 服务器的端口进行配置。

（37）A．/etc/inetd.conf　　B．/etc/lilo.conf

C．/etc/httpd/conf/httpd.conf　　D．/etc/httpd/confi/access.conf

- 在进行域名解析的过程中，若由授权域名服务器给客户本地传回解析结果，表明___（38）___。

（38）A．主域名服务器、转发域名服务器均采用了迭代算法

B．主域名服务器、转发域名服务器均采用了递归算法

C．根域名服务器、授权域名服务器均采用了迭代算法

D．根域名服务器、授权域名服务器均采用了递归算法

- 在 Windows Server 2008 环境中有本地用户和域用户两种用户，其中本地用户信息存储在___（39）___。

（39）A．本地计算机的 SAM 数据库　　B．本地计算机的活动目录

C．域控制器的活动目录　　D．域控制器的 SAM 数据库中

- ICMP 协议的功能包括___（40）___，当网络通信出现拥塞时，路由器发出 ICMP___（41）___报文。

（40）A．传递路由信息　　B．报告通信故障

C．分配网络地址　　D．管理用户连接

（41）A．回声请求　　B．掩码请求

C．源抑制　　D．路由重定向

- 用户 B 收到用户 A 带数字签名的消息 M，为了验证 M 的真实性，首先需要从 CA 获取用户 A 的数字证书，并利用___（42）___验证该证书的真伪，然后利用___（43）___验证 M 的真实性。

（42）A．CA 的公钥　　B．B 的私钥　　C．A 的公钥　　D．B 的公钥

（43）A．CA 的公钥　　B．B 的私钥　　C．A 的公钥　　D．B 的公钥

- 下面可用于消息认证的算法是___（44）___。

（44）A．DES　　B．PGP　　C．KMI　　D．SHA

- 下列针对加密算法的说法，正确的是___（45）___。

（45）A．3DES 需要执行三次 DES 算法，密钥长度是 168 位

B．国际数据加密算法（IDEA）使用 128 位密钥，把明文分成 64 位的块，进行 8 轮迭代，可以通过软件或硬件实现，比 DES 加密快

C．高级加密标准（Advanced Encryption Standard，AES）分组长度固定为 128 位，密钥长度是 256 位

D．流加密算法 RC4 由于加密算法比较复杂，加密速度较慢，一般用于 Wi-Fi 加密

- 在 X.509 标准中，不包含在数字证书中的数据域是___（46）___。

（46）A．序列号　　B．签名算法

C．认证机构的签名　　D．用户的签名

- 与 RIPv1 相比，RIPv2 的改进是___（47）___。

  （47）A. 采用了可变长子网掩码　　B. 使用 SPF 算法计算最短路由

  C. 广播发布路由更新信息　　D. 采用了更复杂的路由度量算法

- OSPF 将路由器连接的物理网络划分为 4 种类型，以太网属于___（48）___，X.25 分组交换网属于___（49）___。

  （48）A. 点对点网络　　B. 广播多址网络

  C. 点到多点网络　　D. 非广播多址网络

  （49）A. 点对点网络　　B. 广播多址网络

  C. 点到多点网络　　D. 非广播多址网络

- Windows 系统中的 SNMP 服务程序包括 SNMP Service 和 SNMP Trap，关于 SNMP Service 的说法正确的是___（50）___。

  （50）A. 接收 SNMP 请求报文，根据要求发送响应报文

  B. 接收并转发本地或远程 SNMP 代理产生的陷阱消息

  C. 这是 SNMP 服务器端必须开启的服务

  D. 同时使用 UDP 端口号 161 和 162

- 以下地址中不属于网络 100.10.96.0/20 的主机地址是___（51）___。

  （51）A. 100.10.111.17　　B. 100.10.104.16

  C. 100.10.101.15　　D. 100.10.112.18

- 某公司网络的地址是 133.10.128.0/17，被划分成 16 个子网，下面的选项中不属于这 16 个子网的地址是___（52）___。

  （52）A. 133.10.136.0/21　　B. 133.10.162.0/21

  C. 133.10.208.0/21　　D. 133.10.224.0/21

- 一个网络的地址为 172.16.7.128/26，则该网络的广播地址是___（53）___。

  （53）A. 172.16.7.255　　B. 172.16.7.129

  C. 172.16.7.191　　D. 172.16.7.252

- 假设用户 X 有 4000 台主机，则需要___（54）___个 C 类网络。如果为其分配的网络号为 196.25.64.0，则给该用户指定的地址掩码为___（55）___。

  （54）A. 4　　B. 8　　C. 10　　D. 16

  （55）A. 255.255.255.0　　B. 255.255.250.0

  C. 255.255.248.0　　D. 255.255.240.0

- DNS 服务器中提供了多种资源记录，其中___（56）___定义了区域的邮件服务器及其优先级。

  （56）A. SOA　　B. NS　　C. PTR　　D. MX

- 防火墙优先级最高的区域是___（57）___。

  （57）A. DMZ　　B. Local　　C. trust　　D. untrust

- IPv6 的“链路本地地址”是将主机的___（58）___附加在地址前缀 1111 1110 10 之后产生的。

  （58）A. IPv4 地址　　B. MAC 地址　　C. 主机名　　D. 任意字符串

- 无线局域网通常采用的加密方式是 WPA2，其安全加密算法是＿（59）＿。

（59）A. AES 和 TKIP　　B. DES 和 TKIP
　　C. AES 和 RSA　　D. DES 和 RSA

- 快速以太网标准 100BASE-TX 规定的传输介质是＿（60）＿。

（60）A. 2 类 UTP　　B. 3 类 UTP　　C. 5 类 UTP　　D. 光纤

- 下列千兆以太网标准中，传输距离最短的是＿（61）＿，传输距离最长的是＿（62）＿。

（61）A. 1000BASE-T　　B. 1000BASE-CX
　　C. 1000BASE-SX　　D. 1000BASE-LX

（62）A. 1000BASE-T　　B. 1000BASE-CX
　　C. 1000BASE-SX　　D. 1000BASE-LX

- 等保 2.0 中三级等保监督强度等级是＿（63）＿。

（63）A. 指导保护级　　B. 监督保护级　　C. 强制保护级　　D. 专控保护级

- 利用虚拟化技术，实现业务功能与硬件设备分离的技术是＿（64）＿。

（64）A. SDN　　B. NFV　　C. 区块链　　D. AI

- IEEE 802.11 MAC 子层定义的竞争性访问控制协议是＿（65）＿。之所以不采用与 IEEE 802.11 相同协议的原因是＿（66）＿。

（65）A. CSMA/CA　　B. CSMA/CB　　C. CSMA/CD　　D. CSMA/CG

（66）A. IEEE 802.11 协议的效率更高　　B. 为了解决隐蔽终端问题
　　C. IEEE 802.3 协议的开销更大　　D. 为了引进多种非竞争业务

- 以下关于直通式交换机和存储转发式交换机的叙述中，正确的是＿（67）＿。

（67）A. 存储转发式交换机采用软件实现交换
　　B. 直通式交换机存在坏帧传播的风险
　　C. 存储转发式交换机无需进行 CRC 校验
　　D. 直通式交换机比存储转发式交换机速度慢

- 结构化综合布线系统分为六个子系统，其中水平子系统的作用是＿（68）＿。

（68）A. 实现各楼层设备间子系统之间的互联
　　B. 实现中央主配线架和各种不同设备之间的连接
　　C. 连接干线子系统和用户工作区
　　D. 连接各个建筑物中的通信系统

- 由于内网 P2P、视频/流媒体、网络游戏等流量占用过大，影响网络性能，可以采用＿（69）＿来保障正常的 Web 及邮件流量需求。

（69）A. 使用网闸　　B. 升级核心交换机
　　C. 部署流量控制设备　　D. 部署网络安全审计设备

- 下列指标中，仅用于双绞线测试的是＿（70）＿。

（70）A. 最大衰减限值　　B. 波长窗口参数
　　C. 回波损耗限值　　D. 近端串扰

- The Border Gateway Protocol (BGP) is an interautonomous system __(71)__ protocol. The primary function of a BGP speaking system is to exchange network __(72)__ information with other BGP system. This network reachability information includes information on the list of Autonomous System (Ass) that reachability information traverses. BGP-4 provides a new set of mechanisms for supporting __(73)__ interdomain routing. These mechanisms include support for advertising an IP __(74)__ and eliminate the concept of network class within BGP. BGP-4 also introduces mechanisms that allow aggregation of routes, including __(75)__ of AS paths. These changes provide support for the proposed supernetting scheme.

（71）A．connecting　B．resolving　C．routing　D．supernettting

（72）A．secubility　B．reachability　C．capability　D．reliability

（73）A．answerless　B．connectionless　C．confirmless　D．classless

（74）A．prefix　B．suffix　C．infix　D．reflex

（75）A．reservation　B．relation　C．aggregation　D．connection

网络工程师冲刺密卷（二）

案例分析

试题一（共 20 分）

阅读以下说明，回答问题 1 至问题 3。

【说明】某企业网络架构如试题图所示，IP 和业务规划如试题表所示。随着手机、平板等移动终端的增多，公司计划部署无线 WLAN 网络，实现移动办公，同时采用 IPSec VPN 技术，实现总部与分公司之间互通。

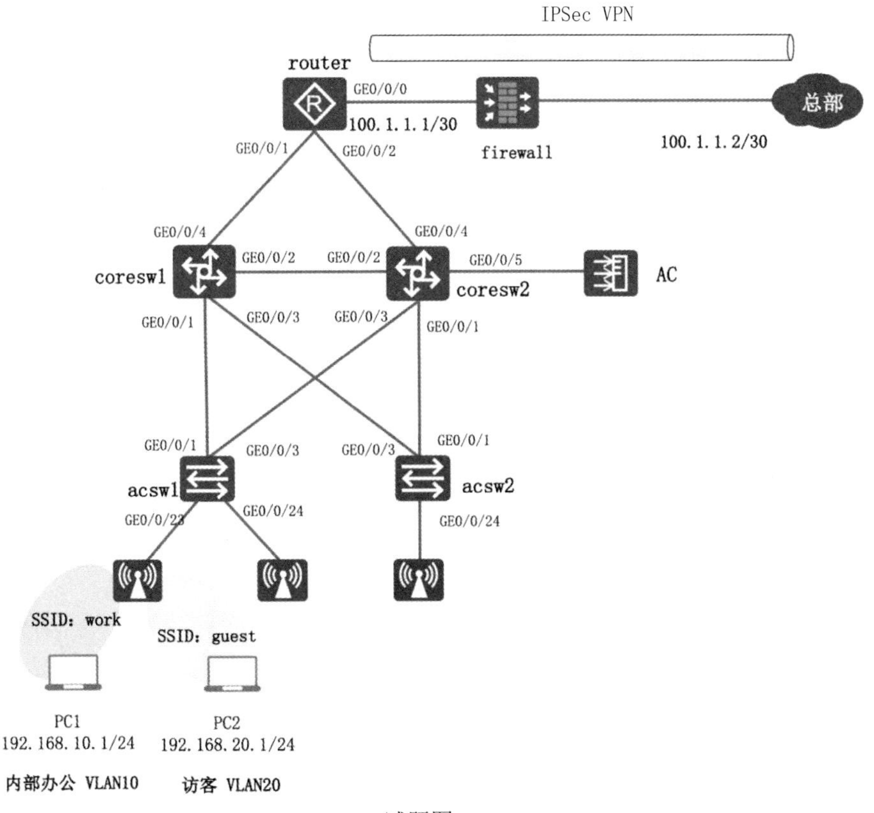

试题图

试题表

设备	IP 地址
出口路由器 router	GE0/0/0：100.1.1.1/30 GE0/0/1：192.168.30.2/30 GE0/0/2：192.168.40.2/30
核心交换机 coresw1	Vlanif10：192.168.10.252/24（业务 VLAN：内部员工） Vlanif20：192.168.20.252/24（业务 VLAN：访客） Vlanif30：192.168.30.1/30（用于互联）
核心交换机 coresw2	Vlanif10：192.168.10.253/24（业务 VLAN：内部员工） Vlanif20：192.168.20.253/24（业务 VLAN：访客） Vlanif40：192.168.40.1/30（用于互联）
分公司出口	100.1.1.2/30

【问题 1】（10 分）

接入交换机与核心交换机运行 VRRP+MSTP，让内部办公用户流量优先走 coresw1，访客用户流量优先走 coresw2，且互为备份，根据题目补全下列配置。

出口路由器 router 配置：

```
[router] ip route-static ____(1)____
[router] ip route-static ____(2)____
[router] ip route-static 192.168.20.0 24 192.168.30.1
[router] ip route-static 192.168.20.0 24 192.168.40.1
[router] ip route-static 0.0.0.0 0 100.1.1.2
```

根据配置，推断图中防火墙处于____（3）____模式。下列配置实现的效果是____（4）____。

核心交换机 coresw1 配置：

```
[coresw1] interface Vlanif 10
[coresw1-Vlanif10] vrrp vrid 10 virtual-ip 192.168.10.254
[coresw1-Vlanif10] vrrp vrid 10 priority 120
```

核心交换机 coresw2 配置：

```
[coresw1] interface Vlanif 10
[coresw1-Vlanif10] vrrp vrid 10 virtual-ip 192.168.10.254
```

补全下列生成树配置：

```
[coresw1] stp ____(5)____
[coresw1] stp mode ____(6)____
[coresw1] stp region-configuration
[coresw1-mst-region] region-name 1
[coresw1-mst-region] instance 10 vlan ____(7)____
[coresw1-mst-region] instance 20 vlan 20
[coresw1-mst-region] active ____(8)____
Info: This operation may take a few seconds. Please wait for a moment...done.
[coresw1-mst-region]quit
```

[coresw1] stp instance 10 root ___(9)___

[coresw1] stp instance 20 root ___(10)___

【问题 2】（4 分）

某一天公司内部员工普遍反馈上网速度慢，网络管理员小王登录交换机发现 CPU 利用率很高，同时对接入交换机接口进行抓包分析，抓包信息显示如下：

No.	Time	Source	Destination	Protocol	Length	Info
64187	44.312000	HuaweiTe_68:34:39	Broadcast	ARP	60	Who has 192.168.10.254? Tell 192.168.10.1
64188	44.312000	HuaweiTe_68:34:39	Broadcast	ARP	60	Who has 192.168.10.254? Tell 192.168.10.1
64189	44.312000	HuaweiTe_68:34:39	Broadcast	ARP	60	Who has 192.168.10.254? Tell 192.168.10.1
64190	44.312000	HuaweiTe_68:34:39	Broadcast	ARP	60	Who has 192.168.10.254? Tell 192.168.10.1
64191	44.312000	HuaweiTe_68:34:39	Broadcast	ARP	60	Who has 192.168.10.254? Tell 192.168.10.1
64192	44.312000	HuaweiTe_68:34:39	Broadcast	ARP	60	Who has 192.168.10.254? Tell 192.168.10.1
64193	44.312000	HuaweiTe_68:34:39	Broadcast	ARP	60	Who has 192.168.10.254? Tell 192.168.10.1
64194	44.312000	HuaweiTe_68:34:39	Broadcast	ARP	60	Who has 192.168.10.254? Tell 192.168.10.1
64195	44.312000	HuaweiTe_68:34:39	Broadcast	ARP	60	Who has 192.168.10.254? Tell 192.168.10.1
64196	44.312000	HuaweiTe_68:34:39	Broadcast	ARP	60	Who has 192.168.10.254? Tell 192.168.10.1
64197	44.312000	HuaweiTe_68:34:39	Broadcast	ARP	60	Who has 192.168.10.254? Tell 192.168.10.1
64198	44.312000	HuaweiTe_68:34:39	Broadcast	ARP	60	Who has 192.168.10.254? Tell 192.168.10.1
64199	44.312000	HuaweiTe_68:34:39	Broadcast	ARP	60	Who has 192.168.10.254? Tell 192.168.10.1
64200	44.312000	HuaweiTe_68:34:39	Broadcast	ARP	60	Who has 192.168.10.254? Tell 192.168.10.1
64201	44.312000	HuaweiTe_68:34:39	Broadcast	ARP	60	Who has 192.168.10.254? Tell 192.168.10.1
64202	44.312000	HuaweiTe_68:34:39	Broadcast	ARP	60	Who has 192.168.10.254? Tell 192.168.10.1
64203	44.312000	HuaweiTe_68:34:39	Broadcast	ARP	60	Who has 192.168.10.254? Tell 192.168.10.1

小王拔掉交换机部分接口的光纤跳线后，问题消失，大家都可以正常上网。据此，小王可以初步判断该网络的问题是___(11)___，导致该问题可能的原因是___(12)___，除了小王看到的现象外，还可能出现的现象是___(13)___和___(14)___。

【问题 3】（6 分）

要保证所有用户流量都经过无线控制器，那么需要在___(15)___上配置___(16)___转发模式。防火墙旁挂和串行模式的区别是___(17)___。IPSec 工作在 TCP/IP 协议栈的___(18)___层，为 TCP/IP 通信提供访问控制、数据完整性、数据源验证、抗重放攻击、机密性等多种安全服务。IPSec 包括 AH、ESP 和 ISAKMP 等协议，其中，___(19)___为 IP 包提供信息源和报文完整性验证，但不支持加密服务。IPSec 支持传输和隧道两种工作模式，如果要实现 PC 和服务器之间端到端的安全通信，则应该采用___(20)___模式。

试题二（共 20 分）

阅读以下说明，回答问题 1 至问题 4。

【说明】某企业数据中心部署有 Web、邮件、销售管理系统、数据库等多个应用。数据库服务器和邮件服务器均安装 CentOS 操作系统（Linux 平台），Web 服务器安装 Windows 2008 R2 操作系统。

【问题 1】（5 分）

某天，网络安全管理员发现 Web 服务器访问缓慢，无法正常响应用户请求，通过检查发现，该服务器 CPU 和内存资源使用率很高、网络带宽占用率很高，进一步查询日志发现该服务器与外部未知地址有大量的 UDP 连接和 TCP 半连接，据此初步判断该服务器受到___(1)___和___(2)___类型的分布式拒绝服务攻击（DDoS），可以部署___（3）___设备进行防护。这两种类型的DDoS攻击的原理是___（4）___、___（5）___。

（1）～（2）备选答案（每个选项仅限选一次）

A．Ping洪流攻击　　B．SYN泛洪攻击　　C．Teardrop攻击　D．UDP泛洪攻击

（3）备选答案：

A．抗D设备　　B．Web防火墙　　C．入侵检测系统　D．漏洞扫描系统

【问题2】（6分）

网络管理员使用检测软件对Web服务器进行安全测试，以下为测试结果的片段信息，从测试结果可知，该Web系统存在___（6）___漏洞，针对该漏洞应采取___（7）___、___（8）___等整改措施进行防范。

```
D:\Sqlmap>Sqlmap py -u "http://www.xxx.com/mg/login.action" -p talenttype -dbs -batch -
level 3 - risk 2 -random -agent
[21:15:35] [INFO] testing connection to the target URL
SqImap identified the following injection point(s) with a total of 296 HTTP(s) requests:
Parameter taken type (GET)
Type: boolean-based blind
Title:AND boolean-based blind -WHERE or HAVING clause
Payload:talenttype='1' AND 5707=5707 AND '00wB'='00wB'
[21:20:03][INFO] testing MySQL
[21:20:03][INFO] confirming MySQL
[21:20:03][INFO] the back-end DBMS is MySQL
web application technology: Apache 2.4.26
back-end DBMS:MySQL>=5.0.0
....
AvaiTable database[6]
[*]ecp .
[*]information_ schema
[*]mysql
[*]performance_ schema
[*] sys
[*] webData
```

【问题3】（5分）

虚拟化存储常用文件系统格式有CIFS、NFS，为邮件服务器分配存储空间时应采用的文件系统格式是___（9）___，为Web服务器分配存储空间应采用的文件系统格式是___（10）___。（2分）

该企业采用RAID5方式进行数据冗余备份。请从存储效率和存储速率两个方面比较RAID1和RAID5两种存储方式，并简要说明采用RAID5存储方式的原因。（3分）

【问题4】（4分）

数据容灾备份中，常用两个指标来表示恢复时间和允许丢失的数据量，它们分别是___（11）___和___（12）___。数据备份一共有三种方案，完全备份、增量备份和___（13）___备份，恢复速度最快的是___（14）___备份。

试题三（共 20 分）

阅读以下说明，回答问题 1 至问题 2。

【说明】如下图所示，公司 A 使用 OSPF 路由协议实现公司设备全网互通，后来公司 A 扩张兼并了公司 B，要求将公司 B 采用的 RIP 路由协议与公司 A 的 OSPF 协议互相引入，使得各个部门可以实现互通。Router_1 和 Router_2 作为公司核心设备负责各个部门间的通信。由于业务需要，现要求通过下列措施控制并调整网络中的路由信息：

在 Router_5 上对引入的路由信息进行过滤，使得研发二部所在网段无法访问市场一部、研发一部和售后服务部所在网段。

在 Router_4 上使用路由信息的过滤功能，使得研发一部和售后服务部所在网段无法访问市场二部。该公司设备接口及 IP 编址如下表所示。

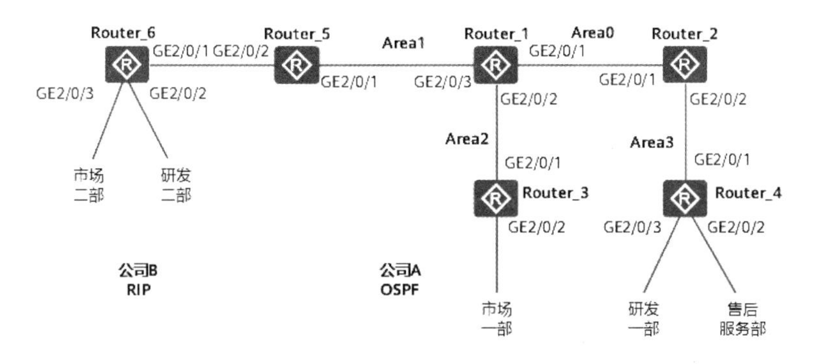

设备	接口	IP 地址	设备	接口	IP 地址
Router_1	GE2/0/1	10.1.1.1/24	Router_2	GE2/0/1	10.1.1.2/24
	GE2/0/2	10.2.1.1/24		GE2/0/2	10.3.1.1/24
	GE2/0/3	10.4.1.1/24			
Router_3	GE2/0/1	10.2.1.2/24	Router_4	GE2/0/1	10.3.1.2/24
	GE2/0/2	10.10.3.1/24（市场一部所在网段）		GE2/0/2	10.10.1.1/24（售后服务部所在网段）
				GE2/0/3	10.10.2.1/24（研发一部所在网段）
Router_5	GE2/0/1	10.4.1.2/24	Router_6	GE2/0/1	10.5.1.2/24
	GE2/0/2	10.5.1.1/24		GE2/0/2	10.10.4.1/24（研发二部所在网段）
				GE2/0/3	10.10.5.1/24（市场二部所在网段）

【问题 1】（6 分）

1．公司研发部门数据至关重要，建议采用＿（1）＿认证，访客建议采用＿（2）＿认证。（2 分）

（1）、（2）备选答案：

A．WEB/PORTAL　　B．PPPoE　　C．IEEE 802.1x　　D．短信验证码

2．海莲花是一个海外黑客组织，主要攻击中国海事机构、海域建设部门、科研院所和航运企业等单位。其攻击手段主要通过鱼叉邮件投递内嵌恶意宏的 Word 文件、快捷方式文件、SFX 自解压文件、捆绑后的文档图标的可执行文件，入侵成功后通过一些内网渗透工具扫描渗透内网并横向移动，入侵重要服务器，植入 Denis 家族木马进行持久化控制，通过横向移动和渗透拿到域控或者重要的服务器权限。以上描述的是___（3）___，解决思路是___（4）___。（4 分）

（3）备选答案：

A．宏攻击　　B．木马　　C．扫描　　D．APT 攻击

【问题 2】（14 分）

根据网络拓扑图及需求，补全设备配置。

R4 配置：

```
[Router_4] acl number 2000
[Router_4-acl-basic-2000] rule 0 deny source 10.10.5.0 0.0.0.255
[Router_4-acl-basic-2000] rule 5 permit
//上面 3 条命令的作用是___（5）___

[Router_4-acl-basic-2000] interface GigabitEthernet2/0/1
[Router_4-GigabitEthernet2/0/1] ip address 10.3.1.2 255.255.255.0
[Router_4-GigabitEthernet2/0/1] interface GigabitEthernet2/0/2
[Router_4-GigabitEthernet2/0/2] ip address 10.10.1.1 255.255.255.0
[Router_4-GigabitEthernet2/0/2] interface GigabitEthernet2/0/3
[Router_4-GigabitEthernet2/0/3] ip address 10.10.2.1 255.255.255.0
[Router_4-GigabitEthernet2/0/3] ospf 1
[Router_4-ospf-1] filter-policy 2000 import    //这条命令实现的目的是___（6）___
[Router_4-ospf-1] area ___（7）___
[Router_4-ospf-1-area-0.0.0.3]  network 10.3.1.0 0.0.0.255
[Router_4-ospf-1-area-0.0.0.3]  network 10.10.1.0 0.0.0.255
[Router_4-ospf-1-area-0.0.0.3]  network 10.10.2.0 0.0.0.255
[Router_4-ospf-1-area-0.0.0.3]  ___（8）___
<Router_4>
```

R5 配置：

```
[Router_5] acl number 2000
[Router_5-acl-basic-2000] rule 0 deny source 10.10.4.0 0.0.0.255
[Router_5-acl-basic-2000] rule 5 permit
[Router_5-acl-basic-2000] interface GigabitEthernet2/0/1
[Router_5-GigabitEthernet2/0/1] ip address 10.4.1.2 255.255.255.0
[Router_5-GigabitEthernet2/0/1] interface GigabitEthernet2/0/2
[Router_5-GigabitEthernet2/0/2] ip address 10.5.1.1 255.255.255.0
[Router_5-GigabitEthernet2/0/2]ospf 1
[Router_5-ospf-1] import-route direct    //这条命令的作用是___（9）___
[Router_5-ospf-1] import-route rip 1
[Router_5-ospf-1] filter-policy 2000 export rip 1    //___（10）___
[Router_5-ospf-1] area 0.0.0.1
[Router_5-ospf-1-area-0.0.0.1]  network ___（11）___
```

```
[Router_5-ospf-1-area-0.0.0.1] rip 1
[Router_5-rip-1] undo summary
[Router_5-rip-1] version 2
[Router_5-rip-1] network 10.5.1.0
[Router_5-rip-1] import-route direct
[Router_5-rip-1] import-route ospf 1
[Router_5-rip-1] return
<Router_5>
```

试题四（15 分）

阅读以下说明，补全配置信息中的空（1）～（5）。

【说明】Router 作为某企业出口网关。该企业包括两个部门 A 和 B，分别为部门 A 和 B 内终端规划两个地址网段：10.10.1.0/25 和 10.10.1.128/25，网关地址分别为 10.10.1.1/25 和 10.10.1.129/25。部门 A 内 PC 为办公终端，地址租用期限为 10 天，域名为 huawei.com，DNS 服务器地址为 10.10.1.2。部门 B 内大部分是出差人员所用便携机，地址租用期限为 2 天，域名为 huawei.com，DNS 服务器地址为 10.10.1.2，其中 PC2 的硬件地址是 5489-981c-1708。企业内地址规划为私网地址，且需要访问 Internet 公网，因此，需要通过配置 NAT 实现私网地址到公网地址的转换。连接 Router 出接口 GE0/0/2 的对端 IP 地址为 2.1.1.1/24。为了提升链路带宽，交换机 SW1 和 SW2 配置链路聚合。

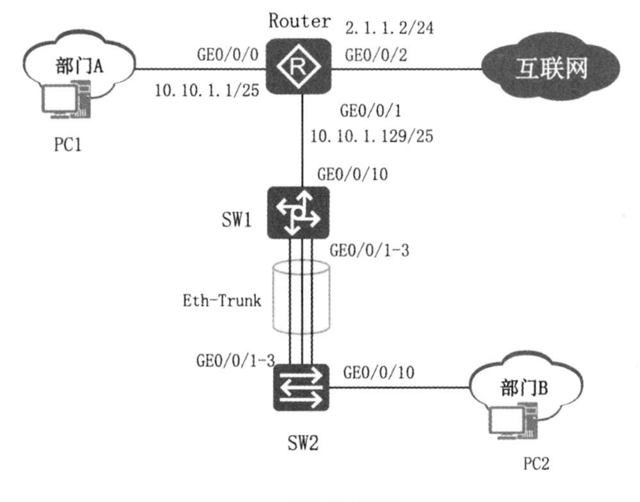

组网拓扑图

根据题目要求，补充接入交换机和核心交换机配置：

出口路由器配置：

```
<Huawei> ____(1)____
[Huawei] ____(2)____ Router
[Router] dhcp ____(3)____
[Router] interface GigabitEthernet0/0/0
[Router-GigabitEthernet0/0/0] ip address 10.10.1.1 25
```

```
[Router-GigabitEthernet0/0/0] quit
[Router] int GigabitEthernet0/0/1
[Router-GigabitEthernet0/0/1] ip address 10.10.1.129 25
[Router-GigabitEthernet0/0/1] quit
[Router] int GigabitEthernet0/0/2
[Router-GigabitEthernet0/0/2] ip add 2.1.1.2 24
[Router-GigabitEthernet0/0/2] quit
[Router] ip pool A
[Router-ip-pool-A] ____(4)____ 10.10.1.0 mask 25
[Router-ip-pool-A] ____(5)____ 10.10.1.2
[Router-ip-pool-A] ____(6)____ 10.10.1.2
[Router-ip-pool-A] gateway-list 10.10.1.1
[Router-ip-pool-A] lease day 10
[Router-ip-pool-A] ____(7)____ huawei.com
[Router-ip-pool-A] quit
[Router] ip pool B
Info: It's successful to create an IP address pool.
（地址池 B 配置略）
[Router-ip-pool-B] static-bind ip-address 10.10.1.200 mac-address 5489-981c-1708    //该段命令的作用是____(8)____
[Router] interface GigabitEthernet0/0/0
[Router-GigabitEthernet0/0/0] dhcp select ____(9)____
…其他配置略

[Router] acl 2000
[Router-acl-basic-2000] rule  10 permit source 10.10.1.0 ____(10)____
[Router-acl-basic-2000] quit
[Router] interface GigabitEthernet0/0/2
[Router-GigabitEthernet0/0/2] nat ____(11)____  2000
```

SW1 配置如下：

```
[SW1] interface Eth-Trunk 1      //____(12)____
[SW1-Eth-Trunk1] mode lacp-static
[SW1-Eth-Trunk1] max active-linknumber 2      //____(13)____
[SW1-Eth-Trunk1] trunkport GigabitEthernet0/0/1      //____(14)____
[SW1-Eth-Trunk1] trunkport GigabitEthernet0/0/2
[SW1-Eth-Trunk1] trunkport GigabitEthernet0/0/3
[SW1-Eth-Trunk1] port link-type trunk
[SW1-Eth-Trunk1] port trunk allow-pass vlan all
```

SW2 配置类似，略。

在 SW1 上查看实验结果：

```
[SW1] display ____(15)____
Eth-Trunk1's state information is:
Local:
LAG ID: 1                    WorkingMode: STATIC
Preempt Delay: Disabled      Hash arithmetic: According to SIP-XOR-DIP
System Priority: 32768       System ID: 4c1f-cc70-4a3e
```

```
Least Active-linknumber: 1    Max Active-linknumber: 2
Operate status: up            Number Of Up Port In Trunk: 2
------------------------------------------------------------------------
ActorPortName          Status     PortType  PortPri  PortNo  PortKey  PortState  Weight
GigabitEthernet0/0/1   Selected   1GE       32768    2       305      10111100   1
GigabitEthernet0/0/2   Selected   1GE       32768    3       305      10111100   1
GigabitEthernet0/0/3   Unselect   1GE       32768    4       305      10100000   1

Partner:
------------------------------------------------------------------------
ActorPortName          SysPri   SystemID          PortPri  PortNo  PortKey  PortState
GigabitEthernet0/0/1   32768    4c1f-cc10-7dec    32768    2       305      10111100
GigabitEthernet0/0/2   32768    4c1f-cc10-7dec    32768    3       305      10111100
GigabitEthernet0/0/3   32768    4c1f-cc10-7dec    32768    4       305      10100000
```

网络工程师冲刺密卷（一）

综合知识答案与解析

（1）【答案】C

【解析】存储容量=B13FFH-A1000H+1=B1400H-A1000H=10400H=1 0000 0100 0000 0000=100 0001K=65KB。也可以得出10400H后，转换成十进制：$1\times16^4+4\times16^2=65536+4\times256=66560B=65KB$。

有学员会觉得66560B四舍五入，正好约等于67KB。需要注意：在存储领域1K=1024，网络领域1K=1000，66560B/1024=65KB。

（2）【答案】C

【解析】掌握单元测试、集成测试、系统测试、验收测试的测试内容、测试对象、测试依据和方法。集成测试采用灰盒测试方法。

	别名	测试阶段	测试对象	测试人员	测试依据	测试方法
单元测试（UT）	模块测试 组件测试	在编码之后进行，来检验代码的正确性	模块、类、函数和对象也可能是更小的单元（如：一行代码，一个单词）	白盒测试工程师或开发人员	代码、详细设计文档	白盒测试
集成测试（IT）	组装测试 联合测试	单元测试之后，检验模块间接口的正确性	模块间的接口	白盒测试工程师或开发人员	单元测试文档、概要设计文档	黑盒测试+白盒测试（灰盒测试）
系统测试（ST）	—	集成测试之后	整个系统（软件、硬件）	黑盒测试工程师	需求规格说明书	黑盒测试
验收测试	交付测试	系统测试通过后	整个系统（包括：软件、硬件）	最终用户/需求方	用户需求、验收标准	黑盒测试

（3）【答案】B

【解析】存储速度由慢到快分别是：辅存、主存、Cache、寄存器，存储空间大小正好相反。

（4）【答案】A

【解析】国产化桌面系统：统信UOS、麒麟（中标麒麟+银河麒麟）、红旗Linux、深度Linux（Deepin），另外需要知道华为鸿蒙系统和鲲鹏芯片。

（5）【答案】D

【解析】DPI 是指每英寸的像素，每英寸就是 150×150 个点，现在 3×4 英寸，点的个数就是 150×3×150×4。使用 150DPI 的扫描分辨率扫描一幅 3×4 英寸的彩色照片，得到原始的 24 位真彩色图像的数据量是 150×3×150×4×24/8=810000Byte。

（6）、（7）【答案】A　B

【解析】（6）页面大小为 4K，那么需要 2^{12} 表示页内地址。5148H 是十六进制表示，1 个十六进制数=4 个二进制数，则该数表示 16 个二进制数，且最后 12 位表示页内地址，前 4 位表示页号。即 5148H 中页号为 5，页内地址为 148H，查询页表后，可得到页帧号（物理块号）是 3，那么地址经过变换后就是：3148H。

（7）状态位是 1，表示页面在内存中，通过表可以看到页面 1、2、5、7 的状态都为 1，都在内存中，访问位为 1 表示最近访问过的页面，其中 1、5、7 的访问位为 1，那么页面 2 近期没有被访问过，肯定首选淘汰页面 2。

（8）【答案】C

【解析】CISC 和 RISC 指令集对比见下表，必须掌握。

对比项	CISC	RISC
指令系统	复杂，庞大	简单，精简
指令数目	一般大于 200 条	一般小于 100 条
指令字长	不固定	定长（适合流水线）
可访存指令	不加限制	只有 Load/Store 指令
各种指令执行时间	相差较大	绝大多数在一个周期内完成
各种指令使用频度	相差很大	都比较常用
通用寄存器数量	较少	多
目标代码	难以用优化编译生成高效的目标代码程序	采用优化的编译程序，生成代码较为高效
控制方式	绝大多数为微程序控制	绝大多数为组合逻辑控制 （硬布线逻辑+微程序）
指令流水线	可以通过一定方式实现	必须实现

（9）、（10）【答案】B　C

【解析】吞吐率：指单位时间内流水线完成的任务数量，最大吞吐率为流水线“瓶颈”的倒数，耗时最多的任务是 3Δt，则最大吞吐率是 1/3Δt。

加速比：完成同一批任务，不使用流水线和使用流水线所需时间的比值。执行 1 条指令需要 2Δt+1Δt+3Δt+1Δt+2Δt=9Δt，顺序执行 10 条任务需要 90Δt，而使用流水线需要时间为 9Δt+(10-1)3Δt=36Δt，因此加速比是 90Δt:36Δt=5:2。

（11）【答案】D

【解析】署名权、修改权和保护作品完整权，没有时间限制，熟悉下表：

客体类型	权利类型	保护期限
公民作品	署名权、修改权、保护作品完整权	没有限制
	发表权、使用权和获得报酬权	作者终生及其死亡后的50年（第50年的12月31日）
单位作品	发表权、使用权和获得报酬权	50年（首次发表后的第50年的12月31日），若期间未发表，不保护
公民软件产品	署名权、修改权	没有限制
	发表权、复制权、发行权、出租权、信息网络传播权、翻译权、使用许可权、获得报酬权、转让权	作者终生及其死亡后的50年(第50年的12月31日)。对于合作开发的，则以最后死亡的作者为准
单位软件产品	发表权、复制权、发行权、出租权、信息网络传播权、翻译权、使用许可权、获得报酬权、转让权	著作权的保护期为50年（首次发表后的第50年的12月31日），若50年内未发表的，不予保护
注册商标		有效期为10年（若注册人死亡或倒闭1年后，未转移则可注销，期满后6个月内必须续注）
发明专利权		保护期为20年（从申请日开始）
实用新型专利权		保护期为10年（从申请日开始）
外观设计专利权		保护期为15年（从申请日开始）
商业秘密		不确定，公开后公众可用

（12）、（13）**【答案】**D　D

【解析】（12）总时间=发送时延+传播时延：

数据一共150000字节，而以太网最大帧长1518，其中头部18字节，故有效载荷1500字节，那么数据一共有150000/1500=100帧。

数据发送时延=$100\times1518\times8/(10\times10^6)=0.12144s$，应答帧发送时延=$100\times64\times8/(10\times10^6)=0.00512s$。

- 总发送时延=0.12144s+0.00512s=0.1266s=126.6ms。
- 总传播时延=2×100×2000/200000000=0.002s=2ms。
- 总时延=总发送时延+总传播时延=126.6ms+2ms=128.6ms。

（13）有效速率为150000×8/0.1286=9.33Mb/s。

（14）**【答案】**D

【解析】数据速率=每秒采样次数（频率）×每次传送数据

$$=(1/125\times10^{-6})\times\log_2 256=8000\times8=64000b/s=64Kb/s$$

（15）**【答案】**B

【解析】在差分曼彻斯特编码中，记住有0无1，即后一个波形的起始电位跟前一个波形的结束电位有变化就表示0，如果没变化表示1。需要注意不是波形变化，而且后一个波形的起始电位跟前一个波形的结束电位。差分曼彻斯特编码中，只能从第二个波形开始推断具体编码。具体操作：

第一个波形结束电位是负电位，第二个波形的起始电位是正电位，明显有变化，所以第二位肯定是 1，其他以此类推。

（16）【答案】A

【解析】有效数据速率为 800b/s，而有效数据位是 8/12，那么数据速率：800b/s÷（8/12）=1200b/s。

根据奈奎斯特定理：$R=B\log_2N$，其中 R=1200，QPSK 调制技术，4 种码元，N=4，那么 B=600 波特。

（17）【答案】B

【解析】本题考查综合布线的基础知识，B 项应该是 90m。

综合布线的几大子系统范围和功能，务必要理解：

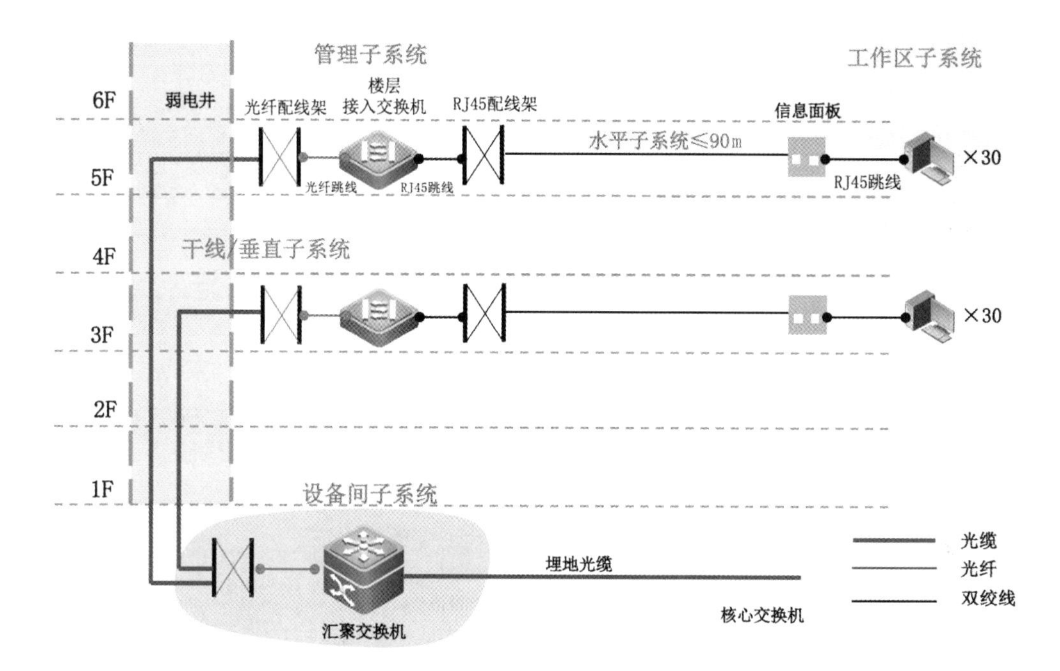

（18）、（19）【答案】A　D

【解析】光时域反射仪（optical time-domain reflectometer，OTDR）是通过对测量曲线的分析，了解光纤的均匀性、缺陷、断裂、接头耦合等若干性能的仪器。它根据光的后向散射与菲涅耳反向原理制作，利用光在光纤中传播时产生的后向散射光来获取衰减的信息，可用于测量光纤衰减、接头损耗、光纤故障点定位。

（20）、（21）【答案】D　C

【解析】HFC 是将光缆敷设到小区，然后通过光电转换节点，利用有线电视同轴电缆连接到用户。

（22）【答案】A

【解析】集线器是一个冲突域，交换机和网桥的每个接口是一个冲突域，路由器每个接口是一个广播域。集线器是物理层设备，仅做信号放大，而网桥原理跟交换机相同，基于 MAC 地址转发。路由器能隔离广播，计算机 R 发的广播报文，计算机 T 和 S 收不到。

（23）【答案】B

【解析】HDLC 的三种类型帧如下：

- 信息帧（I 帧）用于传送用户数据；
- 监控帧（S 帧）用来差错控制和流量控制；
- 无编号帧（U 帧）用于提供对链路的建立、拆除以及多种控制功能，可以承载数据。

监控帧主要有如下几类（RR、RNR、REJ、SREJ），偶尔也会考，要求记忆。

记忆符	名称	S 字段		功能
RR	接收准备好	0	0	确认，且准备接受下一帧，已收妥 N(R)以前的各帧
RNR	接收未准备好	1	0	确认，暂停接收下一帧，N(R)含义同上
REJ	拒绝接收	0	1	否认，否认 N(R)起的各帧，但 N(R)以前的帧已收妥
SREJ	选择拒绝接收	1	1	否认，只否认序号为 N(R)的帧

（24）【答案】C

【解析】IP 报头最小（默认）20 字节，最大 60 字节。

（25）【答案】B

【解析】假如 TCP 最大段长为 1000B，在建立连接后慢启动第 1 轮发送了一个段并收到了应答，那么把窗口扩大到两个报文段，也就是 2000B，而应答报文中 win 字段为 5000 字节，可以发送，此时发送 2000B 字节。

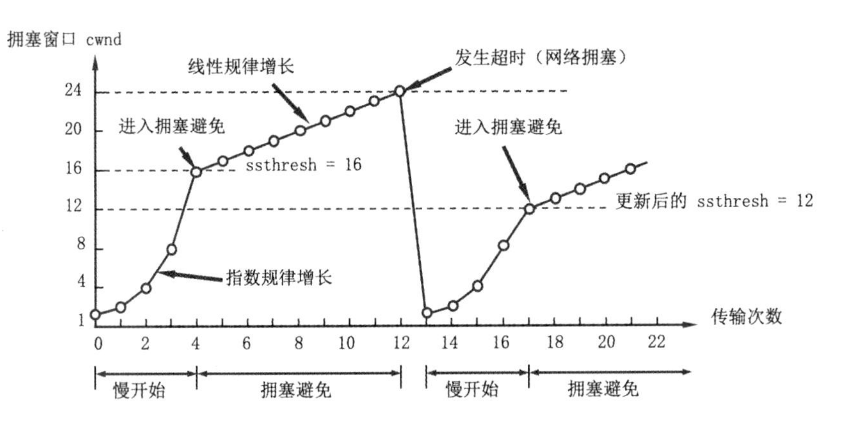

TCP慢开始和拥塞避免算法的实现

（26）【答案】D

【解析】以太网最大效率为：1500/1518=98.8%。

（27）～（29）【答案】B　D　A

【解析】标识符用于识别属于同一个报文的各个分片，M 标志位=1，表示后续还有分片数据；段偏移值指明分片在原始报文中的位置。

（30）【答案】C

【解析】HTTP、HTTPS、SSH 均使用 TCP 封装，DNS 采用 UDP 封装。

（31）【答案】D

【解析】Linux 系统中，口令不直接保存在/etc/passwd 文件中，通常在/etc/passwd 文件中，口令字段使用“x”来代替，将/etc/shadow 作为真正的口令文件，用于保存包括个人口令在内的数据。当然 shadow 文件是不能被普通用户读取的，只有超级用户才有权读取。Linux 两个重要密码文件如下：

文件名	字段	描述
/etc/passwd	root2:x:0:0::/home/root2:bin/bash	[用户名]：[密码]：[UID]：[GID]：[身份描述]：[主目录]：[登录 shell]
/etc/shadow	bin:*:16579:0:99999:7:::	1. [账户名称] 2. [加密后的密码]如果这一栏的第一个字符为！或者*的话，说明这是一个不能登录的账户 3. [最近改动密码的日期]（这个是从 1970 年 1 月 1 日算起的总的天数） 4. [密码不可被变更的天数]设置了这个值，则表示从变更密码的日期算起，多少天内无法再次修改密码，如果是 0 的话，则没有限制 5. [密码需要重新变更的天数]：如果为 99999 则没有限制 6. [密码过期预警天数] 7. [密码过期的宽恕时间]：如果在 5 中设置的日期过后，用户仍然没有修改密码，则该用户还可以继续使用的天数 8. [账号失效日期]过了这个日期账号就无法使用 9. [保留的]

（32）【答案】A

【解析】掌握 Linux 的 13 个基础命令：cat、more、less、cp、mv、rm、mkdir、rmdir、cd、pwd、ls、chmod、ln。

（33）【答案】C

【解析】Linux 中 DHCP 配置文件：etc/dhcpd.conf，DNS 配置文件：/etc/named.conf，HTTP 配置文件：httpd.conf，站点主目录：/var/www.html。

（34）【答案】D

【解析】本地域名服务器是递归查询，根是迭代查询，中介是递归查询，授权域名服务器可能采用迭代查询，也可能递归查询。递归查询需要满足两个条件：①直接返回查询的结果；②即使该服务器不知道结果，那么它会去向其他服务器进行查询，直到查到结果，然后将结果返回客户端。

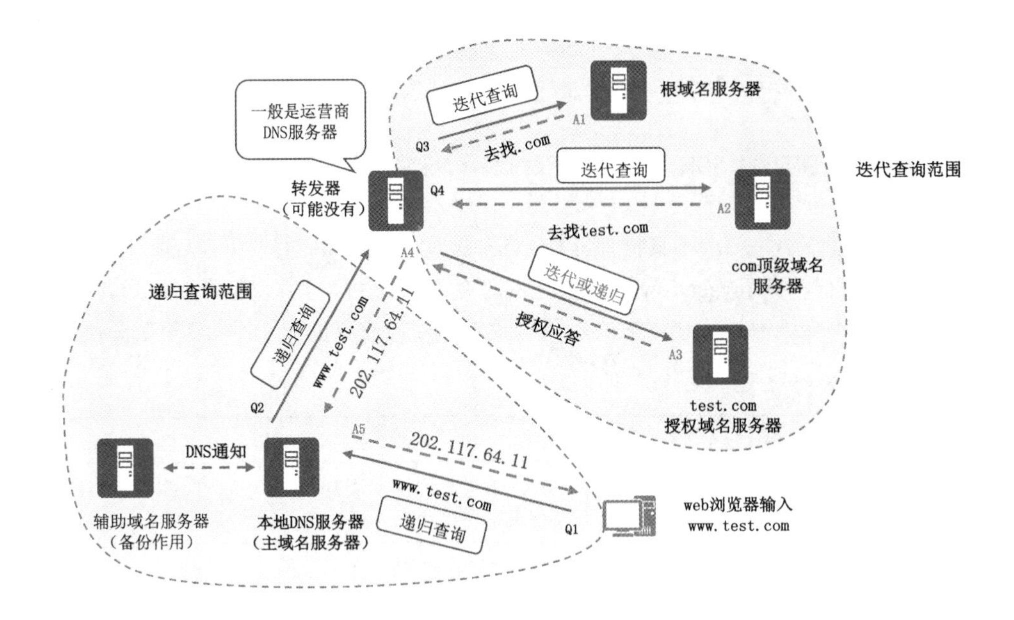

（35）【答案】A

【解析】IIS 能提供三项服务，分别是：HTTP、FTP 和 SMTP。

（36）、（37）【答案】C　A

【解析】Dhcpdiscover 是用于客户机发现 DHCP 服务器，Dhcprequest 用于客户机向服务器请求 IP 地址或者续约，Dhcpoffer 用于服务器向客户端提供 IP 地址，Dhcpdecline 用于客户机发现地址冲突后，向服务器宣称拒绝使用该地址。

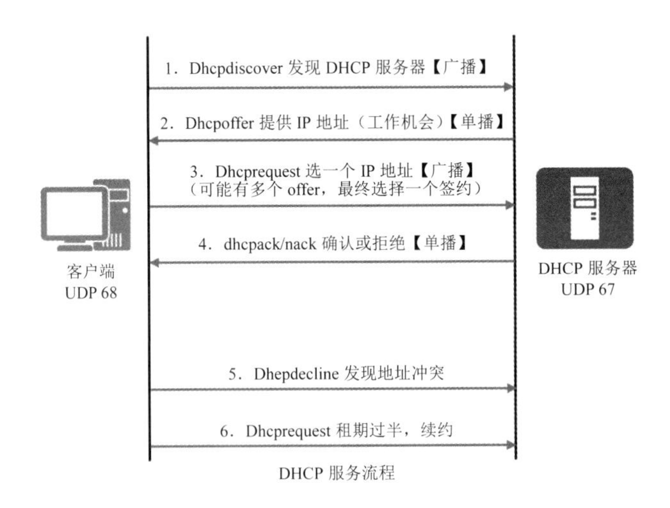

DHCP 服务流程

（38）【答案】D

【解析】注意审题，问的是客户端端口，是随机端口，而服务端采用的控制端口是 TCP 21，数据端口是 TCP 20。

（39）【答案】B

【解析】DNS 可以根据域名解析出 IP 地址，RARP 可以根据 MAC 地址解析出 IP 地址。

（40）【答案】B

【解析】DNS 六种记录类型如下，必须会，每年必考。

记录类型	说明	备注
SOA	SOA叫起始授权机构记录，SOA记录用于在众多NS记录中哪一台是主服务器	SOA记录还设置一些数据版本和更新以及过期时间的信息
A	把主机名解析为IP地址	www.test.com → 1.1.1.1
指针 PTR	反向查询，把IP地址解析为主机名	1.1.1.1 → www.test.com
名字服务器 NS	为一个域指定授权域名服务器，该域的所有子域也被委派给这个服务器	比如某个区域由ns1.domain.com进行解析
邮件服务器 MX	指明区域的邮件服务器及优先级	建立电子邮箱服务，需要MX记录将指向邮件服务器地址
别名 CNAME	指定主机名的别名 把主机名解析为另一个主机名	www.test.com别名为 webserver12.test.com

（41）【答案】D

【解析】本题考查防火墙基础，防火墙一般包含四个区域：DMZ、trust、untrust 和 Local（代表防火墙自身）。

（42）【答案】B

【解析】对称加密算法有：DES、3DES、AES、IDEA、RC4；非对称加密算法有：RSA、DH；哈希算法有：MD5、SHA。

（43）【答案】B

【解析】数字证书包含用户的公钥和 CA 用私钥进行的签名。

（44）【答案】A

【解析】kerberos 和 PKI 体系不要混淆：

kerberos 体系包含 KDC 密钥分发中心、AS 认证服务器、TGS 授权服务器、许可凭证/授权凭证（票据）；

PKI 体系包含 RA、CA、证书/CRL。

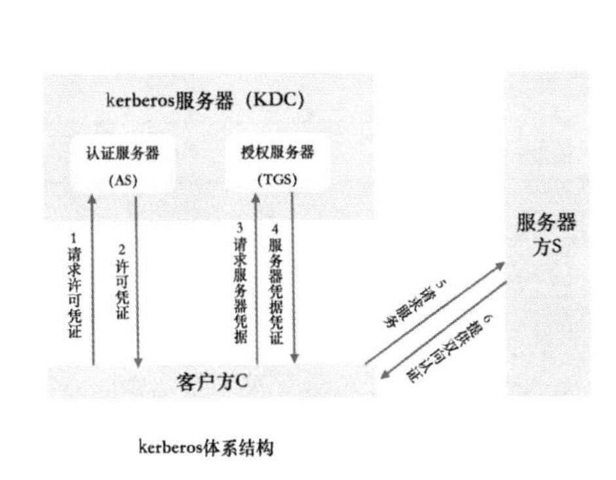

kerberos体系结构

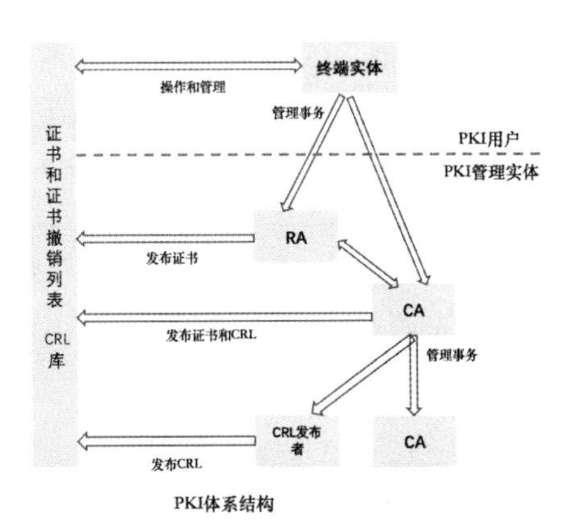

PKI体系结构

（45）【答案】B

【解析】一定要注意，不要误选 A 项，MIME 前面带 S 才表示 security。

（46）【答案】B

【解析】记忆知识点，SNMP 无法防范的攻击有：DOS 和通信分析。SNMPv3 的安全机制有：认证、加密传输和时间序列。

- 时间序列模块：提供重放攻击防护。
- 认证模块：完整性和数据源认证，使用 SHA 或 MD5。
- 加密模块：防止内容泄露，使用 DES 算法。

（47）【答案】C

【解析】掌握 SNMP 协议的安全功能和无法防范的攻击，另外需要掌握域名 DNS 解析过程。

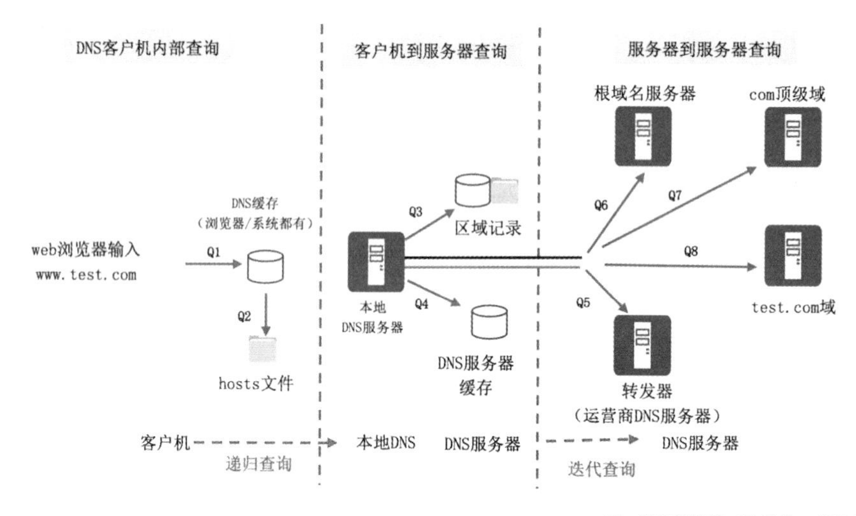

（48）、（49）【答案】D　B

【解析】如下表所示，SNMP 报文前三个可以简写为 get、get-next 和 set。SNMP 双端口：客户端用端口 161 来接收 get/set，服务器端用端口 162 来接收 trap。

SNMP 报文功能

操作编号	分类	名称	用途
0	网管找客户端（领导找下属）	get-request	查询一个或多个变量的值
1		get-next-request	在 MIB 树上检索下一个变量
2		set-request	对一个或多个变量的值进行设置
3	客户端反馈（下属向领导汇报）	get-response	对 get/set 报文做出响应
4		trap	向管理进程报告代理发生的事件

（50）【答案】A

【解析】OSPF 常见命令如下：

display ospf cumulative　查看 OSPF 统计信息

display ospf spf-statistics　查看 OSPF 进程下路由计算的统计信息

display ospf interface　查看 OSPF 的接口信息

display ospf peer　查看 OSPF 的邻居信息

display ospf lsdb　查看 OSPF 的 lsdb

display ospf routing　查看 OSPF 的路由信息

display ospf error　查看 OSPF 错误信息

reset ospf process　重启 OSPF 进程

（51）【答案】A

【解析】由 300 家门店推出，需要 300 个子网，则子网位至少 9 位（2^9=512），那么掩码≥16+9=25；每个子网 50 台电脑，主机位至少 6 位（2^6-2=62），掩码≤32-6=26。那么子网掩码为/25 或/26，即 255.255.255.128 或 255.255.255.192。

（52）、（53）【答案】C　C

【解析】部门 1 需要 100 个 IP 地址，由于 2^7-2=128-2=126>100，需要 7 位主机位。

同理，部门 2 需要 50 个 IP 地址，由于 2^6-2=64-2=62>50，需要 6 位主机位，这种组合方式也有两种。

……最后部门 4、部门 5 在一个组合之内。故共有 2^4=16 种组合方式。

部门 3 所需地址总数是 16 个，如果主机位是 4 位，可用 IP 地址数量为 2^4-2=14 个，不能满足部门 3 的需求；主机位至少是 5 位，可用 IP 地址数量为 2^5-2=30 个，掩码则为 32-5=27 位。

（54）【答案】A

【解析】路由汇总，没有捷径，把涉及的八元组，恢复成二进制，再取相同位。

202.114.129.0=202.114.10000 001.0

202.114.130.0=202.114.10000 010.0

202.114.132.0=202.114.10000 100.0

202.114.133.0=202.114.10000 101.0

取相同位则：202.114.100000.0=202.114.128.0/21

（55）【答案】B

【解析】0.0.0.0 只能做源地址，不能做目标地址；127.0.0.1 是本地回环测试地址，既可以作为源地址也可以作为目的地址，C、D 项是广播地址，只能作为目的地址。

（56）【答案】A

【解析】本题考查 STP 基础，不是所有交换机都支持 STP，很多家用级交换机不支持。

（57）【答案】D

【解析】本题考查 RIPv1 和 RIPv2 的区别，RIPv1 和 RIPv2 都是最大 15 跳，16 跳为不可达。

RIPv1 和 RIPv2 技术对比

RIPv1	RIPv2
有类，不携带子网掩码	无类，携带子网掩码
广播更新	组播更新（224.0.0.9）
周期性更新（30s）	触发更新
不支持 VLSM、CIDR	支持 VLSM、CIDR
不提供认证	提供明文和 MD5 认证

（58）**【答案】**B

【解析】OSPF 骨干区域是 0，在点对点网络上每 10 秒发送一次 hello，在 NBMA 网络中每 30 秒发送一次，Deadtime 为 hello 时间的 4 倍。

（59）**【答案】**A

【解析】两种城域网标准：

802.1ad：QinQ，VLAN-in-VLAN，把用户 VLAN 嵌套在运营商 VLAN 里面进行传送。

802.1ah：PBB，MAC-in-MAC，进行两次以太网封装。

（60）**【答案】**D

【解析】默认路由是特殊的静态路由，优先级都是 60，RIP 优先级是 100，越小越优先，故默认路由比 RIP 协议更优先。

不同路由协议优先级

路由协议	优先级
DIRECT	0
OSPF	10
IS-IS	15
STATIC	60
RIP	100
OSPF AS E	150
OSPF NSSA	150
IBGP	255
EBGP	255

（61）**【答案】**B

【解析】交换机四种接口类型：access、trunk、hybrid、dot1q-tunnel。

（62）**【答案】**C

【解析】下表是 BGP 四种报文（必须掌握），路由更新采用 Update 报文；BGP 封装在 TCP179 中，BGP 支持增量更新，支持认证；BGP 用于运营商骨干网或互联网企业，能支持更大的路由条目。

BGP 报文类型与功能

报文类型	功能描述	备注（类比）
打开（Open）	建立邻居关系	建立外交
更新（Update）	发送新的路由信息	更新外交信息
保持活动状态（Keepalive）	对 Open 的应答/周期性确认邻居关系	保持外交活动
通告（Notification）	报告检测到的错误	发布外交通告

（63）**【答案】**A

【解析】百兆和千兆以太网物理层标准必须重点记忆，考试出题概率高达 90%以上。

百兆以太网物理层规范

属性	传输介质	特性阻抗	传输距离
100BASE-TX（4B/5B）	两对 5 类 UTP	100Ω	100m
	两对 STP	150Ω	
100BASE-FX	一对多模光纤 MMF	62.5/125μm	2km
	一对单模光纤 SMF	8/125μm	40km
100BASE-T4	四对 3 类 UTP	100Ω	100m
100BASE-T2	两对 3 类 UTP	100Ω	100m

千兆以太网物理层规范

标准	名称	传输介质	传输距离	特点
IEEE 802.3z	1000BASE-SX	光纤（短波 770～860nm）	550m	多模光纤（50/62.5μm）
	1000BASE-LX	光纤（长波 1270～1355nm）	5000m	单模（10μm）或多模光纤（50/62.5μm）
	1000BASE-CX	两对 STP	25m	屏蔽双绞线，同一房间内的设备之间
IEEE 802.3ab	1000BASE-T	四对 UTP	100m	5 类非屏蔽双绞线，8B/10B 编码

（64）**【答案】**C

【解析】IEEE 802.3 以太网标准底层的竞争访问协议是 CSMA/CD。在 CSMA/CD 网络中，最小帧长=2×(网络数据速率×最大段长/信号传播速度)。无线 802.11（Wi-Fi）的访问控制协议是 CSMA/CA。

（65）、（66）**【答案】**D　D

【解析】802.11 标准见下表，重点注意的是各种标准的频率、可用信道数量。

	802.11	802.11b	802.11a	802.11g	802.11n	802.11ac	802.11ax
标准发布时间	1997 年	1999 年	1999 年	2003 年	2009 年	2012 年	2018 年
频率范围	2.4GHz	2.4GHz	5.8GHz	2.4GHz	2.4GHz 5.8GHz	5.8GHz	2.4GHz 5.8GHz
非重叠信道	3	3	5	3	3+5	5	3+5
调制技术	FHSS/DSSS	CCK/ DSSS	OFDM	CCK/OFDM	OFDM	OFDM	OFDMA
最高速率	2M	11M	54M	54M	600M	6900M	9600M
实际吞吐	200K	5M	22M	22M	100+M	900M	1G 以上
兼容性	N/A	与 11g 产品可互通	与 11b/g 不能互通	与 11b 产品可互通	向下兼容 802.11a/b/g	向下兼容 802.11a/n	向下兼容 802.11a/n

Wi-Fi 网络安全需要掌握如下要点：

1）SSID 访问控制：隐藏 SSID，让不知道的人搜索不到。

2）物理地址过滤：在无线路由器设置 MAC 地址黑白名单。

3）采用 WEP 认证和加密：PSK 预共享密钥认证，RC4 加密。

4）采用 WPA（802.11i 草案）实现认证、加密及完整性验证。WPA 可以使用安全性更高的认证技术 802.1x，使用的加密技术是 RC4 和 TKIP，支持完整性验证和防重放攻击。

5）采用 WPA2（802.11i）实现认证和加密。WPA2 主要是针对 WPA 的优化，加密协议升级为基于 AES 的 CCMP。

（67）、（68）**【答案】**D　C

【解析】题目要求结合速率和容错，首先 RAID0 没有容错功能，直接排除 A 项；RAID1 性能不如 RAID10（毕竟 RAID10 有 RAID0 的性能加持），排除 B 项。RAID5 与 RAID10 相比，RAID5 可以坏 1 个盘，RAID10 最多可以坏一半，RAID10 容错性更好，同时由于 RAID0 的加持，速率也会更快。RAID0 和 RAID1 至少需要 2 块硬盘，RAID5 至少需要 3 块硬盘，RAID6 至少需要 4 块硬盘。重点 RAID 技术对比如下，需要掌握空间利用率、最多坏盘数量：

RAID 级别	RAID0	RAID1	RAID5	RAID6	RAID10
可靠性	最低	高	较高	高	高
冗余类型	无	镜像冗余	校验冗余	校验冗余	镜像冗余
空间利用率	100%	50%	(N-1)/N	(N-2)/N	50%
性能	最高	最低	较高	较高	高
允许坏盘数量	0	N/2	1	2	N/2

（69）**【答案】**C

【解析】五阶段模型必须掌握，需要知道哪个阶段有哪些动作，技术方案设计和选型属于逻辑网络设计阶段，不要误选 D 项。

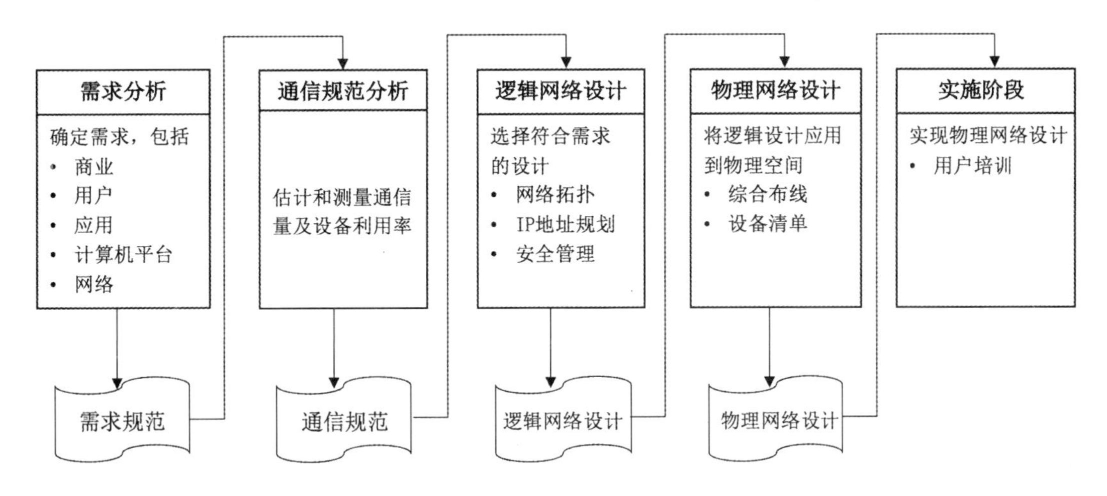

（70）**【答案】**B

【解析】本题考查三层架构功能，局域网三层架构模型都是交换机：核心交换机、汇聚交换机、接入交换机，不要误选 C 项。

- 核心层：流量高速转发，别的基本什么都不做。
- 汇聚层：流量汇聚、链路和设备冗余，典型的双汇聚冗余，另外就是策略控制，各类访问控制列表在汇聚层进行配置。
- 接入层：提供接口，安全准入，比如常见的 802.1x 配置，端口安全配置均在接入交换机实现。
- 楼层接入、楼宇汇聚、网络中心机房核心。

（71）～（75）**【答案】**C　A　D　B　C

【解析】对称加密或私钥加密的基础是通信双方共享同一密钥。发送方使用一个密钥作为数学运算的一部分把明文加密成密文。接收方使用同一密钥把密文解密变成明文。在非对称或公钥加密方法中，每个用户使用两种不同的密钥：一个是只有这个用户知道的私钥；另一个是与其对应的任何人都知道的公钥。根据加密算法，私钥和公钥是数学上相关的。一个密钥用于加密，而另一个用于解密，依赖于实现的通信服务的特点而用法有所不同。此外，公钥加密技术也可以用于报文的数字签名。数字签名时使用发送方的私钥来加密一部分报文。当接收方收到报文时，就用发送方的公钥来解密数字签名，以便对发送方的标识进行验证。

网络工程师冲刺密卷（一）

案例分析答案与解析

试题一

【问题 1 答案】

（1）室外 AP　（2）高密 AP　（3）分布式 AP　（4）墙面 AP　（5）AC 或无线控制器

（6）日志审计（要体现审计，填“上网行为管理”勉强可以，不是特别好）

【解析】此题考查场景网络设备组网应用。

【问题 2 答案】

（7）C　（8）传输　（9）隧道　（10）隧道

【解析】必须掌握 IPSec 三个子协议功能（见下表）和两种封装模式（如下图）。基础较好的考生可以适当了解 IPSec VPN 配置。

IPSec 子协议功能

IPSec 子协议	功能	代表协议
AH	数据完整性和源认证	MD5、SHA
ESP	数据加密	DES、3DES、AES
IKE	密钥生成和分发	DH

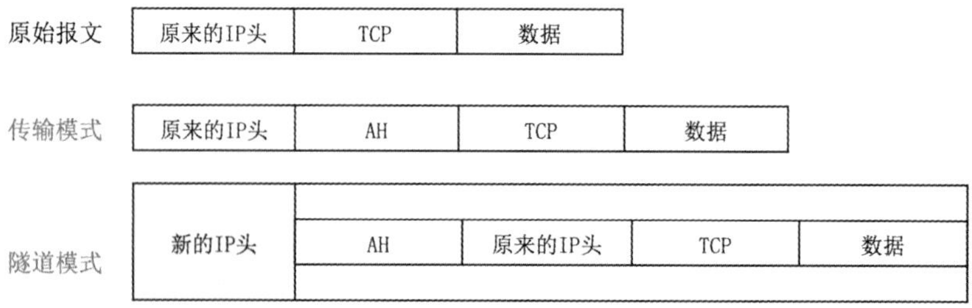

原始报文：原来的IP头 | TCP | 数据

传输模式：原来的IP头 | AH | TCP | 数据

隧道模式：新的IP头 | AH | 原来的IP头 | TCP | 数据

IPSec 两种封装模式（传输模式和隧道模式）

【问题 3 答案】

（11）配置 nqa，定期发送 ICMP 检测电信出口是否正常。

（12）配置两条默认路由分别指向电信和联通，用户主要通过电信出口访问互联网，如果电信出口故障，切换到联通出口访问互联网。

（13）ospf 1 router-id 192.168.30.254 或直接 ospf 1

（14）area 0 或 area 0.0.0.0

（15）192.168.10.0 0.0.0.255

（16）192.168.20.0 0.0.0.255

（17）192.168.30.0 0.0.0.255

（18）A　（19）C

（20）**acl 3010**　（21）**any**　（22）**traffic**　（23）**traffic behavior**　（24）**jiaoxue**

（25）**re-dianxin**　（26）**sushe**　（27）**re-liantong**　（28）**inbound**

【解析】本题考查默认路由优先级和 NQA 链路状态检测。需掌握 OSPF 基础配置与命令，另外，策略路由配置必须掌握。

查看 OSPF 邻居的信息：display ospf [process-id] peer

查看 OSPF 接口的信息：display ospf [process-id] interface

查看 OSPF 路由表的信息：display ospf [process-id] routing

查看 OSPF LSDB 的信息：display ospf [process-id] lsdb

查看 OSPF 的概要信息：display ospf [process-id] brief

查看 OSPF 错误信息：display ospf [process-id] error

试题二

【问题 1 答案】

（1）A　（2）B　（3）C　（4）C　（5）A　（6）分布式拒绝服务攻击

（7）控制大量肉鸡，对被攻击主机发起访问，耗尽对方资源，让其不能正常提供服务

（8）代理服务器　（9）肉鸡/僵尸主机　（10）流量清洗

【解析】本题考查网络安全基础。

【问题 2 答案】

（11）数据读写性能或性能　（12）数据安全性　（13）24T　（14）2　（15）RAID2.0

存储系统 1 是 FC-SAN，存储系统 2 是 IP-SAN。

FC-SAN 成本更高，小块数据吞吐能力更强，一般用于数据库业务。

IP-SAN 成本更低，支持的带宽较大，一般用于音视频等数据量大，对带宽要求高的业务。

【解析】本题考查 RAID 技术及 FC-SAN 和 IP-SAN，务必掌握。

试题三

【问题 1 答案】

（1）A　（2）192.168.200.254　（3）10

（4）新建保留地址，根据主机 MAC 为主机分配保留的 IP 地址。

【解析】DHCP 和 DNS 服务器必须使用静态 IP 地址，Web/FTP 服务器可以使用动态 IP。

【问题 2 答案】

（5）ipconfig /release　（6）ipconfig /renew　（7）arp -a　（8）D

（9）Dhcpdiscover 是广播报文，广播不能跨网段通信，DHCP 服务器不能收到客户机的报文，故不能正常分配 IP 地址。

（10）DHCP 中继

【解析】本题考查 DHCP 相关命令及 DHCP 报文类型、DHCP 中继。

【问题 3 答案】

1．网络中私接路由器，且开启了 DHCP 功能，部分用户从私接路由器获得了 IP 地址。（答出私接路由器即可）

交换机开启 DHCP Snooping，将连接用户的接口设置为 untrust。（关键字：DHCP Snooping）

2．ABC

3．C

【解析】

1．网络私接导致 IP 地址分配错误，非常常见。

2．千兆需要使用 8 芯网线，百兆使用 4 芯即可，故网线故障可能导致降速。网卡驱动不兼容或者网卡硬件跟电脑主板不匹配都可能导致千兆向下兼容成 100M。主机中毒和网络环路都可能导致访问速度缓慢，但不会导致主机的显示连接速率为 100M。

3．不要理解成 CIDR 路由聚合，不然容易选 A 项。正确解法：已知 3 个网络地址，两两相减可以得出地址块 208-192=224-208=16，那么主机位是 4 位，网络位（掩码）=32-4=28，等同于 255.255.255.240。

试题四

【问题 1 答案】

（1）system-view　（2）sysname　（3）vlan batch　（4）access　（5）default

（6）trunk　（7）allow-pass　（8）quit　（9）vlanif　（10）192.168.1.254 24

【问题 2 答案】

（11）123.1.1.4～123.1.1.14　（12）3000～3999

（13）address-group　（14）123.1.1.4 123.1.1.14

（15）192.168.1.0 0.0.0.255　（16）outbound　（17）123.1.1.2　（18）inside

【解析】公司分配到的公网地址段是 123.1.1.0/28，即掩码是 28 位，主机 4 位，地址块=2^4=16。

可用地址为 123.1.1.1～123.1.1.14，其中 123.1.1.1、123.1.1.2 和 123.1.1.3 已经被占用，剩下的地址用于主机 NAT 范围是：123.1.1.4～123.1.1.14。基本 ACL 只能匹配源地址，编号为 2000～2999，高级 ACL 可以匹配源 IP 地址、目的 IP 地址、端口号等信息，编号为 3000～3999。

网络工程师冲刺密卷（二）

综合知识答案与解析

（1）、（2）【答案】B　C

【解析】软件测试阶段、测试依据与测试方法见下表。

	别名	测试阶段	测试对象	测试人员	测试依据	测试方法
单元测试（UT）	模块测试 组件测试	在编码之后进行，来检验代码的正确性	模块、类、函数和对象也可能是更小的单元(如：一行代码，一个单词)	白盒测试工程师或开发人员	代码、详细设计文档	白盒测试
集成测试（IT）	组装测试 联合测试	单元测试之后，检验模块间接口的正确性	模块间的接口	白盒测试工程师或开发人员	单元测试文档、概要设计文档	黑盒测试+白盒测试（灰盒测试）
系统测试（ST）	—	集成测试之后	整个系统（软件、硬件）	黑盒测试工程师	需求规格说明书	黑盒测试
验收测试	交付测试	系统测试通过后	整个系统(包括：软件、硬件)	最终用户/需求方	用户需求、验收标准	黑盒测试

（3）【答案】D

【解析】在读操作上 RAID5 和 RAID10 相当，在写性能下由于 RAID10 不存在数据校验的问题，每次写操作只是单纯的执行，所以在写性能上 RAID10 好于 RAID5。RAID5 磁盘利用率是(N-1)/N，最少 3 块磁盘。

RAID 级别	RAID0	RAID1	RAID5	RAID6	RAID10
可靠性	最低	高	较高	高	高
冗余类型	无	镜像冗余	校验冗余	校验冗余	镜像冗余
空间利用率	100%	50%	(N-1)/N	(N-2)/N	50%
性能	最高	最低	较高	较高	高
允许坏盘数量	0	N/2	1	2	N/2

（4）【答案】D

【解析】中科方德是国产化操作系统厂商。

（5）【答案】B

【解析】本题考查计算机系统中数据的表示。机器字长为 n，最高位为符号位，则剩余的 n-1 位用来表示数值，其最大值是这 n-1 位都为 1，也就是 $2^{n-1}-1$。比如 4 位二进制数，最高位表示是正数或者负数，其他三位表示数值。那么最大是 0111 或者 1111，即真正有效的数值是 111，转换成十进制是 $1\times2^0+1\times2^1+1\times2^2=7$。依次代入四个选项，只有 B 项满足要求，$2^{4-1}-1=2^3-1=8-1=7$。

注：一定要会二进制转换为十进制，十六进制转换为十进制。

（6）【答案】B

【解析】计算机硬件系统是冯·诺依曼设计的体系结构，由运算器、控制器、存储器、输入/输出设备（I/O）五大部件组成，运算器和控制器组成中央处理器（CPU）。

- 控制器：负责访问程序指令，进行指令译码，并协调其他设备，通常由程序计数器（PC）、指令寄存器（IR）、指令译码器、状态/条件寄存器、时序发生器、微操作信号发生器组成。指令执行包含取指、译码、执行。
- 程序计数器（PC）：用于存放下一条指令所在单元的地址。
- 指令寄存器（IR）：存放当前从主存读出的正在执行的一条指令。
- 指令译码器：分析指令的操作码，以决定操作的性质和方法。
- 微操作信号发生器：产生每条指令的操作信号，并将信号送往相应的部件进行处理，以完成指定的操作。
- 运算器：负责完成算术、逻辑运算功能，通常由 ALU（算术/逻辑单元）、通用寄存器、状态寄存器、多路转换器构成。

A、C、D 项都是控制器的组成部分，只有 B 项属于运算器。

（7）【答案】B

【解析】理解死锁发生的条件。如果有 6 个并发进程，每个进程需要 2 个资源 R，那么如果有 6 个资源，刚好每个进程分配 1 个，就会出现死锁，所有进程都不能完成执行。如果有 7 个资源，那么至少有 1 个进程能分配到 2 个资源，该进程可以完成执行，之后释放资源，供其他进程执行。

（8）【答案】C

【解析】计算机输入输出（I/O）控制有四种方式：直接程序控制/程序查询（软件方式）、中断方式（软件+硬件方式）、直接存储器存取（DMA）、I/O 通道方式。

- 直接程序控制/程序查询（软件方式）：软件方式会消耗 CPU 资源，导致 CPU 利用率低，因此，这种方式适合工作不太繁忙的系统。
- 中断方式（软件+硬件方式）：当出现来自系统外部、机器内部甚至处理机本身的任何例外时，CPU 暂停执行现行程序，转去处理这些事情，等处理完成后再返回来继续执行原先的程序。中断处理过程为：①CPU 收到中断请求后，如果 CPU 中断允许触发器是 1，则在当前指令执行完成后，响应中断；②CPU 保护好被中断的主程序的断点及现场信息，保持中断前一时刻的状态不被破坏；③CPU 根据中断类型码从中断向量表中找到对应中断服务程序的入口地址，并进入中断服务程序；④中断服务程序执行完毕后，CPU 返回中断点处继续执行刚才被中断的程序。

- 直接存储器存取（DMA）方式：DMA 方式不是用软件而是采用一个专门的控制器（相当于一个硬件设备）来控制内存与外设之间的数据交流，不需要 CPU 介入，可大大提高 CPU 的工作效率。
- I/O 通道方式：又称输入/输出处理器（IOP），目的是使 CPU 摆脱繁重的输入输出负担和共享输入输出接口，多用于大型机计算机系统中。根据多台外围设备共享通道的不同情况，可将通道分为三种类型：字节多路通道、选择通道和数组多路通道。

（9）**【答案】**D

【解析】把高级语言源程序翻译成机器语言程序的方法有“解释”和“编译”两种。

- 编译：先把源程序翻译成目标程序，然后计算机再执行该目标程序，比如 C++和 C 语言编写的程序，会先编译成 exe 目标程序，之后再执行。
- 解释（翻译）：源程序进入计算机后，解释程序边扫描边解释，逐句输入逐句翻译，计算机一句句执行，并不产生目标程序，如 BASIC、Python。

编译程序与解释程序最大的区别之一在于前者生成目标代码，而后者不生成；此外，前者产生的目标代码的执行速度比解释程序的执行速度要快，后者人机交互好，适于初学者使用。

（10）**【答案】**B

【解析】《中华人民共和国著作权法》规定作者的署名权、修改权和保护作品完整权不受时间限制，其他权利为作者终生及其死亡后的 50 年。需熟悉下表内容：

客体类型	权利类型	保护期限
公民作品	署名权、修改权、保护作品完整权	没有限制
	发表权、使用权和获得报酬权	作者终生及其死亡后的 50 年（第 50 年的 12 月 31 日）
单位作品	发表权、使用权和获得报酬权	50 年（首次发表后的第 50 年的 12 月 31 日），若期间未发表，不保护
公民软件产品	署名权、修改权	没有限制
	发表权、复制权、发行权、出租权、信息网络传播权、翻译权、使用许可权、获得报酬权、转让权	作者终生及其死亡后的 50 年（第 50 年的 12 月 31 日）。对于合作开发的，则以最后死亡的作者为准
单位软件产品	发表权、复制权、发行权、出租权、信息网络传播权、翻译权、使用许可权、获得报酬权、转让权	著作权的保护期为 50 年（首次发表后的第 50 年的 12 月 31 日），若 50 年内未发表的，不予保护
注册商标		有效期为 10 年（若注册人死亡或倒闭 1 年后，未转移则可注销，期满后 6 个月内必须续注）
发明专利权		保护期为 20 年（从申请日开始）

续表

客体类型	权利类型	保护期限
实用新型专利权		保护期为 10 年（从申请日开始）
外观设计专利权		保护期为 15 年（从申请日开始）
商业秘密		不确定，公开后公众可用

（11）【答案】D

【解析】需掌握 CRC 计算过程。

（12）【答案】A

【解析】B、C、D 项都是分组交换，其中 B、D 项是分组交换中的虚电路模式，C 项是分组交换中的数据报方式。ADSL 主要借助传统电话线通过 Cable Modem 供用户上网，故依赖传统电话网络，是电路交换。

（13）、（14）【答案】B　D

【解析】每秒传 200 个字符，而每个字符有 1+7+2+1=11 位，那么每秒传 200×11=2200bit，即 2.2kb/s，有效数据位占 7/11，故有效速率为 7/11×2.2kb/s=1.4kb/s；或者直接字符数量×每个字符的有效数据位：200×7=1400bit/s=1.4kb/s。曼彻斯特编码效率是 50%，最大波特率是数据速率的 2 倍，即 4400 Baud。

（15）【答案】C

【解析】光纤分多模光纤和单模光纤两类，多模光纤传输距离近，单模光纤传输距离远。

（16）【答案】C

【解析】HDLC 分为三种帧：信息帧、监控帧、无编号帧，帧格式如下图所示：

标志：1字节	1字节	1字节	≥0字节	2字节	标志：1字节
01111110	地址	控制字段	DATA	FCS	01111110

	1	2	3	4	5	6	7	8
I帧：信息帧	0	N(S)			P/F	N(R)		
S帧：监控帧	1	0	S		P/F	N(R)		
U帧：无编号帧	1	1	M		P/F	M		

（比特序号：1 2 3 4 5 6 7 8）

记忆符	名称	S字段		功能
RR	接收准备好	0	0	确认，且准备接受下一帧，已收妥N(R)以前的各帧
RNR	接收未准备好	1	0	确认，暂停接收下一帧，N(R)含义同上
REJ	拒绝接收	0	1	否认，否认N(R)起的各帧，但N(R)以前的帧已收妥
SREJ	选择拒绝接收	1	1	否认，只否认序号为N(R)的帧

- 信息帧（I 帧）：第一位为 0，用于承载数据和控制。N(S)表示发送帧序号，N(R)表示下一个预期要接收帧的序号，N(R)=5，表示下一帧要接收 5 号帧。N(S)和 N(R)均为 3 位二进制编码，可取值 0～7。
- 监控帧（S 帧）：前两位为 10，监控帧用于差错控制和流量控制。S 帧控制字段的第三、四位为 S 帧类型编码，共有四种不同编码，分别为 RR、RNR、REJ 和 SREJ，功能如上图所示。

- 无编号帧（U 帧）：控制字段中不包含编号 N(S)和 N(R)，U 帧用于提供对链路的建立、拆除以及多种控制功能，但是当要求提供不可靠的无连接服务时，它有时也可以承载数据。

HDLC 和 TCP 都有流量控制机制，常用的流量控制协议是停等协议和滑动窗口协议。

- 停等协议: 发送站发一帧，收到应答信号后再发送下一帧，接收站每收到一帧后都回送一个应答信号（ACK），表示愿意接收下一帧，如果接收站不应答，发送站必须等待。
- 滑动窗口协议：主要思想是允许发送方连续发送多个帧而无须等待应答确认。

故 D 选项表述错误，因为 1 个确认帧可以确认多个数据帧正确接收，窗口也可能移动多格。

（17）、（18）**【答案】** D　C

【解析】 图中最长路径就是关键路径，也是完成项目需要的最少时间，A-D-F-H-J 最长，总时间是 46 天。经过 FG 的线路有 2 条，分别是 A-C-F-G-J 和 A-D-F-G-J，它们的时间分别是 20 天和 28 天。那么 FG 的自由时间是 46-28=18 天。

（19）**【答案】** C

【解析】 PCM 采样频率大于 $2f_{max}$，信号最高频率是 9MHz，那么采样频率需要大于 18MHz。

（20）**【答案】** C

【解析】 第一步，先把 30dB 信噪比转换为 S/N。dB 与 S/N 的关系是 dB=10log10(S/N)，把 30dB 代入公式即得到：30=10log(S/N)，即 3=log(S/N)，那么 S/N≈10^3=1000。第二步，把 S/N 代入香农公式，则可以计算出最大速率：$C=B\log_2(1+S/N)=3000\times\log_2(1+1000)\approx30000$b/s。

（21）、（22）**【答案】** C　B

【解析】 IP 头最少 20 个字节（最大可扩展到 60 个字节），TCP 头最少也是 20 个字节（最大 60 个字节），最小合计 40 个字节。以太网帧最大负载长度为 1500 字节，另外帧头和帧尾还有 18 个字节。封装在以太帧中的 TCP 数据最多可以为 1460 字节。

（23）**【答案】** D

【解析】 UDP 提供无连接的传输服务，协议开销少，被大量应用于网络管理、音视频领域。UDP 不提供连接，也没有差错和流量控制机制，只是在 IP 协议之上增加了端口寻址功能。

（24）～（26）**【答案】** B　A　C

IP 数据报为 3820 字节，除去 IP 头长度为 3800，具体分片如下：

	总长度	数据长度	MF	片偏移
原始数据报	3820	3800	0	0
数据报片 1	1396	1376	1	0（0/8）
数据报片 2	1396	1376	1	172（1376/8）
数据报片 3	1068	1048	0	344（2752/8）

【解析】 本题考查 IP 数据报数据长度、MF 和片偏移知识点。1380 不能被 8 整除（1380/8=172.5），故片偏移只能取 172（如果取 173，那么 173×8=1384，会溢出）。

（27）【答案】D

【解析】滑动窗口：TCP 的流控措施，接收方通过通告发送方自己的可以接受缓冲区大小，从而控制发送方的发送速度。

拥塞窗口（cwnd）：TCP 拥塞控制措施，发送方维持一个的状态变量。拥塞窗口的大小取决于网络的拥塞程度，并且动态变化。

TCP 首部的窗口是指滑动窗口，A、B 选项都在说滑动窗口。

（28）【答案】C

【解析】常用的电子邮件协议有 SMTP（TCP 25）、POP3（TCP 110）、IMAP4（TCP 143），而安全的电子交易（Secure Electronic Transaction，SET）用于保障电子商务安全。

（29）、（30）【答案】D　A

【解析】常用的 DHCP 第一个数据包是 Dhcpdiscover，广播发送。DHCP 采用 UDP67 和 68 端口，客户端是 68 端口，服务器端是 67 端口。

（31）【答案】A

【解析】本题考查在 Windows 操作系统下，DHCP 网络服务启动后，手动获取 IP 地址的知识。

ipconfig/renew：重新获得 IP 地址，ipconfig/release：释放 IP 地址，/reload 和/reset 是两个干扰项，ipconfig 不支持这两个参数。另外需要掌握 ipconfig/displaydns 和 ipconfig/flushdns，分别是显示系统 DNS 缓存和清除系统 DNS 缓存。

（32）～（34）【答案】C　A　C

【解析】图 1 显示的是主机路由表，命令是 route print 或 netstat -r，图 2 是交换机 MAC 地址表，命令是 display mac-address。需牢记路由表、MAC 地址表、ARP 表格式。

（35）【答案】A

【解析】Tracert、Netstat 及 Route print 均可以获得网关 IP 地址信息。

（36）【答案】A

【解析】本题考查 Linux 系统中 Samba 服务的基本概念，以前考过几次。

（37）【答案】C

【解析】/etc/inetd.conf 是 TCP/IP 服务配置文件。/etc/lilo.conf 是加载器配置文件，用于配置 Linux 的引导参数。/etc/httpd/conf/httpd.conf 为 Web 服务器主配置文件，可以配置服务器所使用的端口号。/etc/httpd/confi/access.conf 包含 Web 服务器中安全和用户访问相关的设置。

（38）【答案】A

【解析】在域名解析过程中，根域名服务器一般是迭代查询，排除 D 项。授权域名服务可能是递归、也可能是迭代查询，故 C 项不对；主域名服务器（本地域名服务器）没有给客户返回查询结果，肯定是迭代查询，故排除 B 项。

注：由授权域名服务器传回解析结果，并不能说明授权域名服务器一定是递归查询，也可能是迭代查询。主域名服务器一般指本地域名服务器。

（39）【答案】A

【解析】Windows Server 环境中包含本地用户和域用户两种用户，本地用户的信息存储在本地计算机的安全账户管理器（Security Accounts Manager，SAM）数据库内，当本地计算机用户尝试本地登录时，需要经过 SAM 数据库验证。域用户信息存储在域控制器的活动目录中，活动目录是网络中的中央数据库，存储各种资源信息。

（40）、（41）【答案】B　C

【解析】ICMP（Internet Control Message Protocol）用于进行网络差错控制，包含多种类型：

1）请求/响应（类型 8/0）：用于测试两个节点之间的通信线路是否联通，发送方使用 echo request 报文，接收方回送 echo reply 报文，PING 工具底层依赖这两个报文。

2）地址掩码（请求/响应，类型 17/18）：主机可以利用这种报文获得它所在的 LAN 的子网掩码。主机先发广播请求报文，同一局域网内的路由器以地址掩码响应报文回答，告诉主机子网掩码。

3）源抑制（类型 4）：这种报文提供了一种流量控制的方式。如果路由器或目标主机缓冲资源耗尽而必须丢弃数据报，则每丢弃一个数据报就向源主机发回一个源抑制报文，这时源主机必须降低发送速度。另外一种情况是系统的缓冲区已用完，并预感到行将发生拥塞，则会发出源抑制报文。

4）路由重定向（类型 5）：路由器向直接相连的主机发出重定向报文，告诉主机一个更短的路径。例如，路由器 R1 收到本地网络上的主机发来的数据报，R1 检查它的路由表，发现要把数据报发往网络 M，必须先转发给路由器 R2，而 R2 又与源主机在同一网络中，于是 R1 向源主机发出路由重定向报文，把 R2 的地址告诉它，让主机直接把报文发给 R2，不用通过 R1 中转。

（42）、（43）【答案】A　C

【解析】证书包含用户的公钥和 CA 的签名，要验证证书真伪即需要验证 CA 的签名，而 CA 的签名是 CA 用自己的私钥签的，所以必须用 CA 的公钥进行验证。消息 M 的签名是发送方 A 用自己的私钥进行签名，故需要用发送方 A 的公钥进行验证。

注：数字签名采用非对称加密算法，用私钥签名，则用公钥解密。

（44）【答案】D

【解析】哈希算法可用于消息认证，常见的有 MD5 和 SHA。

（45）【答案】B

【解析】哈希算法 3DES 密钥长度一般是 112 位，通过 2 个密钥执行 3 次加解密操作、AES 密钥长度可变，支持 128、192 和 256 位三种密钥长度，RC4 加密算法速度快。

（46）【答案】D

【解析】数字证书中包含用户的公钥，没有用户的签名，所以选项 D 是不可能包含在数字证书中的。

（47）【答案】A

【解析】OSPF 采用 SPF 算法，RIPv2 采用组播更新，RIP 两个版本度量值都是跳数。两个版本对比如下：

RIPv1	RIPv2
有类，不携带子网掩码	无类，携带子网掩码
广播更新	组播更新（224.0.0.9）
周期性更新（30s）	触发更新
不支持 VLSM、CIDR	支持 VLSM、CIDR
不提供认证	提供明文和 MD5 认证

（48）、（49）**【答案】**B　D

【解析】以太网是广播网络，X.25 是非广播多址网络。

（50）**【答案】**A

【解析】B 项描述的是 SNMP Trap，SNMP 服务器必须开启 SNMP Trap（UDP 162），而不一定开启 SNMP Service（UDP 161），SNMP Service 是客户端需要开启的服务，仅使用端口号 161。

（51）**【答案】**D

【解析】如下图所示，根据子网掩码作用的关系，得知/20 作用于第三段。

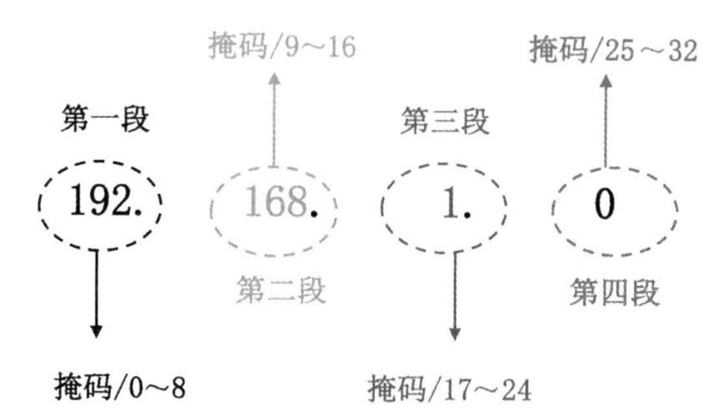

则地址块是 $2^{24-20}=2^4=16$，那么网络 100.10.96.0 的范围是：100.10.96.0～100.10.111.255，只有 D 项不在此范围内，D 项属于网络 100.10.112.0/20。

（52）**【答案】**B

【解析】掩码是/17，被划分为 16 个子网，则子网位是 4 位（$2^4=16$），那么划完子网后掩码是/21。同样该掩码作用于 IP 地址第三段，地址块是 $2^{24-21}=2^3=8$，所有子网的第三段肯定是 8 的倍数。A、C、D 项中第三段是 136、208、224 都能被 8 整除，只有 B 项中 162 不能被 8 整除，故 B 项不属于划分后的子网。当然，也可以把全部子网写出来。

（53）**【答案】**C

【解析】方法 1：/26 作用于第四段，块是 $2^{32-26}=2^6=64$，则下一个子网是 172.16.7.192/26，那么 172.16.7.128/26 的广播地址是 172.16.7.191。

方法 2：IP 地址分为网络地址和主机地址两部分，广播地址是将主机地址部分全置为 1。地址 172.16.7.128/26 的二进制形式为 10101100.00010000.00000111.10000000，则该网络的广播地址是 10101100.00010000.00000111.10111111，即 172.16.7.191。

（54）、（55）【答案】D　D

【解析】1 个 C 类网络可用地址是 254 个，如果 4000 台主机，则需要 4000/254≈16。

由于 2^{10}=1024（必须熟记，约等于 1000），那么 4000=2^2×1000≈2^2×2^{10}=2^{12}，则主机位是 12，那么网络位是 32-12=20，转换则为 255.255.240.0。

（56）【答案】D

【解析】DNS 六种记录类型见下表，必须会，每年必考。

记录类型	说明	备注
SOA	SOA叫起始授权机构记录，SOA记录用于在众多NS记录中哪一台是主服务器	SOA记录还设置一些数据版本和更新以及过期时间的信息
A	把主机名解析为IP地址	www.test.com → 1.1.1.1
指针 PTR	反向查询，把IP地址解析为主机名	1.1.1.1 → www.test.com
名字服务器 NS	为一个域指定授权域名服务器，该域的所有子域也被委派给这个服务器	比如某个区域由ns1.domain.com进行解析
邮件服务器 MX	指明区域的邮件服务器及优先级	建立电子邮箱服务，需要MX记录将指向邮件服务器地址
别名 CNAME	指定主机名的别名 把主机名解析为另一个主机名	www.test.com别名为webserver12.test.com

（57）【答案】B

【解析】本题考查防火墙基础，一般包含四个区域：DMZ、trust、untrust 和 Local（代表防火墙自身）。

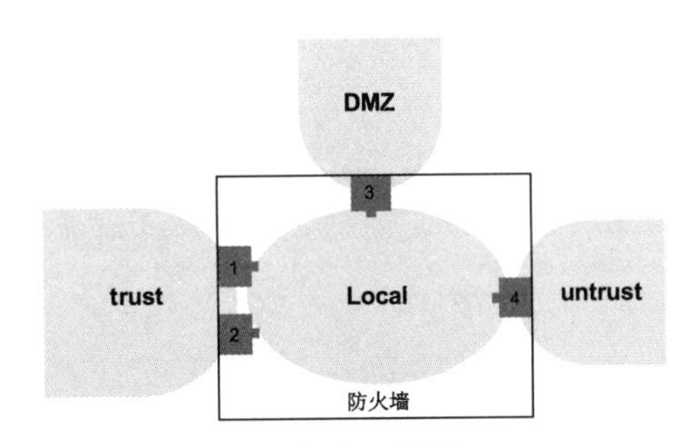

防火墙区域图

各区域默认安全级别见下表，受信任程度：Local > trust > DMZ > untrust。

安全区域	安全级别	说明
Local	100	设备本身，包括设备的各接口本身
trust	85	通常用于定义内网终端用户所在区域
DMZ	50	通常用于定义内网服务器所在区域
untrust	5	通常用于定义 Internet 等不安全的网络

针对经过防火墙的流量是 inbound 还是 outbound 主要看区域优先级，从优先级低的区域访问优先级高的区域方向是 inbound，反之就是 outbound，比如 untrust 区域（优先级 5）访问 trust 区域（优先级是 85）是 inbound。

（58）【答案】B

【解析】IPv6 的链路本地地址是将主机网卡 MAC 地址附加在链路本地地址前缀 1111 1110 10 之后形成的。链路本地地址用于同一链路相连的节点间通信，链路本地地址相当于 IPv4 中自动专用 IP 地址（APIPA），可用于邻居发现，并且自动配置，包含链路本地地址的分组不会被路由器转发。

（59）【答案】A

【解析】WPA2 需要采用高级加密标准（AES）的芯片组来支持，并且定义了一个具有更高安全性的加密标准 CCMP。WLAN 安全包含如下方法与技术：

1）SSID 访问控制：隐藏 SSID，让不知道的人搜索不到。

2）物理地址过滤：在无线路由器设置 MAC 地址黑白名单。

3）采用 WEP 认证和加密：PSK 预共享密钥认证，RC4 加密。

4）采用 WPA（802.11i 草案）实现认证、加密及完整性验证。WPA 可以使用安全性更高的认证技术 802.1x，使用的加密技术是 RC4 和 TKIP，支持完整性验证和防重放攻击。

5）采用 WPA2（802.11i）实现认证和加密。WPA2 主要是针对 WPA 的优化，加密协议升级为基于 AES 的 CCMP。

（60）【答案】C

【解析】百兆以太网标准如下，100BASE-TX 采用两对 5 类 UTP 或者两对 STP 进行传输。

属性	传输介质	特性阻抗	传输距离
100BASE-TX（4B/5B）	两对 5 类 UTP	100Ω	100m
	两对 STP	150Ω	
100BASE-FX	一对多模光纤 MMF	62.5/125μm	2km
	一对单模光纤 SMF	8/125μm	40km
100BASE-T4	四对 3 类 UTP	100Ω	100m
100BASE-T2	两对 3 类 UTP	100Ω	100m

（61）、（62）【答案】B　D

【解析】千兆以太网标准如下：

标准	名称	传输介质	传输距离	特点
IEEE 802.3z	1000BASE-SX	光纤（短波 770～860nm）	550m	多模光纤（50/62.5μm）
	1000BASE-LX	光纤（长波 1270～1355nm）	5000m	单模（10μm）或多模光纤（50/62.5μm）
	1000BASE-CX	两对 STP	25m	屏蔽双绞线，同一房间内的设备之间
IEEE 802.3ab	1000BASE-T	四对 UTP	100m	5 类非屏蔽双绞线，8B/10B 编码

（63）【答案】B

【解析】等保 2.0 中的 5 个级别如下：

保护对象等级	重要程度	安全保护能力等级	监督管理强度等级
第一级	一般网络	第一级安全保护能力	自主保护级
第二级	一般网络	第二级安全保护能力	指导保护级
第三级	重要网络	第三级安全保护能力	监督保护级
第四级	特别重要网络	第四级安全保护能力	强制保护级
第五级	极其重要网络	未公布	专控保护级

等保项目五个步骤：系统定级、备案、建设整改、等级评测、监督检查。

等保测评周期：二级信息系统每两年测评一次，三级信息系统每年测评一次，四级信息系统每半年测评一次。五级属于特殊范畴进行特殊审查。一般企业的信息系统定级都在二级、三级。

（64）【答案】B

【解析】SDN 实现设备控制层面与数据层面分离，而 NFV 主要实现软件和硬件分离，通过软件实现各种功能，比如 vFW 虚拟防火墙、vIPS 虚拟入侵检测系统、vLB 虚拟负载均衡，将各种软件安装在虚拟机中即可实现相应功能，无需再单独购买硬件设备。NFV 在数据中心领域已经有大量应用。区块链主要强调去中心化和不可篡改性，用于金融债券、版权保护、食品溯源等领域，AI 是人工智能。

（65）、（66）【答案】A　B

【解析】本题属于基础题目，理解即可。

（67）【答案】B

【解析】本题考查三种交换方式的优缺点。根据交换方式分，可以分为存储转发式交换、直通式交换和碎片过滤式交换。它们的特点和优缺点统计见下表：

交换方式	特点	优点	缺点
存储转发式交换（Store and Forward）	完整接收数据帧，缓存、验证、碎片过滤，然后转发	可以提供差错校验和非对称交换	延迟大
直通式交换（Cut-through）	输入端口扫描到目标 MAC 地址后立即开始转发，适用于二层交换机	延迟小，交换速度快	没有检错能力，不能实现非对称交换
碎片过滤式交换（Fragment Free）	转发前先检查数据包的长度是否够 64 个字节，如果小于 64 个字节，说明是冲突碎片，则丢弃；如果大于等于 64 个字节，则转发该包	—	—

（68）【答案】C

【解析】水平子系统：目的是实现信息插座和管理子系统（跳线架）间的连接。该子系统由一个工作区的信息插座开始，经水平布置到管理区的内侧配线架的线缆所组成。水平子系统电缆长度要求在 90m 范围内，它是指从楼层接线间的配线架至工作区的信息插座的实际长度。

干线子系统：作用是通过骨干线缆将主设备间与各楼层配线间体系连接起来，由设备间的配线设备和跳线以及设备间至各楼层配线间的连接电缆构成，由于其通常是顺着大楼的弱电井而下，是与大楼垂直的，因此也称为垂直子系统。

（69）**【答案】**C

【解析】由于内网 P2P、视频/流媒体、网络游戏等流量占用过大，影响网络性能，可以采用部署流量控制设备来保障正常的 Web 及邮件流量需求（如果没有流控设备，选上网行为管理也行）。

（70）**【答案】**D

【解析】专用故障排查工具参考如下：

- 欧姆表、数字万用表及电缆测试器：利用这些参数可以检测电缆的物理连通性。测试并报告电缆状况，其中包括近端串音、信号衰减及噪声。
- 时域反射计（TDR）与光时域反射计（OTDR）：前者能够快速定位金属线缆中的短路、断路、阻抗等问题，后者可以精确测量光纤的长度、断裂位置、信号衰减等。

（71）～（75）**【答案】**C　B　D　A　C

【解析】边界网关协议 BGP 是自治系统间的路由协议。BGP 发布系统的基本功能是与其他 BGP 系统交换网络可到达信息。这种网络可到达信息包含了可到达信息穿越的自治系统列表。BGP-4 提供了一系列新的机制来支持无类域间路由，这些机制包括支持发布 IP 前缀，从而在 BGP 中排除了网络类别的概念。BGP-4 也引入了路由聚合机制，包括 AS 通路的聚合，这些优化和改进提供了对超网方案的支持。

网络工程师冲刺密卷（二）
案例分析答案与解析

试题一

【问题 1 答案】

（1）192.168.10.0 24 192.168.30.1

（2）192.168.10.0 24 192.168.40.1

（3）透明/桥

（4）coresw1 与 coresw2 实现网关冗余，且 coresw1 成为 Master

（5）enable　（6）mstp　（7）10　（8）region-configuration　（9）primary　（10）secondary

【问题 2 答案】

（11）广播风暴/网络环路

（12）私接小交换机/生成树故障

（13）MAC 地址表震荡

（14）交换机端口指示灯频繁闪烁

【问题 3 答案】

（15）无线控制器　（16）隧道

（17）旁挂按需引流进行分析，串行对所有经过防火墙的流量进行分析

（18）网络　（19）AH　（20）传输

试题二

【问题 1 答案】

（1）B　（2）D [（1）和（2）顺序可换]　（3）A

（4）UDP 泛洪攻击：攻击者控制大量肉鸡向目标主机发送大量 UDP 报文，导致目标主机忙于处理这些 UDP 报文，而无法处理正常的报文请求或响应。

（5）SYN Flooding 攻击：攻击者控制大量肉鸡向服务器发送大量 SYN 数据包，而不正常返回 ACK 确认信息，导致服务器有大量半开连接，导致服务器的资源被耗尽，无法响应正常的请求。

【问题 2 答案】

（6）SQL 注入攻击　（7）部署专业防注入安全设备，比如 WAF　（8）使用过滤性语句

【问题 3 答案】

（9）NFS　（10）CIFS

RAID1 只是做磁盘镜像，存储效率是 50%，可以提升读取性能，RAID5 存储效率是(N-1)/N，其中 N 是磁盘数目，在 RAID5 上，读/写指针可同时对阵列设备进行操作，提供了更高的存储性能。

【问题 4 答案】

（11）RTO　（12）RPO　（13）差量　（14）完全

试题三

【问题 1 答案】

（1）C　（2）D　（3）D

（4）通过安全沙箱、安全大数据和态势感知等平台，联动全网安全设备，进行统一分析，及时检测和预防网络攻击（核心体现综合分析，多设备联动，不要单纯说某个安全设备）。

【问题 2 答案】

（5）创建基本 ACL 并匹配需要拒绝访问的源 IP 地址 10.10.5.0/24

（6）通过指定访问控制列表 ACL2000 来对要加入到路由表的路由信息进行过滤

（7）3　（8）return　（9）将直连路由引入到 OSPF 网络中

（10）通过指定访问控制列表 ACL2000 来对引入 OSPF 的 RIP 路由信息进行过滤

（11）10.4.1.0 0.0.0.255

试题四

【答案】

（1）system-view　（2）sysname　（3）enable　（4）network　（5）dns-list

（6）excluded-ip-address　（7）domain-name　（8）为 PC2 分配固定 IP 地址 10.10.1.200

（9）global　（10）0.0.0.255　（11）outbound　（12）创建 Eth-Trunk 1

（13）最大激活链路数量为 2

（14）把物理接口 GigabitEthernet0/0/1 加入逻辑接口组 Eth-Trunk 1

（15）eth-trunk